nger

lberg
York
lona
pest
kong
lon
land
s
ta Clara
gapur
io

Einführ

Sprin
Berlin
Heide
New Y
Barce
Buda
Hon
Lon
Mai
Par
San
Sin
To

Helmut Krinn · Heinz Meinholz

Einführung eines Umweltmanagementsystems in kleinen und mittleren Unternehmen

Ein Arbeitsbuch

Unter Mitarbeit von
Andrea Drews, Richard Eppler, Gabriele Förtsch, Gabriela Mai,
Roswitha Moosbrugger und Esther Seifert

Mit 39 Abbildungen

Professor Dr. rer. nat. Helmut Krinn
Professor Dr. rer. nat. Heinz Meinholz
Fachhochschule Furtwangen
Fachbereich Umwelt und Verfahrenstechnik
Umweltzentrum Villingen-Schwenningen g.e.V.
Jakob-Kienzle-Str. 17
78054 Villingen-Schwenningen

ISBN 3-540-62465-1 Springer-Verlag Berlin Heidelberg New York

Die Deutsche Bibliothek - Cip-Einheitsaufnahme

Krinn, Helmut:
Einführung eines Umweltmanagementsystems in kleinen und mittleren Unternehmen: ein Arbeitsbuch / Helmut Krinn; Heinz Meinholz. Unter Mitarbeit von Andrea Drews... - Berlin; Heidelberg; New York; Barcelona; Budapest; Hongkong; London; Mailand; Paris; Santa Clara; Singapur; Tokio: Springer, 1997
ISBN: 3-540-62465-1
NE: Meinholz, Heinz

Einbandentwurf: de´blik, Berlin
Satz: Camera ready Vorlage durch Autoren
SPIN: 10560523 7/3020 - 5 4 3 2 1 0 - Gedruckt auf säurefreiem Papier

Vorwort

Bis zum Ende der 60er Jahre war Umweltschutz und insbesondere betrieblicher Umweltschutz kein Diskussionsthema; Ökologie und Ökonomie wurden als Gegensätze betrachtet. Mit Beginn der Umweltgesetzgebung und der Einrichtung des Umweltbundesamtes als selbständige Bundesbehörde Anfang der 70er Jahre setzte langsam ein Umdenkprozeß ein. Verschiedene schwere Unfälle in den 70er und 80er Jahren (Seveso, Italien 1976; Bhopal, Indien, August 1985; Sandoz, Schweiz, November 1986) und Veränderungen der natürlichen Lebensgrundlagen (Saurer Regen, Waldsterben, Ozonloch, Treibhauseffekt) führten zu einer immer größer werdenden Sensibilisierung der Bevölkerung.

Der Druck der Kunden, umweltverträglich zu produzieren und der Anspruch der Bevölkerung an eine saubere Umwelt werden zunehmend größer. Zur Sicherung der Wettbewerbsfähigkeit gewinnt der betriebliche Umweltschutz immer größere Bedeutung. Er gilt heute als unverzichtbarer Bestandteil moderner Unternehmensführung. Es stellt sich weniger die Frage nach der Notwendigkeit als vielmehr nach dem „wie", also die Frage nach der Organisation und Umsetzung des Umweltschutzes im Unternehmen. Integrierter Umweltschutz, von der Technologie über das Managementsystem bis hin zum Mitarbeiter, wird für die Unternehmen zunehmend zu einem betriebswirtschaftlichen Erfolgsfaktor.

Durch die EG-Verordnung vom 29. Juni 1993 über die „Freiwillige Beteiligung gewerblicher Unternehmen an einem Gemeinschaftssystem für das Umweltmanagement und die Umweltbetriebsprüfung" wurde ein politisches Signal gesetzt, aktiven betrieblichen Umweltschutz zu betreiben. Die Verordnung hat eine kontinuierliche und nachhaltige Verbesserung des betrieblichen Umweltschutzes zum Ziel. Die Umwelteinwirkungen sind in einem solchen Umfang zu verringern, wie es sich mit der wirtschaftlich vertretbaren Anwendung der besten verfügbaren Technik erreichen läßt. Mit dieser Vorgabe ist eine Abkehr von kostentreibenden „end of pipe"-Technologien verbunden. Diese haben sich ohnehin als Sackgasse erwiesen. Als Nachweis für aktiven, effizienten betrieblichen Umweltschutz im Sinne der EG-Verordnung wird für die Unternehmen von unabhängigen externen Umweltgutachtern eine Gültigkeitserklärung ihrer Umwelterklärung durchgeführt.

Basierend auf der EG-Verordnung und verschiedenen nationalen Normen wird vom ISO-Technical Commitee 207 die Normenreihe ISO 14000 ff. zum Umweltmanagement erarbeitet. Seit Ende 1996 liegen die ISO-Normen 14001 (Umweltmanagementsysteme) und ISO 14010-12 (Umweltaudit) vor. Somit steht auch auf der internationalen Ebene ein Instrument zur Zertifizierung von Umweltmanagementsystemen zur Verfügung. Im Vergleich zur EG-Verordnung sind die ISO-Normen von den inhaltlichen Anforderungen her schwächer ausgefallen. So fehlen insbesondere die Forderungen nach einer quantitativen kontinuierlichen Reduzierung der Umweltauswirkungen und die Erstellung eines Umweltberichtes als Kontroll- und Informationselement für die Öffentlichkeit.

Notwendige Grundvoraussetzung für die erfolgreiche Beteiligung an der EG-Verordnung bzw. an der ISO 14001 ist eine gut strukturierte innerbetriebliche Organisation des Umweltschutzes und des gesamten Unternehmens, d.h. ein gut strukturiertes Umweltmanagementsystem. Der vorliegende Projektbericht zum Umweltmanagementsystem beschreibt die einzelnen Schritte, die im Rahmen einer Realisierung durchzuführen sind. Er hilft verantwortlichen Personen in kleinen und mittleren Unternehmen, den betrieblichen Umweltschutz selbständig zu organisieren. Durch die intensive Auseinandersetzung mit Umweltschutzfragen werden die Abläufe im Unternehmen transparenter und die Grundlagen für ein effizientes Umweltmanagementsystem geschaffen. Es ergeben sich auch neue Chancen zur Ermittlung von Einsparpotentialen und zur laufenden Verbesserung der Umweltsituation. Die gleichwertige Einbeziehung von Umweltschutzbelangen in die Unternehmensziele sichert langfristig die Wettbewerbsfähigkeit und erhöht die aktuellen Marktchancen.

Die einzelnen Kapitel (Phasen) des vorliegenden Buches entsprechen den jeweiligen Schritten, die bei der Durchführung eines entsprechenden Projekts „Umweltmanagement“ durchzuführen sind. Sie enthalten jeweils im ersten Abschnitt eine kurze Erläuterung des Kapitels, sowie eine Beschreibung der Tätigkeiten, die im Rahmen des Projektes durchzuführen sind. Wenn notwendig, werden ergänzende Hinweise zu den entsprechenden Punkten der EG-Verordnung bzw. der ISO 14001 gegeben. Der weitere Teil eines jeden Kapitels ist als konkretes realisiertes Beispiel für jedes Thema gedacht. Dieser Teil ist mit der Kopfzeile der Modellfirma gekennzeichnet. Die Systemelemente der Modellfirma (Fragebögen zur Umweltprüfung, Musterhandbuch, Musterverfahrensanweisungen, etc.) sind allgemein gehalten und an kleine und mittelständische Unternehmen übertragbar. Sie müssen jedoch den jeweiligen unternehmensspezifischen Gegebenheiten angepaßt werden.

Aufgrund unserer bisherigen Erfahrungen ist die Übertragbarkeit der Vorgehensweise auf Unternehmen relativ leicht. Es liegen Erfahrungen für Unternehmensgrößen zwischen 25 und 2000 Beschäftigten aus dem Bereichen Industrie, Handel und Dienstleistungen vor. Gleichzeitig erfüllt die Projektbeschreibung die Forderungen der EG-Verordnung über die „Freiwillige Beteiligung gewerblicher Unternehmen an einem Gemeinschaftssystem für das Umweltmanagement und die Umweltbetriebsprüfung“ und der ISO 14001 „Umweltmanagementsysteme - Spezifikation mit Anleitung zur Anwendung“. Sowohl nach EG-Verordnung als auch nach ISO 14001 wurden Unternehmen von verschiedenen Umweltgutachtern, Umweltgutachterorganisationen und Zertifizierern erfolgreich überprüft. Unsere Hochschule mit ihren beiden Standorten Furtwangen und Villingen-Schwenningen hat ebenfalls ein Umweltmanagementsystem nach EG-Verordnung eingerichtet.

Villingen-Schwenningen, im Januar 1997 Helmut Krinn, Heinz Meinholz

Inhalt

Einleitung

Alle Welt redet von Verantwortung. Doch selten wird bedacht, was das wirklich bedeutet. Und noch seltener werden die erforderlichen Konsequenzen daraus gezogen. Ob man ein Projekt oder Produkt verantworten kann, das hängt davon ab, ob die zu erwartenden Folgen mit den geltenden Wertvorstellungen vereinbar sind. Verantwortung erfordert Wertkompetenz.
Verantwortung kann man nur übernehmen, wenn man Herr der Lage ist. Das heißt: Man muß die zu erwartenden Folgen erkennen können; man braucht mithin Sachkompetenz. Und man muß imstande sein, das Projekt oder Produkt so zu gestalten, daß Folgen und Werte übereinstimmen - widrigenfalls also auch davon Abstand zu nehmen. Verantwortung erfordert Handlungskompetenz.

(Günter Ropohl)

➔ Vorgehensweise bei der Umsetzung eines Umweltmanagementsystems im Unternehmen

Anhand der in Abb. 1 dargestellten Einzelschritte soll in diesem Kapitel die allgemeine Vorgehensweise bei der Einführung eines Umweltmanagementsystems näher erläutert werden. Es existieren insgesamt 10 Projektschritte.

Phase 1: Sammlung von Informationen

Bevor sich ein Unternehmen zu einer Teilnahme an der EG-Verordnung "... über die freiwillige Beteiligung gewerblicher Unternehmen an einem Gemeinschaftssystem für das Umweltmanagement und die Umweltbetriebsprüfung" entschließt, ist es wichtig, daß das Unternehmen Informationen über die Ziele, Anforderungen und das Wesen dieser EG-Verordnung einholt. Geeignete Informationen lassen sich durch den Wortlaut der EG-Verordnung sowie durch verschiedene Veröffentlichungen zum Thema "Umweltaudit" und "Umweltmanagement" beschaffen. Dies betrifft auch die ISO 14000-Normenreihe.

Phase 2: Durchführung eines Ersten Umweltchecks

Der erste Umweltcheck wird anhand eines kurzen Fragenkataloges zu verschiedenen umweltrelevanten Bereichen innerhalb eines Unternehmens durchgeführt. Er dient dazu, die gegenwärtige Situation des betrieblichen Umweltschutzes am Standort zu ermitteln. Somit können im Rahmen des Projektmanagementes die Ressourcen, die Finanzierung, der Zeitrahmen und der personelle Aufwand für die Einführung eines Umweltmanagementsystems abgeschätzt werden.

Phase 3: Die betriebliche Umweltpolitik

Nach der EG-Verordnung und der ISO 14001 müssen beteiligte Unternehmen als einen der ersten Schritte eine betriebliche Umweltpolitik festlegen und spätestens nach Erfolgen der Umweltprüfung schriftlich fixieren.

Die Umweltpolitik stellt eine langfristige, strategische Zielsetzung für den betrieblichen Umweltschutz dar. Sie sollte auf der höchsten Managementebene definiert und jedem Mitarbeiter im Unternehmen vertraut gemacht werden.

Eine typische Aussage innerhalb der Umweltpolitik könnte lauten:

> *"Durch entsprechende technische und organisatorische Maßnahmen reduzieren wir das Aufkommen an Abfall und Reststoffen, umweltbelastenden Emissionen und Abwässern auf ein Mindestmaß. Die Auswirkungen der laufenden Tätigkeiten werden regelmäßig überwacht und bewertet."*

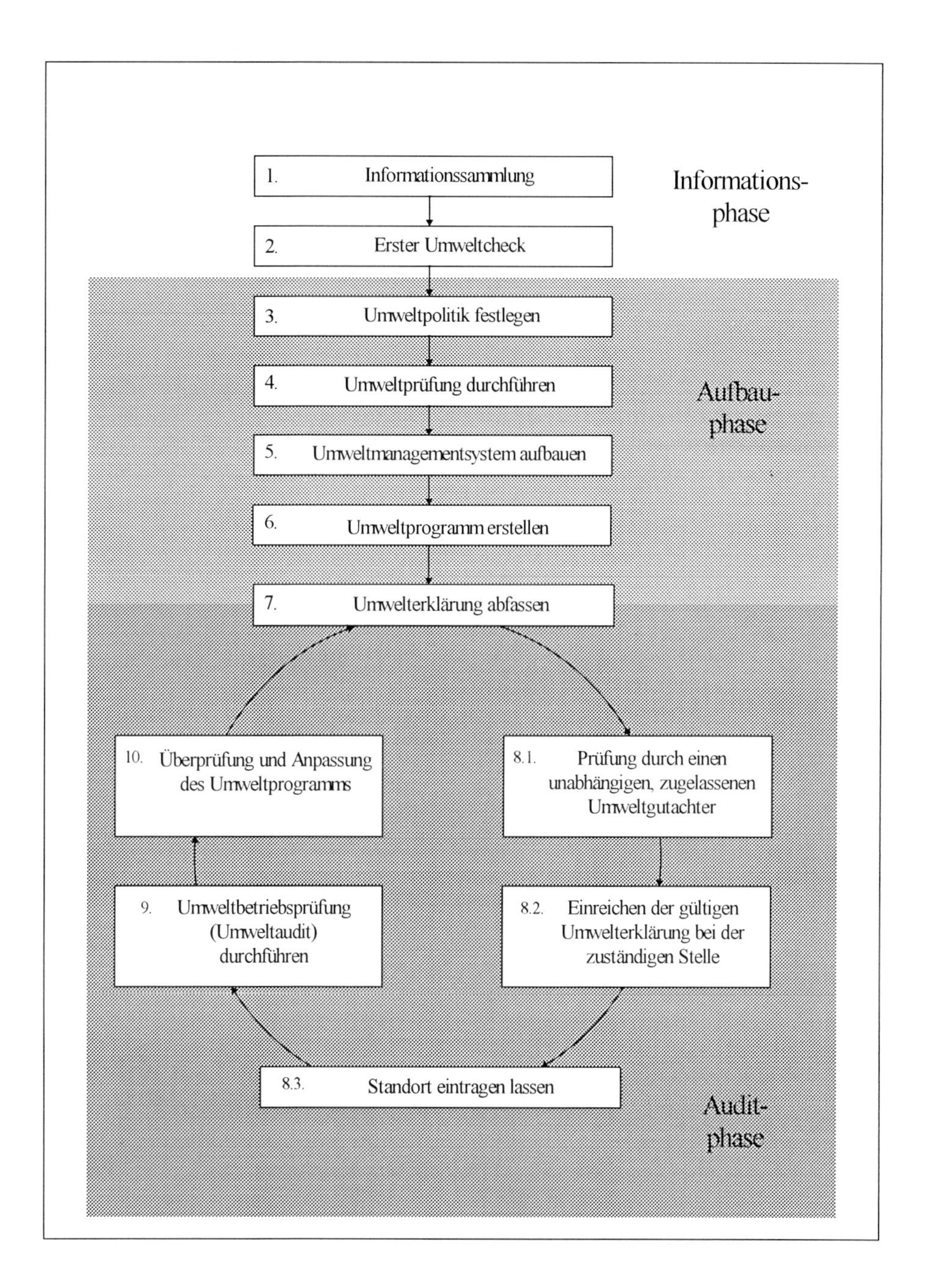

Abbildung 1: Projektablauf bei der Umsetzung der Öko-Audit-Verordnung

Somit kann die Umweltpolitik auch als richtunggebender Impuls am Beginn des Umweltmanagementsystems verstanden werden. In ihr werden erstmals globale Ziele als Soll-Vorgaben formuliert sowie die Strategien und Mittel beschrieben, mit denen diese Soll-Vorgaben erreicht werden können.

Die in der Umweltpolitik zu berücksichtigenden Punkte sind in der EG-Verordnung in Anhang I. C und I. D vorgegeben. Weiterhin schreibt die EG-Verordnung vor, daß in der betrieblichen Umweltpolitik eine kontinuierliche Verbesserung des Umweltschutzes sowie die Einhaltung aller einschlägigen Umweltvorschriften festgeschrieben werden muß. Somit sind eindeutig rechtliche Mindestanforderungen an ein Umweltmanagementsystem festgeschrieben.

Phase 4: Durchführung einer Umweltprüfung

Die EG-Verordnung schreibt eine Aufnahme des Ist-Zustandes in Form einer Umweltprüfung vor. Dem Wortlaut der Verordnung zufolge handelt es sich hier um "eine erste umfassende Untersuchung der umweltbezogenen Fragestellungen, Auswirkungen und des betrieblichen Umweltschutzes im Zusammenhang mit der Tätigkeit am Standort des Unternehmens."

Innerhalb der Umweltprüfung werden die im Ersten Umweltscheck identifizierten umweltrelevanten Tätigkeiten am Standort auf ihre Umweltauswirkungen hin untersucht. Dies geschieht durch Begehungen und Besichtigungen Vorort, durch Gespräche mit den verantwortlichen Mitarbeitern und durch detaillierte Checklisten oder Fragenkataloge.

Typische Fragestellungen innerhalb eines Fragenkataloges zur Umweltprüfung für den Bereich Abfall / Abfallwirtschaft sind z.B.:

- *Wie und durch wen wird die Zusammensetzung der Abfälle / Reststoffe geprüft?*
- *Erläutern Sie die innerbetrieblichen Abläufe und Regelungen ihres Abfallwirtschaftskonzeptes.*

Diese Art der Fragestellung dient dazu, die Auswirkungen, die einzelnen Tätigkeiten und Materialien im Unternehmen auf ihre Umweltauswirkungen hin zu untersuchen und zu bewerten. Die Fragen sind bewußt "offen" formuliert, so daß eine einfache "ja / nein"-Beantwortung nicht möglich ist. Die zu untersuchenden Bereiche sollen möglichst von allen Seiten beleuchtet werden. Dazu ist eine intensive Auseinandersetzung der Mitarbeiter des Unternehmens und der prüfenden Personen mit dem jeweiligen Sachverhalt notwendig. Durch diese Vorgehensweise läßt sich der bereits vorhandene Standard im betrieblichen Umweltschutz ermitteln. Anderseits können auch Schwachstellen offengelegt werden.

Grundlage für die Durchführung einer Umweltprüfung sind die existierenden Umweltvorschriften, (Gesetze, Verordnungen, Auflagen, etc.), die unternehmensspezifischen Zielsetzungen im Rahmen der Umweltpolitik, sowie der Stand der Technik. Die Ergebnisse der Umweltprüfung sind schriftlich in einem Prüfungsbericht zu fixieren.

Phase 5: Aufbau eines Umweltmanagementsystems

Die innerhalb der Umweltpolitik formulierten allgemeinen Ziele geben die Strategie vor, nach der betrieblicher Umweltschutz betrieben werden soll. Über das "Wie" ist jedoch nichts ausgesagt.

Daher ist der nächste Schritt in der Umsetzung die Konkretisierung der Zielvorgaben in Form eines Umweltmanagementsystemes. In diesem wird ein Soll-Zustand formuliert, der sich aus den Vorgaben der Umweltpolitik, den Forderungen der einschlägigen Umweltvorschriften und dem Stand der Technik zusammensetzt.

In Form eines Umweltmanagementhandbuches werden die grundlegenden Zielsetzungen, die umweltrelevanten Abläufe / Tätigkeiten sowie die Verantwortungen festgelegt. Als Rahmenkonzept hilft das Umweltmanagementhandbuch, die umweltrelevanten Abläufe zu steuern und erfolgreich umzusetzen. Zur konkreten Ausführung werden Ablauf- und Aufgabenbeschreibungen für jede umweltrelevante Tätigkeit in Form von Umweltverfahrensanweisungen und Umweltarbeitsanweisungen entwickelt.

Phase 6: Erstellung eines Umweltprogramms

Zur kontinuierlichen Verbesserung des betrieblichen Umweltschutzes wird regelmäßig ein Umweltprogramm erstellt. In diesem werden Ziele formuliert, die Maßnahmen zur Erreichung der Ziele beschrieben, die Verantwortung über die Realisierung der Maßnahmen festgelegt sowie ein Zeitrahmen zur Realisierung abgesteckt.

Das Umweltprogramm muß den Handlungsgrundsätzen und Verpflichtungen, die in der betrieblichen Umweltpolitik festgelegt wurden, entsprechen. Ebenso muß bei der Entwicklung des Umweltprogramms auf die Einhaltung aller umweltrelevanten Vorschriften und auf die bereits beschriebene kontinuierliche Verbesserung der betrieblichen Umweltsituation geachtet werden. Die im Umweltprogramm definierten Maßnahmen müssen in dem vom Unternehmen vorgegebenen Zeitrahmen umgesetzt werden.

Phase 7: Abfassung einer Umwelterklärung

Ein weiterer Schritt in der Umsetzung der EG-Verordnung ist die Erstellung der Umwelterklärung. Die Umwelterklärung muß der Öffentlichkeit zugänglich gemacht werden. Sie dient vor allem Mitarbeitern, Nachbarn, Behörden, Kunden, Banken und Versicherungen zur Information. Sie sollte dementsprechend in knapper, allgemeine verständlicher Form verfaßt werden. Das Ziel der Umwelterklärung ist es, durch die Offenlegung von umweltrelevanten Daten, Vertrauen zu schaffen und Diskussionen über den Umweltschutz anzuregen.

Die Umwelterklärung wird jährlich fortgeschrieben. Dadurch ist sie ein weiteres wichtiges Kontrollinstrument das die konsequente Einhaltung der betrieblichen Umweltpolitik und der einschlägigen Umweltvorschriften unterstützt.

Phase 8: Prüfung durch einen Umweltgutachter

Nach Erstellung der Umwelterklärung kann ein unabhängiger, zugelassener Umweltgutachter beauftragt werden. Dieser Umweltgutachter prüft die Umwelterklärung auf Vollständigkeit und Übereinstimmung mit der EG-Verordnung und erklärt sie dann für gültig.

Der Umweltgutachter prüft weiterhin die Einhaltung der einschlägigen Umweltvorschriften, das Vorhandensein von Umweltpolitik, Umweltmanagementsystem und Umweltprogramm, sowie die Übereinstimmung dieser Elemente mit der EG-Verordnung. Das Umweltmanagementsystem und das Umweltprogramm müssen darüber hinaus mit den in der Umweltpolitik festgeschriebenen unternehmerischen Handlungsgrundsätzen übereinstimmen.

Die für gültig erklärte Umwelterklärung kann an der für den Standort zuständigen Stelle eingereicht werden. Dort wird das Unternehmen für diesen Standort eingetragen, und zur Führung des Zertifikates berechtigt. Dieser Vorgang muß alle 3 Jahre wiederholt und innerhalb dieses Zeitraumes abgeschlossen werden

Phase 9: Durchführung der Umweltbetriebsprüfung

Wie in Abb. 1 dargestellt, ist die Umweltbetriebsprüfung ein wichtiges Systemelement. Sie dient als interne Überprüfung der Einhaltung des Soll-Zustandes und geht in den dreijährigen Zyklus mit ein. Nach der EG-Verordnung ist die Umweltbetriebsprüfung "ein Managementinstrument, das eine systematische, dokumentierte regelmäßige und objektive Bewertung der Leistung der Organisation des Managements und der Abläufe zum Schutz der Umwelt umfaßt,...".

Die Umweltbetriebsprüfung ist als ein regelmäßiges Kontrollinstrument anzusehen, mit dem die Wirksamkeit des betrieblichen Umweltschutzes überprüft werden kann. Es werden drei verschiedene Audit-Typen unterschieden:

- Compliance-Audit
- System-Audit
- Performance-Audit

Das Compliance-Audit prüft die Einhaltung der einschlägigen Umweltvorschriften, das System-Audit überprüft die Vollständigkeit und die Funktionsfähigkeit des eingeführten Umweltmanagementsystems und das Performance-Audit prüft das Umweltmanagementsystem auf die Übereinstimmung mit den vom Unternehmen selbst gesetzten Zielvorgaben (Umweltpolitik, -ziele und -programm).

Zusammenfassend sind die Ziele, die mit der Durchführung der Umweltbetriebsprüfung verfolgt werden:

- Bewertung des bestehenden Umweltmanagementsystems
- Überprüfung des Erfolgs bei der Umsetzung der vorgegebenen Ziele
- Überprüfung der Einhaltung der gesetzlichen Vorgaben
- Aktualisierung des anzustrebenden Soll-Zustandes

Es bestehen demnach wesentliche Unterschiede zwischen der bereits beschriebenen Umweltprüfung und der Umweltbetriebsprüfung. Während die Umweltprüfung als eine reine einmalige Ist-Analyse zu sehen ist, dient die Umweltbetriebsprüfung als Soll-Ist-Vergleich und wird mindestens alle 3 Jahre durchgeführt. Die Vorgehensweise bei der Umweltbetriebsprüfung ist der bei der Umweltprüfung sehr ähnlich. Es werden Informationen durch Gespräche, Besichtigungen und Erhebungen mit Hilfe von Fragenkatalogen gesammelt und ausgewertet.

Phase 10: Überprüfung und Anpassung des Umweltprogramms

Die aus der Umweltbetriebsprüfung gewonnenen Erkenntnisse, in bezug auf die Einhaltung des Soll-Zustandes und der gesetzlichen Vorgaben, helfen ein neues Umweltprogramm mit neuen Maßnahmen zu erstellen. Der Formulierung dieser Maßnahmen, der Umsetzung und der anschließenden Erfolgskontrolle folgt als erstes Zyklusglied wieder die in Phase 7 beschriebene Erstellung der Umwelterklärung.

Durch diese ständig wiederkehrende Prüfung des betrieblichen Umweltschutzes ist eine kontinuierliche Verbesserung und eine dauerhafte umweltgerechte Entwicklung sowie die Einhaltung aller Vorgaben gewährleistet. Der Kreislauf schließt sich.

Phase 1: Sammlung von Informationen

Nicht weil es so schwer ist, fangen wir nicht an, sondern weil wir nicht anfangen ist es so schwer.

(Seneca)

1.1 Einleitende Erläuterungen

➔ Wie bereiten Sie sich auf die Einführung eines Umweltmanagementsystems vor?

Für die selbständige Realisierung eines Umweltmanagementsystems und die kontinuierliche Verbesserung des betrieblichen Umweltschutzes ist eine regelmäßige Informationsbeschaffung über Umweltfragen notwendig. Geeignete Informationen lassen sich aus dem Wortlaut der EG-Verordnung (Anhang 1) sowie aus der ISO 14000 er-Normenserie entnehmen. Insbesondere die Anhänge zur EG-Verordnung stellen den Umfang und die Anforderungen an ein Umweltmanagementsystem dar. Verschaffen Sie sich zusätzliche Informationen über Wesen und Ziele eines UM-Systems und des Umweltaudits.

So liegen z.B. folgende Normen vor:

- ISO 14001 — Umweltmanagementsysteme
  - Spezifikation mit Anleitung zur Anwendung
- ISO 14004 — Umweltmanagementsysteme
  - Allgemeiner Leitfaden über Grundsätze, Systeme und Hilfsinstrumente
- ISO 14010 — Leitfäden für Umweltaudits
  - Allgemeine Grundsätze
- ISO 14011 — Leitfäden für Umweltaudits - Auditverfahren
  - Audits von Umweltmanagementsystemen
- ISO 14012 — Leitfäden für Umweltaudits
  - Qualifikationskriterien für Umweltauditoren
- DIN 33922 — Leitfaden - Umweltberichte für die Öffentlichkeit
- DIN 33924 — Leitfaden zur Durchführung einer Umweltprüfung

Zu diesem Thema wurden auch zahlreiche Veröffentlichungen publiziert. Im Anhang 2 (Literatur) finden Sie eine Übersicht. Staatliche Institutionen, Unternehmensverbände, Industrie- und Handelskammern haben über Pilotprojekte, Leitfäden und Veröffentlichungen Starthilfe und Informationsarbeit geleistet. Fordern Sie hier weitere Auskünfte an. Anschriften finden Sie in Anlage 3.

➔ Wo erhalten Sie Informationen zur praktischen Projektdurchführung?

Der Aufbau und die Realisierung eines Umweltmanagementsystems ist aufgrund des Projektumfanges eine sehr anspruchsvolle Aufgabe. Neben den klassischen Umweltbereichen Luft, Wasser, Abfall, Lärm, Altlasten, Energie etc. sind Unternehmensbereiche wie Produktentwicklung, Produktionstechnologien, Materialwirtschaft, Logistik, Marketing etc. zu berücksichtigen. Der Erfolg Ihres Projektes steht und fällt mit einer guten Projektplanung. Entsprechende Seminare zum Umweltbetriebsprüfer / Umweltauditor sollten Sie in die Lage versetzen,

- für Ihr Unternehmen eigenständig ein Umweltmanagementsystem aufzubauen;
- die Umweltsituation und das -image Ihres Unternehmens nachhaltig zu verbessern;
- Kostensenkungspotentiale zu identifizieren und zu realisieren.

Prüfen Sie anhand der folgenden Kriterien, ob die Lehrgänge folgenden Inhalte vermitteln. Dies sind aufgrund unserer Erkenntnisse Mindestvoraussetzungen, damit Sie in Ihrem Unternehmen selbständig ein Umweltmanagementsystem realisieren können.

- Anforderungen der EG-Verordnung und der ISO-Normenserie 14000 ff.
- Festlegung der Struktur Ihres Umweltmanagementsystems

- Projektplan zur Realisierung eines UM-Systems
- Anforderungen der einzuhaltenden Umweltvorschriften

- Bedeutung der betrieblichen Umweltpolitik
- Umweltprüfung als Bestandsaufnahme des Ist-Zustandes
- Prüfungsumfang, -ziele, -kriterien

- Dokumentation des Umweltmanagementsystems
- Umweltprogramm zur kontinuierlichen Verbesserung
- Umwelterklärung als Instrument der Öffentlichkeitsarbeit

- Umweltbegutachtung und Zertifizierung
- Anforderungen an Umweltauditoren

➔ Wie ist dieses Werk aufgebaut?

Das vorliegende Werk wurde in zahlreichen Projekten erfolgreich umgesetzt und von mehreren Umweltgutachtern/-organisationen bzw. Zertifizierern durch die Validierung der Umwelterklärung nach EG-Öko-Audit-Verordnung abgenommen bzw. nach ISO 14001 zertifiziert. Mit den 10 Phasen steht Ihnen ein praxiserprobtes Werk zur Verfügung. Zur Realisierung eines Umweltmanagementsystems können wir auch eine von uns entwickelte Software zur Verfügung stellen. Sie gestattet Ihnen eine elegante Projektführung und -dokumentation. Um Irrwege zu vermeiden: Das vorliegende Werk enthält Grundstrukturen. Jedes Unternehmen setzt etwas andere Schwerpunkte und hat andere Fragestellungen zu beachten. Sie sollten deshalb unsere Vorschläge prüfen und an Ihre Bedürfnisse anpassen.

Die in den folgenden Phasen mit der Kopfzeile

1	2	3
Modellfirma	**Umwelt-prüfung**	**Fragenkataloge** **Ausgabe :** **Datum :** **Seite :**

versehenen Seiten sind praktisch realisierte Bestandteile eines Umweltmanagementsystems. Seiten, bei denen diese Kopfzeile fehlt, dienen der kurzen Erläuterung.

Einige weitere Erläuterungen:

1: An dieser Stelle können Sie Ihr Firmenlogo einfügen.

2. In diesem Abschnitt finden Sie die jeweilige Phase mit ihren Bestandteilen wieder, z.B.:

- Umweltpolitik (Phase 3)
- Umweltprüfung (Phase 4)
- Umwelterklärung (Phase 7)

3: Im dritten Feld sind die einzelnen Bestandteile der jeweiligen Phase aufgeführt. So haben Sie in der Umweltprüfung (Phase 4) z.B. die Umweltbereiche

- Abwasser
- Abfall
- Energie
- Lärm

mit einem Fragenkatalog als Unterstützung hinterlegt.

➔ Welche Hilfsmittel stehen Ihnen zur Verfügung?

Es existieren zahlreiche DV-Unterstützungen für die Arbeiten an einem Umweltmanagementsystem. Eine allgemeine Empfehlung kann aufgrund der Vielzahl der Programme hier nicht gegeben werden. Sie müssen diese entsprechend ihren betrieblichen Gegebenheiten prüfen und auswählen. Zur Einführung des Umweltmanagementsystems haben wir ebenfalls eine EDV-Anwendung entwickelt, die die Phasen 1 bis 10 unterstützt. Der Rahmen ist vorgegeben, inhaltlich kann die Struktur an die Erfordernisse ihres Unternehmens angepaßt werden. Die Verwaltung der anfallenden Dokumente wird durch die Verknüpfung mit frei definierbaren Befehlsfeldern vereinfacht. Eine Reihe von Mustervorlagen erleichtert das Erstellen der Dokumentation. Alle im vorliegenden Werk vorhandenen Unterlagen sind in der DV-Anwendung hinterlegt. Das System ist so flexibel angelegt, daß Sie auf dieser Basis Ihr spezielles Umweltmanagementsystem aufbauen können. Druckvorlagen ermöglichen Ihnen eine rasche Protokollierung. Da wir das EDV-System laufend weiterentwickeln, können wir hier nur einige Anwendungen beschreiben. Auf Wunsch stellen wir gerne aktuelle nähere Auskünfte zur Verfügung.

Im Hauptfenster der Anwendung (Abbildung 2) wird die zu bearbeitende Phase ausgewählt.

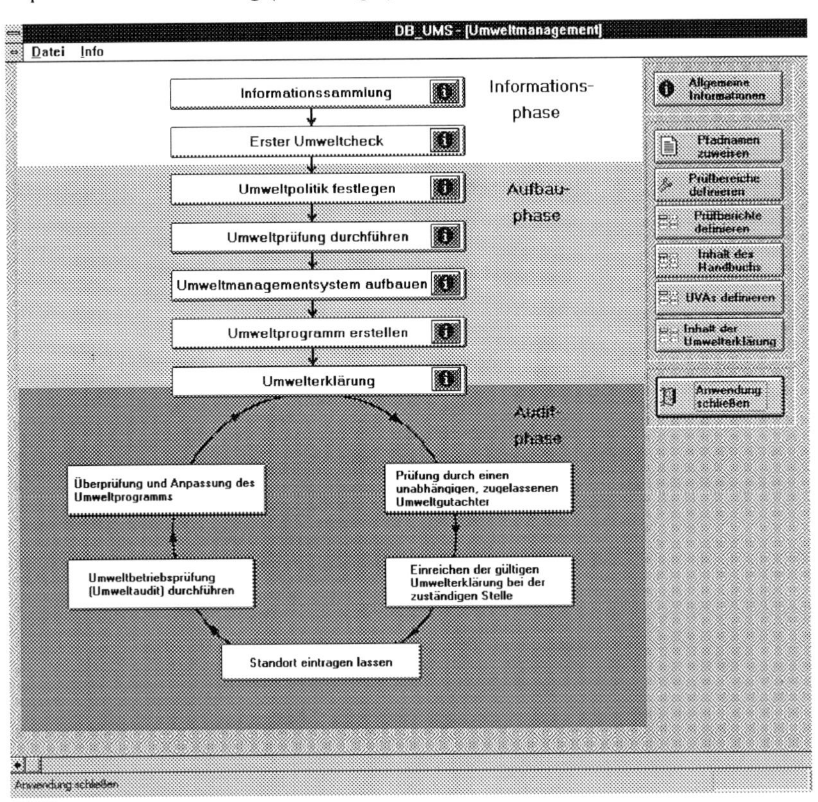

Abbildung 2: Hauptfenster des DB UMS

Nach Anklicken der Phase meldet sich das System mit einem auf die Phase abgestimmten Folgefenster. Die folgenden Ausschnitte aus den Phasen 4 bis 6 sollen einen Eindruck von der Software geben.

Phase 4: Umweltprüfung durchführen

Diese Phase wird unterstützt durch einen umfangreichen Fragenkatalog zu den unten gezeigten Prüfbereichen und einigen Musterprüfberichten.

In der Datenbank sind bereits über 480 Fragen zur Umweltprüfung hinterlegt. Über einen Code sind die Fragen bestimmten Prüfbereichen zugeordnet. In einer Auswahlmaske wird der Prüfbereich gewählt (Abbildung 3). Alle zum gewählten Bereich hinterlegten Fragen werden anschließend zur weiteren Bearbeitung angeboten.

Weitere Prüfbereiche können von Ihnen frei für Ihr Unternehmen definiert, nicht zutreffende Bereiche gelöscht werden.

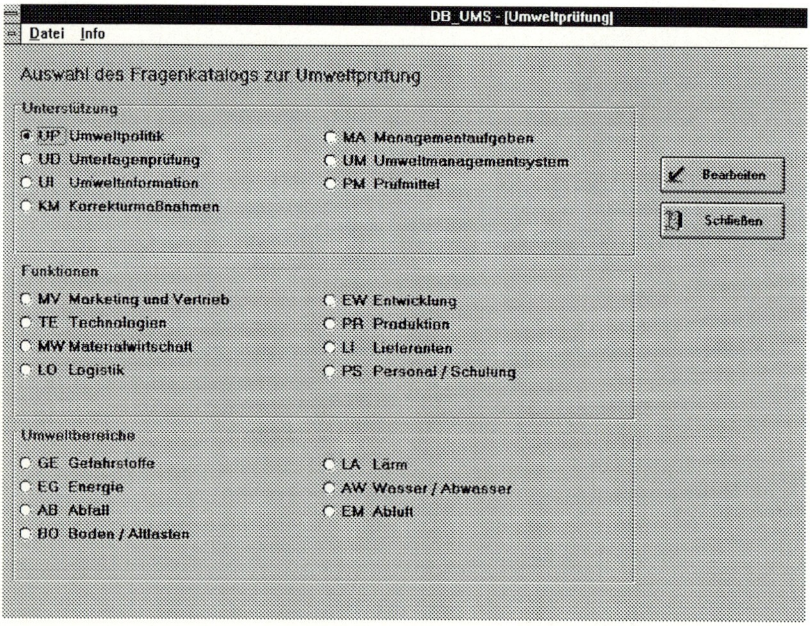

DB_UMS - [Umweltprüfung]
Datei Info
Auswahl des Fragenkatalogs zur Umweltprüfung
Unterstützung
UP Umweltpolitik
UD Unterlagenprüfung
UI Umweltinformation
KM Korrekturmaßnahmen
MA Managementaufgaben
UM Umweltmanagementsystem
PM Prüfmittel
Bearbeiten
Schließen
Funktionen
MV Marketing und Vertrieb
TE Technologien
MW Materialwirtschaft
LO Logistik
EW Entwicklung
PR Produktion
LI Lieferanten
PS Personal / Schulung
Umweltbereiche
GE Gefahrstoffe
EG Energie
AB Abfall
BO Boden / Altlasten
LA Lärm
AW Wasser / Abwasser
EM Abluft

Abbildung 3: Auswahlfenster Prüfbereich

Alle Fragenkataloge zur Umweltprüfung sind modifizierbar, d.h. bestehende Fragestellungen können in ihrer Formulierung verändert, nicht relevante Fragen gelöscht und neue Fragen aufgenommen werden. Sie können so spezifisch für Ihr Unternehmen den Prüfungsumfang und die Prüfungstiefe festlegen.

Bei einem festgestellten Handlungsbedarf kann die gekennzeichnete Frage direkt als Projekt ins Umweltprogramm (kontinuierliche Verbesserung!) übertragen werden.

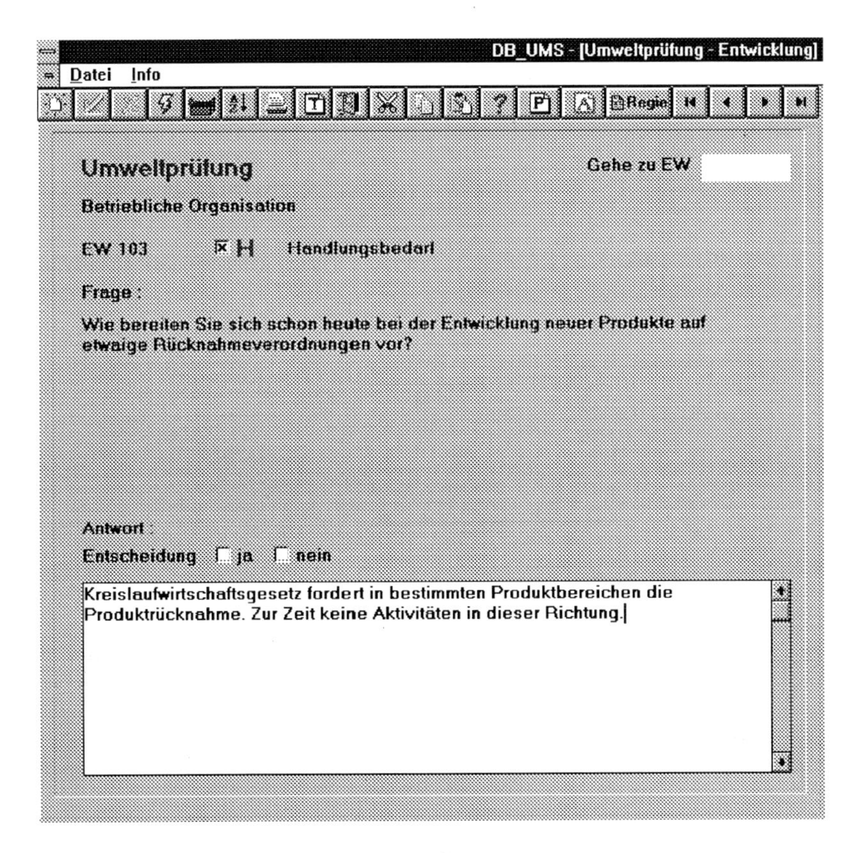

Abbildung 4: Bearbeitungsfenster Umweltprüfung

Phase 5: Umweltmanagementsystem aufbauen

Im Fenster "Umweltmanagementhandbuch und Verfahrensanweisungen" (Abbildung 5) wird über ein Befehlsfeld die zu bearbeitende Umweltverfahrensanweisung gewählt oder ein Folgefenster "Umweltmanagementhandbuch" geöffnet.

Die gezeigten Befehlsfelder können den Erfordernissen des Unternehmens angepaßt werden. Die Beschriftung ist veränderbar, neue Felder können gesetzt, bestehende gelöscht werden. Alle Befehlsfelder können frei mit beliebigen Dokumenten verknüpft werden. Sie können somit den Inhalt Ihres Umweltmanagementhandbuches und den Umfang, der notwendigen Umweltverfahrensanweisungen (UVA's) selbst bestimmen.

Zahlreiche Verfahrensanweisungen sowie ein komplettes Umweltmanagementhandbuch werden als Muster angeboten und können über einen Mausklick direkt zur Bearbeitung geladen werden.

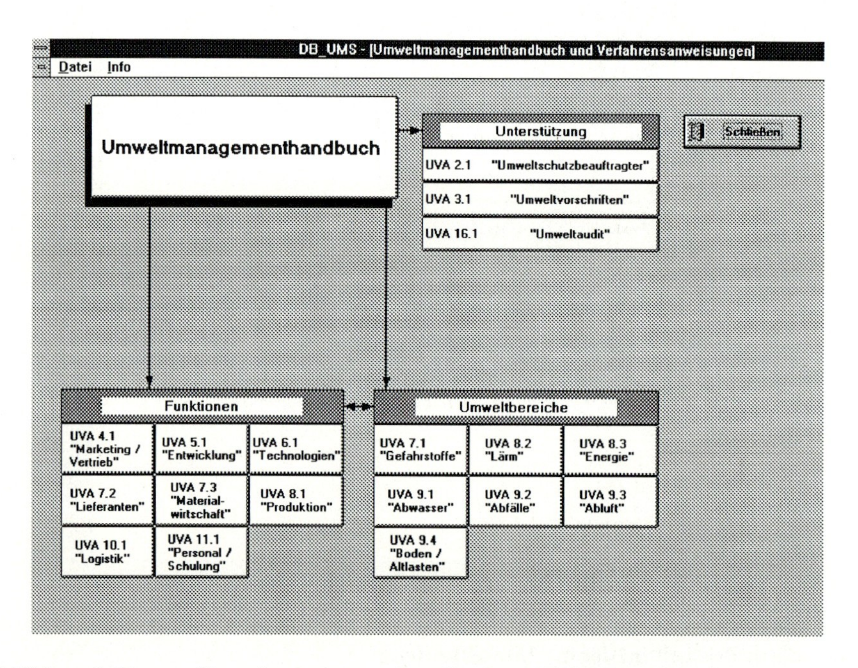

Abbildung 5: Fenster Umweltmanagementhandbuch und Verfahrensanweisungen

Phase 6: Umweltprogramm erstellen

Die Projekte des Umweltprogramms werden den einzelnen Prüfbereichen zugeordnet. Sie können direkt durch Übertragung aus der Umweltprüfung, aber auch frei angelegt werden. Der angegebene Ist-Zustand entspricht der Formulierung innerhalb der Umweltprüfung, ist aber modifizierbar. Der zu erreichende Soll-Zustand, die dazu gehörenden Maßnahmen, Realisierungszeitraum, Aufwand (Personal, Kosten) und Verantwortlichkeit sind einzutragen. Nach erfolgreicher Umsetzung des Projektes sollte eine Erfolgskontrolle angegeben werden. Das Projekt ist dann abgeschlossen, und es wird automatisch eine Archivierung für 5 Jahre eingeleitet.

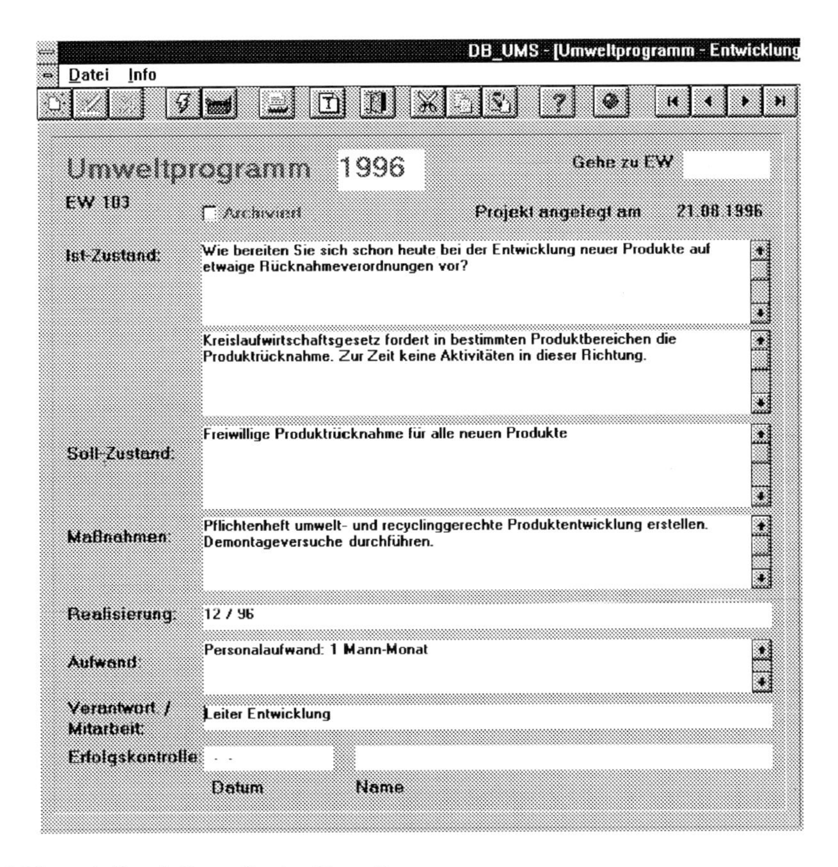

Abbildung 6: Bearbeitungsfenster Umweltprogramm

Phase 2: Durchführung eines Ersten Umweltchecks

Man wird dringend gewarnt, sich bei der Beobachtung der Erscheinungen, der Ausführung der Analysen und anderer Bestimmungen durch Theorien oder sonstige vorgefaßte Meinungen irgendwie beeinflussen zu lassen.

(Emil Fischer)

2.1 Einleitende Erläuterungen

➔ Wo steht Ihr Unternehmen heute im betrieblichen Umweltschutz?

Ein erster Überblick zur Bewertung des gegenwärtigen Standes im betrieblichen Umweltschutz ist sehr wichtig. Er stellt einen Einstieg in das Projekt "Umweltmanagement" dar und ist mehr als eine reine Erhebung von Daten. Bei einem ersten Umweltcheck werden anhand eines Fragenkataloges folgende Punkte erfaßt und bewertet:

- Strategische Umweltziele
- Organisation und Grundlagen des betrieblichen Umweltschutzes
- Berichtswesen
- Umweltbereiche (Gefahrstoffe, Abfall, Abwasser, etc.)
- Unternehmensbereiche (Entwicklung, Produktion, Materialwirtschaft, etc.)

Die Auswertung des beigefügten Fragenkataloges "Umweltcheck" hilft bei einer entsprechenden ersten Einschätzung der gegenwärtigen Umweltsituation des Unternehmens. Eine tiefergehende Detailanalyse erfolgt im Rahmen der Umweltprüfung.

Nach diesem ersten Umweltcheck kann der Zeitrahmen, die Finanzierung und der personelle Aufwand zur Realisierung eines entsprechenden Umweltmanagementsystems abgeschätzt und ein Projektplan aufgestellt werden.

2.2 Erster Umweltcheck der Modellfirma

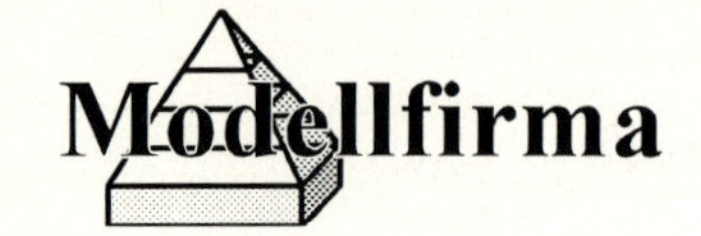	**Erster Umweltcheck**	**Ausgabe :** **Datum :** **Seite :**

Organisation
UC 100

Umweltbereiche
UC 200

Funktionen
UC 300

Datum :

Prüfungsleiter :

Teilnehmer:

Anmerkung: Fragen, die einen Handlungsbedarf zeigen, sind mit „***H***“ zu kennzeichnen.

Organisation
UC 100

UC 101: Welche betriebliche, strategische Umweltpolitik wurde in Ihrem Unternehmen von der Geschäftsführung festgelegt?

____

____

____

UC 102: Welches Mitglied der Geschäftsführung vertritt das Unternehmen in Belangen des betrieblichen Umweltschutzes nach innen und nach außen?

____

____

____

UC 103: Wie sind (z.B. in Form eines Umweltmanagementhandbuches) die Verantwortungen und umweltrelevanten Tätigkeiten der einzelnen Unternehmensbereiche festlegt worden?

____

____

____

UC 104: Welche Umweltschutzdokumentationen existieren in Ihrem Unternehmen?

____

____

____

UC 105: Haben sie einen Umweltschutzbeauftragten ❐ ja ❐ nein

einen Gewässerschutzbeauftragten ❐ ja ❐ nein

einen Abfallbeauftragten ❐ ja ❐ nein

einen Immissionsschutzbeauftragten ❐ ja ❐ nein

einen Gefahrgutbeauftragten ❐ ja ❐ nein

schriftlich bestellt?

UC 106: Wie ist der Umweltschutz organisatorisch in Stab- und Linienfunktion eingebunden?

____

____

____

UC 107: Welche regelmäßig tagende interne Arbeitskreise "Umweltschutz" oder vergleichbare Arbeitsgruppen existieren?

____

____

____

UC 108: Welche Stellenbeschreibungen und Anforderungsprofile für Mitarbeiter / Vorgesetzte vor, die umweltrelevante Tätigkeiten ausüben, liegen vor?

____

____

____

UC 109: Welche Umweltvorschriften (Gesetze, Verordnungen, etc.) sind einzuhalten?

____

____

____

UC 110: Wie ist die Einhaltung der Umweltvorschriften grundsätzlich gewährleistet?

____

____

____

UC 111: Welche umweltrelevanten Informationen werden der `Öffentlichkeit zur Verfügung gestellt?

____

____

____

UC 112: Mit welchem Ergebnis wurde in Ihrem Unternehmen bereits ein Umweltaudit durchgeführt?

____

____

____

Umweltbereiche
UC 200

UC 201: Welche genehmigungsbedürftige Anlagen werden in Ihrem Unternehmen betrieben?

nach BImSchG? ____________________

____

nach WHG? ____________________

____

nach AbfG? ____________________

____

UC 202: Welche nichtgenehmigungsbedürftige umweltrelevante Anlagen werden betrieben?

____

____

____

UC 203: Welche Umweltdaten erstellen Sie regelmäßig in Form einer Umweltbilanz (Stoff- und Energiebilanz bzw. Ökobilanz) für Ihr Unternehmen?

Material: ____________________

Energie: ____________________

Abfall: ____________________

Abwasser: ____________________

Abluft: ____________________

Lärm: ____________________

Boden: ____________________

UC 204: Wie bewerten Sie neu einzuführende Stoffe hinsichtlich ihrer Gefährlichkeit, möglichen Umweltschäden und ihrer Entsorgbarkeit?

____

____

____

UC 205: Wie ist die Lagerung, Handhabung und Entsorgung von Gefahrstoffen geregelt?

____

____

____

UC 206: In welcher Form existiert ein Gefahrstoffkataster?

____

____

____

UC 207: Wie werden die anfallenden Rückstände (Abfälle, Sonderabfälle, Reststoffe, Wertstoffe) erfaßt und bewertet?

____

____

____

UC 208: In welcher Form liegt ein Abfallnachweisbuch vor?

____

____

____

UC 209: Welche Rückstände bzw. alte Produkte und Verpackungen nehmen Sie von Ihren Kunden zurück?

____

____

____

UC 210: Wie erfassen Sie die anfallenden Abwasserströme?

____

____

____

UC 211: Wie setzt sich das Abwasser zusammen (Analyse)?

____

____

____

UC 212: Welche entsprechende Betriebstagebücher liegen vor?

____

____

____

UC 213: Wie stellen Sie sicher, daß die Anlagen zum Lagern, Abfüllen, Herstellen, Behandeln und Einsatz von wassergefährdenden Stoffen nach dem Stand der Technik betrieben werden?

____

____

____

UC 214: Wie wird die Abluft im Unternehmen gemessen?

____

____

____

UC 215: Welche Maßnahmen zur Emissionsreduzierung ergreifen Sie?

____

____

UC 216: Welche Maßnahmen zur Einsparung von Energie ergreifen Sie?

____

____

____

UC 217: Welche Brennstoffe setzen Sie ein?

____

____

____

UC 218: Von welchen Anlagen wird Prozeßwärme genutzt?

____

____

____

UC 219: Wie stellen Sie sicher, daß keine Verdachtsflächen "Altlasten" auf ihrem Betriebsgelände vorhanden sind?

____

____

____

UC 220: Wie groß ist die versiegelte Fläche des Standortes?

____

____

____

UC 221: Welche wesentlichen umweltrelevanten Lärmquellen existieren im Unternehmen?

____

____

____

UC 300
Funktionen

UC 301: Welche Unternehmensbereiche (Abteilungen, etc.) stufen Sie als umweltrelevant ein?

____

____

____

UC 302: Wie werden Umwelt- und Recyclingaspekte bei der Entwicklung neuer Produkte berücksichtigt?

____

____

____

UC 303: Wie werden Umweltaspekte bei der Einführung neuer Technologien berücksichtigt?

____

____

____

UC 304: Welche umweltfreundlichen Technologien haben Sie in den letzten 5 Jahren eingeführt?

____

____

____

UC 305: Welche Kriterien wurden für einen umweltgerechten Einkauf festgelegt?

____

____

____

UC 306: Wie wird im Rahmen der Materialwirtschaft ein umweltsicheres und risikoarmes Lagerwesen gewährleistet?

____

____

____

UC 307: Welche Umweltschutzaspekte spielen bei der Auswahl Ihrer Lieferanten eine Rolle?

____

____

____

UC 308: Für welche Anlagen oder Anlagenteile existieren Pflichtenhefte bzw. Überwachungs- oder Wartungskonzepte?

____

____

____

UC 309: Wie gewährleisten Sie eine umweltfreundliche Versandlogistik?

____

____

____

UC 310: Wie motivieren Sie Ihre Mitarbeiter zu umweltfreundlichem Verhalten am Arbeitsplatz?

UC 311: Nach welchen Kriterien werden Mitarbeiter an umweltrelevanten Arbeitsplätzen ausgewählt?

UC 312: Wie werden Mitarbeiter, die umweltrelevante Tätigkeiten ausüben, geschult?

UC 313: Wie erfolgt im Rahmen der Eigenkontrolle eine Überprüfung von weniger umweltrelevanten Abteilungen (Personalabteilung, Marketing etc.)?

Phase 3: Die betriebliche Umweltpolitik

Verantwortung des Menschen in der technischen Welt heißt also zum mindesten: er muß inmitten der Planung und der Apparate lernen, Mensch zu bleiben. Vielleicht muß er in entscheidenden Punkten erst lernen, Mensch zu werden. So Mensch zu werden, daß er der Herr des Plans und der Apparate bleibt.

(Carl Friedrich von Weizsäcker)

3.1 Einleitende Erläuterungen

➔ Welche Bedeutung hat die betriebliche Umweltpolitik für Sie?

Die betriebliche Umweltpolitik enthält die strategischen Zielsetzungen des Unternehmens zum betrieblichen Umweltschutz. Sie gibt an, was mittel- und langfristig im Umweltschutz erreicht werden soll. Die betriebliche Umweltpolitik gibt einen festen Rahmen für laufendes umweltbewußtes Handeln vor. Sie dient der grundlegenden Information der Mitarbeiter, der Kunden und der Öffentlichkeit.

In der betrieblichen Umweltpolitik ist mehr als die Erfüllung der rechtlichen Vorgaben festgeschrieben. Letztere müssen ohnehin eingehalten werden. Über die notwendige Einhaltung der Umweltgesetze, -verordnungen und des Standes der Technik hinaus enthält die betriebliche Umweltpolitik umweltbezogene Gesamtziele und Handlungsgrundsätze des Unternehmens. Sie muß es als unternehmerische Strategie ermöglichen, zukunftsweisende Wege für eine kontinuierliche Verbesserung des betrieblichen Umweltschutzes zu beschreiten.

Nach der EG-Verordnung sollte sich die Umweltpolitik an den "Guten Managementpraktiken" (Anhang I. D, EG-Verordnung) orientieren. Diese sind im folgenden kurz zusammengefaßt:

1. Förderung des Verantwortungsbewußtseins für die Umwelt bei allen Arbeitnehmern.

2. Frühzeitige Beurteilung von Umweltauswirkungen jeder neuen Tätigkeit, jedes neuen Verfahrens und jedes neuen Produktes.

3. Beurteilung und Überwachung der Umweltauswirkungen aller Unternehmenstätigkeiten.

4. Vermeidung, Verminderung und Beseitigung aller Umweltbelastungen sowie die Erhaltung der Ressourcen.

5. Vermeidung unfallbedingter Emissionen von Stoffen oder Energie.

6. Festlegung und Anwendung von Verfahren zur Kontrolle der Übereinstimmung mit der Umweltpolitik.

7. Festlegung von Verfahren und Maßnahmen bei Nichteinhaltung von Umweltpolitik und Umweltzielen.

8. Ausarbeitung von Verfahren in Zusammenarbeit mit Behörden, um die Auswirkungen von etwaigen unfallbedingten Ableitungen möglichst gering zu halten.

9. Offener Dialog mit der Öffentlichkeit zum Verständnis der Umweltauswirkungen der Tätigkeit des Unternehmens.

10. Kundenberatung über die Umweltaspekte im Zusammenhang mit Handhabung, Verwendung und Endlagerung der Produkte.

11. Treffen von Vorkehrungen zur Gewährleistung der Anwendung gleicher Umweltnormen bei auf dem Betriebsgelände arbeitenden Vertragspartnern.

Verwirklichen lassen sich die umweltpolitischen Zielsetzungen nur durch eine umfassende Einbeziehung der Mitarbeiter aus allen Bereichen und auf allen Ebenen. Nur so wird sich im Unternehmen ein moderner, vorbildlicher und effizienter Umweltschutz realisieren lassen.

➔ Formulierung der Umweltpolitik

Die Formulierung der Umweltpolitik und ihrer Zielsetzungen ist eine wichtige Aufgabe der Geschäftsleitung. Sie ist auch für deren Einhaltung im späteren betrieblichen Alltag verantwortlich und vorbildlich tätig. Die Einbeziehung der Mitarbeiter bei der Entwicklung, Einführung und Umsetzung der betrieblichen Umweltpolitik sollte selbstverständlich sein. Für die Inkraftsetzung muß die Umweltpolitik in geeigneter schriftlicher Form allen Mitarbeitern und der Öffentlichkeit mitgeteilt werden. Das kann z.B. durch Aushänge am "Schwarzen Brett", persönlichen Anschreiben, Prospekten oder Firmenbroschüren geschehen.

In regelmäßigen Zeitabständen ist die Umweltpolitik vom verantwortlichen Mitglied der Geschäftsleitung zu überprüfen und gegebenenfalls den veränderten rechtlichen, gesellschaftlichen und technologischen Rahmenbedingungen anzupassen. Dies gilt auch, wenn sich aufgrund von Umweltaudits entsprechender Handlungsbedarf ergibt.

3.2 Umweltpolitik der Modellfirma

Umweltpolitik unseres Unternehmens

1. **Geschäftsleitung**
   Verantwortung für den Umweltschutz beginnt bei der Unternehmensleitung. Sie legt die Umweltpolitik fest und unterstützt zur Erreichung einer kontinuierlichen Verbesserung des Umweltschutzes aktiv deren Einhaltung. Ein Mitglied der Geschäftsführung vertritt das Unternehmen in diesem Bereich.

2. **Grundsätze**
   Einer der Grundsätze zur Führung unseres Unternehmens im Sinne einer nachhaltigen Entwicklung ist die Gleichwertigkeit des Umweltschutzes mit anderen Unternehmenszielen. Umweltbezogene Aspekte sind daher in die Entscheidungs- und Handlungsstruktur unseres gesamten Managementsystems integriert.

3. **Mitarbeiter**
   Umweltschutz ist eine wesentliche Führungsaufgabe. Die Vorgesetzten nehmen eine entscheidende Vorbildfunktion und Linienverantwortung wahr. Umweltschutz verlangt von allen Mitarbeitern ein verantwortungsbewußtes Handeln.

4. **Schulung**
   Bei unseren Schulungsmaßnahmen ist "Umweltschutz" ein fester Bestandteil. Wir informieren die Mitarbeiter über Umweltmaßnahmen unseres Unternehmens und motivieren sie im Rahmen ihrer Tätigkeiten zu Eigenverantwortung und umweltbewußtem Verhalten an ihrem Arbeitsplatz.

5. **Fortschritte**
   Im Rahmen unseres Umweltmanagementsystems werden regelmäßig und möglichst in quantifizierter Form die Fortschritte im betrieblichen Umweltschutz bewertet. Die Auswirkungen unserer Tätigkeiten auf die lokale Umgebung werden ebenfalls beurteilt und überwacht.

6. **Umweltprogramm**
   In regelmäßigen Abständen legen wir unsere Umweltziele und unser Umweltprogramm fest. Um den Erfolg unseres betrieblichen Umweltschutzes zu sichern, führen wir regelmäßig Umweltaudits durch. Wir kontrollieren so die Wirksamkeit unserer Umweltpolitik und unserer Umweltschutzmaßnahmen und stellen die Erfüllung aller rechtlichen Anforderungen sicher.

7. **Abweichungen**
   Für die Fälle, in denen festgestellt wird, daß Umweltpolitik oder Umweltziele nicht eingehalten werden, legen wir entsprechende Verfahren und Maßnahmen fest und halten diese auf dem neuesten Stand.

8. Produktion

Durch die Berücksichtigung von Umweltschutzaspekten in Entwicklungsprozessen verbessern wir ständig die Umweltverträglichkeit unserer Herstellungsverfahren und Produkte. Der gesamte Produktlebenszyklus wird auf Schwachstellen überprüft. In unseren Abläufen, Tätigkeiten und Verfahren werden rechtzeitig Vorsorgemaßnahmen ergriffen.

9. Notfälle

Für umweltkritische Tätigkeiten und Verfahren arbeiten wir mit den Behörden und den betreffenden Institutionen Notfallpläne aus. Es werden notwendige organisatorische und technische Maßnahmen ergriffen, um unfallbedingte Freisetzungen von Stoffen oder Energie zu verhindern.

10. Technologien

Bei der Planung und Einführung neuer Verfahren orientieren wir uns am jeweils neuesten, fortgeschrittenen Stand der Technik. Über entsprechende Maßnahmen und Projekte werden kontinuierliche Verbesserungen des betrieblichen Umweltschutzes erzielt.

11. Umweltauswirkungen

Durch entsprechende technische und organisatorische Maßnahmen tragen wir zur Schonung der Ressourcen bei und reduzieren das Aufkommen an Abfall und Reststoffen, umweltbelastenden Emissionen und Abwässern auf ein Minimum. Die Auswirkungen der laufenden Tätigkeiten werden regelmäßig überwacht.

12. Lieferanten

Wir beziehen unsere Lieferanten und Dienstleister in unsere Bestrebungen für einen verbesserten Umweltschutz ein. Es werden Vorkehrungen getroffen, daß die auf dem Betriebsgelände arbeitenden Vertragspartner die gleichen Umweltvorgaben wie unser Unternehmen einhalten.

13. Kunden

Unsere Kunden erhalten Informationen über die Umweltaspekte unserer Produkte in Zusammenhang mit Handhabung, Verwendung, Recycling, Entsorgung und Endlagerung. Wir beliefern sie mit dem logistisch umweltfreundlichsten Verkehrsmittel.

14. Öffentlichkeit

Wir arbeiten mit Behörden, anderen Firmen und der Öffentlichkeit in Fragen des Umweltschutzes vertrauensvoll und offen zusammen. Alle Informationen, die zum Verständnis der Umweltauswirkungen unseres Unternehmens notwendig sind, stehen zur Verfügung. Mit einem Umweltbericht informieren wir regelmäßig über unsere Umweltschutzaktivitäten.

Phase 4: Durchführung einer Umweltprüfung

4.1 Einleitende Erläuterungen

➔ Was ist eine Umweltprüfung ?

Gemäß der Definition der EG-Verordnung ist die Umweltprüfung „eine erste umfassende Untersuchung der umweltbezogenen Fragestellungen und Auswirkungen und des betrieblichen Umweltschutzes im Zusammenhang mit der Tätigkeit an einem Standort".

Mit der Umweltprüfung wird der betriebliche Ist-Zustand für alle Umweltbereiche und umweltrelevanten Unternehmensbereiche ermittelt. Dies wird mit detaillierten Fragenkatalogen, umfangreichen Betriebsbegehungen, ausführlichen Gesprächen und Darstellung der aktuellen Ist-Abläufe erreicht. Grundlage für die Umweltprüfung sind die existierenden Umweltvorschriften, (Gesetze, Verordnungen, Richtlinien, etc.) sowie der Stand der Technik.

Die Fragen und Erhebungen sollen dazu dienen, die Auswirkungen der betrieblichen Tätigkeiten auf die Umwelt zu beurteilen und bewerten. Einerseits werden bereits vorhandene Umweltschutzmaßnahmen des Unternehmens ermittelt, andererseits werden Schwachstellen offengelegt.

Anhand der nicht oder nur unzureichend beantworteten Fragen der Fragebögen wird deutlich, welche Schwachstellen im Unternehmen existieren und wo Handlungsbedarf besteht. Die Ergebnisse der Umweltprüfung sind in einem Umweltprüfungsbericht niederzuschreiben. Aus den ermittelten Schwachstellen und Maßnahmen können dann Schwerpunkte für ein Umweltprogramm abgeleitet werden.

➔ Was ist der Unterschied zwischen der Umweltprüfung und der Umweltbetriebsprüfung?

In der EG-Verordnung wird zwischen einer (Ersten) Umweltprüfung und der Umweltbetriebsprüfung (Umweltaudit) unterschieden. Die Umweltbetriebsprüfung ist nach der EG-Verordnung „ein Managementinstrument, das eine systematische, dokumentierte, regelmäßige und objektive Bewertung der Leistung der Organisation des Managements und der Abläufe zum Schutz der Umwelt umfaßt,...".

Die Umweltbetriebsprüfung ist also ein Kontrollinstrument, mit dem die Wirksamkeit des Umweltmanagements überprüft werden soll. Die Ziele, die mit der Umweltbetriebsprüfung verfolgt werden, sind im wesentlichen,

→ das bestehende Umweltmanagementsystem zu bewerten,
→ die zuverlässige Umsetzung der vorgegebenen Ziele zu überprüfen,
→ die Einhaltung der Vorgaben zu garantieren,
→ und den ermittelten Soll-Zustand gegebenenfalls zu aktualisieren.

Während die Umweltprüfung somit der Erhebung des Ist-Zustandes dient, wird mit der Umweltbetriebsprüfung (dem Umweltaudit) durch einen Soll-Ist-Vergleich die Einhaltung des vorgegebenen, betrieblichen Soll-Zustandes geprüft.

Die Umweltbetriebsprüfung wird wie die Umweltprüfung anhand von Fragenkatalogen über alle umweltrelevanten Unternehmens- und Umweltbereiche durchgeführt. Jedoch unterscheiden sich die Fragestellungen erheblich voneinander. Folgende Gegenüberstellung soll dies verdeutlichen :

Umweltprüfung **Erhebung des Ist-Zustandes**	**Umweltbetriebsprüfung** **Einhaltung des festgelegten Soll-Zustandes**
• Wie und von wem werden umweltgefährdende Stoffe beschafft ?	• Bewerten und beschaffen Sie umweltrelevante Stoffe anhand definierter Vorgaben in Form einer Umweltverfahrensanweisung ?
• Wieweit spielen Umweltschutzaspekte bei der Auswahl Ihrer Lieferanten eine Rolle ?	• Bewerten und wählen Sie Lieferanten anhand schriftlicher Kriterien aus ?
• Werden in Ihrem Unternehmen Leitlinien für einen betrieblichen Umweltschutz beschrieben, und werden diese Leitlinien aktualisiert und weiterentwickelt ?	• Wird das Umweltmanagementsystem regelmäßig auf seine Wirksamkeit hin überprüft und gegebenenfalls aktualisiert ?
• Wie werden die Mitarbeiter über die betrieblichen Umweltbelange informiert ?	• Existiert ein betriebliches Weiterbildungskonzept im Rahmen des Umweltmanagementsystems ?
• Wie haben Sie die Öffentlichkeit über umweltrelevante Aspekte Ihres Unternehmens informiert ?	• Veröffentlichen Sie einen jährlichen Umweltbericht, der bestimmte Mindestbestandteile enthält ?

Aus der Art der Fragestellung wird deutlich, daß es sich bei der Umweltprüfung um eine einmalige Bestandsaufnahme handelt. Im Gegensatz hierzu findet die Umweltbetriebsprüfung, nachdem ein Umweltmanagement aufgebaut wurde, regelmäßig zur Überprüfung des Soll-Zustandes statt. Die Umweltbetriebsprüfung muß gemäß der EG-Verordnung Artikel 4 und Anhang II, Abschnitt H mindestens alle 3 Jahre durchgeführt und in diesem Zeitraum abgeschlossen werden.

Die im folgenden aufgeführten Fragenkataloge dienen zur Unterstützung der Umweltprüfung. Allgemein gilt, daß Fragen, die nicht oder nur unzureichend beantwortet werden können, einen Handlungsbedarf aufzeigen. Diese Fragen sind mit einem „***H***“ zu kennzeichnen.

Im Anschluß an die Fragenkataloge finden sich ausgearbeitete Umweltprüfungsberichte. Sie besitzen folgenden Aufbau:

Zusammenfassung

1. Aufgabenstellung, Prüfungsumfang und Ziele
2. Referenzdokumente und Prüfungskriterien
3. Ablauf der Prüfung
4. Ist-Zustand
5. Soll-Zustand
6. Maßnahmenprogramm
7. Prüfungsleitung

4.2 Fragenkataloge der Modellfirma

UMWELTPOLITIK

Allgemein
UP 100

Organisation
UP 200

Mitarbeiter
UP 300

Datum :

Prüfungsleiter:

Teilnehmer:

Anmerkung: Fragen, die einen Handlungsbedarf zeigen, sind mit „***H***" zu kennzeichnen.

Allgemein
UP 100

UP 101: Wie schätzen Sie die gegenwärtige Umweltsituation in Ihrem Unternehmen und im Umfeld Ihres Standortes ein?

UP 102: Welche Umweltschutzmaßnahmen wurden in den letzten 3 - 5 Jahren durchgeführt?

UP 103: Welche Umweltaktivitäten sind für die nächsten 3 - 5 Jahre geplant?

UP 104: Wo liegen Ihrer Einschätzung nach die Schwachstellen im betrieblichen Umweltschutz?

UP 105: Welche Verbesserungen ließen sich Ihrer Einschätzung nach in einem absehbaren Zeitraum realisieren?

UP 106: Wie informieren Sie sich über Entwicklungen in betrieblichen Umweltbelangen? (Verordnungen, Gesetze, neue Techniken, etc.)

____

____

UP 107: Verfügt Ihr Unternehmen über ein festes Budget, das ausschließlich für den Umweltschutz vorgesehen ist?

____

____

UP 108: Wie werden die wesentlichen Verursacher von Umweltschutzkosten im Unternehmen ermittelt?

____

____

UP 109: Wie schätzt die Bevölkerung Ihr Unternehmen bezüglich des Umweltschutzes ein?

____

____

Organisation
UP 200

UP 201: Welche Leitlinien existieren in Ihrem Unternehmen für einen betrieblichen Umweltschutz?

____

____

UP 202: Auf welche Unternehmensbereiche beziehen sich die Leitlinien zum betrieblichen Umweltschutz?

____

____

UP 203: Welche konkreten Zielsetzungen sind aus den Leitlinien abgeleitet worden?

____

____

UP 204: Wie wurde bisher sichergestellt, daß die aus den Zielsetzungen abgeleiteten Maßnahmen tatsächlich umgesetzt wurden und einer Erfolgskontrolle unterlagen?

____

____

UP 205: Wie wird der Umweltschutz in den einzelnen Unternehmensbereichen integriert, und welchen Stellenwert hat er jeweils?

____

____

UP 206: Welche umweltrelevanten Daten und Informationen werden im Unternehmen bisher erhoben? (Emissionen, Wasser, Energie, etc.)

____

____

UP 207: Wie und von wem werden diese Daten genutzt?

____

____

UP 208: Wie setzt sich eine Arbeitsgruppe oder ein regelmäßig tagender Umweltausschuß zusammen?

____

____

UP 209: Inwieweit hat diese Arbeitsgruppe bei umweltrelevanten Entscheidungen Mitspracherecht?

____

____

Mitarbeiter
UP 300

UP 301: Wie werden Umweltschutzbelange in ein Verbesserungsvorschlagswesen einbezogen?

____

____

UP 302: Wie versuchen Sie bei Ihren Mitarbeitern in allen Bereichen das Verantwortungsbewußtsein für die Umwelt zu fördern?

____

____

UP 303: Wie informieren Sie Ihre Mitarbeiter über den betrieblichen Umweltschutz?

____

____

UP 304: Wie motivieren Sie Ihre Mitarbeiter zu umweltbewußtem Verhalten am Arbeitsplatz?

____

____

UP 305: Wie stehen die Mitarbeiter, Ihrer Einschätzung nach, dem Umweltschutz gegenüber?

____

____

UP 306: Wie stehen, Ihrer Ansicht nach, die Führungskräfte der angestrebten Umweltpolitik gegenüber?

____

____

UP 307: Wie vermitteln Sie allen Mitarbeitern die Bedeutung der betrieblichen Umweltpolitik?

____

____

UP 308: Welche Rolle spielt die Einhaltung der Umweltpolitik an umweltrelevanten Arbeitsplätzen?

____

____

MANAGEMENT-AUFGABEN

Umweltschutzbeauftragter
MA 100

Organisation
MA 200

Datum :

Prüfungsleiter :

Teilnehmer:

Anmerkung: Fragen, die einen Handlungsbedarf zeigen, sind mit „***H***“ zu kennzeichnen.

Umweltschutzbeauftragter
MA 100

MA 101: Für welche Aufgaben haben Sie externe oder interne Betriebsbeauftragte bestellt?

____

____

MA 102: Welche Umweltschutzaufgaben werden von diesen Mitarbeitern wahrgenommen?

____

____

MA 103: Über welche Fachkunde und Zuverlässigkeit verfügt der als Betriebsbeauftragte bestellte Mitarbeiter?

____

____

MA 104: Welche Ausbildung und Betriebszugehörigkeit besitzt der beauftragte Mitarbeiter?

____

____

MA 105: Welche weiteren Funktionen übt der Betriebsbeauftragte neben seiner Umweltschutztätigkeit noch aus?

____

____

MA 106: Wie wird sichergestellt, daß bei Doppelbenennungen (z.B. Leiter der Galvanik und gleichzeitig Umweltschutzbeauftragter) keine Interessenkonflikte entstehen können?

____

____

MA 107: Wie ist die regelmäßige Fortbildung der Betriebsbeauftragten sichergestellt?

____

____

MA 108: Welche Führungsaufgaben hat der Umweltschutzbeauftragte bisher wahrgenommen?

____

____

Organisation
MA 200

MA 201: Welche Weisungsbefugnis besitzt der Umweltverantwortliche?

____

____

MA 202: Wie wird die Zusammenarbeit mit den Linienstellen / Abteilungen im Unternehmen geregelt?

____

____

MA 203: Wie wird sichergestellt, daß der Betriebsbeauftragte seine Koordinierungspflicht und die Informationspflicht wahrnimmt?

____

____

MA 204: Wie wird sichergestellt, daß die Funktionen / Abteilungen die Beratung und Mitwirkung durch den Betriebsbeauftragten ausreichend wahrnehmen?

____

____

MA 205: Welche Zielkonflikte gab es zwischen Linienverantwortlichen und dem Betriebsbeauftragten?

____

____

MA 206: Wie wird sichergestellt, daß der Betriebsbeauftragte zeitlich immer in der Lage ist, die Umweltschutzaufgaben wahrzunehmen?

____

____

MA 207: Welche notwendigen Arbeitsmittel werden dem Betriebsbeauftragten für die Erfüllung seiner Umweltschutzaufgaben zur Verfügung gestellt?

____

____

MA 208: Welche Aufgabenbeschreibungen liegen für die im Umweltschutz tätigen Mitarbeiter vor?

____

____

MA 209: Welche Anweisungen für umweltrelevante Tätigkeiten sind am jeweiligen Arbeitsplatz der Abteilung verfügbar?

____

____

MA 210: Welche Mitarbeiterschulungen und Umweltworkshops werden regelmäßig durch den Betriebsbeauftragten organisiert?

____

____

MA 211: Welche Kontrollgänge werden in regelmäßigen Zeitabständen durch die verantwortlichen Personen in allen umweltrelevanten Bereichen durchgeführt ?

____

____

MA 212: Welche schriftlichen Protokolle werden über die Ergebnisse der Kontrollgänge erstellt?

____

____

MA 213: Welche Erfolgskontrollen werden durchgeführt um die Behebung der festgestellten Mängel zu prüfen?

____

____

UNTERLAGEN-PRÜFUNG UND DOKUMENTATION

Organisation
UD 100

Aufsichtsämter
UD 200

Umweltvorschriften
UD 300

Datum :

Prüfungsleiter :

Teilnehmer:

Anmerkung: Fragen, die einen Handlungsbedarf zeigen, sind mit „***H***" zu kennzeichnen.

Organisation
UD 100

UD 101: Welche genehmigungspflichtigen, umweltrelevanten Anlagen betreiben Sie?

UD 102: Welche Genehmigungsbescheide liegen für diese Anlagen vor?

UD 103: Welche Auflagen aus den Genehmigungsbescheiden müssen in Ihrem Unternehmen beachtet werden?

UD 104: Wer ist für die Einholung und Änderung von Anlagen-Genehmigungen verantwortlich?

UD 105: Welche Anlagen am Standort unterliegen der Störfallverordnung?

UD 106: Für welche Anlagen sind Sicherheitsanalysen zu erstellen?

____

____

UD 107: Welche nichtgenehmigungsbedürftigen umweltrelevanten Anlagen werden am Standort betrieben?

____

____

UD 108: Welche Kenntnisse besitzen die verantwortlichen Mitarbeiter zur Betreuung der Anlagen?

____

____

Aufsichtsämter
UD 200

UD 201: Mit welchen Behörden und dortigen Ansprechpartnern hatte Ihr Betrieb bereits Kontakt? (z.B. Wasserwirtschaftsamt, Gewerbeaufsichtsamt)

____

____

UD 202: Wie stufen Sie die Zusammenarbeit mit der zuständigen Behörde ein?

____

____

UD 203: Welche freiwilligen Absprachen wurden in Zusammenarbeit mit der Behörde getroffen?

____

____

UD 204: Wie wird Ihr Betrieb von der Behörde im Bereich des Umweltschutzes überprüft?

____

____

UD 205: Wie wird sichergestellt, daß die in Ihrem Betrieb vorhandenen Umweltschutzeinrichtungen die behördlichen Anforderungen immer erfüllen?

____

____

Umweltvorschriften
UD 300

UD 301: Wie können Sie die zukünftigen Umweltanforderungen für Ihren Betrieb abschätzen?

____

____

UD 302: Wie informieren Sie sich regelmäßig über neuere Gesetze und Verordnungen im Umweltschutz?

____

____

UD 303: Welche vollständige Übersicht über die für Ihren Standort gültigen Gesetze, Verordnungen bzw. behördlichen Auflagen haben Sie zusammengestellt?

____

____

UD 304: Wie wird die ständige Aktualisierung der Übersicht „Umweltvorschriften" sichergestellt?

____

____

UD 305: Wie und von wem werden die Rechtsvorschriften den einzelnen Betriebsbereichen zugeordnet?

____

____

UD 306: Wie stellen Sie die Einhaltung der für Ihr Unternehmen geltenden Umweltvorschriften sicher?

____

____

UD 307: Welche kommunalen Umweltschutzauflagen / -anforderungen liegen vor?

____

____

UD 308: Wie berücksichtigen Sie Verwaltungsvorschriften in Ihrem betrieblichen Umweltschutz?

____

____

UMWELTMANAGE-MENTSYSTEM

Betriebliche Organisation
UM 100

Umweltprogramm / -ziele
UM 200

Umwelterklärung
UM 300

Datum :

Prüfungsleiter :

Teilnehmer:

Anmerkung: Fragen, die einen Handlungsbedarf zeigen, sind mit „***H***“ zu kennzeichnen.

Betriebliche Organisation
UM 100

UM 101: Verfügt Ihr Unternehmen über ein Umweltmanagementsystem?

____

____

UM 102: Beschreiben Sie kurz den Aufbau dieses Umweltmanagementsystems.

____

____

UM 103: Beschreiben Sie kurz die einzelnen Systemelemente Ihres Umweltmanagementsystems sowie die Wechselwirkungen der Systemelemente untereinander.

____

____

UM 104: Wie ist das Umweltmanagementsystem in Ihre Unternehmensstruktur eingebunden?

____

____

UM 105: Wie sind die Zuständigkeiten und Verantwortlichkeiten innerhalb des Umweltmanagementsystems definiert?

____

____

UM 106: Wer ist für die Beschreibung der einzelnen Systemelemente verantwortlich?

____

____

UM 107: Wer ist für die Änderungen und die Fortentwicklung des Umweltmanagementsystems verantwortlich?

____

____

UM 108: Welches Mitglied der Geschäftsleitung wurde als Managementvertreter zur Aufrechterhaltung des Umweltmanagementsystems bestellt?

____

____

UM 109: Wie stellen Sie bei Änderungen des Umweltmanagementsystems die ordnungsgemäße Abstimmung mit den betroffenen Bereichen im Unternehmen sicher?

____

____

UM 110: Wer ist für die Erstellung, die Pflege und die Verteilung des Umweltmanagementhandbuches verantwortlich?

____

____

UM 111: Wer ist für die Erstellung, die Pflege und die Verteilung von Umweltverfahrensanweisungen und Umweltarbeitsanweisungen verantwortlich?

____

____

UM 112: Wie ist eine umfassende Dokumentation innerhalb des Umweltmanagementsystems sichergestellt? (Im Hinblick auf die Darstellung von Umweltpolitik, Umweltzielen und Umweltprogrammen, die Beschreibung von Verantwortlichkeiten und die Beschreibung der Wechselwirkungen zwischen den einzelnen Systemelementen.)

____

____

UM 113: Wie ist die regelmäßige Durchführung von Umweltmanagementreviews geregelt?

____

____

UM 114: Wie und von wem werden Häufigkeit, Umfang und Zeitrahmen beschrieben?

____

____

UM 115: Welche Erfahrungen liegen mit bisher durchgeführten Reviews vor?

____

____

Umweltprogramm / -ziele
UM 200

UM 201: Welche Umweltziele hat die Unternehmensleitung festgelegt?

____

____

UM 202: Wie werden die Unternehmensziele im Umweltschutz von allen betroffenen Abteilungen umgesetz?

____

____

UM 203: Wie tragen die Ziele zur kontinuierlichen Verbesserung des betrieblichen Umweltschutzes bei?

____

____

UM 204: Welche quantitativen Verbesserungen konnten in den letzten 5 Jahren erzielt werden?

____

____

UM 205: Wer ist im Rahmen des Umweltprogramms für die Verwirklichung der Maßnahmen verantwortlich?

____

____

UM 206: Welche Mittel (Personal, Kapital, Zeit) stehen für die Umsetzung der Maßnahmen zur Verfügung?

____

____

UM 207: Wie werden neue Produkte und Dienstleistungen im Umweltprogramm berücksichtigt?

____

____

UM 208: Welche Richtlinien finden für neue Produkte und Dienstleistungen Anwendung?

____

____

UM 209: Wie werden Maßnahmen zur Verbesserung der Umweltsituation einer Erfolgskontrolle unterzogen?

____

____

UM 210: Wer ist für die Erfolgskontrolle verantwortlich?

____

____

Umwelterklärung
UM 300

UM 301: Welche Umwelterklärungen / -berichte liegen in Ihrem Unternehmen vor?

____

____

UM 302: Welche Öffentlichkeitsarbeit betreiben Sie im Bereich des betrieblichen Umweltschutzes?

____

____

UM 303: Nach welchen Kriterien beurteilen Sie in einer Umwelterklärung die Umweltauswirkungen entsprechender Tätigkeiten?

____

____

UM 304: Aus welchen Betriebsdaten werden die zusammenfassenden Zahlenangaben ermittelt?

____

____

UM 305: Wer ist für die Erhebung, Aufbereitung und Qualität der Umweltdaten des Unternehmens verantwortlich?

____

____

UM 306: Welche Verknüpfungen zur betrieblichen Datenerfassung existieren?

____

____

UM 307: Wie haben sich die Umweltdaten über die letzten 5 Jahre entwickelt?

____

____

UM 308: Welche spezifischen bzw. absoluten Verbesserungen der betrieblichen Umweltsituation konnte erreicht werden?

____

____

UM 309: Wie haben sich die Umweltkosten entwickelt?

____

____

UM 310: In welcher Position stehen Sie zu Ihren Mitbewerbern?

____

____

UMWELT-
INFORMATION

Umweltschutzaufzeichnungen
UI 100

Umweltinformationssystem
UI 200

Datum :

Prüfungsleiter :

Teilnehmer:

Anmerkung: Fragen, die einen Handlungsbedarf zeigen, sind mit „***H***" zu kennzeichnen.

Umweltschutzaufzeichnungen
UI 100

UI 101: Gibt es eine Zusammenstellung aller Dokumente, die für den Umweltschutz Bedeutung haben?

____

____

UI 102: Wer ist für die laufende Zusammenstellung und Vollständigkeit der Dokumente verantwortlich?

____

____

UI 103: Wie stellen Sie sicher, daß alle Dokumente und Daten für den Umweltschutz an den jeweiligen Stellen, an denen die umweltrelevanten Tätigkeiten durchgeführt werden, verfügbar sind?

____

____

UI 104: Nach welchem Verfahren sind Genehmigung, Herausgabe und Änderung aller umweltrelevanter Dokumente und Daten geregelt?

____

____

UI 105: Gibt es eine Liste, in der alle gültigen Änderungszustände der Dokumente für den Umweltschutz aufgelistet sind? Wer führt diese Liste?

____

____

UI 106: Welche Umweltschutzaufzeichnungen und Dokumente sind zu erstellen?

____

____

UI 107: Für welche Aufzeichnungen sind Formblätter mit Vorgaben vorhanden?

____

____

UI 108: Wie stellen Sie sicher, daß alle wichtigen Listen und Kataster zu den Umweltbereichen Abfälle / Rohstoffe, Abwasser, Emissionen (Abluft), Lärm, Gefahrstoffe, Energien, Wasserverbrauch ordnungsgemäß geführt werden?

____

____

UI 109: In welcher Form sind die Anforderungen an die Inhalte dieser Listen / Kataster beschrieben?

____

____

UI 110: Wer ist jeweils für die Erstellung und Aktualisierung verantwortlich?

____

____

UI 111: Wie stellen Sie sicher, daß alle Aufzeichnungen (Kataster, Meßergebnisse, etc.) regelmäßig aus den jeweiligen Abteilungen zur „zentralen Stelle“ (Umweltschutzbeauftragter) gelangen?

____

____

UI 112: Wie stellen Sie generell die Sammlung und den Austausch von innerbetrieblichen Umweltinformationen sicher?

____

____

UI 113: Wie stellen Sie die Einhaltung der gesetzlichen Aufbewahrungsfristen sicher?

____

____

UI 114: Gelten die Aufzeichnungen für normale und anormale Betriebsbedingungen?

____

____

UI 115: Welche Zielsetzungen liegen für weitergehende Umweltbilanzierungen vor?

____

____

Umweltinformationssystem
UI 200

UI 201: Verfügt Ihr Unternehmen über eine Art zentrale Datenbank (Umweltinformationssystem), in der beispielsweise die umweltrelevanten Informationen und Daten über alle Einsatzstoffe enthalten sind?

____

____

UI 202: Beschreiben Sie kurz den Aufbau dieser Datenbank.

____

____

UI 203: Welche Daten sind enthalten? (Gefahrstoffe, Abfälle, etc.)

____

____

UI 204: Wer ist für die kontinuierliche Pflege und Überarbeitung der Datenbank zuständig?

____

____

UI 205: Wer hat Zugang zu dieser Datenbank?

____

____

UI 206: Wie ist eine Benutzung durch Unbefugte ausgeschlossen?

___

___

UI 207: Wie ist die ständige Verfügbarkeit der Daten für die zugelassenen Benutzer sichergestellt?

___

___

UI 208: Welche Erfahrungen haben Sie bisher mit dieser Datenbank gemacht?

___

___

UI 209: In welchem Maß wird die Datenbank im Unternehmen genutzt?

___

___

PRÜFMITTEL

Einführung / Registrierung
PM 100

Fehlerhafte Prüfmittel
PM 200

Datum :

Prüfungsleiter :

Teilnehmer:

Anmerkung: Fragen, die einen Handlungsbedarf zeigen, sind mit „***H***" zu kennzeichnen.

Einführung / Registrierung
PM 100

PM 101: Wer ist für die Beschaffung, Kalibrierung, Überwachung und Instandhaltung der Prüfmittel verantwortlich?

PM 102: Welche Anweisungen gibt es, um die ordnungsgemäße Überwachung, Kalibrierung und Instandhaltung aller Prüfmittel und Prüfhilfsmittel (inklusive Software) zu garantieren?

PM 103: Wie werden die Meß- und Prüfmittel, die zur Überwachung von Umweltschutzanforderungen eingesetzt werden, gekennzeichnet?

PM 104: Wer überwacht die ordnungsgemäße Kennzeichnung der Prüfmittel?

PM 105: Wer ist für die Erfassung aller Prüfmittel und Meßgeräte, die zur Überwachung von Umweltschutzanforderungen eingesetzt werden, verantwortlich?

PM 106: Wie stellen Sie sicher, daß in der Erfassung alle notwendigen prüfmittelspezifischen Daten, sowie Kalibrierstatus und Überwachungsintervall enthalten sind?

____

____

PM 107: Wie sind Prüfplanung und Anwenderrichtlinien aufgebaut?

____

____

PM 108: Wie wird sichergestellt, daß das bestehende Prüfmittelsystem die Auswahl geeigneter Prüfmittel zur Überprüfung von Umweltschutzanforderungen, je nach Verwendungszweck, ermöglicht?

____

____

PM 109: Wie ist gewährleistet, daß alle umweltrelevanten Prüfmittel die vorgesehenen Prüfungen und Kalibrierungen durchlaufen haben?

____

____

PM 110: Wie ist der Prüfstatus erkennbar? (Entsprechende Kennzeichnung am Prüfmittel selbst oder auf andere Weise.)

____

____

PM 111: Geht aus den Aufzeichnungen hervor, welcher Prüfer die Umweltprüfung verantwortlich durchgeführt hat?

____

____

PM 112: Wie stellen sie die ordnungsgemäße Beschaffung und Eingangsprüfung umweltrelevanter Prüfmittel sicher?

____

____

PM 113: Wie stellen Sie die sachgerechte Wartung und Kalibrierung sicher?

____

____

Fehlerhafte Prüfmittel
PM 200

PM 201: Wie wird mit als fehlerhaft erkannten Prüfmitteln verfahren?

____

____

PM 202: Wie ist sichergestellt, daß reparierte Prüfmittel eine nochmalige Eingangsprüfung und Kalibrierung durchlaufen?

____

____

PM 203: Wie werden die mit fehlerhaften Prüfmitteln ermittelten Daten überprüft und deren Auswirkungen auf die Ergebnisse bewertet?

____

____

KORREKTUR-MASSNAHMEN

Betriebliche Organisation
KM 100

Umweltstörfall
KM 200

Anwohner
KM 300

Datum :

Prüfungsleiter :

Teilnehmer:

Anmerkung: Fragen, die einen Handlungsbedarf zeigen, sind mit „***H***" zu kennzeichnen.

Betriebliche Organisation
KM 100

KM 101: Wie sind die Zuständigkeiten und Verantwortlichkeiten im Falle von Korrekturmaßnahmen festgelegt?

____

____

KM 102: Welche Verfahren gibt es, die die Festlegung und Durchführung von Maßnahmen zur Ursachenbeseitigung von Fehlern festlegen?

____

____

KM 103: Wie stellen Sie sicher, daß die bei Kontrollen und Überwachungen ermittelten Soll-Ist-Abweichungen durch geeignete Korrekturmaßnahmen behoben werden?

____

____

KM 104: Wie stellen Sie die Wirksamkeit der beschlossenen Korrekturmaßnahmen sicher?

____

____

KM 105: Wie werden die Änderungen dokumentiert, die sich aus den Korrekturmaßnahmen ergeben?

____

____

KM 106: Welche Vorsorgemaßnahmen werden eingeleitet, um eine Wiederholung der Soll-Ist-Abweichungen auszuschließen?

____

____

KM 107: Gibt es einen regelmäßig tagenden Ausschuß, der die Ursachen von Fehlern, die zu Umweltschäden führen können, ermittelt und untersucht?

____

____

KM 108: Welche Maßnahmen wurden ergriffen, um den Eingriff Unbefugter in den Anlagenbetrieb zu verhindern?

____

____

Umweltstörfall
KM 200

KM 201: Wer hat bei Betriebsstörungen / Störfällen / Notfällen die Verantwortung und die Entscheidungsbefugnis?

____

____

KM 202: Welche Störungen bisher sind aufgetreten?

____

____

KM 203: Welchen Alarm- oder Notfallplan gibt es für Betriebsstörungen an Ihrem Standort?

____

____

KM 204: Welche besondere Verfahren wurden zusammen mit den Behörden ausgearbeitet, um die Auswirkungen von Störfällen möglichst gering zu halten?

____

____

KM 205: Wie werden die Notfallpläne auf dem neuesten Stand gehalten?

____

____

KM 206: Wie wird sichergestellt, daß alle festgestellten Umweltschäden bezüglich ihrer Ursachen systematisch untersucht werden?

KM 207: Wie ist sichergestellt, daß bei Betriebsstörungen oder Störfällen die möglicherweise betroffene Nachbarschaft oder Öffentlichkeit unverzüglich sachgerecht informiert wird?

KM 208: Wie ist sichergestellt, daß alle Maßnahmen zum Schutz vor freigesetzten Stoffen, Vorkehrungen für den Brandfall (Zurückhalten von Löschwasser), etc. getroffen werden?

KM 209: Welche speziellen Sicherheitseinrichtungen sind z.B. in Form von Brandfrüherkennungs- / Löscheinrichtungen in der Nähe von Lägern und Umschlagsplätzen vorhanden?

KM 210: In welchen Abständen werden mit den Mitarbeitern in Ihrem Unternehmen Notfallübungen durchgeführt?

KM 211: In welchen Abständen werden mit der örtlichen oder betriebseigenen Feuerwehr Betriebsbegehungen durchgeführt?

____

____

KM 212: Welche Schwachstellen wurden bei den Begehungen oder Übungen festgestellt?

____

____

KM 213: Welche Maßnahmen wurden geplant oder ergriffen um dies zu ändern?

____

____

Anwohner
KM 300

KM 301: Welche Beschwerden gibt es von Anwohnern, über die von Ihrem Betrieb ausgehenden Belästigungen? (Lärm, Geruch, Wasserverunreinigungen, etc.)

____

____

KM 302: Führen Sie regelmäßig einen „Tag der offenen Tür" durch und stellen Sie dabei auch Belange des Umweltschutzes heraus?

____

____

KM 303: Wie sieht Ihre Öffentlichkeitsarbeit im Bereich Umweltschutz aus?

____

____

KM 304: Wie ist Ihrer Einschätzung nach das Betriebsimage in Fragen des Umweltschutzes bei Ihren direkten Nachbarn?

____

____

KM 305: Wie stellen sie Ihre Leistungen im Umweltschutz gegenüber den Mitarbeitern, Medien und den Anwohnern dar?

____

____

MARKETING UND VERTRIEB

Organisation
MV 100

Kundenbetreuung
MV 200

Verkaufsförderung
MV 300

Datum :

Prüfungsleiter :

Teilnehmer :

Anmerkung: Fragen, die einen Handlungsbedarf zeigen, sind mit „***H***“ zu kennzeichnen.

	Umwelt- prüfung	Marketing und Vertrieb Ausgabe : Datum : Seite :

Betriebliche Organisation
MV 100

MV 101: Welche umweltrelevanten Aspekte werden bei der Angebots- und Vertragsprüfung berücksichtigt?

____

____

MV 102: Wie werden die Innen- und Außendienstmitarbeiter von „Marketing / Vertrieb“ hinsichtlich umweltrelevanter Produktmerkmale informiert und geschult?

____

____

MV 103: Welche Vertriebsunterstützungen durch Umweltpräsentationen gibt es?

____

____

MV 104: Welche konkrete Vorgaben gibt es im Bereich „Marketing / Vertrieb“, um die Umweltphilosophie des Unternehmens nach außen hin zu vertreten?

____

____

MV 105: Wie werden Öffentlichkeit und Kunden regelmäßig über umweltrelevante Aspekte der Produkte / Dienstleistungen informiert?

____

____

	Umwelt-prüfung	Marketing und Vertrieb Ausgabe : Datum : Seite :

MV 106: Welche Studien zur Umweltrelevanz der Produkte / Dienstleistungen wurden angefertigt?

____

____

MV 107: Woher beziehen Sie Informationen über die relevanten Umweltaspekte im Bereich Marketing und Vertrieb?

____

____

MV 108: In welcher Form werden bei Kooperationen Vereinbarungen über gemeinsame Umweltstandards getroffen?

____

____

Kundenbetreuung
MV 200

MV 201: Welche Serviceleistungen zur Erhöhung der Produktlebensdauer bieten Sie an?

____

____

MV 202: Wie werden Ihre Kunden über diese Serviceleistungen informiert?

____

____

MV 203: Wie wird in Gebrauchsanweisungen und Betriebsanleitungen für das Produkt auf Umweltfragen eingegangen?

____

____

MV 204: Wie werden Verbesserungsvorschläge bezüglich Entsorgung und Umweltschutz von Seiten des Kunden im Unternehmen umgesetzt?

____

____

MV 205: Werden dem Kunden Entsorgungsmöglichkeiten von unvermeidbaren Einwegverpakkungen aufgezeigt?

____

____

MV 206: Welches Konzept zur Weiter- / Wiederverwendung Ihrer Produkte bieten Sie Ihren Kunden an?

____

____

MV 207: Welche Konzepte zur Weiter- / Wiederverwendung von Fremdfabrikaten bieten Sie Ihren Kunden an?

____

____

MV 208: Welche ökologischen Aspekte erheben Sie regelmäßig bei Ihren Umfragen?

____

____

MV 209: Wie berücksichtigen Sie Umweltschutzgedanken bei Geschäftsreisen?

____

____

MV 210: Welche Werkzeuge zur Wegstreckenoptimierung bei Geschäftsreisen setzen Sie ein?

____

____

MV 211: Wie werden Umweltaspekte bei dem Betrieb und der Beschaffung der Fahrzeugflotte berücksichtigt?

____

____

MV 212: Wie berücksichtigen Sie ökologische Belange bei der Akquisition von Aufträgen?

____

____

MV 213: Wie wirken Sie auf eine möglichst umweltfreundliche Distribution hin?

____

____

MV 214: Wie fördern Sie die Versendung in Sammelaufträgen?

____

____

Verkaufsförderung
MV 300

MV 301: Welche Rolle spielen Umweltschutzgedanken bei der Festlegung der Markenpolitik?

____

____

MV 302: Wie werden Möglichkeiten für umweltfreundliche Werbemittel berücksichtigt?

____

____

MV 303: Welche Hinweise auf Umweltaspekte finden sich auf den Produktverpackungen bzw. den Gebrauchsanweisungen?

____

____

MV 304: Welche ökologischen Kriterien gibt es für Werbegeschenke? Wie stark werden diese berücksichtigt?

____

____

MV 305: Nach welchen ökologischen Kriterien werden Muster & Warenproben ausgesucht?

____

____

MV 306: Wie werden Umweltschutzaspekte bei der Handelspromotion berücksichtigt?

____

____

MV 307: Wieweit spielt Umweltschutz beim Sponsoring des Unternehmens eine Rolle?

____

____

MV 308: Wie wird sichergestellt, daß keine umweltschädigenden Engagements übernommen werden?

____

____

MV 309: Welche Informationen über Umweltaktivitäten und -auswirkungen finden sich in den Pressemappen des Unternehmens?

____

____

MV 310: Welche ökologischen Richtlinien gibt es für Messen, Tagungen/Konferenzen und Ausstellungen?

____

____

MV 311: Wie gestalten Sie Ihren Messeauftritt unter Umweltschutzaspekten?

MV 312: Welche ökologischen Kosten werden in der Preiskalkulation berücksichtigt?

MV 313: Wie und durch wen werden ökologische Wirtschaftlichkeitsanalysen für Produkte durchgeführt?

ENTWICKLUNG

Betriebliche Organisation
EW 100

Planung / Konstruktion
EW 200

Datum :

Prüfungsleiter :

Teilnehmer:

Anmerkung: Fragen, die einen Handlungsbedarf zeigen, sind mit „***H***“ zu kennzeichnen.

Betriebliche Organisation
EW 100

EW 101: Wie und durch wen werden die Umweltauswirkungen für jedes neue Produkt innerhalb der Entwicklung beurteilt?

____

____

EW 102: Wie wird Ihr Unternehmen von Produktrücknahmen (freiwillig, gesetzlich) betroffen werden?

____

____

EW 103: Wie bereiten Sie sich schon heute bei der Entwicklung neuer Produkte auf etwaige Rücknahmeverordnungen vor?

____

____

EW 104: Wie wird bei der Entwicklung auf die generelle Vermeidung oder Verminderung von Produktionsabfällen geachtet?

____

____

EW 105: Wie wird die Wiederaufbereitung von unvermeidbaren Produktionsabfällen sichergestellt?

____

____

	**Umwelt-prüfung**	**Entwicklung** **Ausgabe :** **Datum :** **Seite :**

EW 106: Wie wird sichergestellt, daß bei Konstruktion und Planung alle Möglichkeiten zur Kreislaufführung ausgeschöpft werden?

EW 107: Welche ökologischen Produktinformationen werden bei der Entwicklung eines neuen Produktes erarbeitet?

EW 108: Wie wird sichergestellt, daß nur Produkte, die umweltfreundlich sind, freigegeben werden?

EW 109: Wie wird bei der Erstellung von Pflichtenheften auf Berücksichtigung der Umweltverträglichkeit geachtet ?

EW 110: Wie stellen Sie sicher, daß die Kriterien für Umweltverträglichkeit und Materialauswahl jedem verantwortlichen Mitarbeiter im Bereich Entwicklung bekannt sind?

EW 111: Wie werden unvollständige und / oder unklare Umweltanforderungen an das Produkt mit dem Betriebsbeauftragten für Umweltschutz geklärt?

____

____

EW 112: Wie werden Pläne über neue Entwicklungsvorhaben der aktuellen und zukünftig absehbaren Umweltgesetzgebung und dem fortgeschrittenen Stand der Technik angepaßt?

____

____

EW 113: Welche Verfahren existieren, um umweltgefährdende Produkte sicher zu verpacken?

____

____

EW 114: In welchem Maß finden Mehrwegverpackungen Verwendung?

____

____

EW 115: Welche Möglichkeiten bestehen, um umweltbelastende Einwegverpackungen zu vermeiden?

____

____

Planung / Konstruktion
EW 200

EW 201: Können Sie an konkreten Fällen zeigen, daß bei Konstruktion und Planung die Umweltschutzanforderungen berücksichtigt wurden?

____

____

EW 202: Inwiefern bezieht sich die Erfüllung der Umweltschutzanforderungen dabei sowohl auf das Produkt als auch auf das Produktionsverfahren?

____

____

EW 203: Wie werden die Produkte unter ganzheitlichen Aspekten konzipiert, d.h. Berücksichtigung der ökologischen Anforderungen von der Entwicklung über Produktion und Verwendung bis zur Entsorgung?

____

____

EW 204: Wie und von wem werden Forschungs-, Entwicklungs- und Konstruktionsergebnisse auf umweltgefährdende Aspekte überprüft?

____

____

EW 205: Wie wird auf recyclinggerechtes Konstruieren geachtet?

____

____

EW 206: Wie wird sichergestellt, daß auch bei Produktänderungen ökologische Gesichtspunkte berücksichtigt werden?

EW 207: Wie und durch wen wird geprüft, welche Auswirkungen bestimmte Inhaltsstoffe, Rezepturen oder Verpackungsmaterialien auf die Umwelt haben?

EW 208: Werden bei der Produktentwicklung umweltgefährdende Materialien durch umweltfreundliche Rohstoffe und Materialien ersetzt? Welche umweltrelevanten Materialien konnten in den letzten 5 Jahren ersetzt werden?

EW 209: Wie wird durch den Einsatz von Sekundärrohstoffen auf die Schonung der Ressourcen geachtet?

EW 210: Welche Sekundärrohsstoffe finden bereits Verwendung?

TECHNOLOGIEN

Anlagen
TE 100

Überwachung
TE 200

Datum :

Prüfungsleiter :

Teilnehmer:

Anmerkung: Fragen, die einen Handlungsbedarf zeigen, sind mit „*H*" zu kennzeichnen.

Anlagen
TE 100

TE 101: Wie und von wem werden etwaige Umweltauswirkungen im voraus für jedes neue oder geänderte Verfahren beurteilt?

____

____

TE 102: Wie berücksichtigen Sie Umweltaspekte bei der Einführung neuer Technologien?

____

____

TE 103: Welche umweltfreundlichen Technologien haben Sie in den letzten 5 Jahren eingeführt?

____

____

TE 104: Wie, von wem und nach welchen Kriterien werden alle bisher eingesetzten Technologien und Fertigungsverfahren auf ihre Umweltverträglichkeit hin überprüft?

____

____

TE 105: Über welche Marktinformationen zum Stand der Technik verfügen Sie?

____

____

	Umwelt- prüfung	Technologien Ausgabe : Datum : Seite :

TE 106: Besteht eine Auflistung umweltrelevanter Produktions- und Fertigungsverfahren nach Art, Standort, Genehmigung, etc., z.B. in Form eines Anlagenkatasters?

Anlage / Masch.-Nr	Kst.	Genehmigung	Inbetrieb-nahme	Ver-schrottung	Techno-logie	Einsatz-stoffe	Neben-produkte

TE 107: Wie wird für alle Technologien der „bestimmungsgemäße Gebrauch" sichergestellt?

____

____

TE 108: Welche Pflichtenhefte zur Beschaffung umweltfreundlicher Technologien existieren?

____

____

TE 109: Wie berücksichtigen Sie Umweltaspekte bei der Inbetriebnahme von Anlagen?

____

____

Überwachung
TE 200

TE 201: Welche Überwachungs- und Instandhaltungspläne liegen für alle umweltrelevanten Analgen und Einrichtungen vor?

____

____

TE 202: Sind in den Überwachungsplänen auch die Überwachungsbedingungen ausreichend beschrieben? (z.B. Informationen, Verfahren, Akzeptanzkriterien, Prüfungsort, eventuelle Korrekturmaßnahmen.)

____

____

TE 203: Von wem wird die regelmäßige Überwachung und Instandhaltung durchgeführt und wie wird sie dokumentiert?

____

____

TE 204: Wie ist sichergestellt, daß bei festgestellten Soll-Ist-Abweichungen geeignete Korrekturmaßnahmen durchgeführt werden?

____

____

TE 205: Wie können die an Ihrem Standort verwendeten Anlagen oder Anlagenteile nach Ablauf der Nutzungsdauer umweltgerecht recycelt oder entsorgt werden?

____

____

PRODUKTION

Organisation
PR 100

Herstellungsverfahren
PR 200

Produkte / incl. Recycling
PR 300

Datum :

Prüfungsleiter :

Teilnehmer:

Anmerkung: Fragen, die einen Handlungsbedarf zeigen, sind mit „***H***" zu kennzeichnen.

Organisation
PR 100

PR 101: Von wem werden Fertigungsprüfungen unter den Aspekten Qualität, Umwelt und Arbeitssicherheit durchgeführt?

____

____

PR 102: Wie stellen Sie sicher, daß Mitarbeiter, die Fertigungsprüfungen durchführen, über die notwendigen Fachkenntnisse verfügen?

____

____

PR 103: Wie informieren Sie sich über mögliche Umweltschutzmaßnahmen und Verbesserungen für Ihre Produktionsverfahren?

____

____

PR 104: Welche umweltrelevanten Arbeitsanweisungen existieren in den einzelnen Produktionsabteilungen?

____

____

PR 105: Welche Versuche zur Verbesserung vorhandener Fertigungstechnologien führen Sie durch?

____

____

PR 106: Wer ist für die Instandhaltung von Anlagen zuständig?

____

____

PR 107: Welche Instandhaltungsfälle an umweltrelevanten Anlagen hatten Sie in den letzten Jahren?

____

____

PR 108: Wie schulen Sie Mitarbeiter, die umweltrelevante Anlagen betreuen?

____

____

PR 109: Welche Maßnahmen ergreifen die Mitarbeiter bei Abweichungen vom Normalbetrieb?

____

____

Herstellungsverfahren
PR 200

PR 201: Welche technischen Verfahren setzen Sie zur Herstellung des Produktes ein?

PR 202: In welchem Maß sind die Herstellungsprozesse für das Produkt umweltbelastend?

PR 203: Wie können Produktionsverfahren umweltfreundlicher gestaltet werden?

PR 204: Welche umweltfreundlicheren Produktionsverfahren kämen für Ihr Produkt in Betracht?

PR 205: Geben Sie einen Überblick über den Materialfluß und die technischen Abläufe innerhalb der Produktion?

PR 206: Existiert ein RI-Fließbild aller Rohrleitungen?

____

____

PR 207: Existiert ein Layout Ihrer Fertigungseinrichtungen?

____

____

PR 208: Welche Schadstoffe / Abfälle setzen die Produktionsabteilungen frei?

____

____

PR 209: An welchen Anlagen treten in Ihrem Betrieb diese Umweltbelastungen auf?

____

____

PR 210: Wie werden Umweltbelange bei Fertigungsversuchen berücksichtigt?

____

____

Produkte / incl. Recycling
PR 300

PR 301: Wie ist sichergestellt, daß Produkte, die den festgeschriebenen Umweltschutzanforderungen nicht genügen, ausgesondert werden, so daß sie keinesfalls weiterverwendet oder benutzt werden können?

____

____

PR 302: Wie stellen Sie sicher, daß durch diese Produkte keine Gefährdungen für Mensch und Natur entstehen können? (Lagerung, Handhabung, Entsorgung)

____

____

PR 303: Nach welchem Verfahren werden ausgesonderte Produkte gekennzeichnet, so daß eine eindeutige Identifikation als fehlerhafte Einheit garantiert ist?

____

____

PR 304: Wie wird sichergestellt, daß nachgebesserte Einheiten nochmals einer Umweltschutzprüfung unterzogen werden?

____

____

PR 305: In welchem Maß sind die von Ihnen hergestellten Produkte umweltfreundlich und recyclingfähig?

____

____

PR 306: Läßt sich das Produkt in recycelbare Komponenten demontieren oder zerlegen? Welche Komponenten Ihres Produkts können recycelt werden?

____

____

PR 307: Welche Einsatzmaterialien für Ihr Produkt können recycelt werden?

____

____

PR 308: Welche Vorbehandlungen und Behandlungsprozesse sind für ein Produkt- / Materialrecycling notwendig?

____

____

PR 309: Für welche Produkte verwenden Sie Mehrwegverpackungen ?

____

____

PR 310: Wie lassen sich die Produktverpackungen verwerten oder entsorgen?

____

____

MATERIALWIRT-SCHAFT

Lagerhaltung
MW 100

Wareneingang
MW 200

Bedarfsdeckung
MW 300

Datum :

Prüfungsleiter :

Teilnehmer:

Anmerkung: Fragen, die einen Handlungsbedarf zeigen, sind mit „***H***“ zu kennzeichnen.

Lagerhaltung
MW 100

MW 101: Welche Verfahren werden benutzt, um sicherzustellen, daß alle in der Produktion eingesetzten umweltrelevanten Stoffe erfaßt werden, so daß „Wildwuchs“ ausgeschlossen werden kann?

____

____

MW 102: Nach welchen Verfahren wird systematisch nach alternativen, umweltfreundlicheren Einsatzstoffen gesucht?

____

____

MW 103: Wie erreichen Sie eine Standardisierung der eingesetzten Stoffe?

____

____

MW 104: Welche Verfahren gibt es, um Beeinträchtigungen der Umwelt durch die eingesetzten Materialien zu verhindern?

____

____

MW 105: Wie wird die Kennzeichnung aller Einsatzstoffe und Produkte geregelt, um eine eindeutige Identifikation zu garantieren?

____

____

Wareneingang
MW 200

MW 201: Nach welchen Richtlinien und Prüfvorgaben (Bestellvorschriften, Normen) werden alle angelieferten Waren auf einzuhaltende Umweltschutzanforderungen überprüft?

____

____

MW 202: Wie stellen Sie sicher, daß alle Abweichungen von den Umweltanforderungen dokumentiert werden?

____

____

MW 203: Wie wird sichergestellt, daß zugelieferte Produkte / Stoffe erst dann verwendet oder verarbeitet werden, wenn diese geprüft wurden?

____

____

MW 204: Wer ist für die Eingangsprüfung verantwortlich?

____

____

Bedarfsdeckung
MW 300

MW 301: Welche Unterlagen existieren, die Angaben über Umweltanforderungen an das zu beschaffende Produkt / die Dienstleistung enthalten?

____

____

MW 302: In welchem Maß hat der Umweltschutzbeauftragte Mitspracherecht bei der Beschaffung umweltrelevanter Produkte, Stoffe und Dienstleistungen?

____

____

MW 303: Nach welchem Verfahren und von wem wird der Bedarf ermittelt?

____

____

MW 304: Welche konkreten Einkaufsbedingungen gibt es für gefährliche oder umweltgefährdende Stoffe?

____

____

MW 305: Gibt es eine Zusammenstellung von Stoffen oder Produkten, die generell nicht bestellt werden dürfen? Welches sind diese Stoffe?

____

____

	Umwelt- prüfung	Materialwirtschaft Ausgabe : Datum : Seite :

MW 306: Welche Kriterien wurden für einen umweltgerechten Einkauf festgelegt?

____

____

MW 307: Welche Rohstoffe / Chemikalien / Materialien lassen sich in Mehrweggebinden beschaffen?

____

____

MW 308: Wie prüfen Sie regelmäßig Alternativen zur Deckung Ihres Bedarfs?

____

____

LIEFERANTEN

Betriebliche Organisation
LI 100

Datum :

Prüfungsleiter :

Teilnehmer:

Anmerkung: Fragen, die einen Handlungsbedarf zeigen, sind mit „***H***" zu kennzeichnen.

Betriebliche Organisation
LI 100

LI 101: Nach welchen Kriterien werden Ihre Lieferanten ausgewählt?

____

____

LI 102: In welchem Maß spielen Umweltschutzaspekte bei der Lieferantenauswahl eine Rolle?

____

____

LI 103: Nach welchen Verfahren werden Lieferanten beurteilt, die umweltschädliche oder gefährliche Stoffe anbieten?

____

____

LI 104: Wurde eine Zusammenstellung angefertigt, in der alle Lieferanten verzeichnet sind, bei denen gefährliche oder umweltgefährdende Stoffe nicht bestellt werden dürfen ?

____

____

LI 105: Existiert eine Aufstellung von Lieferanten, die gefährliche oder umweltgefährdende Stoffe wieder zurücknehmen?

____

____

LI 106: Existiert eine Liste mit Lieferanten, welche Verpackungen zurücknehmen?

____

____

LI 107: In welchem Maß werden bereits vorliegende Erfahrungen mit den Lieferanten (z.B. Qualität, Liefertreue) in die Beurteilung einbezogen?

____

____

LI 108: Wie und von wem werden die Lieferantenverträge auf umweltrelevante Aspekte überprüft und welches sind die Prüfkriterien?

____

____

LI 109: Von wem wurden Lieferanteninformationen (Produktmerkblätter, Sicherheitsdatenblätter) angefordert und zusammengestellt?

____

____

LI 110: Welche alternativen Lieferanten- und Brancheninformationen liegen vor?

____

____

LI 111: Welche umweltfreundlichen Vorgaben / Vorschläge werden den Lieferanten unterbreitet?

____

____

LI 112: Wie stellen Sie sicher, daß nur an Lieferanten, die über umweltfreundliche Einrichtungen und Herstellungsverfahren verfügen, Bestellungen aufgegeben werden?

____

____

LI 113: Wie überprüfen Sie Ihre Lieferanten auf umweltfreundliche Herstellungsverfahren und Einrichtungen?

____

____

LI 114: Wie wird darauf geachtet, daß die Lieferanten Ihre Produkte mit möglichst umweltfreundlichen Verkehrsmitteln befördern, und alle Sicherheitsbestimmungen einhalten?

____

____

LI 115: Wie wird verfahren, wenn Lieferanten die Umweltvorschriften offensichtlich nicht einhalten?

____

____

LI 116: Wie stellen Sie sicher, daß Konsequenzen getroffen werden, wenn Lieferanten auch nach wiederholten Beanstandungen den bestehenden Umweltschutzanforderungen nicht nachkommen?

____

____

LOGISTIK

Verpackung
LO 100

Transport / Versand
LO 200

Datum :

Prüfungsleiter :

Teilnehmer:

Anmerkung: Fragen, die einen Handlungsbedarf zeigen, sind mit „***H***" zu kennzeichnen.

Verpackung
LO 100

LO 101: Wie ist sichergestellt, daß alle von Ihnen verwendeten Verpackungsmaterialien eindeutig identifiziert werden können?

____

____

LO 102: Wie stellen Sie sicher, daß alle verwendeten Verpackungsmaterialien den Anforderungen der Verpackungsverordnung genügen?

____

____

LO 103: Welche von Ihnen verwendeten Verpackungsmaterialien können einer stofflichen Verwertung nicht zugeführt werden?

____

____

LO 104: Wie kann erreicht werden, daß auf Sekundärverpackungen (Umverpackungen, Transportverpackungen) möglichst ganz verzichtet werden kann?

____

____

LO 105: Welche Maßnahmen ergreifen Sie, um Sekundärverpackungen, die sich nicht vermeiden lassen, möglichst durch Mehrwegverpackungen zu ersetzen?

____

____

LO 106: Wie stellen Sie sicher, daß die Anforderungen der Verpackungsverordnung für Transportverpackungen, Umverpackungen und Verkaufsverpackungen umgesetzt werden?

____

____

LO 107: Wer hat letztendlich die Entscheidung über die Wahl der Verpackungsmaterialien?

____

____

LO 108: Welche Produkte können Sie in Mehrwegbehältern ausliefern?

____

____

LO 109: Welche Produkte liefern Sie in Einweggebinden aus?

____

____

LO 110: Lassen sich mit Kunden Vereinbarungen herbeiführen, um auf Verpackungen ganz oder überwiegend zu verzichten?

____

____

Transport / Versand
LO 200

LO 201: Welche Transportarten benötigen Sie für Ihre betrieblichen Aktivitäten?

____

____

LO 202: Wie und von wem werden die einzelnen Transportarten auf ihr Umweltpotential und auf mögliche Alternativen hin untersucht?

____

____

LO 203: Wie und von wem wurde geprüft, ob eine ausreichende Anbindung an das Schienennetz vorhanden ist?

____

____

LO 204: Wie wird sichergestellt, daß die Bahn als vorrangiges Transportmittel genutzt wird?

____

____

LO 205: Wer hat letztendlich die Entscheidungsbefugnis über die Wahl des Transportmittels?

____

____

LO 206: Wie wird sichergestellt, daß alle gesetzlichen Auflagen für den internen und externen Transport, insbesondere die Regelungen der Gefahrgutverordnungen (GGVS, GGVE, etc.) eingehalten werden?

___

___

LO 207: Wie und von wem werden die beauftragten Transportunternehmen auf Kompetenz und Seriosität geprüft?

___

___

LO 208: Wer ist für die ordnungsgemäße Ausstellung der Transportpapiere und deren Kontrolle verantwortlich?

___

___

LO 209: Wie versuchen Sie, mit Ihren Kunden Vereinbarungen über Sammelbestellungen und Sammeltransporte zu treffen?

___

___

PERSONAL / SCHULUNG

Betriebliche Organisation
PS 100

Datum :

Prüfungsleiter :

Teilnehmer:

Anmerkung: Fragen, die einen Handlungsbedarf zeigen, sind mit „***H***“ zu kennzeichnen.

Betriebliche Organisation
PS 100

PS 101: Wie ist sichergestellt, daß die gesetzlich vorgeschriebenen Mitarbeiterschulungen innerhalb der vorgeschriebenen Zeiträume durchgeführt werden?

____

____

PS 102: Welches sind die hauptsächlich zu schulenden umweltrelevanten Zielgruppen (d.h. Mitarbeiter, Führungskräfte, Fremdhandwerker, etc.) im Unternehmen?

____

____

PS 103: Nennen Sie die Mindestanforderungen an Kenntnissen und die Ausbildungsinhalte für diese Zielgruppen?

____

____

PS 104: Nach welchen Kriterien und von wem wird der Schulungsbedarf in Belangen des Umweltschutzes ermittelt?

____

____

PS 105: Wieviel Schulungstage werden durchschnittlich pro Mitarbeiter und Jahr aufgewendet?

____

____

PS 106: Existiert ein Schulungsplan, aus dem sich die folgenden Angaben ermitteln lassen?

Mitarbeiter	Kostenstelle / Tätigkeit	Schulungsinhalt	Datum	Dauer

PS 107: Von wem werden die erforderlichen internen Schulungen durchgeführt?

PS 108: Von wem werden die erforderlichen externen Schulungen durchgeführt?

PS 109: Wie werden neue Mitarbeiter über den Umweltschutz und die Umweltpolitik im Unternehmen informiert und geschult? Wie wird das sichergestellt?

GEFAHRSTOFFE

Betriebliche Organisation
GE 100

Gefahrstoffeinsatz und Verwendung
GE 200

Gefahrstofflagerung / Transport
GE 300

Datum :

Prüfungsleiter :

Teilnehmer:

Anmerkung: Fragen, die einen Handlungsbedarf zeigen, sind mit „***H***" zu kennzeichnen.

Betriebliche Organisation
GE 100

GE 101: Wer ist für die Einhaltung der Gefahrstoffverordnung verantwortlich? Das betrifft die Freigabe, den Einkauf, die Lagerung und den Umgang mit Gefahrstoffen.

Freigabe: ______________________________

Einkauf: ______________________________

Lagerung: ______________________________

Umgang: ______________________________

GE 102: Wer erstellt Betriebsanweisungen nach § 20 GefStoffV?

____

____

GE 103: Für welchen Anteil aller eingesetzten Gefahrstoffe / Chemikalien existieren aktuelle Sicherheitsdatenblätter?

____

____

GE 104: Wie ist eine regelmäßige Aktualisierung der Sicherheitsdatenblätter gewährleistet und wer veranlaßt die Aktualisierung?

____

____

GE 105: Wer ist bei der Entwicklung eines neuen Produktes dafür verantwortlich, daß eingesetzte Gefahrstoffe / Chemikalien bewertet werden?

____

____

GE 106: Wer ist beim Einsatz eines neuen oder geänderten Verfahrens dafür verantwortlich, daß eingesetzte und / oder entstehende Gefahrstoffe / Chemikalien bewertet werden?

____

____

GE 107: Wie ist sichergestellt, daß die eingesetzten Gefahrstoffe möglichst durch weniger gefährliche Stoffe ersetzt werden?

____

____

GE 108: Wer ist für die Überprüfung von Beschaffungsdokumenten für gefährliche Stoffe / Produkte verantwortlich?

____

____

GE 109: Wer ist für die Entnahme von Gefahrstoffen verantwortlich?

____

____

GE 110: In welcher Form und wie oft werden Mitarbeiter im Umgang mit Gefahrstoffen unterwiesen und geschult? Wer ist dafür verantwortlich?

____

____

GE 111: Erläutern Sie den gesamten Informations- und Materialfluß von der Bestellung bis zur Verwendung von Gefahrstoffen / Chemikalien !

____

____

GE 112: Wie wird sichergestellt, daß aus Gesundheitsgründen von den Mitarbeitern beim Umgang mit Gefahrstoffen / Chemikalien ein generelles Eß-, Trink- und Rauchverbot eingehalten wird?

____

____

GE 113: Enthalten die Verfahrensanweisungen / Arbeitsanweisungen Hinweise über Gefahrstoffe und sind diese für alle Mitarbeiter verständlich und zu jeder Zeit verfügbar?

____

____

GE 114: Welche Informationen werden zur Prüfung einer eventuellen Gefährdung genutzt?

____

____

GE 115: In welchen Zeitabständen und von wem werden Sicherheitsbegehungen durchgeführt? (Teilnehmer, Bereiche / Abteilungen).

____

____

Gefahrstoffeinsatz und Verwendung
GE 200

GE 201: Zeigen Sie in Form eines Gefahrstoffkatasters, welche Gefahrstoffe / Chemikalien Sie in Ihrem Betrieb einsetzen !

Art.-Nr.	interne Bez.	chem. Bez.	Gef.-kennz.	WGK	VbF	Einsatz (Kst.)	Lager-orte	Mengen ges.	Menge / Kst.

GE 202: Welche Prozeß- bzw. Produktänderungen können zu einer Verbesserung beitragen?

____

____

GE 203: Ist die Verwendung der Gefahrstoffe überhaupt notwendig? Welche Maßnahmen zur Reduzierung oder zum Ersatz der eingesetzten Gefahrstoffe / Chemikalien ergreifen Sie?

____

____

GE 204: Wie wird sichergestellt, daß Behälter / Gefäße für Gefahrstoffe / Chemikalien mit allen erforderlichen Angaben zum Umgang und zur Lagerung gekennzeichnet sind?

____

____

GE 205: Wer ist für die Handhabung der Kennzeichnung verantwortlich?

____

____

GE 206: Welche gesundheitsgefährdenden Reaktionsprodukte können bei einem Herstellungsprozeß aus den eingesetzten Ausgangsmaterialien entstehen?

Abteilung / Kostenstelle	Herstellungs-prozeß	gesundheitsgefährdende Reaktionsprodukte	Maßnahmen

GE 207: Welche Sicherheitsvorkehrungen sind für die Verpackung von Gefahrstoffen vorgesehen?

____

____

GE 208: Wie werden bei auftretenden Gefahren durch Gefahrstoffe / Chemikalien Schutzmaßnahmen unverzüglich eingeleitet?

____

____

GE 209: Wie wird die Fachkraft für Arbeitssicherheit bei Einsatz und Verwendung von Gefahrstoffen einbezogen?

____

____

Gefahrstofflagerung / Transport
GE 300

GE 301: Wo werden in Ihrem Betrieb Gefahrstoffe / Chemikalien gelagert?

____

____

GE 302: Verfügen Sie über ein spezielles Lager für brennbare oder explosive Stoffe?

____

____

GE 303: Wie stellen Sie sicher, daß alle Lagerorte, an denen sich Gefahrstoffe befinden, eindeutig gekennzeichnet sind?

____

____

GE 304: Welche weiteren Lagerorte gibt es in Ihrem Unternehmen für Gefahrstoffe / Chemikalien?

____

____

GE 305: Welche speziellen Sicherheitseinrichtungen existieren für die einzelnen Gefahrstoffläger?

____

____

GE 306: Wer hat Zugang zu den Gefahrstofflägern?

____

____

GE 307: Wie und durch wen wird sichergestellt, daß nur die unbedingt notwendige Menge an Gefahrstoffen vorrätig ist?

____

____

GE 308: Wie und durch wen wird sichergestellt, daß alle entnommenen Mengen eindeutig erfaßt werden?

____

____

GE 309: Welche gesetzlich vorgeschriebenen Mengenschwellen und Zusammenlagerungsverbote existieren für alle eingelagerten Gefahrstoffe?

____

____

GE 310: Wie wird die Beachtung dieser gesetzlichen Vorschrift sichergestellt?

____

____

GE 311: Welche räumliche Trennung gibt es für Stoffe, die miteinander gefährlich reagieren können?

____

____

GE 312: Wie stellen Sie eine getrennte Lagerung von Neuware und Reststoffen sicher?

____

____

GE 313: Wie wird sichergestellt, daß die Lagerung von Gefahrstoffen an allen Stellen im Betrieb und zu jeder Zeit nach dem „Stand der Technik“ erfolgt?

____

____

GE 314: Welche vorbeugenden Brandschutzmaßnahmen wurden getroffen um sicherzustellen, daß durch den Brand von Gefahrstoffen keine unkontrollierbaren Gefahrensituationen entstehen können?

____

____

GE 315: Wie oft und durch wen wird der Zustand der eingelagerten Gefahrstoffe beurteilt?

____

____

GE 316: Welche verbindlichen Vorschriften gibt es für den internen Transport von Gefahrstoffen?

____

____

GE 317: Wie wird die Wareneingangskontrolle für angelieferte Gefahrstoffe durchgeführt?

____

____

LÄRM

Betriebliche Organisation
LA 100

Lärmaufkommen / Behandlung
LA 200

Prozesse / Technologien
LA 300

Wartung / Inspektion
LA 400

Datum :

Prüfungsleiter :

Teilnehmer:

Anmerkung: Fragen, die einen Handlungsbedarf zeigen, sind mit „***H***" zu kennzeichnen.

Betriebliche Organisation
LA 100

LA 101: Wer ist für den Immissionsschutz, insbesondere den Lärm betreffend, verantwortlich?

____

____

LA 102: Welche Eigenkontrollen werden im Rahmen des Immissionsbereiches „Lärm" durchgeführt?

____

____

LA 103: Wie stellen Sie sicher, daß alle wichtigen Lärmquellen identifiziert und gemessen werden?

____

____

LA 104: Durch wen wird die regelmäßige Überwachung der Lärmemissionen sichergestellt?

____

____

LA 105: Wie stellen Sie sicher, daß die Mitarbeiter, die die Messungen durchführen über die nötige Fachkenntnis verfügen?

____

____

	**Umwelt-prüfung**	**Lärm** **Ausgabe :** **Datum :** **Seite :**

LA 106: Wer ist für die ordnungsgemäße Dokumentation der Lärmmessungen verantwortlich?

____

____

LA 107: Welche Anweisungen an die Mitarbeiter liegen vor, um unnötigen Lärm zu vermeiden?

____

____

LA 108: Wie oft und von wem werden die Meßgeräte zur Lärmüberwachung geprüft und instandgehalten?

Meßgerät / Prüfmittel	Prüfmittel-Nummer	Kst.	erste Inbetriebnahme / Kalibrierung	Kalibrier- / Prüfintervall	Prüfdatum	verantwortl. Mitarbeiter

LA 109: Welches behördliche Vorgehen gab es in der Vergangenheit wegen Lärmemissionen?

____

____

LA 110: Welche behördlichen Auflagen liegen vor?

____

____

Lärmaufkommen / Behandlung
LA 200

LA 201: Welche relevanten Lärmquellen existieren in Ihrem Unternehmen?

____

____

LA 202: Existiert ein „Lärmkataster", bzw. ein Anlagenkataster? Welche von den Anlagen ausgehenden umweltrelevanten Lärmemissionen sind bekannt?

Kostenstelle	Anlage	gemessener Schalldruckpegel L_A [dB(A)]	zulässiger Schalldruckpegel L_A [dB(A)]	Bemerkungen

LA 203: Welche Maßnahmen wurden bisher ergriffen, um den entstehenden Lärm zu reduzieren?

____

____

LA 204: Welche relevanten Lärmimmissionen werden behördlicherseits überwacht?

____

____

LA 205: Welche Grenzwertüberschreitungen gab es in den letzten 3 Jahren?

____

____

Prozesse / Technologien
LA 300

LA 301: Welche Lärmschutzmaßnahmen, bzw. Technologien haben Sie eingeführt, um den entstehenden Lärm auf den nach der TA Lärm zulässigen Pegel zu begrenzen?

____

____

LA 302: Wie stellen Sie sicher, daß dieser Pegel gem. TA-Lärm auch wirklich eingehalten wird?

____

____

LA 303: Welche weiteren Schutzmaßnahmen (d.h. entsprechend verbesserte Lärmdämmung) sind geplant?

____

____

LA 304: Wie schützen Sie Ihre Mitarbeiter gegen entsprechende Lärmemissionen?

____

____

LA 305: Wie wird bei der Konzeption, Planung oder Entwicklung einer neuen Anlage auf entsprechende Lärmreduktion oder Lärmdämmung geachtet?

____

____

Wartung / Inspektion
LA 400

LA 401: Wie und durch wen ist die regelmäßige Wartung aller Anlagen und Anlagenteile, die starken Lärm verursachen können, sichergestellt?

____

____

LA 402: Wie wird sichergestellt, daß der durch defekte Anlagen oder Anlagenteile entstehende Lärm sofort behoben wird?

____

____

LA 403: Wie stellen Sie sicher, daß alle Maschinen oder Maschinenteile derart betrieben werden, daß sie möglichst wenig Lärm erzeugen? (i.d.R. normale Betriebsweise)

____

____

LA 404: Welche Lärmmessungen und Lärmschutzmaßnahmen finden auch außerhalb des Betriebsgeländes statt?

____

____

ENERGIE

Betriebliche Organisation
EG 100

Energieverbrauch
EG 200

Prozesse / Technologien
EG 300

Wartung / Inspektion
EG 400

Datum :

Prüfungsleiter :

Teilnehmer:

Anmerkung: Fragen, die einen Handlungsbedarf zeigen, sind mit „*H*" zu kennzeichnen.

Betriebliche Organisation
EG 100

EG 101: Wie sind die Verantwortlichkeiten im Bereich der Energiewirtschaft (Strom, Wärme, Öl, Gas, etc.) geregelt?

____

____

EG 102: Welche Eigenkontrollen im Bereich der Energiewirtschaft werden durchgeführt?

____

____

EG 103: Welche Programme und Maßnahmenkataloge zur Senkung des Energieverbrauches gibt es?

____

____

EG 104: Wie stellen Sie sicher, daß alle Mitarbeiter zum Thema der rationellen Energienutzung ausreichend informiert und geschult werden?

____

____

EG 105: Welche Anweisungen über den schonenden Umgang mit Energie existieren für die Mitarbeiter des Unternehmens?

____

____

EG 106: Wie und durch wen ist die kontinuierliche Überwachung der Energieverbräuche geregelt?

____

____

EG 107: Wie stellen Sie sicher, daß der mit den Messungen betraute Mitarbeiter über die nötige Fachkenntnis verfügt?

____

____

EG 108: Wer ist für die ordnungsgemäße Dokumentation der Energieverbrauchsmessungen verantwortlich?

____

____

EG 109: Welche flächendeckenden Meßstellen existieren, um die tatsächlichen Energieverbräuche zu erfassen?

____

____

	Umwelt-prüfung	Energie Ausgabe : Datum : Seite :

Energieverbrauch
EG 200

EG 201: Gibt es ein Energiekataster über die Energieverbräuche (Strom, Gas, Öl, etc.) und die wesentlichen Verbraucher?

Kostenstelle	Anlage / Gebäude	Energieträger	Verbrauch	Kosten	Einsparungs-potential

EG 202: Welches sind die größten Energieverbraucher in Ihrem Unternehmen?

____

____

EG 203: Wie und durch wen wurde geprüft. ob durch Einführung alternativer Technologien oder anderer Maßnahmen die Energieverbräuche reduziert werden können?

____

____

EG 204: Welche Energieträger werden von Ihrem Unternehmen hauptsächlich genutzt?

____

____

EG 205: Wie und durch wen wurde geprüft, ob auf ressourcenschonendere oder erneuerbare Energieträger umgestellt werden kann?

____

____

Prozesse / Technologien
EG 300

EG 301: In welchem Maß spielt die Energieeinsparung bei der Planung, der Konstruktion und der Implementierung von Anlagen und Gebäuden eine Rolle?

____

____

EG 302: Wie und durch wen wurden mögliche Einsparungspotentiale z.B. durch den Einsatz erneuerbarer Energiequellen, durch Gebäudeisolation sowie den Einsatz anderer bzw. neuerer Verfahrenstechniken untersucht?

____

____

EG 303: Welche Möglichkeiten zur Nutzung von Prozeßwärme existieren?

____

____

EG 304: Existieren Konzepte, die es ermöglichen, in Zukunft auf erneuerbare, ressourcenschonende Energiequellen (Wasserkraft, Solarenergie etc.) zurückzugreifen?

____

____

Inspektion / Wartung
EG 400

EG 401: Wie und durch wen ist die regelmäßige Inspektion und Wartung aller Meßgeräte zur Energieüberwachung sichergestellt?

____

____

EG 402: Wie ist sichergestellt, daß von allen verwendeten Meßgeräten und Prüfmitteln der Kalibrierstatus, die Meßsicherheit und die ordnungsgemäße Art der Anwendung bekannt sind?

____

____

EG 403: Wie stellen Sie sicher, daß insbesondere ältere Anlagen und Anlagenteile kontinuierlich auf ihre Energieverbräuche kontrolliert werden?

____

____

EG 404: Wie stellen Sie sicher, daß überhöhte Energieverbräuche durch defekte oder stark veraltete Anlagen oder Anlagenteile so schnell wie möglich behoben werden?

____

____

WASSER / ABWASSER

Betriebliche Organisation
AW 100

Abwasseranfall / Behandlung
AW 200

Prozesse / Technologien
AW 300

Wartung / Inspektion
AW 400

Datum :

Prüfungsleiter :

Teilnehmer:

Anmerkung: Fragen, die einen Handlungsbedarf zeigen, sind mit „***H***" zu kennzeichnen.

Betriebliche Organsisation
AW 100

AW 101: Wer ist für die Wasser- / Abwasserwirtschaft im Unternehmen verantwortlich?

____

____

AW 102: Welche Eigenkontrollen werden im Rahmen des Umweltbereiches „Wasser / Abwasser" durchgeführt?

____

____

.AW 103: Wer ist für die vorschriftsmäßige, kontinuierliche Überwachung der Abwasserströme verantwortlich?

____

____

AW 104: Wie stellen Sie sicher, daß die mit der Abwasserüberwachung betrauten Mitarbeiter ausreichend informiert und geschult sind?

____

____

AW 105: Welche Arbeitsanweisungen und Informationen über den Umgang mit wassergefährdenden Stoffen sind im Unternehmen vorhanden?

____

____

AW 106: Ist Ihr Betrieb Direkteinleiter oder Indirekteinleiter?

____

____

AW 107: Welche behördlichen Auflagen bestehen in Bezug auf die Reinigung und Einleitung von Abwasser?

____

____

AW 108: Wer ist für die Führung und Dokumentation eines Betriebstagebuches im Rahmen der Abwasserbehandlung verantwortlich?

____

____

AW 109: Wer kontrolliert und unterzeichnet regelmäßig das Betriebstagebuch?

____

____

AW 110: Wie stellen Sie sicher, daß in allen Bereichen grundsätzlich sparsam mit Wasser umgegangen wird?

____

____

	**Umwelt-prüfung**	**Wasser / Abwasser** **Ausgabe :** **Datum :** **Seite :**

AW 111: Wie oft und von wem werden die Meßgeräte, Analysengeräte und Abwasserbehandlungsanlagen auf ordnungsgemäßen Zustand überprüft und instandgehalten?

Meßgerät / Prüfmittel	Prüfmittel-Nummer	Kst.	erste Inbetriebnahme / Kalibrierung	Kalibrier- / Prüfintervall	Prüfdatum	verantwortl. Mitarbeiter

AW 112: Über welche Fachkenntnisse verfügen die verantwortlichen Mitarbeiter?

____

____

AW 113: Welche Weiterbildungsmaßnahmen haben diese Mitarbeiter in den letzten 5 Jahren besucht?

____

____

Abwasseranfall / Behandlung
AW 200

AW 201: Welche Abwasserströme fallen im Betrieb an bzw. verlassen den Betrieb? Existiert ein Abwasserkataster mit Entstehungsort, Art, Menge, etc.?

Anlage Prozeß	Kst.	Herkunft Frisch-wasser	Menge Frisch-wasser	Einleitung	Menge Einleitung	Stoffe zur Abwasser-behandlung	Analyse vor Be-handlung	Analyse nach Be-handlung

AW 202: Welche internen Abwasserbehandlungen existieren im Betrieb?

Anlage Prozeß	Anlagen-Nr.	Kst.	Inbetrieb-nahme	Kurzbeschreibung der Technologie	Einsatzstoffe	Nebenprodukte

AW 203: Auf welche Parameter/Zusammensetzung wird das Abwasser regelmäßig intern untersucht? Aus welchen Prozessen stammen die Inhaltsstoffe des Abwassers?

Parameter	Prozeß	Menge bzw. Konzentration	Meßintervall	Analyse-verfahren	Verantwortlicher Mitarbeiter

AW 204: Welche Analysen werden von internen, bzw. externen Stellen durchgeführt?

Parameter	Menge bzw. Konzentration	Meßintervall	Analyse-verfahren	Verantwortlicher Mitarbeiter intern / extern

	**Umwelt-prüfung**	**Wasser / Abwasser** **Ausgabe :** **Datum :** **Seite :**

AW 205: Welche Grenzwertüberschreitungen gab es in den letzten 3 Jahren?

____

____

AW 206: Wie werden die durch die Abwasseraufbereitung entstehenden Abfälle / Reststoffe / Sonderabfälle entsorgt?

____

____

AW 207: Wird Regenwasser getrennt von Labor- und Prozeßabwässern abgeleitet?

____

____

AW 208: Wie und durch wen wird die öffentliche Kläranlage über die Abwasserzusammensetzung, den Einsatz wassergefährdender Stoffe und mögliche im Unglücksfall entstehende Stoffe informiert?

____

____

AW 209: Werden Abwasserströme getrennt behandelt?

____

____

Prozesse / Technologien
AW 300

AW 301: Wo und in welchen Mengen verwenden sie Wasser im Betrieb? Nennen Sie den Herkunftsbereich (eigener Brunnen, öffentl. Trinkwasserversorgung, Oberflächenwasser, etc.) und die Verwendungsarten (Trinkwasser, Kühlwasser, etc.).

Abteilung / Kostenstelle	Herkunfts-bereich	Verwendung	Anlage	Vol. / Zeit	Einsparungs-potential

AW 302: Welche wassergefährdenden Stoffe werden wo gelagert und in welcher Kostenstelle bzw. in welchem Prozeß eingesetzt?

Stoff-Nr.	interne / chem. Bezeichnung	Gefahren-symbol	WGK	Lagerort	Kst.	Mengen gesamt	Einsatzort im Betrieb

AW 303: Welche wassergefährdenden Neben-, Folge-, Zwischenprodukte sowie Reststoffe können bei den eingesetzten Verfahren entstehen ?

Bezeichnung	Abteilung / Kostenstelle	WGK	Vol. / Zeit	Verlauf

AW 304: Welche wassergefährdenden Stoffe können gegen weniger oder nicht wassergefährdende Stoffe ersetzt werden?

____

____

AW 305: Welche der entstehenden Stoffe können durch Verfahrensänderung vermieden oder vermindert werden?

____

____

AW 306: In welchem Maß wird bei der Anschaffung einer neuen Anlage, der Erweiterung bestehender Anlagen, der Planung neuer Prozesse und der Einführung neuer Produkte die Wasser- / Abwasserseite berücksichtigt?

____

____

AW 307: Wie stellten Sie sicher, daß die Anlagen zum Lagern, Abfüllen, Herstellen, Behandeln und Einsatz von wassergefährdenden Stoffen nach dem Stand der Technik betrieben werden?

____

____

AW 308: In welchem Maß werden Kreislaufverfahren und Wiederaufbereitungsverfahren angewandt und angestrebt?

____

____

AW 309: Wie und durch wen werden weitere Möglichkeiten zur Wassereinsparung und zur Verringerung der Schadstofffracht im Abwasser geprüft?

____

____

Wartung / Inspektion
AW 400

AW 401: Wie und durch wen ist die regelmäßige Wartung der Abwasseranlagen geregelt?

____

____

AW 402: Wie stellen Sie sicher, daß das betriebsinterne Kanalnetz dicht ist?

____

____

AW 403: Welches Kanalkataster liegt vor?

____

____

AW 404: Welche Rohrleitungen / Tanks existieren? Wie wird ihre Dichtigkeit sichergestellt?

____

____

AW 405: Welche Auffangräume für Faßläger und Container sind vorhanden?

____

____

AW 406: Welche Maßnahmen wurden getroffen, um Tanks vor Korrosion zu schützen?

____

____

AW 407: Wie stellen Sie sicher, daß entdeckte Leckagen sofort behoben werden? Gibt es konkrete Anweisungen?

____

____

AW 408: Wie wurde sichergestellt, daß alle Flächen, auf denen eine Verschüttung möglich ist, aus undurchdringlichen Materialien konstruiert wurden?

____

____

AW 409: Welche Rückhaltekapazitäten sind für eventuelle Betriebsstörungen z.B. Löschwasser vorhanden?

____

____

ABFALL

Betriebliche Organisation
AB 100

Abfallanfall / Abfallerfassung
AB 200

Entsorgung / Verwertung
AB 300

Prozesse / Technologien
AB 400

Datum :

Prüfungsleiter :

Teilnehmer:

Anmerkung: Fragen, die einen Handlungsbedarf zeigen, sind mit „***H***" zu kennzeichnen.

Betriebliche Organisation
AB 100

AB 101: Wer ist für die Entsorgung der Abfälle / Sonderabfälle / Reststoffe und die Ausstellung der Abfallbegleitscheine verantwortlich?

____

____

AB 102: Wie und durch wen wird die Zusammensetzung der Abfälle / Sonderabfälle / Reststoffe geprüft?

____

____

AB 103: Welche Auflagen / Bescheide der zuständigen Behörde liegen vor?

____

____

AB 104: Von wem wird das Abfallnachweisbuch geführt, und kann in dieses eingesehen werden?

____

____

AB 105: Wie sind Vollständigkeit und regelmäßige Aktualisierung des Abfallnachweisbuches sichergestellt?

____

____

AB 106: Wie wird sichergestellt, daß alle Rückstände (Abfälle, Sonderabfälle, Reststoffe und Wertstoffe) zentral erfaßt, bewertet und mit Abfallschlüsselnummern versehen werden?

____

____

AB 107: Existiert ein Abfallwirtschaftskonzept? Erläutern Sie die innerbetrieblichen Regelungen und Abläufe.

____

____

AB 108: Wie stellen Sie sicher, daß die Mitarbeiter zur Abfall- / Reststoffthematik ausreichend informiert und geschult werden?

____

____

AB 109: Wie wird der Mißbrauch von Abfallstoffen und -behältern ausgeschlossen?

____

____

AB 110: Gab es Behördenbeschwerden oder Beschwerden von Anwohnern? Wie wurde darauf eingegangen?

____

____

Abfallanfall / Abfallerfassung
AB 200

AB 201: Wird regelmäßig eine Abfallbilanz bzw. ein Abfallkataster über Art, Entstehungsort, Menge und Verbleib erstellt? Welche betrieblichen Abfälle / Sonderabfälle / Reststoffe fallen bei welchen Prozessen in welchen Mengen an?

ASN	Abfall-art	Verwertung / Verwerter	Entsorgung / Entsorger	Anfall-stelle	Kst.	Gesamt-menge	Menge / Anfallstelle	Kosten , Erlös / t

AB 202: Wie werden Vollständigkeit und die regelmäßige Aktualisierung des Abfallkatasters sichergestellt?

___

___

AB 203: Welche Einsatzmaterialien werden nach ihrem Gebrauch zu Sonderabfällen?

___

___

AB 204: Durch wen wurde geprüft, ob diese Einsatzmaterialien durch weniger umweltgefährdende Materialien substituiert werden können?

___

___

AB 205: Gibt es ein System zur getrennten Abfallerfassung? Wie ist dieses System aufgebaut?

AB 206: Wie stellen Sie die getrennte Erfassung von Abfällen / Sonderabfällen / Reststoffen nach Stoffzusammensetzung und Stoffeigenschaft sicher?

AB 207: Wer ist für die regelmäßige Inspektion der Bereitstellungsläger für die Abfälle verantwortlich?

AB 208: Wie werden die Mitarbeiter z.B. mit Hilfe eines Abfallhandbuches über die getrennte Erfassung von Abfällen unterwiesen?

Entsorgung / Verwertung
AB 300

AB 301: Zeigen Sie, auf welche Art und Weise die Abfälle / Sonderabfälle / Reststoffe von der Entstehung bis hin zur Übergabe an den Entsorger überwacht werden !

____

____

AB 302: Erläutern Sie den Verbleib der Abfälle / Sonderabfälle nachdem sie den Betrieb verlassen haben und legen Sie entsprechende Dokumente (Nachweisbuch) bei !

____

____

AB 303: Welche internen oder externen Verwertungsmöglichkeiten von Abfällen / Sonderabfällen / Reststoffen gibt es?

____

____

AB 304: Wie stellen Sie sicher daß die Verwertung verbleibender Rückstände als Wertstoffe systematisch überprüft wird?

____

____

AB 305: Welche Abfälle / Sonderabfälle / Reststoffe werden auf dem Betriebsgelände behandelt oder deponiert?

____

____

AB 306: Wer überprüft, ob alle dafür notwendigen Regelungen und Genehmigungen vorhanden sind?

____

____

AB 307: Wer transportiert und entsorgt die Abfälle? Mit welchen Entsorgern sind entsprechende Verträge abgeschlossen?

Abfall	Art	Menge / Jahr	Genehmigungen	Transporteur	Entsorger / Verwerter

AB 308: Wie und von wem werden diese Verträge regelmäßig auf umweltrelevante Aspekte überprüft?

____

____

AB 309: Wie wird die Entsorgung der verbleibenden Abfälle / Sonderabfälle für die nächsten fünf Jahre gesichert?

____

____

AB 310: An welche Einrichtungen haben Sie sich bisher bezüglich der Verwertungsmöglichkeiten gewendet? Zeigen Sie bitte die Erfolgsbilanz auf !

____

____

Prozesse / Technologien
AB 400

AB 401: Welche vorbeugenden Maßnahmen zur Vermeidung von Abfällen / Sonderabfällen / Reststoffen erfolgen bei der Entwicklung neuer Produkte, neuer Fertigungsverfahren bzw. neuer Herstellungsprozesse?

AB 402: Wie werden absehbare gesetzliche Entwicklungen (z.B. Kreislaufwirtschaft) in der Forschung , Entwicklung und Planung neuer Verfahren bzw. neuer Produkte berücksichtigt?

AB 403: Welche Maßnahmen zur Verminderung der Abfall- / Sonderabfall- / Reststoffmengen haben Sie in den letzten fünf Jahren durchgeführt? Wie sieht die Erfolgsbilanz aus?

AB 404: Wie lassen sich durch eine Produktions- und Prozeßumstellung Abfälle / Sonderabfälle / Reststoffe vermeiden?

AB 405: Wie kann durch Kundendienste, Rücknahme von Produkten und Verpackungen eine Kreislaufwirtschaft erreicht werden?

ABLUFT

Betriebliche Organisation
EM 100

Abluftanfall / Behandlung
EM 200

Prozesse / Technologien
EM 300

Wartung / Inspektion
EM 400

Datum :

Prüfungsleiter :

Teilnehmer:

Anmerkung: Fragen, die einen Handlungsbedarf zeigen, sind mit „***H***" zu kennzeichnen.

Betriebliche Organisation
EM 100

EM 101: Wer ist im Bereich der Emissionsmessungen und Emissionsbegrenzungen verantwortlich?

____

____

EM 102: Welche Abluftkontrollen werden in Ihrem Betrieb regelmäßig durchgeführt?

____

____

EM 103: Wer ist für die Durchführung von regelmäßigen Messungen der Abluft verantwortlich?

____

____

EM 104: Wie stellen Sie sicher, daß Mitarbeiter, die Messungen durchführen und dokumentieren, ausreichend informiert und geschult sind?

____

____

EM 105: Von welchen Anlagenteilen gehen die meisten umweltrelevanten Emissionen aus?

____

____

	Umwelt-prüfung	Abluft Ausgabe : Datum : Seite :

EM 106: Welche behördlichen Auflagen bestehen für die Ableitung der Abluft?

____

____

EM 107: Wie können die behördlichen Anforderungen und Grenzwerte eingehalten werden?

____

____

EM 108: Wer ist für die Dokumentation der Messungen und das Führen der Betriebstagebücher verantwortlich?

____

____

EM 109: Wie stellen Sie sicher, daß alle zur Abluftüberwachung verwendeten Meßgeräte und Prüfmittel auf ordnungsgemäßen Zustand überprüft und instandgehalten werden?

Meßgerät / Prüfmittel	Prüfmittel-Nummer	Kst.	Inbetriebnahme / Kalibrierung	Kalibrier- / Prüfintervall	Prüfdatum	verantwortl. Mitarbeiter

Abluftanfall / Behandlung
EM 200

EM 201: Welche Abluftströme verlassen den Betrieb? Existiert ein Abluftkataster nach Entstehungsort, Parameter und abgeleitete Konzentrationen?

Anlage / Prozeß	Genehmigung	Parameter	Menge / Konzentration	Grenzwert	Kst.	Betriebs-stunden

EM 202: Welche Abluftmessungen werden wie oft und von wem durchgeführt?

____

____

EM 203: Welche internen Abluftbehandlungen existieren in Ihrem Betrieb?

Anlage / Prozeß	Anlagen-Nr.	Kst.	Genehmigung	Inbetrieb-nahme	Technologie	Einsatzstoffe	Neben-produkte

EM 204: Welche Grenzwertüberschreitungen gab es in den letzten 3 Jahren?

____

____

EM 205: Wie werden die durch die Abluftreinigung entstehenden Abfälle / Reststoffe / Sonderabfälle (z.B. Kohlefilter) entsorgt?

____

____

Prozesse / Technologien
EM 300

EM 301: Wie stellen Sie sicher, daß schädliche Umwelteinwirkungen durch belastete Abluft generell verhindert werden, sofern sie nach dem Stand der Technik vermeidbar sind?

EM 302: Welche Verfahren setzen Sie hierfür ein?

EM 303: Wie stellen Sie sicher, daß die nach dem Stand der Technik unvermeidbaren schädlichen Umwelteinwirkungen durch belastete Abluft auf ein Mindestmaß beschränkt werden?

EM 304: In welchem Maß wird schon bei der Verfahrensentwicklung auf die Einführung emissionsfreier bzw. -armer Prozesse geachtet?

EM 305: Welche umweltrelevanten Stoffe werden hauptsächlich emittiert?

EM 306: Werden die Grenzwerte für diese emittierten Stoffe immer eingehalten ?

____

____

EM 307: Welche der entstehenden Stoffe können durch Verfahrensänderung vermieden oder vermindert werden?

____

____

EM 308: Welche Vorrichtungen werden eingesetzt oder geplant, um bei den Emissionen die Einhaltung der vorgegebenen Grenzwerte in Zukunft sicherstellen?

____

____

EM 309: Kennen Sie die Hauptwindrichtung und Ausbreitung Ihrer Emissionen? (z.B. die Ausbreitung einer Schadstoffwolke bei einem Störfall)

____

____

EM 310: Gab es in der Vergangenheit Nachbarbeschwerden oder behördliche Eingriffe? Wie wurde damit umgegangen?

____

____

Wartung / Inspektion
EM 400

EM 401: Wie und durch wen ist die regelmäßige Wartung der Abluftanlagen geregelt?

____

____

EM 402: Welche Abluftführungen existieren und wie stellen Sie ihre Dichtigkeit fest?

____

____

EM 403: Wie schützen Sie z.B. Filteranlagen vor dem Durchschlagen von Schadstoffen?

____

____

EM 404: Wie wird vorgegangen, wenn in der Abluftreinigung Schadstoffe durchschlagen und wie lange dauert es, bis entsprechende Maßnahmen getroffen werden?

____

____

BODEN / ALTLASTEN

Betriebliche Organisation
BO 100

Standortbeschaffenheit
BO 200

Altlastenbehandlung
BO 300

Datum :

Prüfungsleiter :

Teilnehmer:

Anmerkung: Fragen, die einen Handlungsbedarf zeigen, sind mit „***H***“ zu kennzeichnen.

Betriebliche Organisation
BO 100

BO 101: Wer ist für den Bodenschutz und die Altlastenüberwachung verantwortlich?

____

____

BO 102: Seit wann besteht Ihr Betrieb auf dem jetzigen Betriebsgelände?

____

____

BO 103: Welche anderen industriellen oder gewerblichen Tätigkeiten gab es bereits auf diesem Betriebsgelände?

____

____

BO 104: Ist Ihnen bekannt, ob auf diesem Gelände Altlasten existieren und ob bisher Sanierungsmaßnahmen vorgenommen wurden?

____

____

BO 105: Liegen entsprechende Gutachten vor?

____

____

BO 106: Ist Ihnen bekannt, ob es in der näheren Umgebung Ihres Standortes Bodenverunreinigungen gibt?

____

____

BO 107: Welche Materialien (z.B. CKW's, PCB), die zu einer Altlast führen können, haben Sie in der Vergangenheit eingesetzt?

____

____

BO 108: In welchen Bereichen und in welchen Mengen werden derartige Materialien heute noch eingesetzt?

____

____

BO 109: Wie und durch wen wurde geprüft, ob diese Materialien nicht durch weniger umweltgefährdende Materialien substituiert werden können?

____

____

BO 110: Welche umweltgefährdenden Stoffe (Asbest, PCB-Kondensatoren, etc.) wurden beim Bau Ihres Betriebes eingesetzt?

____

____

Standortbeschaffenheit
BO 200

BO 201: Wie groß ist die versiegelte Fläche des Standortes?

____

____

BO 202: Wie ist die Beschaffenheit der Lage Ihres Betriebes in bezug auf

Geologie: ______________________________

Hydrologie: ______________________________

Schutzgebiete: ______________________________

Windrichtung: ______________________________

BO 203: Gibt es auf Ihrem Gelände Aufschüttungen, Verfüllungen, Abgrabungen, etc.?

____

____

BO 204: Gibt es Wasserschutzgebiete in der näheren Umgebung Ihres Standortes?

____

____

BO 205: Kennen Sie den Flächennutzungsplan Ihrer Gemeinde in der Umgebung Ihres Betriebes?

____

____

BO 206: In welchem Gebiet (Wohngebiet, Gewerbegebiet, Industriegebiet) liegt Ihr Betrieb?

____

____

BO 207: Welche weiteren Betriebe befinden sich in Ihrer Nachbarschaft?

____

____

BO 208: Welche Oberflächen oder Grundwasserschäden in Zusammenhang mit Umweltvorschäden, betriebseigenen Abfalldeponien oder Altlasten sind aufgetreten?

____

____

Altlastenbehandlung
BO 300

BO 301: Wer ist für die Durchführung regelmäßiger Messungen verantwortlich, insbesondere im Fall von bekannten Oberflächen- oder Grundwasserschäden?

BO 302: Wie stellen Sie sicher, daß alle erforderlichen Schritte stattfinden? (Gutachten, Sanierungsmaßnahmen, Einbindung der Behörden, etc.)

BO 303: Wurden bereits Beschwerden oder Beanstandungen von Anwohnern oder Behörden wegen vermuteter oder tatsächlicher Schäden erhoben? Wie wurde damit umgegangen?

BO 304: Gab es seit Bestehen des Betriebes an diesem Standort Betriebsstörungen, Vorfälle oder Unfälle, die zu einer Kontaminierung von Boden und / oder Grundwasser führten oder hätten führen können? Welcher Art?

4.3 Umweltprüfungsberichte der Modellfirma

Prüfungsbericht

Abfälle / Wertstoffe

Teilnehmer: Umweltschutz / Arbeitssicherheit
Verfahrenstechnik / Instandhaltung
Produktion
Entwicklung
Qualitätswesen
Prüfungsleitung
Co-Prüfer

Zeitraum: (von..........bis..........)

Prüfungsaufwand: (.......... Tage)

Verteiler: Geschäftsleitung
Projektleitung
Teilnehmer der Prüfung

Zusammenfassung

1.) Der **Ist-Zustand "Abfälle"** wurde mit Unterstützung eines Fragenkataloges aufgenommen. Bei 5 von 30 Fragen (17 %) besteht Handlungsbedarf.

2.) **Organisation**:

Der Gesamtanfall der Abfälle und Reststoffe ist mengenmäßig bekannt. Die Entsorgungskosten und Abfallabgaben werden auf eine gemeinsame Kostenstelle gebucht.

Zur Erstellung eines **Abfallwirtschaftskonzepte**s ist eine bessere Transparenz nötig. Es wird empfohlen, die anfallenden Mengen in den Kostenstellen zu erfassen und die Kosten verursacherspezifisch umzulegen.

Der **Mißbrauch der Sammelbehälter** für Sonderabfälle ist nicht ausgeschlossen. Es wird empfohlen, verantwortliche Personen zu benennen, die für die Kontrolle der ordnungsgemäßen Sammlung und Entsorgung in den einzelnen Kostenstellen zuständig sind.

3.) **Prozesse und Technologien**:

Die Bereiche "Entwicklung" und "Verfahrenstechnik" müssen in Zukunft verstärkt auf folgende Punkte achten:

- Entwicklung abfallarmer Prozesse und Technologien,
- Entwicklung von Produkten, die problemlos zu entsorgen sind.

1. Aufgabenstellung, Prüfungsumfang und Ziele

1.1 Aufgabenstellung

Ziel der Ist-Analyse ist es, die Abfallwirtschaft anhand des Kreislaufwirtschafts- und Abfallgesetzes (KrW-/AbfG) sowie anhand anderer einschlägiger Vorschriften und dem Stand der Technik zu überprüfen. Weiterhin sollen der Transport von Abfällen / Reststoffen und die Dokumentation der Reststoffverwertung und Abfallbeseitigung untersucht werden.

1.2 Prüfungsumfang

Die Bereiche, die im Rahmen der Umweltprüfung untersucht werden sollen, sind:

- Abfall-, Reststoff- und Wertstoffarten,
- Abfallentsorgung und Reststoffverwertung,
- Entsorgungskosten,
- Verantwortlichkeiten,
- Allgemeine Situation im Abfallbereich.

Die einzelnen zu prüfenden Bereiche werden mit Hilfe von Fragenkatalogen untersucht. Im Gespräch mit den jeweils zuständigen bzw. verantwortlichen Mitarbeitern, durch die Einsicht in relevante Unterlagen (z.B. Entsorgungsnachweise, verantwortliche Erklärungen und Abfallnachweisbuch), sowie durch Besichtigungen Vorort werden weitere relevante Informationen erfaßt. Die Gespräche werden dokumentiert.

1.3 Ziele

Die Modellfirma hat in ihrer betrieblichen Umweltpolitik, sowie im Umweltmanagementhandbuch festgelegt, daß durch entsprechende technische und organisatorische Maßnahmen umweltbelastende Abfälle und Reststoffe auf ein Minimum zu reduzieren sind. Die Menge an besonders überwachungsbedürftigen Abfällen soll ebenfalls reduziert werden. Umweltgefahren, die durch die Abfälle ausgehen können, sind zu minimieren. Die Auswirkungen der laufenden Tätigkeiten werden regelmäßig überwacht. Den Anforderungen durch die überwachenden Behörden, sowie durch die einschlägige Gesetzgebung muß jederzeit entsprochen werden.

Ziel der Umweltprüfung "Abfälle" ist es, den betrieblichen Ist-Zustand aufzunehmen und anschließend, im Vergleich zu den Zielvorgaben der Modellfirma, zu bewerten. Es werden Maßnahmen im Umweltprogramm empfohlen, um Schwachstellen in diesem Bereich zu beseitigen und einen Soll-Zustand zu erreichen.

2. Referenzdokumente und Prüfungskriterien

Als Referenzdokumente gelten die einschlägigen Umweltvorschriften im Bereich der Abfallwirtschaft:

- Abfallgesetz (AbfG) vom 27. Juni 1994 (BGBl.I S. 1440),
- Abfallbestimmungsverordnung (AbfBestV) vom 27. Dez. 1993 (BGBl.I S. 2378),
- Reststoffbestimmungsverordnung (RestBestV) vom 27. Dez. 1993 (BGBl.I S. 2378),
- Altölverordnung (AltölV) vom 27. Oktober 1987 (BGBl.I S. 2335),
- Betriebsbeauftragtenverordnung vom 26. Oktober 1977 (BGBl.I S. 1913),
- Kreislaufwirtschafts- und Abfallgesetz (KrW-/AbfG) vom 27. Sept. 1994,
- Landesabfallabgabengesetz (LAbfAG) vom 11. März 1991 (GBl.S 133),
- Verordnung über die Entsorgung gebrauchter halogenierter Lösungsmittel (HKWAbfV) vom 23. Oktober 1989 (BGBl.I S. 1918),
- Verordnung über die Vermeidung von Verpackungsabfällen (VerpackV) vom 26. Oktober 1993 (BGBl.I S. 1782),

Als Prüfungskriterien werden herangezogen:

- Der Stand der Technik,
- die Vorgaben aus der betrieblichen Umweltpolitik der Modellfirma und

3. Ist-Zustand

Der Ist-Zustand wurde mit Unterstützung eines Fragenkataloges und Gesprächen mit verantwortlichen bzw. zuständigen Personen im Bereich der Abfall- und Reststoffwirtschaft aufgenommen.

3.1 Abfall- und Reststoffarten

In den einzelnen Kostenstellen entstehen verschiedene Abfall- und Reststoffarten.

Hierzu zählen:

Restmüll,
Wertstoffe (Altpapier, Glas, Kunststoffe, sonst. Verpackungen),
Schrott,
Altöl,
Emulsionen,
Galvanikschlamm,
Perchlorethylen,
CKW-freie Lösemittel,
Putzwolle,
Metallschleifschlamm,
Erodierschlamm,
Lackierereiabfälle,
Verbrauchte Filtermassen,
Sonstige Abfälle (z.B. Klebstofftuben, Alt-Batterien, Spraydosen).

3.2 Abfallentsorgung und Reststoffverwertung

Die einzelnen Abfall- und Reststoffarten werden auf unterschiedliche Weise entsorgt oder verwertet:

3.2.1 Restmüll

Der Restmüll, d.h. Hausmüll und hausmüllähnlicher Gewerbemüll wird in 120 l-Mülltonnen gesammelt. Diese Mülltonnen stehen vor Ort an den jeweiligen Anfallstellen.

Die Entsorgung erfolgt kostenpflichtig wöchentlich über die kommunale Müllabfuhr durch die Firma xxxxx auf die Deponie xxxxx.

Für größere, sperrige Güter, die unter die Kategorie hausmüllähnlicher Gewerbemüll fallen, steht ein Preßcontainer auf dem Werksgelände neben Gebäude 20, Auffahrt zur Garage.

3.2.2 Wertstoffe

Wertstoffe werden in 120 l-Wertstoffbehältern ("gelbe Tonne" / DSD) gesammelt. Diese Behälter stehen jeweils neben den Mülltonnen vor Ort.

Zusätzlich zu den "gelben Tonnen" gibt es eine zentrale Wertstoff-Sammelstelle auf dem Werksgelände. An dieser Sammelstelle werden Styropor, Reifbänder, Folien und Papier getrennt in Säcken gesammelt. Für Glas steht ein Altglasbehälter bereit.

Die Wertstoffe werden einer Wiederverwertung zugeführt. Dies erfolgt für Glas kostenneutral durch die Firma xxxxx, für Styropor, Reifbänder, Folien und Papier kostenpflichtig durch die Firma xxxxx.

3.2.3 Schrott

Der anfallende Schrott wird nach Normalstahl und Edelstahl sortiert und zentral in Containern gesammelt. Die Container befinden sich vor Gebäude 10 und Gebäude 8.

Die Entsorgung des Normalstahls erfolgt bei Bedarf kostenneutral durch die Firma xxxxx. Der Edelstahl-Schrott wird verkauft.

3.2.4 Sonderabfall

Als besonders überwachungsbedürftige Abfälle fallen bei der Modellfirma **Putzwolle** (feste fett- und ölverschmutzte Betriebsmittel ASN 54209), **Galvanikschlamm** (Chrom III-haltiger Galvanikschlamm ASN 51103), **Metallschleifschlamm** (ASN 54710), **Erodierschlamm** (ASN 54707), **verbrauchte Filtermassen** (ASN 31435) und **Lackierereiabfälle** (ASN 55519) an.

Alt-Per (Tetrachlorethen, ASN 55209), **Emulsionen** (Bohr- und Schleifölemulsionen, ASN 54402), **Altöl** (Maschinen- und Turbinenöle ASN 54113) und **CKW-freie Lösemittel** (ASN 55370) werden als überwachungsbedürftige Reststoffe einer Wiederverwertung zugeführt.

Die Putzwolle, die Lackierereiabfälle, die verbrauchten Filtermassen und der Metallschleifschlamm werden an der zentralen Sammelstelle zwischen Gebäude 19 und 20 gesammelt. Bei Bedarf werden die Abfälle kostenpflichtig durch die Firma xxxxx transportiert und von der Firma xxxxx (Putzwolle, Lackierereiabfälle und Metallschleifschlamm) bzw. von der Firma xxxxx (verbrauchte Filtermassen) entsorgt.

Der Erodierschlamm wird direkt neben der Anfallstelle in 800 l ASP-Behältern gesammelt. Entsorgt wird der Erodierschlamm durch die Firma xxxxx transportiert wird durch die Firma xxxxx.

Das Alt-Per wird in einem 5.000 l Sammelbehälter vor Gebäude 8 gesammelt und bei Bedarf durch die Firma xxxxx einer Reststoffverwertung zugeführt.

Emulsionen und Altöl werden zunächst in den anfallenden Kostenstellen in 425 l ASF-Behältern gesammelt. Diese Behälter werden in einen 5.000 l Sammelbehälter entleert. Der Abtransport und die anschließende Verwertung der Emulsionen und des Altöls erfolgt durch die Firma xxxxx. Alle drei 5.000 l Sammelbehälter sind doppelwandig und mit Leck- und Füllstandsanzeigern ausgestattet.

Die CKW-freien Lösemittel werden in 425 l ASF-Behältern an den jeweiligen Anfallstellen gesammelt und anschließend einer Redestillation zugeführt. Transportiert und aufbereitet werden die Lösemittel durch die Firma xxxxx. Nach der Redestillation werden diese Lösemittel wieder bei der Modellfirma eingesetzt.

Bei der Behandlung der sauren und alkalischen Galvanikabwässer fällt Chrom III-haltiger Galvanikschlamm an. Dieser wird in einer 7 m^3 Deckelmulde gesammelt. Die Entsorgung erfolgt auf der Sonderabfalldeponie xxxxx. Transporteur ist die Firma xxxxx.

3.2.5 Sonstige Abfälle

Die Entsorgung verschiedener Abfälle, die in kleineren Mengen anfallen, erfolgt über den Umweltschutzbeauftragten. Hierzu zählt z.B. die Entsorgung von geringen Mengen verschiedenster Stoffe, die zu Versuchszwecken eingesetzt wurden, Alt-Batterien, alte Klebstofftuben, Spraydosen sowie Quecksilber aus Thermometern.

In diesen Fällen wird telefonisch beim Umweltschutzbeauftragten nachgefragt, ob der entsprechende Abfall dem Restmüll zugeführt werden kann. Ist dies nicht möglich, so wird der Abfall beim Umweltschutzbeauftragten gelagert. Er veranlaßt nach Erreichen einer gewissen Menge die Entsorgung.

3.3 Entsorgungskosten

Die gesamten Kosten der Abfallentsorgung und Reststoffverwertung gehen zu Lasten der Kostenstelle 123 ("Umweltkostenstelle"). Betreut wird diese Kostenstelle von der "Produktion A". Eine Umlegung der Kosten auf die jeweiligen abfallerzeugenden Kostenstellen wird derzeit nicht praktiziert. Eine mengenmäßige Rückverfolgung der zentral gesammelten Abfälle, insbesondere der Sonderabfälle und eine verursachergerechte Kostenzuordnung findet nicht statt.

3.4 Verantwortlichkeiten

Für die Einhaltung des Abfallgesetzes und der dazugehörigen Verordnungen ist der Umweltschutzbeauftragte verantwortlich. Er stellt die Verantwortlichen Erklärungen aus, um das Verwerten der überwachungsbedürftigen Reststoffe und das Entsorgen der besonders überwachungsbedürftigen Abfälle zu ermöglichen. Das Abfallnachweisbuch wird ebenfalls vom Umweltschutzbeauftragten geführt.

3.5 Allgemeine Situation im Abfallbereich

Bei der Modellfirma werden die entstehenden Abfälle, Reststoffe und Wertstoffe getrennt gesammelt und sachgerecht einer Entsorgung bzw. Verwertung zugeführt.

Der Gesamtanfall der jeweiligen Abfälle und Reststoffe ist mengenmäßig bekannt und dokumentiert. Eine qualitative Rückverfolgung zur Einsatzstelle der einzelnen Abfall- bzw. Reststoffarten ist möglich. Quantitativ ist eine Rückverfolgung jedoch nicht möglich, da in den einzelnen Anfallstellen keine Dokumentation über Abfallmengen stattfindet. Die in den Kostenstellen anfallenden Abfälle und Reststoffe werden vor Ort in kleinen Behältern gesammelt und anschließend in große zentrale Sammelbehälter entleert. Die Entsorgungskosten und Abfallabgaben werden auf eine gemeinsame Kostenstelle gebucht.

Ein Aufbruch auf die "Abfallanfall-Kostenstellen" d.h. eine verursacherspezifische Umlegung der Kosten ist nicht möglich. Die Aufschlüsselung einer bestimmten Abfallmenge auf die verschiedenen Anfallstellen und somit eine Zuordnung von Abfall- bzw. Reststoffmengen zu bestimmten Produktionsprozessen oder Einsatzstoffen ist nicht möglich.

3.6 Fragenkatalog

Mit dem vorliegenden Fragenkatalog "Abfall" wurde die Erhebung des Ist-Zustandes unterstützt. Die aus der Beantwortung der Fragen gewonnenen Informationen ergänzen die Ist-Analyse, wie sie bereits in den Punkten 3.1 bis 3.5 beschrieben ist. Aus den Fragenkatalogen ergab sich bei Beantwortung von 30 Fragen ein Handlungsbedarf bei 5 Fragen. Das entspricht 17 %.

Der Fragenkatalog ist so aufgebaut und gegliedert, daß eine umfassende Betrachtung umweltrelevanter Bereiche und Tätigkeiten möglich wird. Eine Beantwortung mit "ja" oder "nein" kann nicht erfolgen. Die Fragen sind so formuliert, daß der beantwortende Mitarbeiter ausführlich Stellung zu nehmen hat. Dadurch ist er gefordert, sich intensiver mit den Gegebenheiten am Standort auseinanderzusetzen.

Die Fragen sollen dazu dienen, die Auswirkungen der laufenden Tätigkeiten auf die Umwelt zu beurteilen und bewerten. Einerseits werden bereits vorhandene Umweltschutzmaßnahmen ermittelt, andererseits werden Schwachstellen offengelegt. Durch die Kennzeichnung aller Fragen, die nicht, oder nur unzureichend beantwortet wurden, kann der Handlungsbedarf unmittelbar abgelesen werden.

Die Fragen die einen Handlungsbedarf aufzeigen, wurden mit ***"H"*** gekennzeichnet.

Betriebliche Organisation
AB 100

AB 101: Wer ist für die Entsorgung der Abfälle / Sonderabfälle / Reststoffe und die Ausstellung der Abfallbegleitscheine verantwortlich?

Umweltschutzbeauftragter

AB 102: Welche Auflagen / Bescheide der zuständigen Behörde liegen vor?

Entsorgungs- bzw. Verwertungsnachweise für Sonderabfälle

AB 103: Erläutern Sie die innerbetrieblichen Regelungen und Abläufe in Form eines Abfallwirtschaftskonzeptes!

Innerbetriebliche Regelungen und Abläufe sind in der Ist-Analyse Abfälle und Reststoffe ermittelt und im Ablaufschema dargestellt.

Abfallgesamtmengen sind vorhanden, die Teilmengen der einzelnen Kostenstellen sind nicht erfaßt. Kostenumlage zur Zeit nicht möglich.

H

AB 104: Wie wird die Entsorgung von Abfällen / Sonderabfällen für die nächsten fünf Jahre sichergestellt?

Hausmüllähnlicher Gewerbemüll: durch die kommunale Müllentsorgung

Sonderabfälle: Laufzeit der Entsorgungsnachweise; 5 Jahre

Wertstoffe: Abkommen mit der Firma xxxxx

AB 105: Erläutern Sie den Verbleib der Abfälle / Sonderabfälle nachdem sie den Betrieb verlassen haben und legen Sie entsprechende Dokumente (z.B. Nachweisbuch) bei.

Abfälle: Kreismülldeponie xxxxx

Sonderabfälle: verschiedene Entsorger

andienpflichtige Sonderabfälle: SBW

AB 106: a) Mit welchen Entsorgern und Beförderern sind entsprechende Verträge abgeschlossen?

b) Wie überprüfen Sie die Zuverlässigkeit der Beförderer und Entsorger?

a) Entsorger: Firmen xxxxx;

Beförderer: Firma xxxxx

Als Verträge gelten die Entsorgungsnachweise mit dem Hinweis der Widerrufbarkeit durch die Behörde

b) wird nicht geprüft

H

AB 107: Wer transportiert und entsorgt die Abfälle / Sonderabfälle? Liegen entsprechende Verträge / Genehmigungen / Annahmeerklärungen vor?

Abfall / Sonderabfall	Menge	Transport-genehmigung	Transport-mittel	Entsorger	Datum und Laufzeit des Entsorgungsnachweises

Werte im Abfallnachweisbuch vorhanden

AB 108: Welche vorbeugenden Maßnahmen zur Vermeidung von Abfällen / Sonderabfällen / Reststoffen erfolgen bei der Entwicklung neuer Produkte, neuer Fertigungsverfahren bzw. neuer Herstellungsprozesse?

Neue Fertigungsverfahren bzw. neue Prozesse werden i. d. R. nach den Kriterien der geringsten Umweltbelastung ausgewählt.

Produkte: bevorzugter Einsatz von Monoverpackungen aus Karton als Ersatz von Verbundverpackungen.

AB 109: Wie werden absehbare gesetzliche Entwicklungen (z.B. Kreislaufwirtschaft) in der Forschung, Entwicklung und Planung neuer Verfahren bzw. neuer Produkte berücksichtigt?

Soweit gesetzliche Entwicklung bekannt, Berücksichtigung wie bei AB 108

AB 110: Welche Schulungsmaßnahmen werden regelmäßig zum besseren Verständnis der betrieblichen Abfall- / Sonderabfall- / Reststoffproblematik durchgeführt?

Allgemeine Information in der Meisterbesprechung

Gezielte Information für die betroffenen Kostenstellen

	**Umwelt-Prüfungs-Bericht**	**Abfälle / Wertstoffe** **Ausgabe :** **Datum :** **Seite :**

Abfallanfall / Abfallverwertung
AB 200

AB 201: Welche betrieblichen Abfälle / Sonderabfälle / Reststoffe fallen bei welchen Prozessen in welchen Mengen an?

Abteilung / Kostenstelle	Abfallart	Abfall-Schlüssel-Nr.	Prozeß	Menge / Jahr

Gesamtmengen im Abfallnachweisbuch vorhanden. Aufbruch auf Kostenstellen z. Zt. nicht möglich

H

AB 202: Welche Zusammensetzung besitzen die einzelnen a) Abfälle / b) Sonderabfälle / c) Reststoffe?

a: Zusammensetzung entspricht der des Hausmülls

b: Analysen liegen vor

c: separate Sammlung

AB 203: Wie werden Abfälle / Sonderabfälle / Reststoffe im Betrieb nach Stoffzusammensetzung und Stoffeigenschaft getrennt gesammelt?

Abteilung / Kostenstelle	Abfall / Sonderabfall / Reststoff	Menge / Jahr

Getrennte Sammlung in separaten Behältern. T.w. zentrale Sammlung, daher keine Rückverfolgung auf Kostenstellen.

H

AB 204: Wie wird der Mißbrauch von Abfallstoffen und -behältern ausgeschlossen?

Behälter für Sonderabfall sind abgeschlossen.

Restmülltonnen sind offen, daher Mißbrauch nicht ausgeschlossen; ebenso die

Preßcontainer für Restmüll und Papier. Ein Mißbrauch ist nicht ausgeschlossen.

H

AB 205: Wie und durch wen werden Identitätskontrollen für Abfälle / Sonderabfälle / Reststoffe durchgeführt?

Durch Analysen, Betrachtung und Herkunft

Durch Umweltschutzbeauftragten und Institut xxxxx

AB 206: Welche Abfälle / Sonderabfälle / Reststoffe werden auf dem Betriebsgelände vorbehandelt?

keine

AB 207: Welche Abfälle / Sonderabfälle / Reststoffe lassen sich weiter- bzw. wiederverwenden?

Per, Haku (CKW-freies Lösemittel), Emulsionen, Altöl

AB 208: An welche Einrichtungen haben Sie sich bisher bezüglich der Verwertungsmöglichkeiten gewendet? Zeigen Sie bitte die Erfolgsbilanz auf!

Per: Firma xxxxx)

Haku: Firma xxxxx) realisiert

Emulsionen, Altöl: Firma xxxxx)

Galvanikschlamm: SBW; keine Verwertungsmöglichkeit, da zu geringe Metallanteile

Prozesse / Technologien
AB 300

AB 301: Welche Maßnahmen zur Verminderung der Abfall / Sonderabfall / Reststoffmengen haben Sie in den letzten fünf Jahren durchgeführt? Wie sieht die Erfolgsbilanz aus?

Haku als Ersatz für CKW-haltiges Lösemittel

Per: Umstellung von Entsorgung auf Verwertung

AB 302: Wie lassen sich Abfälle / Sonderabfälle durch Substitution der eingesetzten Rohstoffe / Chemikalien / Materialien reduzieren?

Kühlschmierstoffe: Verbesserungsvorschlag zur Standzeitverlängerung wird realisiert.

Galvanikschlamm: Zusammenfassung der Reinigungsbäder dadurch Reduzierung des TOC.

AB 303: Wie lassen sich durch eine Produktions- und Prozeßumstellung Abfälle / Sonderabfälle / Reststoffe vermeiden?

Durch die Umstellung der Galvanik kann eine Reduzierung des Galvanikschlamms und der zu behandelnden Abwässer erzielt werden.

AB 304: Welche Einsatzmaterialien werden nach ihrem Gebrauch zu Sonderabfällen?

Chemikalien für die Galvanik (Galvanikschlamm)

Putzwolle wird als fett- und ölverschmutztes Betriebsmittel entsorgt

Verpackungen
AB 400

AB 401: Welche Rohstoffe / Chemikalien / Materialien lassen sich in Mehrweggebinden beschaffen?

Maschinen- und Hydrauliköl

Säuren und Laugen für die Galvanik

Weißkalksuspension für die Abwasserbehandlung

Elektrolyt zum elektropolieren

AB 402: Welche Produkte können Sie in Mehrwegbehältern ausliefern?

Autoklaven

AB 403: Bei welchen Produkten nehmen Sie von Ihren Kunden Verpackungsmaterialien zurück?

Autoklavenbehälter

AB 404: Welche Produkte liefern Sie in Einwegverpackungen aus?

Alle anderen Produkte

3.7 Datenerfassung

3.7.1 Abfälle gesamt

Die Erfassung unserer Abfälle erfolgt getrennt nach Wertstoffen, Sonderabfällen und Restmüll. Trotz großer Anstrengungen in unserem Unternehmen konnte das Gesamtabfallaufkommen nicht reduziert werden.

Erfolge zeigen sich jedoch bei der Reduktion der Sonderabfälle. In diesem Bereich konnten vor allem die mineralölhaltigen Werkstattabfälle, insbesondere Putzwolle, durch die schrittweise Umstellung auf Tausch-Putztücher, minimiert werden.

Bei den Kühlschmiermittelemulsionen ist die Zunahme geringer als durch die Produktionssteigerung zu erwarten wäre. Zusammen mit dem Bereich "Verfahrenstechnik / Instandhaltung" und den Produktionsabteilungen werden weitere Möglichkeiten der Standzeitverlängerung untersucht.

Zur Zeit sind wir dabei, die restlichen CKW-haltigen Lösungsmittel durch CKW-freie Lösungsmittel in Form von Kohlenwasserstoffen bzw. durch wässrige Systeme zu ersetzen.

Durch die verbesserte Trennung konnte der Anteil an Wertstoffen erhöht werden. Der drastische Anstieg an Restmüll im Jahre 1994 ist auf die vermehrten baulichen Maßnahmen in unserem Unternehmen zurückzuführen. Dadurch hat sich die Menge an Bauschutt im letzten Jahr um 635 t erhöht.

Abfälle in Tonnen	1991	1992	1993	1994
Sonderabfälle	166	147	168	133
Wertstoffe	675	628	738	738
Restmüll	527	577	449	1028
Σ: Abfälle	**1.368**	**1.352**	**1.355**	**1.899**

Bei der Betrachtung der Kostenentwicklung ist zu beachten, daß bestimmte Abfälle, insbesondere im Bereich der Sonderabfälle, durch unterschiedliche Produktionsschwerpunkte in den einzelnen Geschäftsjahren in unterschiedlichen Mengen auftreten. Dies wirkt sich entsprechend auch auf die Entsorgungskosten aus, so daß hier produktionsbedingte Schwankungen auftreten. Jedoch ergab sich durch die generelle Reduktion der Sonderabfälle im Geschäftsjahr 1994 eine Kostensenkung um rund 20 %. Die Kosten für die Restmüllbeseitigung stiegen durch das zusätzliche Aufkommen an Bauschutt (1994) stark an.

Da es sich bei unseren Wertstoffen in der Hauptsache um Stahlschrott und hochwertige Nicht-Eisen-Abfälle handelt, wurden in allen Geschäftsjahren hohe Erlöse für diese Wertstoffe erzielt. Zur Kostenerfassung bei der Wertstoffaufarbeitung wurden diese Erlöse den Einstandspreisen der Rohstoffe gegenübergestellt. Die Tabelle zeigt somit die Kosten für Wertstoffe, die sich aus ihrer Wertminderung ergeben.

Kosten TDM	1991	1992	1993	1994
Sonderabfälle	86	91	95	73
Restmüll	84	91	74	126
Wertstoffe	22	18	18	21
Σ: Kosten	**192**	**200**	**187**	**220**

3.7.2 Abfälle deponiert

Die deponierten Abfälle setzen sich aus den Komponenten Restmüll, Bauschutt und Sonderabfälle zusammen. Beim Restmüll handelt es sich hauptsächlich um Kehrabfälle, verschmutzte Tücher oder Papier aus den einzelnen Produktionsbereichen.

Betrachtet man die Mengen an deponierten Abfällen, so stellt man fest, daß sich im Geschäftsjahr 1993 die ersten Maßnahmen zur Reduktion der deponierten Abfälle bemerkbar machen. Der Anstieg im Jahre 1994 ist durch die oben beschriebene Erhöhung der Bauschuttmenge (635 t) bedingt.

Abfälle in Tonnen	1991	1992	1993	1994
Sonderabfälle deponiert	72	43	64	38
Restmüll deponiert	344	362	315	259
Bauschutt deponiert	183	215	134	769
Σ: Abfälle deponiert	**599**	**620**	**513**	**1.066**

Die mengenmäßige Entwicklung spiegelt sich in den Kosten für die deponierten Abfälle wieder. Es ist sowohl bei den Sonderabfällen als auch beim Restmüll eine Kostenreduktion zu verzeichnen.

Kosten in DM	**1991**	**1992**	**1993**	**1994**
Sonderabfälle deponiert	60	51	58	45
Restmüll deponiert	66	69	60	49
Bauschutt deponiert	18	22	13	77
Σ: Kosten	**144**	**142**	**131**	**171**

3.7.3 Abfälle recycelt

Bei den recycelten Abfällen läßt sich 1993 ein Anstieg erkennen. Die Mengen haben sich 1994 auf einem ähnlichen Niveau wie 1993 eingependelt.

Bei den recycelten Sonderabfällen handelt es sich weitgehend um CKW-freie und CKW-haltige Lösungsmittel, Altöle und Kühlschmiermittelemulsionen.

Die Wertstoffe bestehen in der Hauptsache aus Stahlschrott und Nicht-Eisen-Abfällen, die in Form von Spänen oder Stanzabfällen anfallen. Weiterhin werden, durch die getrennte Abfallsammlung, immer größere Mengen an Altpapier und Altglas dem Recycling zugeführt.

Die prozentuale Abnahme an recycelten Abfällen im Jahr 1994 ist durch die nicht wiederzuverwertende Menge an Bauschutt bedingt.

Abfälle in Tonnen	**1991**	**1992**	**1993**	**1994**
Sonderabfälle recycelt	94	104	104	95
Wertstoffe recycelt	675	628	738	738
Σ: Abfälle recycelt	**769**	**732**	**842**	**833**

Durch die hohe Stoffqualität unserer Wertstoffe (Stahlschrott / Nicht-Eisen-Abfälle) und einem hohen Sortiergrad konnten mit den produktionsbedingt anfallenden Wertstoffresten relativ hohe Erlöse erzielt werden.

Bei den Sonderabfällen spiegelt sich bei der Kostenentwicklung die mengenmäßige Reduzierung der eingesetzten Stoffe, wie CKW-haltige Lösungsmittel, wieder.

Kosten in TDM	**1991**	**1992**	**1993**	**1994**
Sonderabfälle recycelt	26	40	36	28
Wertstoffe recycelt	22	18	18	21
Σ: Gesamtkosten	**48**	**58**	**54**	**49**

4. Soll-Zustand und Bewertung

Der Soll-Zustand ergibt sich aus der betrieblichen Umweltpolitik der Modellfirma und aus den Vorgaben des Umweltmanagementhandbuches Kapitel "Abfälle", sowie aus den Forderungen der einschlägigen Umweltvorschriften und dem Stand der Technik.

Der aufgenommene Ist-Zustand im Bereich "Abfälle" entspricht in den meisten Punkten dem Soll-Zustand, die gesetzlichen Vorschriften sind erfüllt.

4.1 Abfallerfassung / Abfallanfallstellen

Der Abfall- und Reststoffanfall sollte bereits in den einzelnen Kostenstellen bzw. Prozessen und nicht nur als Gesamtmenge erfasst und dokumentiert werden. Dadurch kann man Abfälle und Abfallmengen eindeutig bestimmten Prozessen bzw. Einsatzmaterialien zuordnen. Ebenso können Einsparungspotentiale identifiziert werden. Die Aufgabe der betrieblichen Abfallwirtschaft sollte nicht auf die betriebliche Dienstleistung des Wegschaffens der Abfälle reduziert sein. Die betriebliche Abfallwirtschaft muß dazu beitragen, die Menge der Abfälle und Reststoffe und somit Entsorgungskosten zu reduzieren und vorausschauend Entsorgungsengpässe zu vermeiden. Dazu ist die Transparenz der Stoffflüsse unbedingte Voraussetzung. Ein weiterer Aspekt der verursacherspezifischen Umlegung der Kosten ist die Sensibilisierung der Mitarbeiter. Solange die Mitarbeiter nicht erfahren, welche Abfallmengen, Entsorgungskosten und Abfallabgaben durch bestimmte Verhaltensweisen und Entscheidungen verursacht werden, entzieht man den Mitarbeitern die Eigenverantwortung.

4.2 Abfallsammlung / Sammelsysteme

Die Verpflichtung aller Unternehmen zur getrennten Abfallerfassung umfaßt auch die Bereitstellung geeigneter Sammelbehältnisse. Die Sammelbehältnisse müssen eindeutig gekennzeichnet sein, so daß das Sammelsystem für jeden Mitarbeiter im Unternehmen transparent wird. Dazu gehört auch die Information und Unterrichtung der Mitarbeiter, über den Gebrauch der Abfallbehälter.

Weiterhin müssen die Sammel-Abfallbehälter vor Mißbrauch geschützt werden. Sie müssen abschließbar und nur befugten Personen zugänglich sein. Dadurch können die unterschiedlichen Abfallarten ihren Eigenschaften entsprechend verwertet oder entsorgt werden und die Entsorgungskosten können minimiert werden.

Die Modellfirma stellt ordnungsgemäß gekennzeichnete Abfallbehältnisse bereit, die jedoch nicht vor Mißbrauch geschützt werden können.

4.3 Verantwortlichkeiten

Für den Bereich "Abfälle" sollten eine oder mehrere verantwortliche Personen benannt werden. Zu deren Aufgabe zählt die Überwachung und Kontrolle der ordnungsgemäßen Entsorgung bzw. Sammlung der Abfälle und Reststoffe sowie die Dokumentation der anfallenden Mengen in den einzelnen Kostenstellen oder Prozessen.

Diese Aufgaben werden bei der Modellfirma vom Umweltschutzbeauftragten übernommen.

4.4 Entsorgung / Verwertung

Als Abfallerzeuger sind die Unternehmen verpflichtet, die Beförderer und Entsorger bzw. Verwerter in regelmäßigen Abständen (z. B. 2x jährlich) hinsichtlich ihrer Zuverlässigkeit zu überprüfen. Der Weg des Abfalls / Reststoffes muß von der Entstehung bis hin zur Verwertung / Entsorgung nachgewiesen werden können.

Dieser Forderung wird bei der Modellfirma bisher noch nicht entsprochen.

4.5 Umweltverfahrensanweisung

Der zukünftig im Rahmen eines Umweltmanagementsystems einzuhaltende Soll-Zustand ist in der Umweltverfahrensanweisung UVA 9.2 "Abfall" dokumentiert.

5. Maßnahmen

Für jeden Bereich, der im Rahmen der Umweltprüfung untersucht wurde, ist ein Maßnahmenkatalog zu erstellen.

Die Maßnahmen ergeben sich durch einen direkten Vergleich der Ergebnisse der Ist-Analyse mit den Vorgaben des Soll-Zustandes. Der aus diesem Vergleich erkannte Handlungsbedarf wird festgeschrieben. Die Festlegung der Verantwortung, des Zeitrahmens und der Mittel garantieren die zügige Umsetzung der Maßnahmen zur Erreichung des Soll-Zustandes.

Durch den Vergleich von Kosten und Einsparungspotential, bzw. der Berechnung der Amortisationsdauer, soll der Geschäftsleitung die Entscheidung für eine Einführung der aufgeführten Maßnahmen erleichtert werden. Durch eine Kennzeichnung der einzelnen Maßnahmen mit "I" bzw. "O" wird eine Umterscheidung in investorische bzw. organisatorische Maßnahmen getroffen.

I:Investition **O:organisatorische Maßnahme**

Die einzelnen Maßnahmen wurden in zwei Bereiche aufgeteilt. Der Bereich "Organisation" enthält die Maßnahmen, die die Verantwortlichkeiten und Abläufe im Bereich der Abfälle betreffen. Im Bereich der Organisation wurden erhebliche Schwachstellen identifziert. Der zweite Bereich "Dokumentation" wurde im Hinblich auf die Abfallverursacher (Abfallkataster, -handbuch) gesondert aufgeführt.

Ist-Zustand (Prüfung)	Soll-Zustand (Ziel)	Maßnahme	I/O	Invest. (DM)	Einsp. (DM/a)	Amort. (Jahre)	Verant-wortung	Reali-sierung
1. Organisation								
Die anfallenden Abfälle und Reststoffe können den Anfallstellen mengenmäßig nicht zugeordnet werden.	Aufkommen an Abfällen / Reststoffen pro Anfallstelle muß zur Führung eines Abfallkatasters bekannt sein.	Getrennte Erfassung der einzelnen Abfall- / Reststoffarten und mengenmäßige Zuordnung zu einzelnen Kostenstellen.	O					
Abfall- / Reststoffsammelbehältnisse sind teilweise offen und für jeden zugänglich.	Die Sammelbehälter für Abfälle / Reststoffe und vor allem für Sonderabfälle müssen vor Mißbrauch durch die Mitarbeiter geschützt werden.	Sicherung der Behältnisse gegen Mißbrauch. Eindeutige Verantwortungszuordnung und Zugangsberechtigung zu den einzelnen Behältern festlegen.	I/O					
Große Abfall- / Reststoffsammelbehältnisse, die im Freien gelagert werden, sind teilweise offen, so daß Regenwasser eindringen kann.	Kosten für die Abfallentsorgung / Verwertung werden nach Gewicht berechnet. Minimales Gewicht ist anzustreben. Probleme durch unnötiges Sickerwasser sind zu vermeiden.	Schutz der offenen Sammelbehältnisse vor dem Eindringen von Regenwasser. Absicherung der Behälter durch Wannen, damit einmal eingedrungenes Wasser nicht auslaufen kann	I					
Die Entsorger / Beförderer und Verwerter von Abfällen und Reststoffen werden nicht regelmäßig überprüft.	Beförderer, Entsorger und Verwerter von Abfällen und Reststoffen müssen zuverlässig sein, und die gesetzlichen Vorgaben einhalten.	Regelmäßige Überprüfung (z.B. 2 x pro Jahr) der Entsorger, Beförderer und Verwerter auf Zuverlässigkeit und Gesetzeskonformität.	O					

Modellfirma	Umwelt-Prüfungs-Bericht	Abfälle / Wertstoffe Ausgabe : Datum : Seite :

Ist-Zustand (Prüfung)	Soll-Zustand (Ziel)	Maßnahme	I/O	Invest. (DM)	Einsp. (DM/a)	Amort. (Jahre)	Verant-wortung	Reali-sierung
1. Organisation								
Die anfallenden Abfälle und Reststoffe können den Anfallstellen mengenmäßig nicht zugeordnet werden.	Aufkommen an Abfällen / Reststoffen pro Anfallstelle muß zur Führung eines Abfallkatasters bekannt sein.	Getrennte Erfassung der einzelnen Abfall- / Reststoffarten und mengenmäßige Zuordnung zu einzelnen Kostenstellen.	O					
Abfall- / Reststoffsammelbehältnisse sind teilweise offen und für jeden zugänglich.	Die Sammelbehälter für Abfälle / Reststoffe und vor allem für Sonderabfälle müssen vor Mißbrauch durch die Mitarbeiter geschützt werden.	Sicherung der Behältnisse gegen Mißbrauch. Eindeutige Verantwortungszuordnung und Zugangsberechtigung zu den einzelnen Behältern festlegen.	I/O					
Große Abfall- / Reststoffsammelbehältnisse, die im Freien gelagert werden, sind teilweise offen, so daß Regenwasser eindringen kann.	Kosten für die Abfallentsorgung / Verwertung werden nach Gewicht berechnet. Minimales Gewicht ist anzustreben. Probleme durch unnötiges Sickerwasser sind zu vermeiden.	Schutz der offenen Sammelbehältnisse vor dem Eindringen von Regenwasser. Absicherung der Behälter durch Wannen, damit einmal eingedrungenes Wasser nicht auslaufen kann	I					
Die Entsorger / Beförderer und Verwerter von Abfällen und Reststoffen werden nicht regelmäßig überprüft.	Beförderer, Entsorger und Verwerter von Abfällen und Reststoffen müssen zuverlässig sein, und die gesetzlichen Vorgaben einhalten.	Regelmäßige Überprüfung (z.B. 2 x pro Jahr) der Entsorger, Beförderer und Verwerter auf Zuverlässigkeit und Gesetzeskonformität.	O					

6. Prüfungsleitung

Name:

Datum:

Unterschrift:

Prüfungsbericht

Wasser / Abwasser

Teilnehmer: Umweltschutz / Arbeitssicherheit
Verfahrenstechnik / Instandhaltung
Produktion
Zentrale Technische Dienste
Prüfungsleitung
Co-Prüfer

Zeitraum: (von..........bis..........)

Prüfungsaufwand: (.......... Tage)

Verteiler: Geschäftsleitung
Projektleitung
Teilnehmer der Prüfung

Zusammenfassung

1.) Der **Ist-Zustand "Wasser / Abwasser"** wurde mit Unterstützung eines Fragenkataloges aufgenommen. Bei 11 von 25 Fragen (44 %) besteht Handlungsbedarf.

2.) Die Modellfirma ist **Indirekteinleiter mit einem Abwasseraufkommen** unter 500 m^3 / Tag. Den Anforderungen, die aufgrund dessen an die Modellfirma gestellt werden, wird im allgemeinen entsprochen.

3.) Die Firma befindet sich zur Zeit in **der Planungs- und Umsetzungsphase des Abwasserkonzeptes**. Mit dem Abwasserkonzept soll den Anforderungen an den Stand der Technik und dem Umweltprogramm der Firma entsprochen werden. Bei der Umsetzung des seit 1993 erarbeiteten Abwasserkonzeptes wurden bisher nur folgende Änderungen konkretisiert:

- Auslagerung von mehreren problematischen Wirkbädern (Vergabe von Aufträgen an externe Dienstleister). Aus Qualitätsgründen bleiben einige Wirkbäder der Galvanik im Hause (Titan-Beize, Titan-Oxidation).
- Erneuerung einiger Chemikalienbehälter gemäß den gesetzten Sicherheitsstandards.
- Die Durchlaufentgiftungsanlage (Gelbbrenne, Flußsäure !) muß dringend durch eine andere Anlage ersetzt werden. Bisher befindet sich die Modellfirma hier jedoch noch in der Verhandlungsphase über die Art der Anlage.

Über die weiteren Punkte des Abwasserkonzeptes befindet sich die Modellfirma ebenfalls noch in der Verhandlungsphase.

4) Der Überwachungspflicht von Seiten der Modellfirma wird im allgemeinen nachgekommen.

5) Die Dokumentation im Hinblick auf das Abwasserkataster, sowie die Dokumentation der Dichtigkeitsprüfungen weisen Schwachstellen auf, an deren Beseitigung jedoch gearbeitet wird.

Es wird empfohlen das Abwasserkonzept so bald wie möglich endgültig zu konzeptionieren und umzusetzen.

1. Aufgabenstellung, Prüfungsumfang und Ziele

1.1 Aufgabenstellung

Ziel der Ist-Analyse ist es, die Abwasserbehandlung und Überwachung anhand der Eigenkontrollverordnung und den Anforderungen des zuständigen Wasserwirtschaftsamtes zu überprüfen. Weiterhin soll die Dokumentation der vorgenommenen Behandlungsschritte, der durchgeführten Messungen und der Beobachtungen im Abwasser-Betriebstagebuch untersucht werden.

1.2 Prüfungsumfang

Die Bereiche die im Rahmen der Umweltprüfung untersucht werden sollen, sind:

1.) Abwasseranfallstellen:

- Galvanik, Beizerei (Kst. 123),
- Gleitschleiferei (Kst. 123),
- Waschen der Teile,
- zusätzliche Anlieferung von Kleinstmengen (unter 1 m^3/Tag) stark belasteter Abwässer aus unterschiedlichen Kostenstellen,
- Sozialbereich (Kantine, Klosettspülungen, etc.).

2.) Abwasserbehandlung:

- Durchlaufbehandlung ("Entgiftung") der Beizabwässer,
- Chargenbehandlung der Abwässer aus Galvanik und Gleitschleifen,
- Neutralisation der Gleitschleifabwässer,
- Hydroxidfällung, Schlammpresse, Selektiv-Austauscher (Kationen- und Anionenaustauscher).

3) Überwachung und Dokumentation:

- Durchführung der vorgeschriebenen Kontrollen der behandelten Abwässer,
- Durchführung der vorgeschriebenen Dichtigkeitsüberprüfungen,
- Dokumentation der Abwasserkontrollen und der Dichtigkeitsüberprüfungen vor allem im Hinblick auf ein Abwasserkataster,
- Einhaltung der behördlichen Vorgaben und der Umweltvorschriften.

Die einzelnen zu prüfenden Bereiche wurden mit Unterstützung eines Fragenkataloges, der 25 Fragen umfaßt, untersucht. Im Gespräch mit den jeweils zuständigen bzw. verantwortlichen Mitarbeitern, durch die Einsicht in relevante Unterlagen (z.B. Betriebstagebücher und Prüfprotokolle des zuständigen Wasserwirtschaftsamtes), sowie durch Besichtigungen Vorort wurden weitere relevante Informationen erfaßt. Die Gespräche wurden dokumentiert.

1.3 Ziele

Die Modellfirma hat in ihrer betrieblichen Umweltpolitik, sowie im Umweltmanagementhandbuch festgelegt, daß durch entsprechende technische und organisatorische Maßnahmen umweltbelastende Abwässer auf ein Minimum zu reduzieren sind. Der Verbrauch an Frisch- und Trinkwasser soll ebenfalls reduziert werden. Umweltgefahren, die durch die belasteten Abwässer ausgehen können, sind zu minimieren. Die Auswirkungen der laufenden Tätigkeiten werden regelmäßig überwacht.

Die unvermeidbaren Abwässer werden behandelt und regelmäßig analysiert. Die korrekte Durchführung der Analysen und die ordnungsgemäße Überwachung der Behandlungsanlagen wird durch einen verantwortlichen Mitarbeiter sichergestellt. Sämtliche Kontroll- und Analysenergebnisse sind in einem Betriebstagebuch zu dokumentieren und monatlich vom Umweltschutzbeauftragten gegenzuzeichnen.

Den Anforderungen durch die überwachenden Behörden, sowie durch die einschlägige Gesetzgebung muß jederzeit entsprochen werden.

Ziel der Umweltprüfung "Wasser / Abwasser" ist es, den betrieblichen Ist-Zustand aufzunehmen und anschließend, im Vergleich zu den Zielvorgaben der Modellfirma, zu bewerten. Es werden Maßnahmen im Umweltprogramm empfohlen, um Schwachstellen in diesem Bereich zu beseitigen und einen Soll-Zustand zu erreichen.

2. Referenzdokumente und Prüfungskriterien

Als Referenzdokumente gelten die einschlägigen Umweltvorschriften im Bereich Wasser-/ Abwasser:

- Wasserhaushaltsgesetz (WHG) vom 27. Juni 1994 (BGBl.I S. 1440),
- Abwasserherkunftsverordnung (AbwHerkV) vom 27. Mai 1991 (BGBl.I S. 2612),
- Abwasserabgabengesetz (AbwAG) vom 5. Juni 1994 (BGBl.I S. 1453),
- Indirekteinleiterverordnung vom 12. Juli 1991 (GBl. S. 258),
- Eigenkontrollverordnung vom 9. August 1989 (GBl. S. 391, ber. S. 487),
- Grenzwerte des Anhangs 40 der Rahmen-Abwasser-VwV,
- Trinkwasserverordnung (TrinkwV) vom 5. Dezember 1990 (BGBl.I S.2612),
- Landesabwasserabgabengesetz (LAbwAG) vom 12. Dezember 1991 (GBl. S. 860),
- Richtlinie zur Bemessung von Löschwasser-Rückhalteanlagen beim Lagern wassergefährdender Stoffe vom 10. Februar 1993 (GABl. S. 207),
- Verordnung über das Lagern wassergef. Flsk. (VLwF) vom 13. Feb. 1989 (GBl. S. 848)

Als Prüfungskriterien werden herangezogen:

- Der Stand der Technik,
- die Vorgaben aus der betrieblichen Umweltpolitik der Modellfirma und

3. Ist-Zustand

Der Ist-Zustand wurde mit Unterstützung eines Fragenkataloges, Gesprächen mit verantwortlichen bzw. zuständigen Personen im Bereich der Wasser / Abwasserwirtschaft und durch Besichtigungen aufgenommen.

3.1 Abwasseranfall

Bei der Modellfirma fallen täglich ca. 270 m³ Abwasser gesamt an. Es werden zwei verschiedene Abwasserströme unterschieden:

1. Unbelastete Abwässer (Sozialbereich, Kantine, etc.): ca. 262 m³ / Tag
2. Belastete Abwässer (Galvanik, Gleitschleifen, Beizen): ca. 8 m³ / Tag

Die unbelasteten Abwässer werden ohne vorherige Abwasserbehandlung in die Kanalisation eingeleitet. Die belasteten Abwässer werden vor der Einleitung einer Abwasserbehandlung und Kontrolle unterzogen.

Die belasteten Abwässer stammen aus den Bereichen:

- Galvanik (Kst. 123) 40 % der belasteten Abwässer,
- Gleitschleifen (Kst. 123) 30 % der belasteten Abwässer,
- Waschen der Teile 30 % der belasteten Abwässer,
- Zusätzliche Anlieferung aus unterschiedlichen Kostenstellen: unter 1 m³ / Tag.

Im Zuge der Umsetzung des Abwasserkonzeptes der Modellfirma werden sich verschiedene Änderungen im Laufe der Zeit ergeben. (z.B. Reduktion der Abwässer aus den Wirkbädern der Galvanik)

3.2 Abwasserbehandlung

Folgende Abwasserbehandlungsanlagen existieren:

1. Durchlaufbehandlung der Beizabwässer,
2. Chargenbehandlung der Abwässer aus den Bereichen Galvanik und Gleitschleifen,
3. Neutralisation der Gleitschleifabwässer,
4. Hydroxidfällung, Schlammpresse, Selektiv-Austauscher (Kationen- u. Anionenaustauscher),
5. Zusätzliche Abwässer.

3.2.1 Durchlaufbehandlung der Beizabwässer:

Die Beizabwässer werden in einer Durchlaufbehandlungsanlage behandelt. Die Behandlungsschritte sind eine Nitritoxidation mit Natriumbleichlauge, Neutralisation mit Kalkmilch und Flokkung. Bei Bedarf wird während der Neutralisation Natrium-Dithionid zur Chromat-Reduktion zugegeben. Die Zugabe erfolgt manuell, und ist abhängig von dem Ergebnis des Schnelltestes auf Chrom VI, der mehrmals täglich durchgeführt wird. Das behandelte Abwasser wird in ein gemeinsames Absetzbecken ("Dortmunder Trichter", Gebäude 12) geleitet.

3.2.2 Chargenbehandlung

Die Abwässer aus den Standspülen sowie die Prozeßbäder aus der Galvanik werden nach cyanidhaltigen und -freien Abwässern getrennt gesammelt und anschließend chargenweise behandelt. Es wird manuell eine Cyanid-Oxidation durch Zugabe von Natriumhypochlorid und eine Chromat-Reduktion durch Zugabe von Natriumbisulfit durchgeführt. Die Behandlung wird über Redox- und pH-Elektroden überwacht. Die Überwachung von Chromat und Cyanid erfolgt vor, während und nach der Behandlung. Das behandelte Abwasser wird in das gemeinsame Absetzbecken geleitet.

3.2.3 Neutralisation der Gleitschleifabwässer

Die Abwässer aus dem Gleitschleifen werden in einem Becken (Keller, Gebäude 14) gesammelt und behandelt. Bei dem Becken handelt es sich um ein in den Boden eingelassenes, nicht doppelwandiges Behältnis aus Beton (mit Rührwerk am Grund). Abwasser mit einem pH-Wert von ca. 1,5 wird manuell durch Zugabe von Kalkmilch und Eisen(II)-sulfat bis zu einem pH-Wert von 9 - 9,5 neutralisiert. Das behandelte Abwasser wird in das gemeinsame Absetzbecken geleitet.

3.2.4 Hydroxidfällung, Schlammpresse, Selektiv-Austauscher

In dem gemeinsamen Absetzbecken (Gebäude 12) wird bei den vereinigten, behandelten Abwässern die Hydroxidfällung durchgeführt. Der Inhalt des Beckens wird anschließend durch eine Kammerfilterpresse abgeleitet. Das Wasser der Kammerfilterpresse wird vor der Einleitung in das öffentliche Kanalnetz über einen Selektiv-Austauscher geleitet. Die Schlämme der Kammerfilterpresse werden der Sondermülldeponie zugeführt.

3.2.5 Zusätzliche Abwässer

Zusätzlich zu den aufgeführten Abwässern werden weitere behandlungsbedüftige Abwässer aus anderen Bereichen behandelt. Diese werden je nach Anfall in Kanistern und mit Begleitschein angeliefert.

Die für den Bereich der Abwasserbehandlung zuständigen Mitarbeiter kontrollieren die anfallenden Abwasserströme auf ihre Zusammensetzung und Behandlungsbedürftigkeit. Sie sind zuständig für die Durchführung und Dokumentation von Messungen verschiedener Parameter, sowie für die Führung des Betriebstagebuches. Das Betriebstagebuch wird monatlich vom Umweltschutzbeauftragten unterzeichnet.

3.3 Abwasserkontrollen

Folgende Kontrollen und Messungen werden regelmäßig vom zuständigen Mitarbeiter durchgeführt:

Chargenabwasserbehandlung (Galvanik, Gleitschleifen):

- pH-Wert-Kontrolle nach Entgiftung und Fällung (pH-Elektroden),
- End-pH-Wert-Kontrolle nach Neutralisation (pH-Elektroden),
- Kontinuierliche Bestimmung der Redox-Spannung zur Kontrolle der Ionenaustauscher,
- Chromat, Cyanid, Nitrit (Schnelltest) vor, während und nach der Behandlung,
- photometrische Bestimmung von Cyanid, Kupfer, Nitrit, Nickel, Chrom VI, Chrom gesamt (zur Verifizierung ungewöhnlicher Meßwerte).

3.4 Betriebstagebuch

Das Abwasser-Betriebstagebuch der Modellfirma besteht aus einer Lose-Blatt-Sammlung. Es beinhaltet zwei Erfassungsbögen. Im ersten Erfassungsbogen wird die Abwasser-Endbehandlung mit Entschlammung und Selektiv-Austauscher dokumentiert. Im zweiten Erfassungsbogen wird der Chemikalienverbrauch für die Chargen-Abwasserbehandlung aufgeführt. Die Durchlaufentgiftung der Beizabwässer wird separat dokumentiert und nicht im Betriebstagebuch aufgeführt. Folgende Meßdaten und Beobachtungen werden im Betriebstagebuch hauptsächlich dokumentiert:

Erfassungsbogen 1:
- Datum,
- Uhrzeit der End-pH-Wert-Bestimmung,
- End-pH-Wert, Rückspülung,
- Schlammpresse: Betriebsmodus,
- Becken: Beobachtung von Pegel, Aussehen des Wassers, Zustand der Elektroden, Zugabe von Flockungsmitteln,
- Endkontrollen von Cyanid, Chromat und Nitrit im Absetzbecken, nach der Schlammpresse und im Endkontrollbecken,
- Bemerkungen, sonstige Beobachtungen, verantw. Mitarbeiter.

Erfassungsbogen 2:
- Datum,
- Uhrzeit der Chemikalienzugabe, bzw. Chargenbehandlung,
- Chargenherkunft, Chargennummer,
- anfallende Menge [m^3],
- zugegebene Chemikalien [l bzw. kg],
- End-pH-Wert (vor Neutralisation),
- Nitritrest (nach Chargenbehandlung) [mg/l],
- Bemerkungen, Beobachtungen,
- (zusätzlich) angelieferte Chargen , Kostenstelle,

3.5 Rohrleitungen, Wartung und Inspektion

Die Abwasserbehandlungsanlagen werden regelmäßig von einer Vertragsfirma gewartet. Die innerbetrieblichen Rohrleitungen, Tanks und Abwasserkanäle werden regelmäßig vom Anlagenbetreiber auf Dichtigkeit überprüft. Die Anlagen werden darüber hinaus regelmäßig vom zuständigen Wasserwirtschaftsamt überprüft. Eine Dokumentation der Dichtigkeitsüberprüfung durch den Anlagenbetreiber liegt nicht vor.

3.6 Fragenkatalog

Mit dem vorliegenden Fragenkatalog "Wasser / Abwasser" wurde die Erhebung des Ist-Zustandes unterstützt. Die aus der Beantwortung der Fragen gewonnenen Informationen ergänzen die Ist-Analyse, wie sie bereits in den Punkten 3.1 bis 3.5 beschrieben ist. Aus den Fragenkatalogen ergab sich bei Beantwortung von 25 Fragen ein Handlungsbedarf bei 11 Fragen. Das entspricht 44 %.

Der Fragenkatalog ist so aufgebaut und gegliedert, daß eine umfassende Betrachtung umweltrelevanter Bereiche und Tätigkeiten möglich wird. Eine Beantwortung mit "ja" oder "nein" kann nicht erfolgen. Die Fragen sind so formuliert, daß der beantwortende Mitarbeiter ausführlich Stellung zu nehmen hat. Dadurch ist er gefordert, sich intensiver mit den Gegebenheiten am Standort auseinanderzusetzen.

Die Fragen sollen dazu dienen, die Auswirkungen der laufenden Tätigkeiten auf die Umwelt zu beurteilen und bewerten. Einerseits werden bereits vorhandene Umweltschutzmaßnahmen ermittelt, andererseits werden Schwachstellen offengelegt. Durch die Kennzeichnung aller Fragen, die nicht, oder nur unzureichend beantwortet wurden, kann der Handlungsbedarf unmittelbar abgelesen werden.

Die Fragen die einen Handlungsbedarf aufzeigen, wurden mit ***"H"*** gekennzeichnet.

Betriebliche Organisation
AW 100

AW 101: Welche Eigenkontrollen werden im Rahmen des Umweltbereichs „Abwasser" durchgeführt?

Betriebstagebücher

regelmäßige Analysen

Überprüfung der Behandlungsanlagen und des internen Kanalnetzes

AW 102: Welche internen Analysen werden von wem durchgeführt?

Abwasseranalysen vor, während und nach der Behandlung; Analysen je nach Abwasserherkunft: Chromat, Cyanid, Nitrit (Schnelltest); photometr. Bestimmung (Firma xxxxx) von: Cyanid, Kupfer, Nitrit, Nickel, Chrom VI, und Chrom gesamt. Alle Analysen durchgeführt von Herrn xxxxx..

AW 103: Ist die öffentliche Kläranlage über die Abwasserzusammensetzung, den Einsatz wassergefährdender Stoffe und mögliche im Unglücksfall entstehende Stoffe informiert?

Kein direkter Kontakt zwischen Betreiber der öffentlichen Kläranlage und der Firma. Analysen sind jedoch vorhanden und können im Unglücksfall vorgelegt werden.

H

	**Umwelt-Prüfungs-Bericht**	**Wasser / Abwasser** **Ausgabe :** **Datum :** **Seite :**

AW 104: Wie oft und von wem werden die Meßgeräte, Analysengeräte und Abwasserbehandlungsanlagen auf ordnungsgemäßen Zustand überprüft und instandgehalten?

Anlage / Meßgerät	Prüfintervall	Verantwort. Mitarbeiter
pH-Elektroden	*täglich*	*Herr xxxxx*
Becken / Rohrleitungen	*1 x pro Jahr*	*Herr xxxxx*
Photometer	*nach Bedarf (Wartungsvertrag)*	*Frima xxxxx*
Elektroden und zugehörige Apparatur	*2 x pro Jahr (Wartungsvertrag)*	*Firma xxxxx*

AW 105: a) Wie wird die Dichtigkeit des betriebsinternen Kanalnetzes sichergestellt?

b) Wer ist für die Instandhaltung und Wartung verantwortlich?

a) Kanaluntersuchungen mit Videokamera, bei Bedarf Sanierung

b) Abteilung zentrale Dienste

AW 106: Welche Arbeitsanweisungen und Informationen sind am jeweiligen Arbeitsplatz zum Umgang mit wassergefährdenden Stoffen vorhanden?

Datenblätter und Betriebsanweisungen liegen vor.

Mündliche Unterweisung der Mitarbeiter in der Galvanik 2 x pro Jahr (wird schriftlich fixiert)

AW 107: Welche Schulungen werden für welche Mitarbeiter zur Abwasserproblematik / -vermeidung durchgeführt?

Mitarbeiter sind durch die derzeitige Umsetzung des Gesamtabwasserkonzeptes (Ingenieurbüro xxxxx) in Bezug auf die Abwasserproblematik unterrichtet und sensibilisiert. / Externe Schulung zur Abwasserproblematik (Landesgewerbeamt), Herren xxxxxx und xxxxxx.

Behandlung
AW 200

AW 201: Welche Abwasserströme fallen im Betrieb an bzw. verlassen den Betrieb?

Herkunft	Aufbereitung	Einleitung direkt / indirekt	Vol. / Zeit
Produktion	*Abw. Behandlung*	*indirekt*	*siehe Abwasserkonzept*
Sozialabwässer	---	*indirekt*	---
Garage	*Sandfang / Ölabscheider*	*indirekt*	---
Kantine	*Fettabscheider*	*indirekt*	---

Abwasserströme einzeln nicht erfaßt. Gesamtverbrauch (entspricht dem Gesamtabwasser) 1992/93: Brunnenwasser: 34729 m³, Trinkwasser: 26959 m³.

H

AW 202: Welche interne Abwasserbehandlungsanlagen existieren im Betrieb?

Art	Abteilung / Kostenstelle	Kapazität	Stand der Technik
Entgiftung / Durchlaufbehandlung	*Galvanik / 301*	*ca. 1 m³ / Tag*	
Entgiftung / Chargenbehandlung	*Galvanik / 301*	*8 m³*	
Neutralisation (Gleitschleifabwässer)	*Galvanik / 301*	*4 m³*	
Hydroxidfällung Schlammpresse Selektionsaustauscher	*Galvanik / 301*	*20 m³*	
Spülwasseraufbereitung	*Galvanik / 301*	*ca. 20 m³ / h*	

Die Anlagen entsprechen nicht alle dem Stand der Technik, werden jedoch im Zuge der Umsetzung des Abwasserkonzeptes erneuert.

H

	Umwelt-Prüfungs-Bericht	Wasser / Abwasser Ausgabe : Datum : Seite :

AW 203: a) Auf welche Parameter / Zusammensetzung wird das Abwasser regelmäßig intern untersucht?

b) Aus welchen Prozessen stammen die Inhaltsstoffe des Abwassers?

Parameter	Prozeß	Meßintervall	Analyse-verfahren	Verantwort. Mitarbeiter
Chrom *Cyanid* *Nitrit*	*Galvanik*	*vor und nach der Behandlung*	*Schnelltest*	*Herr xxxxx*
Kupfer *Chrom VI* *Chrom ges.*	*Galvanik*	*bei Bedarf*	*photometrisch*	*Herr xxxxx*

AW 204: Welche Analysen werden von externen Kräften durchgeführt?

Parameter	Meßintervall	Institut
Cyanid) *Aluminium)* *Chrom VI)* *Chrom ges.)* *Kupfer)* *Nickel)* *Eisen)* *Nitrit)* *Zink)*	*2 x pro Jahr* *1 - 2 x pro Jahr*	*Firma xxxxx* *Wasserwirtschaftsamt*

AW 205: Werden Grenzwerte immer eingehalten?

Wenn nein, welche werden wie oft überschritten?

Abwassergrenzwerte werden eingehalten, z. T. jedoch Probleme mit Nitrit.

H

AW 206: Wer ist für die Führung und Dokumentation eines Betriebstagebuches im Rahmen der Abwasserbehandlung verantwortlich?

Herr xxxxx

AW 207: Wer kontrolliert und unterzeichnet regelmäßig das Betriebstagebuch?

Umweltschutzbeauftragter

AW 208: Welche behördlichen Anforderungen bestehen in Bezug auf die Reinigung und Einleitung von Abwasser?

Es gelten die Anforderungen nach Anhang 40, Rahmen AbwVwV

AW 209: Wie werden die durch die Abwasseraufbereitung entstehenden Abfälle / Reststoffe / Sonderabfälle entsorgt?

Der entstehende Schlamm (ASN 51112, allg. Galvanikschlamm) wird als überwachungsbedürftiger Abfall auf der Sondermülldeponie entsorgt.

	Umwelt-Prüfungs-Bericht	Wasser / Abwasser Ausgabe : Datum : Seite :

Prozesse / Technologien
AW 300

AW 301: Wo und in welchen Mengen verwenden Sie Wasser im Betrieb? Nennen Sie den Herkunftsbereich (eigener Brunnen, öffentliche Trinkwasserversorgung, Oberflächenwasser, etc.) und die Verwendungsarten (Trinkwasser, Kühlwasser, Brauchwasser, etc.).

Abteilung / Kostenstelle	Herkunftsbereich	Verwendung / Anlage	Vol. / Zeit	Einsparungs-potential
	Trinkwasser		*1992/93: 26959 m³*	
	Brunnenwasser	*Toilettenspülung Galvanik Kühlwasser*	*19921/93: 34729 m³*	

Wasserverbräuche an einzelnen Anlagen werden nicht erfaßt.

H

AW 302: Welche wassergefährdende Stoffe werden wo gelagert und in welcher Kostenstelle / in welchem Prozeß eingesetzt?

Bezeichnung	WGK	Abteilung / Kostenstelle	Vol. / Zeit
siehe Gefahrstoffkataster			

H

AW 303: Welche Auffangmöglichkeiten existieren für Lösch- bzw. Kontaktwasser im Störfall?

keine

H

AW 304: Welche wassergefährdenden Stoffe können gegen weniger oder nicht wassergefährdende Stoffe ersetzt werden?

Die Substitution von wassergefährdenden Stoffen wird im Abwasserkonzept berücksichtigt

H

AW 305: Welche wassergefährdenden Neben-, Folge,- Zwischenprodukte sowie Reststoffe können bei den eingesetzten Verfahren entstehen?

Bezeichnung	Abteilung / Kostenstelle	WGK	Vol. / Zeit	Verlauf
Die Einsatzstoffe in der Galvanik sind bereits wassergefährdend, Folgeprodukte ebenfalls.				
Reststoffe: Altöl, Kühlschmierstoffe, Alt-Per, Haku				

AW 306: Welche der entstehenden Stoffe können durch Verfahrensänderungen vermieden oder vermindert werden?

Verbesserungsvorschlag zur Standzeitverlängerung von Kühlschmierstoffen.

Sonst. Verfahrensänderungen siehe Abwasserkonzept.

H

AW 307: Wie wird bei der Anschaffung einer neuen Anlage, der Erweiterung bestehender Anlagen, der Planung neuer Prozesse und der Einführung neuer Produkte die Wasser-/Abwasserseite berücksichtigt?

Nicht eindeutig festgelegt.

H

	**Umwelt-Prüfungs-Bericht**	**Wasser / Abwasser** **Ausgabe :** **Datum :** **Seite :**

AW 308: Welche Maßnahmen werden ergriffen, um Abwasser zu vermeiden oder zu vermindern oder wiederaufzubereiten?

Galvanik: Mehrfachnutzung der Spülwässer, Wirkbäder abgebaut, Standzeiten verlängert.

Kühlwasser: Kreislaufführung

AW 309: Welche Rohrleitungen / Tanks existieren? Wie wird ihre Dichtigkeit sichergestellt?

NaCl	*Doppelwandig ohne Leckanzeiger (D. o. L.)*
NaOCl	*(D. o. L.)*
NaOH	*nicht Doppelwandig*
Öltanks	*Doppelwandig mit Leckanzeiger (D. m. L.)*
Alt-Emulsionen	*(D. m. L.)*
Alt-Per	*(D. m. L.)*
Altöl	*(D. m. L.)*

Tanks sind TÜV-geprüft (NaOH-Tank entspricht jedoch nicht dem St. d. T.)

Rohrleitungen: NaOH- und NaCl-Leitungen unterirdisch; Doppelwandig mit Leckanzeiger. Restl. Rohrleitungen laufen offen, Kontrolle möglich.

H

3.7 Datenerfassung

3.7.1 Frischwasser

Erneut konnte der Gesamtwasserverbrauch deutlich abgesenkt werden. Dies gelang insbesondere durch die Verringerung des Kühlwasserbedarfs im Maschinenpark und bezieht sich auf die eingesetzte Menge an Brunnenwasser.

Mengen in m^3	1991	1992	1993	1994
Trinkwasser	24.963	22.914	27.665	27.201
Brunnenwasser	46.111	38.444	34.729	28.142
Σ: Frischwasser	**71.074**	**61.358**	**63.394**	**55.343**

Bei der Kostenentwicklung für Wasser macht sich die Reduzierung der Kühlwassermenge nur unwesentlich bemerkbar, da die Kosten für den Bezug des Brunnenwassers sehr gering sind und sich in den Bilanzjahren stets unter 1 % der Gesamtwasserkosten bewegten. Die Kostensteigerung ist durch die Gebührenerhöhungen beim Bezug von Trinkwasser und durch die Abgaben für Abwasser bedingt.

Kosten für den Wasserbezug in TDM	1991	1992	1993	1994
Trinkwasser	250	212	209	217
Brunnenwasser	2	2	1	1
Σ: Frischwasser	**252**	**214**	**210**	**218**

3.7.2 Abwässer

Die Abwassermenge entspricht der Summe aus bezogenem Trinkwasser und Brunnenwasser. Eine Meßeinrichtung für das Abwasser besteht nicht. Verdunstungsverluste sind in dieser Mengenangabe nicht berücksichtigt.

Prozeßabwassermengen

Die Prozeßabwässer stammen aus den Produktionsbereichen Galvanik, Beizerei und Gleitschleiferei. Es handelt sich hierbei um metallhaltige Abwässer, die in unserer Abwasserbehandlungsanlage zu einleitfähigem Abwasser aufgearbeitet werden. In den letzten Jahren konnte durch die Standzeitverlängerung unserer Prozeßbäder der Abwasseranfall kontinuierlich verringert werden. Der prozentuale Anteil des Prozeßabwassers bezogen auf den Gesamtwasserverbrauch hat sich in den letzten Jahren nur geringfügig minimiert, da sich gleichzeitig auch der Gesamtwasserverbrauch reduziert hat.

Prozeßabwassermengen in m³	1991	1992	1993	1994
Σ: Abwassermenge	2.345	2.025	1.965	1.680

Prozeßabwasserarten

Die belasteten Abwässer aus dem Gleitschleifbereich und den Galvanikwirkbädern werden in der Abwasserbehandlungsanlage entgiftet und einer Neutralisations-Fällung mit anschließender Filtration unterzogen. Um zu einem einleitfähigen Abwasser zu gelangen, folgt dem Reinigungsprozeß eine abschließende pH-Wert-Einstellung. Für die Abwasserbehandlungsanlage besteht mit der Lieferfirma ein Wartungs- und Betreuungsvertrag. Dieses Unternehmen führt in regelmäßigen Zeitabständen die Überprüfung der Anlage auf ihre Wirksamkeit durch.

Die Aufsichtsbehörde entnimmt regelmäßig Proben, die untersucht werden. Zusätzlich werden gemäß der Eigenkontrollverordnung ständig interne Überprüfungen der Abwasserparameter durchgeführt und diese im Betriebstagebuch dokumentiert.

Je nach Prozeßbedingungen und Verfahrenszustand der Wirkbäder unterliegen die Meßwerte gewissen Schwankungen. Folgende Tabelle zeigt die Werte unseres Unternehmens im Vergleich zu den gesetzlichen Grenzwerten.

Parameter	**Werte der Modellfirma in mg/l**	**Gesetzliche Grenzwerte in mg/l**
Fluorid	2,8	50
Cyanid (leicht freisetzbar)	<0,0025	0,2
Aluminium (Al)	0,57	3,0
Chrom (Cr) gesamt	<0,05	0,5
Chrom (Cr VI)	<0,005	0,1
Eisen (Fe)	0,1	3,0
Kupfer (Cu)	0,029	0,5
Nickel (Ni)	0,012	0,5
Zink (Zn)	0,07	2,0

4. Soll-Zustand und Bewertung

Der Soll-Zustand ergibt sich aus der betrieblichen Umweltpolitik der Modellfirma und aus den Vorgaben des Umweltmanagementhandbuches Kapitel "Wasser / Abwasser" sowie aus den Forderungen der einschlägigen Umweltvorschriften und dem Stand der Technik.

4.1 Wasser- / Abwasserkonzept

Innerhalb der Modellfirma wurde ein Abwasserkonzept, bzw. ein Wasserwirtschaftskonzept entwickelt, dessen Umsetzung bis Ende 1998 angestrebt wird. Mit der Erstellung des Abwasserkonzeptes wurde 1993, in Zusammenarbeit mit einem Ingenieurbüro begonnen.

Die Ziele die mit diesem Konzept verfolgt werden, sind im wesentlichen:
- Schonung von Ressourcen (Frisch- / Grundwasser),
- Verminderung der Abwassermengen,
- Verminderung des Frischwassereinsatzes durch Schließung von Wasserkreisläufen,
- Verminderung der Schadstofffracht im Abwasser,
- Vermeidung von Schadstoffen im Abwasser durch Produktionsumstellungen,
- Minimierung des Einsatzes von Hilfsstoffen und Chemikalien bei der Abwasserreinigung.

Für die erfolgreiche Durchführung und Umsetzung des Wasserwirtschaftskonzeptes ist die Schaffung von Transparenz durch Erfassung aller relevanten Daten in Form eines Abwasserkatasters notwendig.

4.2 Abwasserkataster / Betriebstagebuch

Ein Betriebstagebuch sollte generell so aufgebaut sein, daß aus der Zusammenfassung der darin enthaltenen Daten ein Abwasserkataster entwickelt werden kann. Die Entwicklung des Abwasserkatasters aus dem Betriebstagebuch ist Aufgabe des Umweltschutzbeauftragten. Das Abwasserkataster, und somit auch das Betriebstagebuch sollte im wesentlichen folgende Angaben enthalten:

- Art des Abwassers und Analysenergebnisse des Abwassers vor der Behandlung,
- Art der Abwasserbehandlung und Analysenergebnisse des Abwassers nach der Behandlung,
- Einleitung und Anfallstelle (Kostenstelle, Anlage),
- Menge bzw. Volumenstrom je Anfallstelle,
- Menge bzw. Volumenstrom gesamt,
- Bemerkungen.

Die Zuordnung zu Kostenstellen ermöglicht die Identifikation von Umweltkosten und ihren Hauptverursachern. Auf diese Weise können Maßnahmen gezielt angesetzt werden, und eine Erfolgsbilanz erstellt werden.

4.3 Abwasserbehandlung / Abwasseranlagen

Allgemein sollten Abwasserbehandlungsanlagen dem Stand der Technik entsprechen. Diese Forderung wird im Wasserwirtschaftskonzept der Modellfirma berücksichtigt und zur Zeit, mit Unterstützung des beauftragten Ingenieurbüros umgesetzt.

Gemäß dem Wasserwirtschaftsamt sind folgende Analysen vor und nach der Abwasserbehandlung zu erstellen.

- Bestimmung von Cyanid, Chrom VI und Nitrit (vor, während und nach der Behandlung),
- Bestimmung von Chrom gesamt durch die Wartungsfirma und das Wasserwirtschaftsamt,
- Bestimmung von Kupfer und Nickel (gemäß Wasserwirtschaftsamt 2 x pro Jahr),
- Die Bestimmung von Nickel entfällt in Kürze (Wirkbäder werden ausgelagert).

Gemäß der Eigenkontrollverordnung müssen neben den oben genannten Parametern noch folgende Meßwerte aufgenommen werden:

- pH-Wert vor und nach der Behandlung,
- Leitfähigkeit, Redox-Spannung,
- Temperatur vor Einleitung.

Die Leitfähigkeit wird kontinuierlich gemessen, jedoch nicht im Betriebstagebuch dokumentiert. Die Temperatur wird zur Zeit noch nicht gemessen.

4.4 Rohrleitungen

Gemäß der Eigenkontrollverordnung müssen die Rohrleitungen und Tanks bei einem Abwasseranfall unter 500 m³ / Tag (Indirekteinleiter) alle 10 Jahre gründlich auf Dichtigkeit überprüft werden. Die Dokumentation der Überprüfung muß ebensolange aufbewahrt werden.

4.5 Umweltverfahrensanweisung

Der zukünftig im Rahmen eines Umweltmanagementsystems einzuhaltende Soll-Zustand ist in der Umweltverfahrensanweisung UVA 9.1 "Abwasser" dokumentiert.

5. Maßnahmen

Für jeden Bereich, der im Rahmen der Umweltprüfung untersucht wurde, ist ein Maßnahmenkatalog zu erstellen.

Die Maßnahmen ergeben sich durch einen direkten Vergleich der Ergebnisse der Ist-Analyse mit den Vorgaben des Soll-Zustandes. Der aus diesem Vergleich erkannte Handlungsbedarf wird festgeschrieben. Die Festlegung der Verantwortung, des Zeitrahmens und der Mittel garantieren die zügige Umsetzung der Maßnahmen zur Erreichung des Soll-Zustandes.

Durch den Vergleich von Kosten und Einsparungspotential, bzw. der Berechnung der Amortisationsdauer, soll der Geschäftsleitung die Entscheidung für eine Einführung der aufgeführten Maßnahmen erleichtert werden. Durch eine Kennzeichnung der einzelnen Maßnahmen mit "I" bzw. "O" wird eine Umterscheidung in investorische bzw. organisatorische Maßnahmen getroffen.

I:Investition **O:organisatorische Maßnahme**

Das vorliegende Maßnahmenprogramm "Wasser / Abwasser" wurde in zwei Bereiche unterteilt. Der Bereich "Abwasserkonzept" enthält die Maßnahmen, die mit Unterstützung eines Ingenieurbüros geplant wurden, und deren Umsetzung zum Teil schon begonnen wurde. Der zweite Bereich "Organisation" enthält die Maßnahmen, die aufgrund der in Punkt 3 beschriebenen Ist-Analyse und dem Vergleich des in Punkt 4 aufgestellten Soll-Zustandes, ermittelt und formuliert wurden.

Modellfirma	Umwelt-Prüfungs-Bericht	Wasser / Abwasser Ausgabe : Datum : Seite :

Ist-Zustand (Prüfung)	Soll-Zustand (Ziel)	Maßnahme	I/O	Invest. (DM)	Einsp. (DM/a)	Amort. (Jahre)	Verant-wortung	Reali-sierung
1. Abwasserkonzept								
Chemikalienbehälter und Abwasserpufferbehälter sind nicht doppelwandig und nicht einsehbar.	§ 19 g WHG (Gewässerschutz) Sicherung der Behälter für Chemikalien durch Wannensysteme.	Ausführung von oberirdischen, doppelwandigen Systemen, oder einsehbare, kontrollierbare Wannensysteme.	I					
HCl und NaOH werden nicht getrennt voneinander gelagert.	Zusammenlagerungsverbote müssen eingehalten werden. (Einhaltung Stand der Technik)	Abtrennung der HCl u. NaOH-Lagerung durch Zwischenwände. Bodenbeschichtung, bzw. Wannensysteme.	I					
Pumpen und Rohrleitungssysteme teilweise nicht abgesichert.	Dichtigkeit bei Pumpen-/ Rohrleitungssystemen im Chemikalienentnahmebereich muß sichergestellt werden.	Sanierung bisher nicht abgesicherter Pumpen und Rohrleitungen durch Sicherheitssysteme, z.B. Wannensysteme.	I					
NaOH-Lagerung bisher nicht gegen Leckagen abgesichert.	Eintrag von NaOH in die Umwelt (Grundwasser) muß vermieden werden	Einbringung von Leckwarneinrichtungen an Doppelmantelbehälter und Pumpensumpf.	I					
Entfettung der Teile und Ölabreinigung erfolgt mit mehren verschiedenen Chemikalien.	Der Substitutionsverplichtung muß entsprochen werden. (Einhaltung Stand der Technik.)	Vereinheitlichung der Einsatzstoffe, Einsatz von demulgierenden Entfettungsstufen, Durchführung von Versuchen	I					

Modellfirma	Umwelt-Prüfungs-Bericht	Wasser / Abwasser Ausgabe : Datum : Seite :

Ist-Zustand (Prüfung)	Soll-Zustand (Ziel)	Maßnahme	I/O	Invest. (DM)	Einsp. (DM/a)	Amort. (Jahre)	Verant-wortung	Reali-sierung
Gleitschleifanlagen werden nicht abwasserfrei betrieben.	Gleitschleifabwässer können im Kreislauf geführt werden (z.B. über Zentrifugen).	Pilotversuche zur Kreislaufführung von Gleitschleifabwässer und zur Standzeitverlängerung giftiger Wirksubstanzen.	I					
In der Galvanik werden sehr viele Wirkbäder betrieben.	Vereinheitlichung einzelner Prozeß-Schritte zur Reduktion der Chemikalienvielfalt.	Verkleinerung und Umstellung durch Verringerung mehrfach vorhandener Prozeß-Schritte	I					
In der Galvanik sind offene Ableitungen der Wirk- und Spülbäder vorhanden.	Wirk- und Spülbäder sowie die Ableitungen müssen dem Stand der Technik entsprechen (Arbeitssicherheit).	Verrohrung der Wirkbäder sowie der Stand- und Warmspülbäder (keine offenen Ableitungen über gefliesten Boden zu Bodenabläufen).	I					
In der Galvanik können Wirksubstanzen oder Reinwasser nicht aufgefangen werden.	Pufferungssysteme für Reinwasser und Wirksubstanzen müssen vorhanden sein. (Einhaltung Stand der Technik)	Aufstellung eines Reinwasserpuffers (IAT-Anlage). Separate Auffangtassen für unterschiedliche Wirkstoffe.	I					
Spülbäder werden im Durchlauf betrieben, daher hohes Abwasseraufkommen.	"Reduktion des Frischwasserverbrauchs und des Abwasseraufkommens." (UMH Kap. 9.3)	Bauliche Verwirklichung von 3-fach Spültechniken an mehreren Wirkbädern.	I					

Ist-Zustand (Prüfung)	Soll-Zustand (Ziel)	Maßnahme	I/O	Invest. (DM)	Einsp. (DM/a)	Amort. (Jahre)	Verant-wortung	Reali-sierung
2. Organisation								
In der Abwasserbehandlung erfolgt keine Temperaturkontrolle.	(Indirekteinleiterverordnung) Temperatur und Leitfähigkeit müssen erfaßt werden.	Installation einer On-Line Temperaturmessung und Eintragung von Temperatur und Leitfähigkeit ins Betriebstagebuch.	I/O					
Gelegentliche Produktionsspitzen können Grenzwertüberschreitungen verursachen.	Grenzwerte müssen immer unterschritten werden. Kapazitäten müssen ausreichend sein.	Aufnahme anlagentechnischer Maßnahmen ins Abwasserkonzept um Grenzwertüberschreitungen zu vermeiden.	O					
Unbelastete Abwässer aus dem Sozialbereich werden bisher nicht reduziert.	"Der Verbrauch an Wasser und das Aufkommen an Abwässern sollen reduziert werden" (UMH Kap. 9.3)	Aufnahme von Maßnahmen ins Abwasserkonzept zur Reduzierung der unbelasteten Sozialabwässer	O					
Betriebstagebuch ist gemäß der Indirekteinleiterverordnung und der Eigenkontrollverordnung nicht vollständig. Abwasserkataster existiert noch nicht.	Konsequente Messung und Dokumentation aller erforderlichen Daten, vor allem im Hinblick auf ein Abwasserkataster. Dokumentation von Dichtigkeitsprüfungen.	Aufnahme der Meßdaten Cu, Ni ins Betriebstagebuch, Eindeutige Begriffsbestimmungen, Einheiten und Konzentrationsangaben, monatliche Ablage. Entwicklung eines Abwasserkatasters.	O					

6. Prüfungsleitung

Name:

Datum:

Unterschrift:

	Umwelt-Prüfungs-Bericht	Materialien / Gefahrstoffe Ausgabe : Datum : Seite :

Prüfungsbericht

Materialien / Gefahrstoffe

Teilnehmer: Umweltbeauftragter
Arbeitssicherheit
Prüfungsleitung
Co-Prüfer

Zeitraum: (von..........bis..........)

Prüfungsaufwand: (.......... Tage)

Verteiler: Geschäftsleitung
Projektleitung
Teilnehmer der Prüfung

Zusammenfassung

1.) Der **Ist-Zustand "Materialien / Gefahrstoffe"** wurde mit Unterstützung eines Fragenkataloges aufgenommen. Bei 20 von 26 Fragen (77 %) besteht teilweise dringender Handlungsbedarf.

2.) Die **Lagerung der Gefahrstoffe** erfolgt überwiegend nicht nach dem Stand der Technik. Von diesen Lägern gehen zum Teil erhebliche Gefahren für Mensch und Umwelt aus.

Die gesamte Gefahrstoff-Lagerung muß neu strukturiert und organisiert werden.

3.) Beim **Einsatz und der Verwendung** ist eine Übersicht über die verwendeten Gefahrstoffe größtenteils nicht vorhanden. Ein Gefahrstoffkataster kann nicht erstellt, und der Substitutionsverpflichtung kann nicht nachgekommen werden.

Für alle Gefahrstoffe müssen Artikelnummern vergeben werden.

4.) Im Bereich Gefahrstoffe sind die **Verantwortlichkeiten** nicht eindeutig zugeordnet. Dadurch ist die Einhaltung der Gefahrstoffverordnung und der entsprechende Stand der Technik überwiegend nicht gewährleistet.

Die gesamte Organisation "Gefahrstoffe" (Freigabe, Einsatz, Bestellwesen, DV, etc.) und darüber hinaus der gesamte Bereich „Hilfs- und Betriebsstoffe“ ist neu zu strukturieren.

1. Aufgabenstellung, Prüfungsumfang und Ziele

1.1 Aufgabenstellung

Ziel der Ist-Analyse ist es, den Bereich "Materialien / Gefahrstoffe" anhand der einschlägigen Vorschriften wie dem Chemikaliengesetz, der Gefahrstoffverordnung, etc. und anhand der Anforderungen an die Arbeitssicherheit sowie an den Stand der Technik zu überprüfen. Weiterhin sollen die Vorgänge bei der Bestellung, Lagerung, Verwendung und Entsorgung von Materialien und Gefahrstoffen untersucht werden.

1.2 Prüfungsumfang

Die Bereiche die im Rahmen der Umweltprüfung untersucht werden sollen, sind:

- Bestellung von Materialien / Gefahrstoffen,
- Material- und Informationsfluß bei Bestellungen,
- Gefahrstoffeinsatz und Verwendung,
- Gefahrstofflagerung,
- Betriebliche Organisation.

Die einzelnen zu prüfenden Bereiche werden mit Unterstützung eines Fragenkataloges untersucht. Im Gespräch mit den jeweils zuständigen bzw. verantwortlichen Mitarbeitern, durch die Einsicht in Unterlagen, sowie durch Besichtigungen Vorort werden weitere relevante Informationen erfaßt. Die Gespräche werden dokumentiert.

1.3 Ziele

Die Modellfirma hat in ihrer betrieblichen Umweltpolitik, sowie im Umweltmanagementhandbuch festgelegt, daß bei allen verwendeten Materialien und Gefahrstoffen die Mitarbeiter vor Gesundheitsgefahren und die Umwelt vor stoffbedingten Schädigungen zu schützen sind. Umweltgefahren, die durch den Einsatz gefährlicher Stoffe ausgehen können, sind zu minimieren. Die Auswirkungen der laufenden Tätigkeiten werden regelmäßig überwacht.

Die eingesetzten Materialien werden auf Substitutionsmöglichkeiten hin untersucht. Beschaffung von Gefahrstoffen ist nur über die von der Entwicklung erstellten Bestelltexte und Beschaffungsunterlagen möglich. Alle Gefahrstofflagerbereiche sind räumlich von anderen Bereichen getrennt und erfüllen einschlägige Anforderungen. Die Lieferanten werden nach Umweltgesichtspunkten hinsichtlich der technischen Verfahren und Einrichtungen, sowie der Herstellung, ausgewählt. Im Rahmen eines Gefahrstoffkatasters werden die Gefahrstoffe regelmäßig erfaßt und dargestellt.

Den Anforderungen durch die überwachenden Behörden, sowie durch die einschlägige Gesetzgebung muß jederzeit entsprochen werden.

Ziel der Umweltprüfung "Materialien / Gefahrstoffe" ist es, den betrieblichen Ist-Zustand aufzunehmen und anschließend, im Vergleich zu den Zielvorgaben der Modellfirma, zu bewerten. Es werden Maßnahmen im Umweltprogramm empfohlen, um Schwachstellen in diesem Bereich zu beseitigen und einen Soll-Zustand zu erreichen.

2. Referenzdokumente und Prüfungskriterien

Als Referenzdokumente gelten die einschlägigen Umweltvorschriften:

- Chemikaliengesetz (ChemG) vom 2. August 1994 (BGBl.I S. 1963),
- Gefahrstoffverordnung (GefStoffV) vom 19. Sept. 1994 (BGBl.I S. 2557),
- Verordnung über brennbare Flüssigkeiten (VbF) vom 3. Mai 1982 (BGBl.I S. 569),
- Gefahrgutgesetz vom 28. Juni 1990 (BGBl.I S. 1221),
- Gefahrgutverordnung Straße (GGVStr) vom 26. Nov. 1993 (BGBl.I S. 448),
- Gefahrgutbeauftragtenverordnung vom 25. Sept. 1991 (BGBl.I S. 1923),
- Giftinformationsverordnung (ChemGiftInfoV) vom 24. Juni. 1994 (BGBl.I S. 1416),
- FCKW-Halon-Verbotsverordnung vom 6. Mai 1991 (BGBl.I S. 1090),
- EG- Altstoff-Verordnung ABL.EG vom 3. September 1993 Nr. L 224 S. 34

Als Prüfungskriterien werden herangezogen:

- Der Stand der Technik,
- die Vorgaben aus der betrieblichen Umweltpolitik der Modellfirma und

3. Erfassung des Ist-Zustandes

Der Ist-Zustand wurde mit Unterstützung eines Fragenkataloges, Gesprächen mit verantwortlichen bzw. zuständigen Personen im Bereich der Materialwirtschaft und der Arbeitssicherheit sowie durch Besichtigungen aufgenommen.

Bei der Begutachtung der Gefahrstoffproblematik ist als Grundlage zunächst der Material- und Informationsfluß von der Bestellung bis zur Lieferung in die Kostenstelle zu untersuchen.

Der Ist-Zustand beschreibt generelle Arbeiten und Abläufe sowie die dafür relevanten Hilfsmittel, Geräte, Methoden und Verfahren im Unternehmen.

3.1 Bestellungen

Bei der Modellfirma werden drei verschiedene Arten der Bestellung praktiziert. Im folgenden werden die Details für die jeweilige Art beschrieben.

3.1.1 Standardbestellung

Die Standardbestellung wird zum Teil auch als Artikelnummerbestellung bezeichnet. Nachfolgend verwenden wir dafür den Begriff Standardbestellung.

Über eine Standardbestellung werden die Artikel bestellt, die von mehreren Kostenstellen in regelmäßigen Abständen benötigt werden und die eine Artikelnummer besitzen. Informationen über diese Artikel sind in einer Datenbank abgelegt.

Die Lagerung der Artikel erfolgt im Roh-, Hilfs- und Betriebsstofflager (RHB-Lager) Gebäude 12, bzw. in verschiedenen Halbfertigwaren-Lägern (Hfw-Läger).

Eine Kontrolle des Bestandes erfolgt über die EDV mit Hilfe eines Batch-Programmes, welches jede Nacht abläuft und die Artikel ermittelt, die einen erfahrungsgemäß definierten Lagerspiegel (Mindestbestand) unterschritten haben.

Die Abteilung "Fertigungsdisposition" erhält eine Liste dieser Artikel. Anhand dieser Liste löst sie den Bestellvorgang im Einkauf aus.

3.1.2 Sonderbestellung

Über die Sonderbestellung können die Artikel bestellt werden, die in der Regel nur von einer Kostenstelle benötigt werden. Die Bestellung dieser Artikel wird je nach Bedarf von der jeweiligen Kostenstelle selbständig über die Disposition ausgelöst.

Die Lagerung dieser Artikel erfolgt in den Kostenstellen. Nachfolgend wird dieses Lager als Kostenstellenlager bezeichnet. Im Gegensatz zu dem Roh-, Hilfs- und Betriebsstofflager und den Halbfertigwarenlägern sind die Kostenstellenläger keine Läger im betriebswirtschaftlichen Sinne, sondern Orte, in denen u.a. Materialien im Sinne §3 Abs. 3 GefStoffV gelagert werden.

Hierzu wurden die Kostenstellenläger in der Galvanik (Kst. 123), Malerei (Kst. 456) und Härterei (Kst. 321) näher untersucht.

Die Artikel, die über Sonderbestellung bestellt werden, besitzen eine Artikelnummer und sind in der gleichen Datenbank erfaßt wie die Artikel der Standardbestellung. Diese Artikel werden jedoch beim regelmäßigen Ablauf des Batch-Programmes (siehe Punkt 4.1.1; Standardbestellungen) nicht berücksichtigt, d.h. es gibt eine Kennung (Mindestbestand=0), die diese Artikel von der Lagerbestandsauswertung ausschließt.

3.1.3 Blockbestellung

Für Artikel, die über Blockbestellung bestellt werden, existieren keine Artikelnummern. Als Blockbestellung wird eine Bestellung bezeichnet, für deren Durchführung Formulare (in Form eines Blockes vorliegend) ausgefüllt werden. Über eine Blockbestellung werden, wie bei einer Sonderbestellung, die Artikel bestellt, die ausschließlich von einer Kostenstelle benötigt werden. Diese Artikel sind in der EDV nicht in einer Datenbank erfaßt, sondern werden als frei formulierter Text gespeichert und in bestimmten Abständen auf Magnetband archiviert.

3.2 Material- und Informationsfluß bei einem Bestellvorgang

3.2.1 Bedarfskostenstelle

Im folgenden ist mit der Bedarfskostenstelle die betriebliche Organisationseinheit gemeint, in der ein Bedarf entsteht. Bei der Ist-Aufnahme bezüglich des Bestellvorganges wurden in der Galvanik, in der Härterei und in der Malerei Befragungen durchgeführt.

In den Bedarfskostenstellen wird zwischen Artikeln, die im RHB- bzw. Hfw-Lager vorrätig sind und Artikeln, die im Kostenstellenlager vorliegen unterschieden.

Anforderung aus dem RHB- bzw. Hfw-Lägern:

Für die Artikel, die über das RHB- oder Hfw-Lager bezogen werden können, wird eine Lagerentnahmekarte ausgefüllt und vom Kostenstellenleiter unterzeichnet. Die Lagerentnahmekarte ist Voraussetzung für die Ausgabe von Artikeln aus dem Lager. Der Lagerabgang eines Artikels wird über die Artikelnummer gebucht.

Ist der Artikel nicht im RHB- bzw. Hfw-Lager vorhanden, so wird nach gewisser Zeit erneut nachgefragt oder bei Eintreffen des Artikels die anfordernde Kostenstelle informiert. Durch die Anbindung über die Artikelnummer an die EDV und Überwachung durch die Disposition ist in der Regel ein Mindestlagerbestand vorhanden.

Anforderung für Kostenstellenlager:

Werden Artikel benötigt, die nicht aus den RHB- / Hfw-Lägern bezogen werden können, wird eine Bedarfsmeldung unter Angabe der Menge und der Artikelbezeichnung bei der Disposition ausgelöst. Artikelnummern sind in der Regel in den Bedarfskostenstellen nicht bekannt.

In manchen Fällen wird eine Blockbestellung direkt in der Kostenstelle initiiert. Das bedeutet, es erfolgt keine Bedarfsmeldung an die Disposition, sondern das ausgefüllte Anforderungsformular wird direkt an den Einkauf gegeben.

3.2.2 Fertigungsdisposition

Die Abteilung Fertigungsdisposition löst den Bestellvorgang in der Abteilung Einkauf aus. Es wird grundsätzlich unterschieden zwischen einer Standardbestellung, bei der der Lagerbestand dispositiv verwaltet wird, und den Sonder- und Blockbestellungen, bei denen nur nach Bedarfsmeldung aus den entsprechenden Kostenstellen bestellt wird.

Standardbestellung:

Die regelmäßige Überprüfung des Lagerbestandes erfolgt mit Hilfe eines Batch-Programmes. Dieses Programm läuft jede Nacht ab und fragt den Bestand jedes einzelnen, in der Datenbank gespeicherten Artikels ab. Danach wird eine Liste (MB-Liste) der Artikel, die den Mindestbestand unterschritten haben, erstellt. Anhand dieser Liste löst die "Fertigungssteuerung / Disposition" Bestellungen aus.

Sonder- und Blockbestellungen:

Der Bestellvorgang wird meist durch eine telefonische Bedarfsmeldung aus der jeweiligen Kostenstelle ausgelöst. Diese Bedarfsmeldung enthält keine Information zur Artikelnummer. Dies bedeutet, der Disponent trifft in diesem Fall die Entscheidung, ob eine Block- oder Sonderbestellung erfolgt. In der Regel weiß er aus Erfahrung, welcher Artikel eine Artikelnummer hat. Ist dieses der Fall, so wird eine Sonderbestellung ausgelöst, andernfalls eine Blockbestellung.

Ist nicht bekannt, ob für einen angeforderten Artikel eine Artikelnummer existiert, muß der Disponent dies anhand einer EDV-Liste (Werkstoffliste) überprüfen. Für Artikel, die in der Werkstoffliste nicht zu finden sind, existiert "wahrscheinlich" keine Artikelnummer. In diesem Fall wird eine Blockbestellung ausgelöst.

EDV - Unterstützung bei der Bestellung:

Die Werkstoffliste ist zum einen in Hilfs- und Betriebsstoffe, zum anderen in Rohstoffe gegliedert. Die Unterscheidung zwischen Hilfs- und Betriebsstoffen und Rohstoffen erfolgt anhand der ersten drei Stellen der Artikelnummer. Die Artikelnummer der Hilfs- und Betriebsstoffe beginnt mit 000, die der Rohstoffe mit einem Wert ungleich 000.

Die Hilfs- und Betriebsstoffliste ist weiter gegliedert über einen "Schlüssel für Hilfs- und Betriebsstoffe" (numeriert von 01 bis 25), der im Feld "BENENNUNG" als Präfix enthalten ist. Innerhalb der einzelnen Schlüsselpositionen sind die Artikel in alphabetischer Reihenfolge sortiert. Der Disponent muß wissen, welcher Schlüsselnummer er den angeforderten Artikel zuordnen kann und sucht diesen unter der entsprechenden Nummer. Ist der Artikel unter dieser Schlüsselnummer nicht zu finden, sucht der Disponent unter einer weiteren möglichen Nummer.

3.2.3 Einkauf

Im Einkauf laufen die verschiedenen Informationen aus der Disposition zusammen. Der Einkäufer tätigt die Bestellung beim Lieferanten. Für Bestellungen, die einen bestimmten Wert überschreiten, ist die Unterschrift des Prokuristen erforderlich.

3.2.4 Wareneingang

Im Wareneingang wird zunächst geprüft, ob die gelieferte Ware im RHB- bzw Hfw-Lager gelagert werden soll (Standardbestellung) oder ob die Ware in einem Kostenstellenlager vor Ort gelagert wird (Sonder- und Blockbestellungen). Bei einer Standardbestellung wird der Lagerzugang per EDV gebucht, der Artikel wird im entsprechenden Lager eingelagert. Bei einer Sonder- bzw. Blockbestellung wird der Artikel direkt in die Kostenstelle transportiert und dort im Kostenstellenlager gelagert.

3.3 Allgemeine Situation im Material-Input

Bei der Modellfirma werden drei verschiedene Arten der Bestellung praktiziert: Standard-, Sonder- und Blockbestellungen. Für Artikel, die über Blockbestellungen bestellt werden, existieren keine Artikelnummern.

Ein Großteil der Bestellungen von Gefahrstoffen wird über Blockbestellungen abgewickelt. Diese Artikel sind aufgrund fehlender Artikelnummer in der EDV nicht in einer Datenbank erfaßt. Somit ist eine Abfrage von Informationen über die eingesetzten Stoffe, wie gelagerte Menge, Einsatzkostenstelle, Verbrauchsmengen, u.s.w. nicht möglich.

Durch dieses Bestellsystem ist ein Überblick über die eingesetzten Gefahrstoffe, deren Lagerung und deren vorhandener Mengen nicht gegeben. Die Frage "Was lagert wo in welchen Mengen?" kann meist nicht beantwortet werden. Somit kann das nach § 16 Abs 3a GefStoffV geforderte Gefahrstoffkataster nur sehr unvollständig erstellt werden.

Zu den ökologischen Aspekten kommen ökonomische hinzu. Durch Blockbestellungen können "Doppelbestellungen" nicht verhindert werden. Das heißt, Abteilung A bestellt ein Produkt für den x-fachen Preis, den Abteilung B aufgrund von Mengenrabatt bezahlt. Weiterhin können Bestände einer anderen Kostenstelle häufig nicht genutzt werden, da diese nicht bekannt sind.

3.4 Fragenkatalog

Mit dem vorliegenden Fragenkatalog "Materialien / Gefahrstoffe" wurde die Erhebung des Ist-Zustandes unterstützt. Die aus der Beantwortung der Fragen gewonnenen Informationen ergänzen die Ist-Analyse, wie sie bereits in den Punkten 3.1 bis 3.3 beschrieben ist. Aus dem Fragenkatalog ergab sich bei Beantwortung von 26 Fragen ein teilweise dringender Handlungsbedarf bei 20 Fragen. Das entspricht 77"%.

Der Fragenkatalog ist so aufgebaut und gegliedert, daß eine umfassende Betrachtung umweltrelevanter Bereiche und Tätigkeiten möglich wird. Eine Beantwortung mit "ja" oder "nein" kann nicht erfolgen. Die Fragen sind so formuliert, daß der beantwortende Mitarbeiter ausführlich Stellung zu nehmen hat. Dadurch ist er gefordert, sich intensiver mit den Gegebenheiten am Standort auseinanderzusetzen.

Die Fragen sollen dazu dienen, die Auswirkungen der laufenden Tätigkeiten auf die Umwelt zu beurteilen und bewerten. Einerseits werden bereits vorhandene Umweltschutzmaßnahmen ermittelt, andererseits werden Schwachstellen offengelegt. Durch die Kennzeichnung aller Fragen, die nicht, oder nur unzureichend beantwortet wurden, kann der Handlungsbedarf unmittelbar abgelesen werden.

Die Fragen die einen Handlungsbedarf aufzeigen, wurden mit ***"H"*** gekennzeichnet.

Betriebliche Organisation
GE 100

GE 101: Wer ist für die Einhaltung der Gefahrstoffverordnung verantwortlich? Das betrifft die Freigabe, den Einkauf, die Lagerung und den Umgang mit Gefahrstoffen.

Freigabe : *noch nicht geklärt*

Einkauf : *noch nicht geklärt*

Lagerung : *noch nicht geklärt*

Umgang : *noch nicht geklärt*

H

GE 102: Wer erstellt Betriebsanweisungen nach § 20 GefStoffV?

Arbeitssicherheit;

Es wird für die Gefahrstoffe ausgeführt, für die Sicherheitsdatenblätter vorliegen.

H

GE 103: Für welchen Anteil aller eingesetzten Gefahrstoffe / Chemikalien existieren aktuelle Sicherheitsdatenblätter?

ca. 2/3 aller Stoffe

H

GE 104: a) Wie ist eine regelmäßige Aktualisierung der Sicherheitsdatenblätter gewährleistet?

b) Wer veranlaßt die Aktualisierung?

a) *ist zur Zeit nicht gewährleistet*

b) *Meister bzw. die Person, die mit dem Gefahrstoff arbeitet. Sie muß das aktuelle Datenblatt anfordern. Umweltschutz / Arbeitssicherheit ist* ***nicht*** *dafür verantwortlich.*

H

GE 105: Wer ist bei der Entwicklung eines neuen Produktes dafür verantwortlich, daß eingesetzte Gefahrstoffe / Chemikalien bewertet werden?

Entwicklung, Verfahrenstechnik

Diese Bereiche fragen bei Umweltschutz, Arbeitssicherheit und Betriebsarzt nach.

GE 106: Wer ist beim Einsatz eines neuen oder geänderten Verfahrens dafür verantwortlich, daß eingesetzte und / oder entstehende Gefahrstoffe / Chemikalien bewertet werden?

Verfahrenstechnik

Der Bereich fragt bei Umweltschutz, Arbeitssicherheit und Betriebsarzt nach.

	**Umwelt-Prüfungs-Bericht**	**Materialien / Gefahrstoffe** **Ausgabe :** **Datum :** **Seite :**

GE 107: Erläutern Sie den gesamten Ablauf von der Bestellung bis zur Verwendung von Gefahrstoffen / Chemikalien!

Ist-Analyse wurde von der externen Prüfungsleitung erstellt.

GE 108: a) In welcher Form und wie oft werden Mitarbeiter im Umgang mit Gefahrstoffen unterwiesen und geschult?

b) Wer ist dafür verantwortlich?

a) *mündliche, arbeitsplatzbezogene Unterweisung*

Die Mitarbeiter müssen unterschreiben, daß sie unterwiesen wurden.

b) *Meister*

GE 109: Wie wird sichergestellt, daß aus Gesundheitsgründen für die Mitarbeiter beim Umgang mit Gefahrstoffen ein generelles Eß-, Trink- und Rauchverbot eingehalten wird?

Theoretisch durch die arbeitsplatzbezogene Unterweisung.

Praktisch existiert kein Verbot.

H

	Umwelt-Prüfungs-Bericht	Materialien / Gefahrstoffe Ausgabe : Datum : Seite :

GE 110: a) Enthalten die Verfahrensanweisungen / Arbeitsanweisungen generelle Hinweise über Gefahrstoffe?

b) Sind diese für alle Mitarbeiter verständlich und zu jeder Zeit verfügbar?

a) teilweise vorhanden

b) nicht immer

H

GE 111: Welche Informationen werden zur Prüfung einer eventuellen Gefährdung genutzt?

1. DIN-Sicherheitsdatenblätter

2. Kühn-Birett

H

GE 112: In welchen Zeitabständen und von wem werden Sicherheitsbegehungen durchgeführt? (Teilnehmer, Bereiche / Abteilungen)

1/4-jährlich von der Arbeitssicherheit allein; bei Reklamationen werden Meister, Fertigungsleiter und zum Teil Betriebsleiter hinzugezogen.

H

Gefahrstoffeinsatz
GE 200

GE 201: Zeigen Sie in Form eines Gefahrstoffkatasters, welche Gefahrstoffe / Chemikalien Sie in Ihrem Betrieb einsetzen! Kriterien sind:

Gefahrstoff	Abteilung / Kostenstelle	Gefahren-symbol	Menge / Jahr	WGK	MAK-Wert	Gesundheitsgefahren

Kann zur Zeit nicht beantwortet werden

H

GE 202: Welche Prozeß- bzw. Produktänderungen können zu einer Verbesserung beitragen?

Verfahrenstechnik

H

GE 203: Ist die Verwendung der Gefahrstoffe überhaupt notwendig? Welche Maßnahmen zur Reduzierung oder zum Ersatz der eingesetzten Gefahrstoffe / Chemikalien ergreifen Sie?

Verfahrenstechnik

H

GE 204: Wie wird sichergestellt, daß Behälter / Gefäße für Gefahrstoffe mit den richtigen Gefahrensymbolen gekennzeichnet sind?

Meister kennzeichnen die Gefäße; Kontrolle durch Sicherheitsbegehungen

H

GE 205: Welche gesundheitsgefährdenden Reaktionsprodukte können bei einem Herstellungsprozeß aus den eingesetzten Ausgangsmaterialien entstehen?

Abteilung / Kostenstelle	Herstellungs-prozeß	gesundheitsgefährdende Reaktionsprodukte	Maßnahmen

Kann zur Zeit nicht beantwortet werden.

H

	Umwelt-Prüfungs-Bericht	Materialien / Gefahrstoffe Ausgabe : Datum : Seite :

Gefahrstofflagerung
GE 300

GE 301: a) Wo werden in Ihrem Betrieb Gefahrstoffe / Chemikalien gelagert?

b) Welche aktualisierten Lagerlisten mit den notwendigen Produktinformationen halten Sie bereit?

a) *im RHB-Lager und in den einzelnen Kostenstellen*

b) *keine Lagerlisten vorhanden*

Gefahrstoff	Abteilung	Kostenstelle	Menge

H

GE 302: Wie wird sichergestellt, daß die Lagerorte eindeutig gekennzeichnet sind?

Sicherheitsschränke, Gefahrensymbole

H

GE 303: Wie wird sichergestellt, daß entnommene Mengen eindeutig erfaßt werden?

a) im RHB-Lager durch Abbuchung

b) in den Kostenstellen keine Bestandsführung

Risikoquelle bei T+-Gefahrstoffen (z.B. KCN)

H

GE 304: Wie achten Sie auf eine getrennte Lagerung von Neuware und Reststoffen?

Neuware und Reststoffe werden getrennt gelagert.

GE 305: Wie wird sichergestellt, daß die Lagerung von Gefahrstoffen an allen Stellen im Betrieb nach dem „Stand der Technik" erfolgt?

Die Lagerung erfolgt nur teilweise nach dem „Stand der Technik". Es werden jedoch ständig weitere Vorkehrungen getroffen.

H

GE 306: Wie wird auf eine räumliche Trennung, d.h. Vermeidung des Zusammenlagerns von Stoffen, die miteinander gefährlich reagieren können, geachtet?

Getrenntes Lagern in separaten Behältnissen und Auffangwannen wird teilweise ausgeführt.

H

GE 307: Wie wird sichergestellt, daß durch Brand von Gefahrstoffen keine unkontrollierbaren Gefahrensituationen entstehen?

a) im Galvanik-Lager: gezielt getrennte Lagerung

b) im Lacklager: Überprüfung notwendig!

c) im Öllager: Überprüfung notwendig!

H

GE 308: Welche speziellen Sicherheitseinrichtungen sind z.B. in Form von Brandfrüherkennungs- / Löscheinrichtungen in der Nähe von Lägern und Umschlagsplätzen vorhanden?

Früherkennung: Kontrollgänge des Pförtners

im Öllager, im Lacklager: nicht vorhanden

Galvanik: Sicherheitsschränke

H

GE 309: Wie wird die Wareneingangskontrolle für die angelieferten Gefahrstoffe durchgeführt?

Vergleich von Ware und Begleitscheinen

optische Kontrolle des Behälters

3.5 Datenerfassung

3.5.1 Rohstoffe

Als Rohstoffe kommen zu rund 95 % Metalle zum Einsatz. Dieser hohe Anteil ist durch die Art unserer Produkte bedingt. Durch die kontinuierliche Weiterentwicklung der Produktpalette konnte der Anteil an Buntmetallen (z.B. Kupfer) reduziert werden. Der Anstieg bei den Leichtmetallen ist auf die Umstellung auf neue Leichtmetallsysteme (z.B. Einsatz von Aluminium) zurückzuführen. Der hohe Metallanteil beim Rohstoffeinsatz ermöglicht die Verwirklichung von Recyclingmaßnahmen bei Produktionsabfällen und Produkten.

Basis für die Erfassung des Rohstoffverbrauchs sind die DM-Werte. Die Einstandspreise sind unverändert, so daß die DM-Werte mengenrelevant zu betrachten sind.

Die Reduzierung des Rohstoffeinsatzes im Jahre 1993 ist auf Optimierungs- und Einsparungsmaßnahmen zurückzuführen, während der geringfügige Anstieg 1994 auf einer Produktionssteigerung beruht.

Lagerentnahmen in TDM	1991	1992	1993	1994
Stahl	6.208	6.423	5.117	5.336
Leichtmetall	2.276	2.325	1.866	2.219
Verschiedene Metalle	1.628	1.684	1.417	1.381
Andere Rohstoffe	546	635	519	503
Σ: Rohstoffe	**10.658**	**11.067**	**8.919**	**9.439**

3.5.2 Halbfertigwaren

Die eingesetzten Halbfertigwaren werden als Komponenten von Lieferanten bezogen. In den letzten Jahren nahm das Volumen an zugekauften Halbfertigwaren ab. Diese Entwicklung liegt zum einen in der Umstellung auf die eigene Laserfertigung in unserem Tochterunternehmen und in der zunehmenden Eigenfertigung von mechanischen Komponenten. Dies bedeutet eine Zunahme der eigenen Fertigungsstunden und damit einen höheren Verbrauch an Betriebsstoffen.

Der Anteil der zugekauften elektrischen Komponenten bildet mit rund 50 % der Halbfertigwaren den größten Teil. Diese elektrischen Komponenten enthalten auch Elektronikbauteile, die jedoch während der letzten Jahre rückläufig sind.

Eine mengenmäßige Erfassung ist bei den Halbfertigwaren nicht möglich, da es sich hier um eine breite Palette von Einzelkomponenten handelt, deren Erfassung zu arbeitsintensiv ist und nur eine geringe Aussagekraft besitzt.

Lagerentnahmen in TDM	1991	1992	1993	1994
Elektr. Komponenten	7.322	8.922	9.175	8.158
Mech. Komponenten	2.773	2.378	1.825	1.797
Rohteile	3.238	2.582	2.353	2.474
Sonst. Bestandteile	3.639	3.665	3.139	3.351
Σ: Halbfertigwaren	**16.972**	**17.547**	**16.492**	**15.780**

3.5.3 Hilfsstoffe

Bei der Mehrzahl der Hilfsstoffe handelt es sich um Schleifmittel bzw. um Polierhilfsstoffe. Diese Stoffe enthalten kein gesundheitliches und ökologisches Gefährdungspotential. Der höhere Verbrauch an Schleifbändern wird durch eine vorübergehende zusätzliche Versorgung unserer Produktionstochter verursacht. Ansonsten reduzieren sich die Verbräuche an Hilfsstoffen für die Oberflächenbearbeitung durch die Umstellung auf neue Verfahrenstechniken.

Die Erhöhung bei den Löt-/Schweißstoffen ist auf die steigende Eigenfertigung zurückzuführen.

Lagerentnahmen in TDM	1991	1992	1993	1994
Schleifmittel	1.487	903	890	1.088
Polierhilfsstoffe	388	271	342	267
Galvanische Stoffe	56	34	43	36
Löt-/Schweißstoffe	21	17	19	55
Σ: Hilfsstoffe	**1.952**	**1.225**	**1.294**	**1.446**

3.5.4. Betriebsstoffe

Die in der Produktion eingesetzten Betriebsstoffe umfaßen die breite Palette von den Werkzeugen und Maschinen bis hin zu den Reinigungs- und Kühlschmiermitteln.

Bei der Reduzierung der eingesetzten Kühlschmierstoffe steht die Verlängerung der Standzeiten durch bessere Kühlschmiermittelpflege und die Konzentration auf wenige Kühlschmiermittelvarianten im Vordergrund. 1994 ist beim Einsatz von Kühlschmierstoffen ein Anstieg zu verzeichnen, der auf die zunehmenden Eigenfertigung von metallischen Komponenten zurückzuführen ist.

Bei den Reinigungsmitteln konnte der Verbrauch an CKW-haltigen Reiniger stark minimiert werden. Dabei spielte der Ersatz von CKW-Reinigungsanlagen in der Teilefertigung und der Spritzlackiererei durch Anlagen auf der Basis wäßriger Reiniger eine wichtige Rolle. Um diese Entwicklung weiterhin zu forcieren, wird zur Zeit ein entsprechendes Konzept erarbeitet.

Die verschmutzten CKW-Reinigungsmittel werden extern aufbereitet und kommen zur Zweit-Anwendung wieder in den Handel. Für den Einsatz in unseren Anlagen verwenden wir aus Qualitätsgründen Neuware.

Lagerentnahmen in TDM	1991	1992	1993	1994
Werkzeuge/Maschinen	1.108	991	744	745
Kühlschmierstoffe	116	109	97	139
Reinigungsmittel	132	101	126	95
Sonst. Betriebsstoffe	246	210	286	266
Σ: Betriebsstoffe	**1.602**	**1.411**	**1.253**	**1.245**

4. Soll-Zustand und Bewertung

Der Soll-Zustand ergibt sich aus der betrieblichen Umweltpolitik der Modellfirma und aus den Vorgaben des Umweltmanagementhandbuches Kapitel "Materialwirtschaft", aus den Forderungen der einschlägigen Umweltvorschriften, der Arbeitssicherheit und dem Stand der Technik.

4.1 Betriebliche Organisation

Im Bereich "Betriebliche Organisation" wird dringend empfohlen, den Bestellvorgang organisatorisch zu ändern. Die Bestellung von Gefahrstoffen ohne Artikelnummer, d.h. die Blockbestellung muß ausnahmslos abgeschafft werden. Nur so ist ein Überblick über die eingesetzten und gelagerten Gefahrstoffe und somit ein Einhalten der §§ 16(2), (3a) und 20 der Gefahrstoffverordnung gewährleistet.

Als weiterführende Maßnahme ist die Einführung von Artikelnummern für alle Hilfs- und Betriebsstoffe zu nennen. Davon sind auch Materialien betroffen, die heute keine Gefahrstoffe darstellen. Alle Hilfs- und Betriebsstoffe sollten in der EDV in einer Datenbank erfaßt sein, aus der eindeutig und schnell Informationen gewonnen werden können. Aus der Artikelnummer sollte möglichst auf die Stoffgruppe geschlossen werden können (z.B.: alle Öle beginnen mit der Artikelnummer 001, Lösemittel mit 002, Säuren und Laugen mit 003 u.s.w.).

Als weitere Maßnahme wird die Einrichtung einer „Zentralen Freigabestelle“ empfohlen. In dieser "Zentralen Freigabestelle" sollten folgende Funktionen vertreten sein: Umweltschutz, Arbeitssicherheit und Betriebsarzt. Diese Stelle ist als Filter der Einkaufsabteilung vorgeschaltet. Bei der Neubestellung von Gefahrstoffen werden diese von der Freigabestelle zunächst hinsichtlich Umweltverträglichkeit und ihrer eventuellen Gefahr für den Anwender, sowie unter technischen Gesichtspunkten geprüft. Erst nach erfolgter Freigabe des Stoffes durch die Freigabestelle dürfen Bestellungen getätigt werden. Stoffe, die nicht freigegeben sind, dürfen von der Einkaufsabteilung nicht bestellt werden.

4.2 Einsatz und Verwendung

Hinsichtlich der Substitutionsverpflichtung laut Gefahrstoffverordnung (§ 16 Abs.2) wird die Gründung einer bereichsübergreifenden Arbeitsgruppe zur Bewertung eingesetzter Gefahrstoffe und Verfahren / Verfahrensabläufe empfohlen. Diese Gruppe sollte aus mindestens einem Vertreter der Bereiche "Entwicklung", "Verfahrenstechnik", "Fertigung", "Qualitätswesen" und "Umweltschutz / Arbeitssicherheit" bestehen.

Die Aufgabe der Gruppe ist die Diskussion von eventuellen Alternativen zu eingesetzten Gefahrstoffen bzw. von alternativen Verfahren. Das Ergebnis der Prüfung muß schriftlich festgehalten werden, um es auf Verlangen der zuständigen Behörde vorzulegen.

Sollte die Substitution eines Gefahrstoffes bzw. ein alternatives Verfahren aus Fertigungserfordernissen nicht möglich sein, so ist eine schriftliche Begründung für den Einsatz des nicht substituierten Gefahrstoffes auszuarbeiten.

4.3 Gefahrstofflagerung

Bei der Lagerung von Gefahrstoffen müssen zunächst unmittelbar erkannte Gefahren beseitigt werden. Hier sind zu nennen:

1.) Stoffe mit verschiedenen Gefährdungseigenschaften hinsichtlich ihrer chemischen Charakteristik sind getrennt voneinander zu lagern.

2.) Um den Eintrag der Chemikalien in die Umwelt zu vermeiden, sind Auffangräume bzw. Auffangwannen vorzusehen. In der Regel soll das Auffangvolumen so groß dimensioniert sein, wie das des größten dort gelagerten Gebindes, bzw. 10 % der Summe der Volumina der im Auffangraum gelagerten Chemikalien.

3.) Für kleine Mengen ausgetretener Stoffe müssen zum Aufsaugen bzw. Binden der Stoffe an geeigneten Stellen geeignete Materialien in ausreichenden Mengen bereitgestellt werden.

4.) Die Lagerräume müssen deutlich und für jeden sichtbar als solche gekennzeichnet sein.

5.) Die Entnahme von sehr giftigen und giftigen Stoffen durch Unbefugte muß durch entsprechende Sicherheitsmaßnahmen verhindert werden.

6.) Stoffe, die nicht mehr eingesetzt werden bzw. aus gesetzlichen Gründen nicht mehr eingesetzt werden dürfen, sollten aussortiert und ordnungsgemäß entsorgt werden.

Langfristig wird empfohlen, die gesamte Gefahrstoff-Lagerung neu zu strukturieren und zu organisieren. Höchste Priorität kommt dabei der Planung der Lagerung von Gefahrstoffen nach dem Stand der Technik zu. Die Lagerung von Gefahrstoffen sollte dabei jedoch nicht isoliert von der gesamten Gefahrstoffproblematik betrachtet werden. Das heißt, auch organisatorische Änderungen wie eine eindeutige Zuordnung von Verantwortlichkeiten, der Organisation des Lagerwesens, der Umgang mit Gefahrstoffen u.s.w. müssen bei einem Lagerkonzept unbedingt berücksichtigt werden.

4.4 Umweltverfahrensanweisung

Der zukünftig im Rahmen eines Umweltmanagementsystems einzuhaltende Soll-Zustand ist in der Umweltverfahrensanweisung UVA 7.1 "Gefahrstoffe" dokumentiert.

5. Maßnahmen

Für jeden Bereich, der im Rahmen der Umweltprüfung untersucht wurde, ist ein Maßnahmenkatalog zu erstellen.

Die Maßnahmen ergeben sich durch einen direkten Vergleich der Ergebnisse der Ist-Analyse mit den Vorgaben des Soll-Zustandes. Der aus diesem Vergleich erkannte Handlungsbedarf wird festgeschrieben. Die Festlegung der Verantwortung, des Zeitrahmens und der Mittel garantieren die zügige Umsetzung der Maßnahmen zur Erreichung des Soll-Zustandes.

Durch den Vergleich von Kosten und Einsparungspotential, bzw. der Berechnung der Amortisationsdauer, soll der Geschäftsleitung die Entscheidung für eine Einführung der aufgeführten Maßnahmen erleichtert werden. Durch eine Kennzeichnung der einzelnen Maßnahmen mit "I" bzw. "O" wird eine Umterscheidung in investorische bzw. organisatorische Maßnahmen getroffen.

I:Investition **O:organisatorische Maßnahme**

Die einzelnen Maßnahmen wurden in zwei Bereiche aufgeteilt. Der Bereich "Organisation" enthält die Maßnahmen, die die Verantwortlichkeiten und Abläufe im gesamten Gefahrstoffmanagement betreffen. Der zweite Bereich "Gefahrstofflagerung" wurde gesondert aufgeführt, da insbesondere im Bereich der Gefahrstofflagerung erhebliche Sicherheitsmängel entdeckt wurden, und die Umsetzung dieser Maßnahmen vorrangig zu bewerten ist.

Modellfirma	Umwelt-Prüfungs-Bericht	Materialien / Gefahrstoffe Ausgabe : Datum : Seite :

Ist-Zustand (Prüfung)	Soll-Zustand (Ziel)	Maßnahme	I/O	Invest. (DM)	Einsp. (DM/a)	Amort. (Jahre)	Verant-wortung	Reali-sierung
1. Organisation								
Die Gefahrstoffbeschaffung ist nicht eindeutig organisiert.	Die Beschaffung von Gefahrstoffen sollte nur über eine zentrale Freigabestelle erfolgen können.	Einrichtung einer zentralen Freigabestelle zur Sicherstellung der Gefahrstofforganisation	O					
Bestellungsvorgang ist nicht eindeutig geregelt. Menge und Art der im Betrieb befindlichen Gefahrstoffe ist nicht nachvollziehbar.	"Eine entscheidende Maßnahme für vorsorgenden Umweltschutz ist das Erstellen von Beschaffungsrichtlinien." (UMH, Kap. 7)	Bestellung von Hilfs- und Betriebsstoffen nur über Artikelnummern. Neubestellungen nur nach erfolgter Freigabe.	O					
Keine eindeutige Verantwortungszuordnung für Freigabe, Einkauf, Lagerung und Umgang mit Gefahrstoffen.	Bessere, transparentere Verantwortungszuordnung.	Eindeutige Verantwortungszuordnung und Stellenbeschreibung für Einkauf, Freigabe, Lagerung und Umgang mit Gefahrstoffen.	O					
Kein generelles Eß-, Trink- und Rauchverbot beim Umgang mit Gefahrstoffen	Umfassende Unterweisung der Arbeiter und Information über Gesundheitsgefahren durch Rauchen, Essen und Trinken beim Umgang mit Gefahrstoffen	Generelles Eß-, Trink- und Rauchverbot beim Umgang mit Gefahrstoffen und Kontrollen über die Einhaltung.	O					

 Modellfirma	**Umwelt-Prüfungs-Bericht**	**Materialien / Gefahrstoffe** **Ausgabe :** **Datum :** **Seite :**

Ist-Zustand (Prüfung)	Soll-Zustand (Ziel)	Maßnahme	I/O	Invest. (DM)	Einsp. (DM/a)	Amort. (Jahre)	Verant-wortung	Reali-sierung
In Verfahrensanweisungen und Arbeitsanweisungen wird nicht auf Gefahrstoffe hingewiesen.	Information der Mitarbeiter über Gefahrstoffe mit denen sie arbeiten.	Hinweise auf Gefahrstoffe in Verfahrensanweisungen und Arbeitsanweisungen	O					
Kein Gefahrstoffkataster vorhanden.	"Im Rahmen eines Gefahrstoffkatasters werden die Stoffe regelmäßig erfaßt und dargestellt." (UMH Kap. 7.1)	Sammlung und Verdichtung von Gefahrstoffdaten (Kostenstellen, Mengen, Lagerlisten, etc).	O					
2. Gefahrstofflagerung								
Die verschiedenen Gefahrstoffläger entsprechen nicht den Sicherheitsanforderungen.	"Alle Lagerbereiche erfüllen einschlägige Anforderungen" (UMH Kap. 7.6)	Sofortige Beseitigung unmittelbarer Gefahren in den verschiedenen Lägern	I					
Zusammenlagerungsverbote und Mengenschwellen bei der Lagerung von Gefahrstoffen / Chemikalien werden nicht beachtet.	"Alle Lagerbereiche sind räumlich voneinander getrennt" (UMH Kap. 7.6)	Stoffe mit verschiedenen Gefährdungseigenschaften hinsichtlich ihrer chemischen Charakteristik getrennt voneinander lagern.	I					

Modellfirma	Umwelt-Prüfungs-Bericht	Materialien / Gefahrstoffe Ausgabe : Datum : Seite :

Ist-Zustand (Prüfung)	Soll-Zustand (Ziel)	Maßnahme	I/O	Invest. (DM)	Einsp. (DM/a)	Amort. (Jahre)	Verant-wortung	Reali-sierung
Ein Eintrag von Chemikalien in die Umwelt im Falle eines Unfalles kann nicht vermieden werden.	"Bei der Lagerung von Gefahrstoffen sind vor allem Sicherheit, Grundwasser- und Bodenschutz zu beachten." (UMH Kap. 7)	Eintrag von Chemikalien in die Umwelt durch Auffangräume bzw. Auffangwannen vermeiden und Bindemittel bereithalten.	I					
Die Lagerräume, in denen Gefahrstoffe lagern sind nicht eindeutig gekennzeichnet.	Lagerräume für gefährliche Stoffe müssen für jeden sichtbar und erkenntlich sein. Der Stand der Technik muß eingehalten werden.	Eindeutige Kennzeichnung der Gefahrstoffläger und Hinweise auf diese Läger in Übersichtsplänen des Geländes.	I					
Die Gefahrstoffentnahme aus den einzelnen Lägern ist nicht eindeutig geregelt.	Die Entnahme von sehr giftigen Stoffen durch Unbefugte ist nicht gestattet. Entnommene Stoffe müssen erfaßt werden.	Verantwortungszuordnung und Einrichtung von entsprechenden Sicherheitsmaßnahmen. Eindeutige Erfassung und Bestandsführung in einem Giftbuch.	I/O					
Stoffe, die nicht mehr eingesetzt werden, bzw. nicht mehr eingesetzt werden dürfen, werden nicht aussortiert.	Nur Gefahrstoffe lagern, die unbedingt benötigt werden und nicht, oder nur schwer ersetzt werden können.	Stoffe, die nicht mehr eingesetzt werden, aussortieren und ordnungsgemäß entsorgen.	I/O					

 Modellfirma	Umwelt- Prüfungs- Bericht	Materialien / Gefahrstoffe Ausgabe : Datum : Seite :

Ist-Zustand (Prüfung)	Soll-Zustand (Ziel)	Maßnahme	I/O	Invest. (DM)	Einsp. (DM/a)	Amort. (Jahre)	Verant-wortung	Reali-sierung
Die Gefahrstofflagerung erfolgt an mehreren verschiedenen Stellen.	Gefahrstoffe sollten zentral gelagert und verwaltet werden.	Einrichtung eines zentralen Lagers mit zentraler Lagerverantwortlichkeit.	I					
Zu viele verschiedene Gefahrstoffe sind vorhanden.	Der Substitutionsverpflichtung muß entsprochen werden.	Reduzierung der Anzahl der Gefahrstoffe, Substitution mehrerer Stoffe.	I/O					

6. Prüfungsleitung

Name:

Datum:

Unterschrift:

Prüfungsbericht

Abluft

Teilnehmer: Umweltschutz / Arbeitssicherheit
Verfahrenstechnik / Instandhaltung
Produktion
Zentrale Technische Dienste
Prüfungsleitung
Co-Prüfer

Zeitraum: (von..........bis..........)

Prüfungsaufwand: (.......... Tage)

Verteiler: Geschäftsleitung
Projektleitung
Teilnehmer der Prüfung

Zusammenfassung

1.) Der **Ist-Zustand "Abluft"** wurde mit Unterstützung eines Fragenkataloges aufgenommen. Bei 9 von 25 Fragen (36 %) besteht Handlungsbedarf.

2.) Die Modellfirma verfügt über mehrere **emissionsrelevante Anlagen**, die bis auf zwei Anlagen (Perchlorethylen-Reinigung, Methylenchlorid-Entfettung) dem Stand der Technik entsprechen. Die zwei Anlagen, die nicht dem Stand der Technik entsprechen, werden auf den Betrieb mit Kohlenwasserstoffen umgestellt. Die Modellfirma befindet sich hier in der Umsetzungsphase. Die Anlagen werden 1995/96 erneuert.

3.) Es bestehen mehrere **Absprachen** mit der zuständigen Behörde (Gewerbeaufsichtsamt)
- Die Perchlorethylen-Reinigung aus der Stanzerei benötigt keine Beschickungsschleuse (die Stand der Technik wäre), da die gemessenen MAK-Werte weit unter den zulässigen Höchstwerten liegen.
- Die genannten Anlagen, die im Zuge des Abluftkonzeptes umgerüstet werden sollen, bedürfen bis zur Verwirklichung keiner jährlichen Messung mehr.

4.) Die **Überwachung** der nicht-genehmigungsbedürftigen Anlagen weist Schwachpunkte auf. Es wird empfohlen, die zuständige Behörde über die genauen Pflichten zur Überwachung zu befragen, bzw. die Emissionen jährlich zu analysieren.

5.) Die **Grenzwerte und MAK-Werte** werden eingehalten.

6.) Aus den dokumentierten Daten der Emissionsanalysen (Institut xxxxx) und den Anlagendaten sollte ein **Emissionskataster** erstellt werden, das folgende Punkte enthält:

- Anlage / Prozeß,
- Genehmigungsbedürftigkeit,
- Parameter,
- Menge, bzw. Konzentration,
- Betriebsstunden,
- Kostenstelle,
- Bemerkungen.

1. Aufgabenstellung, Prüfungsumfang und Ziele

1.1 Aufgabenstellung

Ziel der Ist-Analyse ist es, die Abluftbehandlung und Überwachung der Abluftreinigungsanlagen anhand der einschlägigen Vorschriften des BImSchG und den Anforderungen an den Stand der Technik zu überprüfen. Weiterhin sollen die Durchführung und die Dokumentation der vorgenommenen Messungen und der Beobachtungen im Abluft-Bereich untersucht werden.

1.2 Prüfungsumfang

Die Bereiche die im Rahmen der Umweltprüfung untersucht werden sollen, sind:

1.) Emissionsrelevante Anlagen / Abteilungen:

a) Teilereinigung mit Perchlorethylen,
   - Stanzerei (Kst. 123)
   - Teilefertigung (Kst. 456)
b) Entfettung mit Methylenchlorid,
   - Härterei (Kst. 321)
c) Beizeanlage (Kst. 654),
d) Pulverbeschichtungsanlage (Kst. 333),
e) Produktionsbereich.

2.) Abluftbehandlungsanlagen:

- Aktivkohlefilteranlage (Kst. 123),
- Auswaschtürme (Kst. 654),
- Naßwäscher zur Entstaubung aus dem Produktionsbereich.

3) Überwachung und Dokumentation:

- Durchführung der vorgeschriebenen Kontrollen der Abluft,
- Dokumentation der Abluftkontrollen, vor allem im Hinblick auf ein Emissionskataster,
- Einhaltung der behördlichen Vorgaben und der Umweltvorschriften.

Die einzelnen zu prüfenden Bereiche werden mit Unterstützung eines Fragenkataloges untersucht. Im Gespräch mit den jeweils zuständigen bzw. verantwortlichen Mitarbeitern, durch die Einsicht in relevante Unterlagen (z.B. Betriebstagebücher und Prüfprotokolle eines beauftragten

Analyseninstitutes), sowie durch Besichtigungen Vorort werden weitere relevante Informationen erfaßt. Die Gespräche werden dokumentiert.

1.3 Ziele

Die Modellfirma hat in ihrer betrieblichen Umweltpolitik, sowie im Umweltmanagementhandbuch festgelegt, daß durch entsprechende technische und organisatorische Maßnahmen umweltbelastende Emissionen auf ein Minimum zu reduzieren sind. Umweltgefahren, die durch die belasteten Abluftströme ausgehen können, sind zu minimieren. Die Auswirkungen der laufenden Tätigkeiten werden regelmäßig überwacht.

Die unvermeidbaren Emissionen werden behandelt und regelmäßig analysiert. Die korrekte Durchführung der Analysen und die ordnungsgemäße Überwachung der Behandlungsanlagen wird durch einen verantwortlichen Mitarbeiter sichergestellt. Sämtliche Kontroll- und Analysenergebnisse sind in einem Betriebstagebuch zu dokumentieren und monatlich vom Umweltschutzbeauftragten gegenzuzeichnen.

Den Anforderungen durch die überwachenden Behörden, sowie durch die einschlägige Gesetzgebung muß jederzeit entsprochen werden.

Ziel der Umweltprüfung "Abluft" ist es, den betrieblichen Ist-Zustand aufzunehmen und anschließend, im Vergleich zu den Zielvorgaben der Modellfirma, zu bewerten. Es werden Maßnahmen im Umweltprogramm empfohlen, um Schwachstellen in diesem Bereich zu beseitigen und einen Soll-Zustand zu erreichen.

2. Referenzdokumente und Prüfungskriterien

Als Referenzdokumente gelten die einschlägigen Umweltvorschriften der Immissionsschutzgesetzgebung:

- Bundesimmissionsschutzgesetz (BImSchG) vom 27. Sept. 1994 (BGBl.I S. 2705),
- Verordnung über Kleinfeuerungsanlagen (1. BImSchV),
- Verordnung über genehmigungsbedürftige Anlagen (4. BImSchV),
- Verordnung über Immissionsschutzbeauftragte (5. BImSchV),
- Emissionserklärungsverordnung (11. BImSchV),
- Erste allgemeine Verwaltungsvorschrift (TA-Luft),
- VDI-Richtlinie 2058 Bl. I und Bl. II,
- Landesimmissionsschutzgesetze (LImSchG),
- Verordnung zur Emissionsbegrenzung von LHKW (2. BImSchV),
- Verordnung über das Genehmigungsverfahren (9. BImSchV),
- Verordnung über Immissionswerte (22. BImSchV),
- SMOG-Verordnung vom 27. Juni 1988 (BGBl.I S. 1095)

Als Prüfungskriterien werden herangezogen:

- Der Stand der Technik,
- die Vorgaben aus der betrieblichen Umweltpolitik der Modellfirma

3. Ist-Zustand

Der Ist-Zustand wurde mit Unterstützung eines Fragenkataloges, durch Gespräche mit verantwortlichen bzw. zuständigen Personen im Bereich der Abluftüberwachung / Abluftreinigung und durch Besichtigungen aufgenommen.

Die Modellfirma betreibt mehrere emissionsrelevante Anlagen. Für den behördlichen Kontakt in bezug auf diese Anlagen, für die Durchführung einzelner Kontrollmessungen sowie für die Dokumentation dieser Messungen ist der Umweltschutzbeauftragte verantwortlich.

3.1 Abluftaufkommen, Abluftreinigung und Kontrollmessungen

Es existieren mehrere verschiedene Abluftströme mit unterschiedlicher Abluftreinigung.

3.1.1 Teilereinigung mit Perchlorethylen

Die Modellfirma verfügt momentan über 2 Perchlorethylen-Anlagen unterschiedlicher Kapazität, die 2 verschiedenen Kostenstellen zugeordnet sind.

a) Stanzerei (Kst. 123)

Die gestanzten und geschmiedeten Teile werden in dieser Anlage gereinigt. Die Anlage hat eine geschlossene Abluftführung. Die Abluft wird direkt über eine Aktivkohlefilteranlage geleitet. Der Aktivkohlefilter wird innerhalb dieser Anlage jede Nacht mit Heißdampf regeneriert. Heißdampf und Perchlorethylen werden über Kondensation getrennt, wobei das Perchlorethylen wieder in die Reinigungsanlage rückgeführt wird. Der Heißdampf wird der Abwasserreinigung zugeführt. In regelmäßigen Abständen wird das Perchlorethylen der Anlage auf Verunreinigungen überprüft, und gegebenenfalls ausgewechselt. Die Modellfirma verfügt über Sicherheitsbehälter, die eine emissionsfreie Entnahme und Befüllung erlauben. Die Reinigungsanlage verfügt nicht über eine Beschickungsschleuse nach dem Stand der Technik, doch aufgrund der sehr niedrigen MAK-Werte konnte eine Absprache mit dem Gewerbeaufsichtsamt getroffen werden.

Die notwendigen Messungen und Analysen werden von einem beauftragten Institut für Umweltanalysen durchgeführt (letzte Messung 1993). Monatliche Kontrollen mittels Prüfröhrchen werden vom Umweltschutzbeauftragten vorgenommen. Die Anlage ist nicht genehmigungsbedürftig.

Der Abluftvolumenstrom beträgt:	500 m^3/h
Die Konzentration an Perchlorethylen beträgt:	< 5 mg/m^3
Der Massenstrom beträgt:	< 4 g/h
Die Betriebsstunden der Anlage belaufen sich auf:	1650 Std./a (1994)

b) Teilefertigung (Kst. 456)

Die Anlage hat eine geschlossene Abluftführung. Die Abluft wird nicht über eine Reinigungsanlage geleitet. Die notwendigen Messungen werden vom beauftragten Analyseninstitut durchgeführt (letzte Messung 1993). Weitere Messungen durch Prüfröhrchen oder ähnlichem erfolgen nicht. Die Anlage ist nicht genehmigungsbedürftig.

Der Abluftvolumenstrom beträgt:	240 m^3/h
Die Konzentration an Perchlorethylen beträgt:	$>$ 20 mg/m^3
Der Massenstrom beträgt:	$<$ 0,3 kg/h
Die Betriebsstunden der Anlage belaufen sich auf:	1650 Std./a (1994)

3.1.2 Entfettung mit Methylenchlorid in der Härterei (Kst. 321)

Die Anlage verfügt über eine Abluftabsaugung, eine Abluftreinigung erfolgt jedoch nicht. Die notwendigen Messungen werden vom beauftragten Analyseninstitut durchgeführt (letzte Messung 1993). Weitere Messungen durch Prüfröhrchen oder ähnlichem erfolgen nicht. Die Anlage ist nicht genehmigungsbedürftig.

Der Abluftvolumenstrom beträgt:	551 m^3/h
Die Konzentration an Methylenchlorid beträgt:	46 mg/m^3
Die Betriebsstunden der Anlage belaufen sich auf:	1650 Std./a (1994)

3.1.3 Abluft aus der Beizeanlage (Kst. 654)

Über den Wirkbädern der Beize, (Titan-Beize, Edelstahlbeize) bzw. der Gelbbrenne, befinden sich Absaughauben. Die mit NO_2 und HF belastete Abluft wird über 3 Auswaschtürme (Wäscher) abgeleitet. Das Waschmittel (Wasser) der Wäscher wird im Kreislauf geführt, bzw. nach Ablauf der Kreislaufphase der Abwasserreinigungsanlage zugeführt. Die Anlage ist nach der 4. BImSchV (Spalte 2) genehmigungsbedürftig. Die Messungen erfolgen nach § 26 BImSchG im 3-jährlichen Turnus durch das Analyseninstitut. Für diese Anlage wird alle 2 Jahre eine Emissionserklärung durch den Umweltschutzbeauftragten erstellt. Weitere Messungen erfolgen nicht. (Gesamtabluftvolumen aus der Galvanik: 9677 m^3/h)

Die Betriebsstunden der Anlagen belaufen sich auf:	188 Std./a
Das Abluftvolumen aus der Gelbbrenne beträgt:	2750 m^3/h
Die Konzentration an NO_2 aus der Gelbbrenne beträgt:	45,1 mg/m^3
Der Massenstrom an NO_2 aus der Gelbbrenne beträgt:	0,214 kg/h
Das Abluftvolumen aus der Titanbeize beträgt:	2750 m^3/kg
Die Konzentration an NO_2 aus der Titanbeize beträgt:	26,5 mg/m^3
Der Massenstrom an NO_2 aus der Titanbeize beträgt:	0,073 kg/h

Grenzwert für NO_2 (Ziffer 3.3.3.10.1, TA-Luft): 150 mg/m³
(Grenzwert nach der Dynamisierungsklausel: 50 mg/m³)

3.1.4 Staubabsaugung aus dem Produktionsbereich

Die Staubabsaugung wird direkt an den betreffenden Arbeitsplätzen (z.B. Schleifen) vorgenommen. Die mit Stäuben belastete Abluft wird über 4 Naßwäscher abgeleitet. Das Waschmittel (Wasser) wird im Kreislauf geführt, bzw. der Abwasserreinigung zugeführt. Die Schlämme werden der Sonderabfallbeseitigung zugeführt. Messungen erfolgen nicht. Die Anlage ist nicht genehmigungsbedürftig.

Das Abluftvolumen gesamt beträgt: 149.000 m³/h

3.1.5 Abluft aus der Pulverbeschichtungsanlage (Kst. 333)

Die mit HCl, HF und Gesamt-C belastete Abluft aus der Pulverbeschichtung (Beschichtung mit Fluor-Polymer) wird über Naßwäscher abgeleitet. Die notwendigen Messungen und Analysen werden durch das Analyseninstitut vorgenommen. Weitere Messungen erfolgen nicht. Die Anlage ist nicht genehmigungsbedürftig.

Der Massenstrom an Fluorwasserstoff beträgt: 5,30 g/h
Der Massenstrom an Chlorwasserstoff beträgt: 7,84 g/h
Der Massenstrom an Gesamt-C beträgt: 0,615 g/h
Die Betriebsstunden betragen: 1650 Std./a

3.2 Dokumentation

Ein Betriebstagebuch im Sinne der Dokumentation von kontinuierlichen Messungen und Beobachtungen wird nicht geführt. Die Analysenergebnisse der Messungen durch das Analyseninstitut werden beim Umweltschutzbeauftragten gesammelt. Weiterhin wird der gesamte Schriftverkehr (Behörden, Institut) die emissionsrelevanten Anlagen betreffend, beim Umweltschutzbeauftragten abgelegt. Ein Emissionskataster existiert nicht.

3.3 Fragenkatalog

Mit dem vorliegenden Fragenkatalog "Abluft" wurde die Erhebung des Ist-Zustandes unterstützt. Die aus der Beantwortung der Fragen gewonnenen Informationen ergänzen die Ist-Analyse, wie sie bereits in den Punkten 3.1 bis 3.2 beschrieben ist. Aus den Fragenkatalogen ergab sich bei Beantwortung von 25 Fragen ein Handlungsbedarf bei 9 Fragen. Das entspricht 36 %.

Der Fragenkatalog ist so aufgebaut und gegliedert, daß eine umfassende Betrachtung umweltrelevanter Bereiche und Tätigkeiten möglich wird. Eine Beantwortung mit "ja" oder "nein" kann nicht erfolgen. Die Fragen sind so formuliert, daß der beantwortende Mitarbeiter ausführlich Stellung zu nehmen hat. Dadurch ist er gefordert, sich intensiver mit den Gegebenheiten am Standort auseinanderzusetzen.

Die Fragen sollen dazu dienen, die Auswirkungen der laufenden Tätigkeiten auf die Umwelt zu beurteilen und bewerten. Einerseits werden bereits vorhandene Umweltschutzmaßnahmen ermittelt, andererseits werden Schwachstellen offengelegt. Durch die Kennzeichnung aller Fragen, die nicht, oder nur unzureichend beantwortet wurden, kann der Handlungsbedarf unmittelbar abgelesen werden.

Die Fragen die einen Handlungsbedarf aufzeigen, wurden mit ***"H"*** gekennzeichnet.

	**Umwelt-Prüfungs-Bericht**	**Abluft** **Ausgabe :** **Datum :** **Seite :**

Betriebliche Organisation
LU 100

LU 101: a) Wer ist für die Eigenkontrolle und Überwachung der Abluft verantwortlich?

b) Welche Ausbildung und Betriebserfahrung besitzt der Mitarbeiter?

a) Umweltschutzbeauftragter

b) Diplom Ingenieur, seit 6 Jahren Umweltschutzbeauftragter im Unternehmen

LU 102: Welche Abluftanalysen werden von wem (intern / extern) durchgeführt?

Parameter	Anlage/Prozeß	Menge bzw. Konzentration	Meßintervall	Analyse-verfahren	Verantwort. Mitarbeiter
Per	*Per-Anlage, Stanzerei Kst. 123*	$< 5\ mg / m^3$	*monatlich*	*Prüf-Röhrchen*	*UWS-Beauftragter*
Per	*Per-Anlage, Stanzerei Kst. 123*	$< 5\ mg / m^3$	*bei Bedarf*	*FID*	*Institut xxxxx*
Per	*Teilefertigung Kst. 456*	*genaue Analysen liegen vor*	*bei Bedarf*	*FID*	*Institut xxxxx*
Methylen-chlorid	*Härterei Kst. 321*	*genaue Analysen liegen vor*	*bei Bedarf*	*FID*	*Institut xxxxx*
NO_2, *HF*	*Titan / Edelstahlbeize*	*genaue Analysen liegen vor*	*Stichprobe*	*IR*	*Institut xxxxx*
NO_2	*Gelbbrenne*	*genaue Analysen liegen vor*	*Stichprobe*	*IR*	*Institut xxxxx*
gesamt-C, HCL, HF	*Pulverbeschichtung, Kst. 333*	*genaue Analysen liegen vor*	*Stichprobe*	*GC, FID*	*Institut xxxxx*

LU 103: Welche Abluftmessungen werden kontinuierlich durchgeführt?

siehe LU 102

LU 104: Wie wird die Qualität der internen Analysenergebnisse sichergestellt?

Verfalldatum Meßröhrchen, Messung entsprechend Gebrauchsanweisung

LU 105: Wie werden die Analysen-, Meß- und Überwachungsgeräte geeicht und auf Funktionsfähigkeit geprüft?

Anlage / Meßgerät	Prüvintervall	Verantwort. Mitarbeiter
entfällt, Meßgeräte gehören zum externen Meßinstitut		

AW 106: Wie werden die Abluftanlagen und die ablufterzeugenden Produktionsanlagen regelmäßig gewartet und instandgehalten?

Abteilung / Kostenstelle	Anlage	Prüfintervall	Verantwortlicher Mitarbeiter
Stanzerei Kst. 123	*Per-Anlage*	*?*	*Instandhaltung*
Stanzerei Kst. 123	*A-Kohle der Per-Anlage*	*monatlich*	*Instandhaltung*
Teilefertigung Kst. 456	*Per-Anlage*	*?*	*Instandhaltung*
Härterei Lst. 321	*Methylenchlorid-entfettung*	*?*	*Instandhaltung*
Bau 14, 16, 17	*Naßabscheider*	*?*	*Instandhaltung*

H

LU 107: Welche Arbeitsanweisungen und Informationen sind am jeweiligen Arbeitsplatz zum Umgang mit luftverunreinigenden Stoffen vorhanden?

Betriebsanweisungen gem. § 20 GefStoffV

(wird im Zuge der Gefahrstofferfassung erstellt)

H

LU 108: Welche Schulungen werden für Mitarbeiter zur Abluftproblematik durchgeführt?

Unterweisung durch den Vorgesetzten für die Arbeit an der Anlage

LU 109: Wie werden bei der Anschaffung einer neuen Anlage, bzw. bei der Änderung bestehender Anlagen, die Abluftemissionen berücksichtigt?

Bei Neuanschaffungen wird auf den Stand der Technik geachtet

LU 110: Wie werden bei der Planung oder Änderung von Prozessen und Produkten die Abluftemissionen berücksichtigt?

Stand der Technik ist zu berücksichtigen, Grenzwerte sind zu unterschreiten

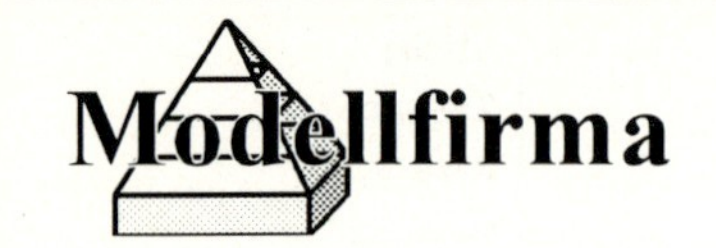	Umwelt-Prüfungs-Bericht	Abluft Ausgabe : Datum : Seite :

Einsatz / Verwendung
LU 200

LU 201: Welche abluftrelevanten Anlagen betreiben Sie?

Anlage	Kostenstelle	Genehmigungspflichtig ja / nein	Betriebsstunden	Auflagen
Per-Anlage Stanzerei	*123*	*nein*	*ca. 1650 std/a*	*keine*
Per-Anlage Teilefertigung	*456*	*nein*	*ca. 1650 std/a*	*keine*
Methylenchlorid Entfettung	*321*	*nein*	*ca- 1650 std./a*	*keine*
Beizeanlage	*654*	*ja (4. BImSchV)*	*ca. 188 std/a*	*keine*
Pulver-beschichtung	*333*	*nein*	*ca. 1650 std/a*	*keine*

LU 202: Welche luftverunreinigenden Stoffe werden im Betrieb eingesetzt oder können durch Reaktionen entstehen?

Kostenstelle / Anlage	Bezeichnung	MAK-Wert	Vol. / Zeit

H *Erstellung Gefahrstoffkataster*

LU 203: Welche stark luftverunreinigenden und giftigen Stoffe können gegen weniger umwelt- bzw. arbeitsplatzrelevante Stoffe ersetzt werden?

CKW's gegen wässrige Reiniger

Methylenchlorid kann nur schwer ersetzt werden, da wässrige Reiniger bei dem Teilespektrum Probleme bereiten (Versuche zum Ersatz von Methylenchlorid sind jedoch in Arbeit)

	Umwelt-Prüfungs-Bericht	Abluft Ausgabe : Datum : Seite :

Prozesse / Technologien
LU 300

LU 301: Welche Maßnahmen werden ergriffen, um schadstoffbelastete Emissionen zu vermeiden oder zu vermindern?

A-Kohle, Stanzerei

Abluftfreies Modul in der Per-Anlage in der Teilefertigung

Auswaschtürme in der Beizerei (Auschwaschen von NO_2)

Umstellung von Heizöl auf Gas (1990/91: 3874 t CO_2 1991/92: 3102 t CO_2)

LU 302: Entsprechen die Anlagen zur Verminderung unvermeidbarer belasteter Abluft dem Stand der Technik?

Kst. 123, Per-Anlage Stanzerei:	*ja*
Kst. 456, Per-Anlage Teilefertigung:	*nein, wird 1994/95 nachger.*
Kst. 654, Titan / Edelstahlbeize	*ja*
Kst. 321, Methylenchlorid-Anlage Härterei:	*nein, Versuche laufen*
Kst. 333 Pulverbeschichtungsanlage:	*ja*

H

LU 303: Welche Abluftreinigungsanlagen existieren im Betrieb?

Anlage / Kostenstelle	Art	Kapazität	Baujahr
123, Per-Anlage	*A-Kohle*	*?*	*?*
654, Beizeanlage	*Naßwäscher*	*?*	*?*
Bau 14/16/17	*Naßabscheider für staubbelastete Luft*	*?*	*?*

H

LU 304: Wie wird die Entsorgung der durch die Abluftaufbereitung entstehenden Rückstände / Sonderabfälle sichergestellt?

A-Kohle wird als verbrauchte Filtermasse entsorgt (mußte bisher noch nicht entsorgt werden)

Naßwäscher: Rückstände werden über die Abwasserbehandlungsanlage geleitet

LU 305: Welche Energieversorgungsanlagen haben Sie in Ihrem Unternehmen?

Zwei Notstromaggregate:

a) leichtes Heizöl

b) Erdgas

LU 306: Wird die Abwärme aus geeigneten Anlagen zurückgewonnen?

bisher nicht

H

LU 307: Welche Emissionen gehen von den Energieversorgungsanlagen aus?

NO_X

CO_2

Verkehr
LU 400

LU 401: Wie groß ist der Fuhrpark Ihres Unternehmens?

	Anzahl	Art des Motors	gefahrene km / Jahr
LKW			
PKW			
sonst.			

H

LU 402: Wie werden Ihre Kunden beliefert?

Spedition, Lkw

LU 403: Welche Maßnahmen ergreifen Sie, um die Anzahl der gefahrenen km / Jahr zu reduzieren?

Kundenbelieferung: keine konkreten Maßnahmen

Pkw-Anteile der Mitarbeiter: Jahreskarte (siehe LU 405)

H

	**Umwelt- Prüfungs- Bericht**	**Abluft** **Ausgabe :** **Datum :** **Seite :**

LU 404: Wie kommen die Mitarbeiter zur Arbeit?

	Anzahl in %	Fahrgemeinschaft	Bemerkungen
Pkw			
Öffentl.			
Fahrrad			
zu Fuß			

H

LU 405: Welche Maßnahmen ergreifen Sie, um den Pkw-Anteil zu reduzieren?

Das Unternehmen fördert die Umweltjahreskarte durch die Finanzierung von 3 Monaten

3.4 Datenerfassung

3.4.1 Abluft aus Heizungsanlagen

Die Emissionswerte der Heizungsanlage wurden in unserem Unternehmen nicht gemessen. Sie wurden für die Parameter Kohlendioxid, Stickstoffdioxid, Schwefeldioxid und staubförmige Stoffe über Energiekennzahlen berechnet (Quelle: RAVEL 1993, Umrechnungsfaktoren für Energieträger; Quelle: BUWAL 1992, Emissionswerte).

Schadstoffausstoß/ MWh	CO_2 [kg]	Staub [g]	NO_2 [g]	SO_2 [g]
Erdgas	202,1	0,86	323,7	2,9
Erdöl	263,5	1,43	281,4	302,4

Daraus die berechneten Emissionen:

Emissionen in kg	1991	1992	1993	1994
Stickstoffdioxid NO_2	5.140	4.861	4.933	4.660
Schwefeldioxid SO_2	2.108	386	336	268
Staub	18	14	14	13

1991/92 wurde die Heizungsanlage großteils von Erdöl auf Erdgas umgestellt. Durch diese Umstellung konnte eine starke Reduzierung der SO_2-Emissionen erzielt werden. Die Zahlenangaben über die Staubemissionen sind in der Tabelle mit aufgeführt. Die Minimierung beim CO_2-Ausstoß ist auf Einsparungen beim Energieverbrauch in den Jahren 1992-1994 zurückzuführen.

	1991	1992	1993	1994
Emissionen Kohlendioxid CO_2 in t	3.813	3.135	3.165	2.976
Energieverbrauch in MWh	16.776	15.166	15.367	14.494

3.4.2 Abluft aus dem Fertigungsprozeß

Die belastete Prozeßabluft stammt aus den Produktionsbereichen Beizerei, Stanzerei und Teilereinigung. Sie wird je nach Schadstoffart getrennt behandelt. Nach der Abluftreinigung treten noch Emissionen von Stickoxiden, Perchlorethylen, Dichlormethan, Fluorwasserstoff sowie Chlorwasserstoff auf.

Die gesetzlichen Grenzwerte werden nach der Abluftreinigung deutlich unterschritten. Bei der Per-Anlage in der Teilefertigung sind Meß- und Grenzwert gleich. Da hier jedoch der Massenstrom nur rund 10 % des gesetzlich relevanten Massenstroms beträgt, liegt die Belastung weit unterhalb der Bestimmungen der TA-Luft.

Emissionswerte	Stickstoffdioxid NO_2		Perchlorethylen		Methylenchlorid
	Gelbbrenn-anlage	Titan-/Edel-stahlbeize	Stanzerei	Teilefertigung	Teilereinigung
Meßwerte in mg/m³	45,1	26,5	5	20	46
Grenzwerte in mg/m³	1500	1500	20	20	360

Die Pulverbeschichtung erfolgt mit Fluor-Polymeren. Dadurch ist die Abluft mit Chlorwasserstoff HCl und Flourwasserstoff HF belastet. Diese Schadstoffe werden mittels Naßwäscher abgereinigt. Die Abluftwerte werden über die Massenstrombeladung erfaßt und beurteilt. Auch hier wird eine deutliche Unterschreitung der gesetzlichen Grenzwerte erzielt.

Emissionswerte	HCl	HF
Meßwerte in g/h	7,84	5,3
Grenzwerte in g/h	300	50

Um die Gesamtbelastung an Schadstoffen zu erfassen, wurde aus allen Werten der abgereinigten Abluftströme die Menge für das Jahr 1994 berechnet. Aus der Tabelle wird ersichtlich, daß die emittierten Schadstoffmengen gering sind. Um die Methylenchlorid-Emissionen zu reduzieren, wird in unserem Unternehmen zur Zeit die Umstellung auf eine methylenchloridfreie Teilereinigung durchgeführt.

4. Soll-Zustand und Bewertung

Der Soll-Zustand ergibt sich aus der betrieblichen Umweltpolitik der Modellfirma und aus den Vorgaben des Umweltmanagementhandbuches Kapitel "Abluft", sowie aus den Forderungen der einschlägigen Umweltvorschriften und dem Stand der Technik.

4.1 Abluftbehandlung / Reinigungsanlagen

Die Modellfirma befindet sich in der Umsetzungsphase mehrerer Umstellungen innerhalb der Abluftreinigung.

4.1.1 Teilereinigung mit Perchlorethylen

Stanzerei (Kst. 123) / Teilefertigung (Kst. 456)

Die Anlage der Stanzerei soll aus Kapazitätsgründen auf eine Reinigung mit Kohlenwasserstoffen umgestellt werden. Der dabei "frei" werdende Aktivkohlefilter könnte dann der zweiten Perchlorethylen-Anlage (Kst. 456) als Abluftreinigung dienen. Momentan wird jedoch überlegt, für die zweite Perchlorethylen-Anlage ein abluftfreies Modul einzuführen. Für Mitte August 1995 ist die Begutachtung durch einen Sachverständigen vorgesehen, der die räumlichen Verhältnisse, so wie den Nutzen der beiden Möglichkeiten abschätzen soll. Danach wird entschieden, welche Abluftreinigung für diese Perchlorethylen-Anlage installiert wird. Die endgültige Umstellung auf Kohlenwasserstoffe ist für 1995/96 geplant.

4.1.2 Entfettung mit Methylenchlorid (Kst. 321)

Diese Anlage wird ebenfalls 1995/96 auf Kohlenwasserstoffe umgerüstet. Die Versuche hierzu sind noch im Gange.

4.1.3 Naßwäscher der Beizeanlage

Im Zuge der Umsetzung des Abwasserkonzeptes wird sich mit der Wirkbäderreduzierung auch eine Reduzierung der belasteten Abluftströme ergeben. Eine Abschätzung über die Änderung der Emissionen liegt nicht vor. Die Größe der Änderung der Emissionen ($> \pm 10$ %) entscheidet über die Notwendigkeit eines erneuten Genehmigungsverfahrens.

Die anderen Anlagen entsprechen dem Stand der Technik, eine Umrüstung ist nicht geplant.

4.2 Messungen und Vorsorge

4.2.1 Nicht-genehmigungsbedürftige Anlagen

Sie unterliegen der 2. BImSchV. Gemäß §12, Absatz 3 dieser Verordnung unterliegt der Betreiber solcher Anlagen einer Vorsorgepflicht, wonach regelmäßige Messungen in Abständen von höchstens 12 Monaten vorgesehen sind.

4.2.2 Genehmigungsbedürftige Anlagen

Sie unterliegen § 26 BImSchG und der 4. BImSchV. Gemäß dieser Vorschriften ist die regelmäßige Überwachung der Anlage (Messungen alle 3 Jahre) sowie die regelmäßige Erstellung einer Emissionserklärung (alle 2 Jahre) Pflicht für den Betreiber.

4.3 Dokumentation

Die Dokumentation der Analysenergebnisse des beauftragten Institutes wird ordnungsgemäß durchgeführt. Die Analysenergebnisse, sowie die Anlagendaten sollten jedoch so aufbereitet werden, daß die Führung eines Emissionskatasters möglich wird.

4.4 Umweltverfahrensanweisung

Der zukünftig im Rahmen eines Umweltmanagementsystems einzuhaltende Soll-Zustand ist in der Umweltverfahrensanweisung UVA 9.3 "Abluft" dokumentiert.

5. Maßnahmen

Für jeden Bereich, der im Rahmen der Umweltprüfung untersucht wurde, ist ein Maßnahmenkatalog zu erstellen.

Die Maßnahmen ergeben sich durch einen direkten Vergleich der Ergebnisse der Ist-Analyse mit den Vorgaben des Soll-Zustandes. Der aus diesem Vergleich erkannte Handlungsbedarf wird festgeschrieben. Die Festlegung der Verantwortung, des Zeitrahmens und der Mittel garantieren die zügige Umsetzung der Maßnahmen zur Erreichung des Soll-Zustandes.

Durch den Vergleich von Kosten und Einsparungspotential, bzw. der Berechnung der Amortisationsdauer, soll der Geschäftsleitung die Entscheidung für eine Einführung der aufgeführten Maßnahmen erleichtert werden. Durch eine Kennzeichnung der einzelnen Maßnahmen mit "I" bzw. "O" wird eine Umterscheidung in investorische bzw. organisatorische Maßnahmen getroffen.

I:Investition **O:organisatorische Maßnahme**

Die einzelnen Maßnahmen wurden in zwei Bereiche aufgeteilt. Der Bereich "Anlagen" enthält die Maßnahmen, die die Verantwortlichkeiten und Abläufe im Abluftbereich betreffen. Der zweite Bereich "Dokumentation" wurde gesondert aufgeführt, da insbesondere im Bereich der Dokumentation erhebliche Schwachstellen im Hinblick auf die Entwicklung und Führung eines Emissionskatasters aufgedeckt wurden.

Modellfirma	Umwelt-Prüfungs-Bericht	Abluft Ausgabe : Datum : Seite :

Ist-Zustand (Prüfung)	Soll-Zustand (Ziel)	Maßnahme	I/O	Invest. (DM)	Einsp. (DM/a)	Amort. (Jahre)	Verant-wortung	Reali-sierung
1. Anlagen								
Keine regelmäßige Überwachung der nicht-genehmigungspflichtigen Anlagen.	2. BImSchV, § 12, regelmäßige Messung und Überwachung mindestens alle 12 Monate.	Regelmäßige Überwachung aller nicht-genehmigungsbedürftigen Anlagen die nicht bis 1996 ersetzt werden sollen.	O					
Methylenchloridanlage entspricht nicht dem Stand der Technik.	Reinigung mit umweltverträglicheren Wirksubstanzen, geschlossene Abluftführung, adäquate Abluftreinigung.	Versuche zum Ersatz der Teilereinigung mit Methylenchlorid	I					
Anlage zur Teilereinigung in Kostenstelle 123 wird mit Per betrieben.	Teilereinigung mit umweltverträglicheren Wirksubstanzen.	Umstellung der Reinigungsanlage auf den Betrieb mit Kohlenwasserstoffen.	I					
Anlage zur Teilereinigung in Kostenstelle 456 wird mit Per betrieben und verfügt über keine Abluftreinigung.	Nachschalten einer Abluftreinigung (Aktivkohlefilter) oder Installation eines abluftfreien Moduls.	Versuche, Planungen und Begutachtungen zum Ersatz der Per-Anlage oder zur Installation einer Abluftreinigung.	I					

 Modellfirma	**Umwelt-Prüfungs-Bericht**	**Abluft** **Ausgabe :** **Datum :** **Seite :**

Ist-Zustand (Prüfung)	Soll-Zustand (Ziel)	Maßnahme	I/O	Invest. (DM)	Einsp. (DM/a)	Amort. (Jahre)	Verant-wortung	Reali-sierung
2. Dokumentation								
Meßdaten und Überwachungsprotokolle werden zusammen mit dem Schriftwechsel (Behörden, Institut) beim Umweltschutzbeauftragten abgelegt.	Meßdaten, Anlagendaten und Überwachungsprotokolle sollten in einem Betriebstagebuch dokumentiert werden.	Regelmäßige Messung und Überwachung aller Anlagen gemäß BImSchG und Dokumentation.	O					
Emissionskataster ist nicht vorhanden.	Führung eines Emissionskatasters.	Monatliche Verdichtung der Daten im Betriebstagebuch zur Entwicklung und Fortschreibung eines Emissionskatasters.	O					

6. Prüfungsleitung

Name:

Datum:

Unterschrift:

Prüfungsbericht

Entwicklung

Teilnehmer: Umweltschutzbeauftragter
Entwicklung
Qualitätswesen
Prüfungsleitung
Co- Prüfer

Zeitraum: (von..........bis..........)

Prüfungsaufwand: (.......... Tage)

Verteiler: Geschäftsleitung
Projektleitung
Teilnehmer der Prüfung

Zusammenfassung

1.) Der **Ist-Zustand „Entwicklung"** wurde mit Unterstützung eines Fragenkataloges aufgenommen. Bei 10 von 25 Fragen (40 %) besteht Handlungsbedarf.

2.) **Organisation:**
Eine Rücknahmegarantie für neuere Produkte wird ausgesprochen. Es fehlen jedoch praktische Erkenntnisse. Es sollte ein Pilotprojekt definiert und durchgeführt werden. Die gezielte Vermeidung von Produktionsabfällen könnte noch verbessert werden. Dazu sind dem Konstrukteur mehr Informationen zur Verfügung zu stellen. Dies wäre in Form eines **Abfallkatasters** sinnvoll, in dem alle wesentlichen Mengen an Produktionsabfällen der Verbrauchsmenge des entsprechenden Neumaterials gegenübergestellt sind, und die auch den derzeitigen Entsorgungs- bzw. Verwertungsweg mit Kosteninformationen enthält.

In der Entwicklung wird der gesamte Lebenszyklus des Produktes betrachtet und fließt in die Gestaltung mit ein. Eine Dokumentation der geplanten, späteren Entsorgung fehlt jedoch. Deshalb sind diese Erkenntnisse und Festlegungen unbedingt in Form eines detaillierten **Entsorgungsplanes** pro Produktlinie zu dokumentieren und während der Produktionsphase laufend zu aktualisieren. Ebenso sind vom Einkauf für gelieferte Materialien und Teile mit den Vorlieferanten **Rücknahmeverträge** unter Mitwirkung der Entwicklung abzuschließen, die ebenfalls in den Entsorgungsplan aufgenommen werden müssen.

Bei Zukaufprodukten (OEM) werden häufig durch die Handelsabteilung Produkte eingekauft und vertrieben, ohne die internen Umweltkriterien anzuwenden. Diese Produkte sind durch eine festzulegende Stelle auf ihre Umweltfreundlichkeit hin zu prüfen und dürfen nur bei entsprechender Einhaltung der Kriterien freigegeben werden.

3.) **Planung / Konstruktion**

Die Umweltauswirkungen der verwendeten Werk-und Hilfsstoffe sind in der Entwicklung zu wenig bekannt. Alle Informationen und Erkenntnisse sollten bei einer Vorentwicklungs-gruppe in der Konstruktion gesammelt und gezielt ausgewertet werden.

Es werden zwar Sekundärrohstoffe eingesetzt, jedoch wird noch ein größeres Einsatzpotential in den laufenden Produkten vermutet. Im Rahmen einer Wertanalyse durch die Konstruktion sollten diese Potentiale lokalisiert und realisiert werden.

1. Aufgabenstellung, Prüfungsumfang und Ziele

1.1 Aufgabenstellung

Ziel der Ist-Analyse ist es, die Entwicklung anhand der vorliegenden Erkenntnisse über umweltgerechte Produktentwicklung zu überprüfen und die Wirksamkeit der in der Modellfirma bereits in Anwendung befindlichen Anweisungen und Regeln festzustellen.

1.2 Prüfungsumfang

Die Bereiche, die im Rahmen der Umweltprüfung untersucht werden sollen, sind:

- Pflichtenheft / Anforderungsliste Umweltschutz,
- Materialauswahl incl. Verpackung,
- Berücksichtigung Fertigungstechnologien,
- OEM-Produkte,
- Verantwortlichkeiten,
- Allgemeine Situation im Entwicklungbereich.

Die einzelnen zu prüfenden Bereiche werden mit Hilfe von Fragenkatalogen untersucht. Im Gespräch mit den jeweils zuständigen bzw. verantwortlichen Mitarbeitern, durch die Einsicht in relevante Unterlagen (z.B. Pflichtenhefte, Materialkataloge, Freigabeabläufe ect.), sowie durch Besichtigung vor Ort werden weitere relevante Informationen erfaßt. Die Gespräche werden dokumentiert.

1.3 Ziele

Die Modellfirma hat in ihrer betrieblichen Umweltpolitik, sowie im Umweltmanagementhandbuch festgelegt, daß die zu entwickelnden Produkte markt- und umweltgerecht zu gestalten sind.

Hierbei muß die Entwicklung die umweltrelevanten Faktoren so festlegen, daß Ressourcen geschont, Umweltbelastungen vermindert und gefährdende Stoffe ersetzt werden, sowie die Verwertung bzw. Wiederverwendung der eingesetzten Materialien und Hilfstoffe ständig verbessert wird.

Ziel der Umweltprüfung „Entwicklung“ ist es den betrieblichen Ist-Zustand aufzunehmen und anschließend, im Vergleich zu den Zielvorgaben der Modellfirma zu bewerten. Es werden Maßnahmen im Umweltprogramm empfohlen, um Schwachstellen in diesem Bereich zu beseitigen und einen Soll-Zustand zu erreichen.

2. Referenzdokumente und Prüfungskriterien

Als Referenzdokumente gelten die einschlägigen Umweltvorschriften im Bereich der Produktentwicklung:

- Produkthaftungsgesetz - ProdHaftG; Fassung vom 27. April 1993
- Kreislaufwirtschafts- und Abfallgesetz - KrW-/AbfG vom 6. Oktober 1994

Als Prüfungskriterien werden herangezogen:

- Der Stand der Technik,
- Die Vorgaben aus der betrieblichen Umweltpolitik der Modellfirma, das Umweltmanagementhandbuch und die Umweltverfahrensanweisung Entwicklung.

3. Ist-Zustand

Der Ist-Zustand wurde mit Unterstützung eines Fragenkataloges und Gesprächen mit verantwortlichen bzw. zuständigen Personen im Bereich der Produktentwicklung aufgenommen.

3.1 Pflichtenheft / Anforderungsliste Umweltschutz

Es bestehen allgemeine Umweltrichtlinien für die Entwicklung. Detaillierte Pflichtenhefte werden nur für umfangreiche Neuentwicklungsvorhaben erstellt und enthalten in diesem Fall auch eine Anforderungsliste Umweltschutz.

Bei kleineren Neuentwicklungs- und Änderungsprojekten wird kein Pflichtenheft und keine produktspezifische Anforderungsliste Umweltschutz erstellt.

3.2 Materialauswahl incl. Verpackung

Die Materialauswahl erfolgt in erster Linie nach konstruktiven und wirtschaftlichen Gesichtspunkten. Die allgemeinen Umwelt-Richtlinien enthalten zwar Anweisungen zur umweltgerechten Materialwahl, jedoch keine Materialbewertungen, Kennzahlen oder Entscheidungshilfen.

Eine stark interpretierbare Liste über Energie-Inhalte verschiedener Werkstoffe wird teilweise als Entscheidungshilfe herangezogen. Recyclate werden nicht konsequent genug eingesetzt.

Produktverpackungen sind erst seit kurzem dem Verantwortungsbereich der Entwicklung zugeordnet worden. Eine Studie die noch vorher von der Produktion und Logistik durchgeführt wurde besagt, daß nur Karton-Einzelverpackung wirtschaftlich und qualitativ vertretbar sei. Mehrwegverpackungen werden als „zur Zeit nicht einsetzbar" bewertet.

Laufende Schulungen der Mitarbeiter in der Entwicklung / Konstruktion über umweltgerechte Materialauswahl und neue Werkstoffe finden mangels theoretischer Grundlagen und aus Zeitgründen nicht statt.

3.3 Berücksichtigung Fertigungstechnologien

Bei der Festlegung der Fertigungstechnologien wird zwar eng mit den Abteilungen Fertigungsplanung, Fertigungstechnik und Produktion zusammengearbeitet, jedoch bleibt hierbei der Umweltschutzbeauftragte meist außen vor.

In der Entwicklung ist nicht bekannt welche Produktionsabfälle, Emissionen und Energieverbräuche bei den verwendeten Produktionstechnologien anfallen. Eine Zuordnung zu den Einsatzmaterialien gibt es nicht, oder ist für die Entwicklung nicht transparent vorhanden.

3.4 OEM-Produkte

Durch die Vertriebsabteilungen werden eine Vielzahl von OEM-Produkten (Original Equipment Manufacturers) eingekauft und unter eigenem Namen weiterverkauft, bei denen kein gezielter Umwelt-Check stattfindet und somit die intern gültigen Umwelt-Richlinien kaum Anwendung finden.

3.5 Verantwortlichkeiten

Die Zuständigkeit für Verpackungen ist erst seit kurzem eindeutig der Entwicklung zugeordnet. Der Informationsdienst zur Sammlung Aus- und Bewertung der Umweltauswirkungen von Werk- und Hilfsstoffen, Verpackungen sowie neuen Werkstoffen und Verfahren ist nicht verantwortlich geregelt. Mangelnde Umweltkenntnisse der Konstrukteure ist die Folge.

Die Rücknahmeverpflichtung der Lieferanten ist nicht in den Einkaufsbedingungen enthalten und der Abschluß von Rücknahmeverträgen mit Zulieferern ist nicht eindeutig der Verantwortung der Materialwirtschaft/Einkauf zugeordnet.

3.6 Allgemeine Situation im Entwicklungsbereich

Ein relativ gutes Umweltbewußtsein in der Produktentwicklung ist zwar festzustellen, jedoch sind die Mitarbeiter aufgrund mangelnder Informationen über die Umweltauswirkungen der Materialien und Verfahren oft in ihren Entscheidungen unsicher, welche Konstruktionsvariante zu bevorzugen ist.

3.7 Fragenkatalog

Mit dem vorliegenden Fragenkatalog „Entwicklung“ wurde die Erhebung des Ist-Zustandes unterstützt. Die aus der Beantwortung der Fragen gewonnenen Informationen ergänzen die Ist-Analyse, wie sie bereits in den Punkten 3.1 bis 3.6 beschrieben ist. Aus den Fragenkatalogen ergab sich bei Beantwortung von 25 Fragen ein Handlungsbedarf bei 10 Fragen. Das entspricht 40 %.

Der Fragenkatalog ist so aufgebaut und gegliedert, daß eine umfassende Betrachtung umweltrelevanter Bereiche und Tätigkeiten möglich wird. Eine Beantwortung mit „ja“ oder „nein“ kann nicht erfolgen. Die Fragen sind so formuliert, daß der beantwortende Mitarbeiter ausführlich Stellung zu nehmen hat. Dadurch ist er gefordert, sich intensiver mit den Gegebenheiten am Standort auseinanderzusetzen.

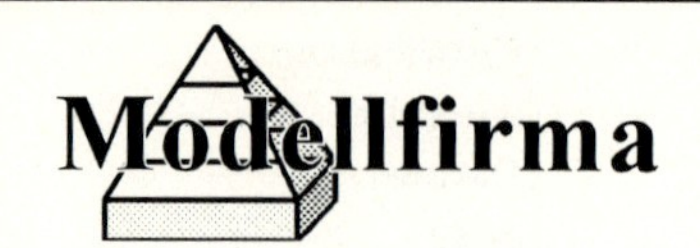

Die Fragen sollen dazu dienen, die Auswirkungen der laufenden Tätigkeiten auf die Umwelt zu beurteilen und bewerten. Einerseits werden bereits vorhandene Umweltschutzmaßnahmen ermittelt, andererseits werden Schwachstellen offengelegt. Durch die Kennzeichnung aller Fragen, die nicht, oder nur unzureichend beantwortet wurden, kann der Handlungsbedarf unmittelbar abgelesen werden.

Die Fragen die einen Handlungsbedarf aufzeigen, wurden mit *"**H**"* gekennzeichnet.

Betriebliche Organisation
EW 100

EW 101: Wie und durch wen werden die Umweltauswirkungen für jedes neue Produkt innerhalb der Entwicklung beurteilt?

Durch die einzelnen für die Projekte verantwortlichen Konstrukteure; die Entscheidung über Material- und Verfahrenseinsatz liegt beim Entwicklungleiter.

EW 102: Wie wird Ihr Unternehmen von Produktrücknahmen (freiwillig, gesetzlich) betroffen werden?

Wir sprechen für die neueren Produkte bereits eine Rücknahmegarantie aus, wie einige unserer Wettbewerber.

EW 103: Wie bereiten Sie sich schon heute bei der Entwicklung neuer Produkte auf etwaige Rücknahmeverordnungen vor?

Demontage- / Zerlegungs- / Verwertungs- Studie; lfd. Information über Verwertungswege. Pilotprojekt mit ausgewählten Händlern sollte durchgeführt werden.

H

EW 104: Wie wird bei der Entwicklung auf die generelle Vermeidung oder Verminderung von Produktionsabfällen geachtet?

Bereits aus wirtschaftlichen Gründen wird Verschnitt optimiert und Überschüsse zurückgewonnen (Pulverbeschichtung). Gezielte Verminderung durch Abfallzuordnung zum jeweiligen Werkstoff und Verfahren pro Kg Neumaterial.

H

EW 105: Wie wird die Wiederaufbereitung von unvermeidbaren Produktionsabfällen sicherge stellt?

Durch den Umweltschutz- bzw. Abfallbeauftragten. Informationsfluß in die Entwicklung ist noch unzureichend. Konstrukteur muß wissen was damit geschieht.

H

EW 106: Wie wird sichergestellt, daß bei Konstruktion und Planung alle Möglichkeiten zur Kreislaufführung ausgeschöpft werden?

Durch Betrachtung des ganzen Produkt-Lebenszyklus, jedoch kaum schriftliche Fixierung. Rücknahmevereinbarungen mit Lieferanten nur teilweise vorhanden.

H

EW 107: Welche ökologischen Produktinformationen werden bei der Entwicklung eines neuen Produktes erarbeitet?

Material-Daten: Verwendung, Gewichte, Verwertungswege; Demontage- Anweisung, -zeit; Energie-Inhalt.

EW 108: Wie wird sichergestellt, daß nur Produkte, die umweltfreundlich sind, freigegeben werden?

Nicht sichergestellt, da ***a)*** *bei Produkten mit geringer Produktionsmenge starke Abstriche in der Umweltfreundlichkeit gemacht werden, aufgrund einfacherer Fertigungstechnik und damit geringerer Investitionen.* ***b)*** *bei Zukaufprodukten (OEM) wenig auf diese Kriterien geachtet wird.*

H

EW 109: Wie wird bei der Erstellung von Pflichtenheften auf Berücksichtigung der Umweltverträglichkeit geachtet ?

Nur durch generelle Umweltrichtlinien für die Entwicklung, die sehr allgemein gehalten sind. Bei vielen kleineren Projekten wird gar kein Pflichtenheft erstellt.

H

EW 110: Wie stellen Sie sicher, daß die Kriterien für Umweltverträglichkeit und Materialaus wahl jedem verantwortlichen Mitarbeiter im Bereich Entwicklung bekannt sind?

Nur durch die generellen Umweltrichtlinien für die Entwicklung die jeder Mitarbeiter erhalten hat. Laufende Schulungen werden nicht durchgeführt.

H

EW 111: Wie werden unvollständige und / oder unklare Umweltanforderungen an das Produkt mit dem Betriebsbeauftragten für Umweltschutz geklärt?

Mit dem Umweltschutzbeauftragten wird in regelmäßigen Abständen über die laufenden Entwicklungen diskutiert, damit neue Erkenntnisse oder neue Möglichkeiten noch einfließen können. Info-Fluß zwisch. F+E und USB noch verbessern.

H

EW 112: Wie werden Pläne über neue Entwicklungsvorhaben der aktuellen und zukünftig ab sehbaren Umweltgesetzgebung und dem fortgeschrittenen Stand der Technik ange paßt?

Durch Mitwirkung des USB und der Produktion bei der Pflichtenhefterstellung.

EW 113: Welche Verfahren existieren, um umweltgefährdende Produkte sicher zu verpacken?

Wir haben keine umweltgefährdenden Produkte.

EW 114: In welchem Maß finden Mehrwegverpackungen Verwendung?

Detaillierte Studie und verschiedene Pilotprogramme über Einsatz von Mehrwegverpackungen wurden durchgeführt, jeoch gescheitert an:

a) Rückführung bei Umlaufverpackung zu kostenintesiv

b)Produktschutz und Termintreue bei LKW / Bahncontainer / LKW sehr schlecht

also Karton- Einzelverpackung über RESY bleibt.

EW 115: Welche Möglichkeiten bestehen, um umweltbelastende Einwegverpackungen zu ver meiden?

Zur Zeit keine Chancen.

Planung / Konstruktion
EW 200

EW 201: Können Sie an konkreten Fällen zeigen, daß bei Konstruktion und Planung die Umweltschutzanforderungen berücksichtigt wurden?

Ja, zuletzt entwickeltes Produkt wurde nach den Umwelt-Richtlinien realisiert.

EW 202: Inwiefern bezieht sich die Erfüllung der Umweltschutzanforderungen dabei sowohl auf das Produkt als auch auf das Produktionsverfahren?

Nur 7 verschied. Werkstoffe verwendet, 90% gut recyclingfähig, leicht trennbar geringer Energieinhalt und -verbrauch in der Produktion; keine Klebung, nur mechan. Verankerung; keine Lackierung, nur Beschichtung; FCKW-frei.

EW 203: Wie werden die Produkte unter ganzheitlichen Aspekten konzipiert, d.h. Berücksichtigung der ökologischen Anforderungen von der Entwicklung über Produktion und Verwendung bis zur Entsorgung?

Durch das Prinzip des Life-Cycle-Engineering, welches alle Phasen betrachtet. Die umweltrelevanten Tätigkeiten werden durchleuchtet und optimiert.

EW 204: Wie und von wem werden Forschungs-, Entwicklungs- und Konstruktionsergebnisse auf umweltgefährdende Aspekte überprüft?

Vom Umweltbeauftragten und Bereichsleitung Qualität und Umwelt zusammen mit der Entwicklungsleitung.

EW 205: Wie wird auf recyclinggerechtes Konstruieren geachtet?

Durch leicht trenn- und lösbare Verbindungen, Verzicht auf Verklebung, sortenreine, mehrfach recyclingfähige Kunststoffe, Kennzeichnung der Teile mit dem Werkstoff, Rücknahme- und Recyclinggarantie der Vorlieferanten.

EW 206: Wie wird sichergestellt, daß auch bei Produktänderungen ökologische Gesichtspunk te berücksichtigt werden?

Meist sehr schwer, da hohe Investitionen sich nicht mehr amortisieren. Ansonsten gleicher Ablauf wie Neuentwicklung.

EW 207: Wie und durch wen wird geprüft, welche Auswirkungen bestimmte Inhaltsstoffe, Rezepturen oder Verpackungsmaterialien auf die Umwelt haben?

Durch den Umweltschutzbeauftragten mit Information an die Entwicklung, jedoch zu wenig Kapazität. Vorentwicklungsgruppe sollte diese Aufgabe wahrnehmen.

H

EW 208: Werden bei der Produktentwicklung umweltgefährdende Materialien durch umweltfreundliche Rohstoffe und Materialien ersetzt? Welche umweltrelevanten Materialien konnten in den letzten 5 Jahren ersetzt werden?

Ja,: statt FCKW-Treibmittel >Wassertreibmittel, statt Lösungsmittellack >Epoxydharzbeschichtung, statt verleimtem Sperrholz >PP-Recyclat, statt Lösungsmittelkleber >mechanische Verankerung.

EW 209: Wie wird durch den Einsatz von Sekundärrohstoffen auf die Schonung der Ressourcen geachtet?

Nicht - Sichtteile mit geringerer Belastung werden aus Recyklat hergestellt. Bestehende Produkte enth. noch größere Potentiale zur Umstellung auf Recyclat.

H

EW 210: Welche Sekundärrohsstoffe finden bereits Verwendung?

PP-Recyclat, Verbundschaum aus Produktions-Abfällen,

4. Soll-Zustand und Bewertung

Der Soll-Zustand ergibt sich aus der betrieblichen Umweltpolitik der Modellfirma und aus den Vorgaben des Umweltmanagementhandbuches Kapitel „Entwicklung", sowie aus den Forderungen der einschlägigen Umweltvorschriften und dem Stand der Technik.

Der aufgenommene Ist-Zustand im Bereich „Entwicklung" entspricht in über der Hälfte der Punkte dem Soll-Zustand, wesentliche Verbesserungen müssen noch erreicht werden.

4.1 Umweltanforderungen an das Produkt

Die Umweltanforderungen an das Produkt sind pro Neuentwicklungs- bzw. Änderungsprojekt spezifisch im Pflichtenheft festzulegen und als Basis für alle Entwicklungstätigkeiten anzuwenden. Hierbei sind die unterschiedlichen Funktionen, Zielgruppen, Vertriebs-, Transport- und Entsorgungswege der Produkte sowie der gesamte Produkt-Lebenszyklus zu berücksichtigen.

4.2 Abfallvermeidung in der Entwicklung

Durch einen detaillierten Werkstoffkatalog mit integriertem Abfallkataster und Umwelt-Kennzahlen, sowie entsprechenden Auflagen- bzw. Indexlisten sind dem Konstrukteur alle umweltrelevanten Daten der Einsatzwerkstoffe transparent zur Verfügung zu stellen. Ebenso sollten die Umweltauswirkungen der zur Verfügung stehenden Produktionsverfahren und Technologien transparent gemacht werden.

Dadurch kann eine optimale Abfallvermeidung bereits in der Planungs- und Konstruktionsphase von Produkten erreicht werden.

Durch gezielte, regelmäßige Schulungen sollte das Verantwortungsbewußtsein der Entwicklungsmitarbeiter in Bezug auf umweltgerechte Produkte gestärkt und gefördert werden.

4.3 OEM-Produkte

Durch geeignete organisatorische Maßnahmen muß sichergestellt werden, daß auch Zukaufprodukte, die nur weitervertrieben werden, nach und nach den gleichen Umweltkriterien unterliegen, wie die im Hause hergestellten und produzierten Erzeugnisse. Ein Freigabeablauf unter Einbeziehung der Produktentwicklung und des Umweltschutzbeauftragten ist zu installieren.

4.4 Rücknahme, Zerlegung, Verwertung

Für die Produktentsorgung nach der Nutzungsdauer ist bereits in der Entwicklungsphase ein detaillierter Entsorgungsplan aufzustellen und zu dokumentieren. Dieser Plan muß alle zur Zeit aktuellen Abläufe wie Demontage, Trennung, Verwertung ect. enthalten und ist während der Serienproduktion laufend nach neuesten Erkenntnissen zu aktualisieren.

Hierzu sollte auch ein Pilotprojekt über die Rücknahme von Altprodukten durchgeführt werden, um Erkenntnissse über den Zustand und die Zerlegungs- bzw. Verwertungsmöglichkeiten zu gewinnen.

Durch diese Maßnahmen ist sichergestellt, daß nach Rücknahme der genutzten Produkte die Verwertung optimal durchgeführt werden kann.

4.5 Umweltverfahrensanweisung

Der zukünftig im Rahmen eines Umweltmanagementsystems einzuhaltende Soll-Zustand ist in der Umweltverfahrensanweisung UVA 5.1 „ Entwicklung" dokumentiert.

5. Maßnahmen

Für jeden Bereich, der im Rahmen der Umweltprüfung untersucht wurde, ist ein Maßnahmenkatalog zu erstellen.

Die Maßnahmen ergeben sich durch einen direkten Vergleich der Ergebnisse der Ist-Analyse mit den Vorgaben des Soll-Zustandes. Der aus diesem Vergleich erkannte Handlungsbedarf wird festgeschrieben. Die Festlegung der Verantwortung, des Zeitrahmens und der Mittel garantieren die zügige Umsetzung der Maßnahmen zur Erreichung des Soll-Zustandes.

Durch den Vergleich von Kosten und Einsparungspotential, bzw. der Berechnung der Amortisationsdauer, soll der Geschäftsleitung die Entscheidung für eine Einführung der aufgeführten Maßnahmen erleichtert werden. Durch eine Kennzeichnung der einzelnen Maßnahmen mit „I" bzw. „O" wird eine Umterscheidung in investorische bzw. organisatorische Maßnahmen getroffen.

I:Investition **O:organisatorische Maßnahme**

Die einzelnen Maßnahmen wurden in zwei Bereiche aufgeteilt. Der Bereich „Organisation" enthält die Maßnahmen, die die Verantwortlichkeiten und Abläufe im Bereich der Entwicklung betreffen. Im Bereich der Organisation wurden erhebliche Schwachstellen identifziert. Der zweite Bereich „Planung / Konstruktion" kann durch gezielte Projekte noch wesentlich verbessert werden.

Modellfirma	Umweltprüfungsbericht	Entwicklung Ausgabe : Datum : Seite :

Ist-Zustand (Prüfung)	Soll-Zustand (Ziel)	Maßnahme	I/O	Invest. (DM)	Einsp. (DM/a)	Amort. (Jahre)	Verant-wortung	Reali-sierung
1. Organisation								
Die Umweltanforderungen an die Produkte werden nicht immer pro Projekt definiert.	Anforderungsliste Umweltschutz im Pflichtenheft bei jedem Neuentwicklungs- und Änderungsprojekt.	Erstellung einer detaillierten Umwelt-Anforderungsliste für Produkte als Formular welches spezifisch anpaßbar ist.	O					
Bei der Materialauswahl werden Umweltkriterien zuwenig beachtet, da Info mangelhaft.	In der Entwicklung sollen durch richtige Materialauswahl nur noch umweltgerechte Produkte entstehen.	Erstellung eines detaillierten Werkstoffkataloges der alle umweltrelevanten Informationen enthält.	O					
Bei der Auswahl der Produktionsverfahren fehlen Informationen zu Umweltdaten der Technologien.	In der Entwicklung sollen durch richtige Verfahrensauswahl nur noch umweltgerechte Produkte entstehen.	Erstellung eines detaillierten Verfahrenskataloges der alle umweltrelevanten Informationen enthält.	O					
OEM-Produkte unterliegen keiner Umwelt-Prüfung	OEM-Produkte erfüllen die gleichen Umwelt-Kriterien wie „in house“ -Produkte	Erstellung einer OEM-Umwelt-Checkliste und Installation eines Freigabe-Ablaufes	O					
Die Rücknahme von Altprodukten wird zwar garantiert, jedoch kein Entsorgungsplan und keine praktische Erfahrung.	Zum Zeitpunkt der Entsorgung von Altprodukten sollten klare Anweisungen zur Demontage, Trennung und Verwertung vorliegen.	1. Erstellung eines Entsorgungsplanes als aktualisierbares Dokument pro Produktgruppe. 2. Durchführung Pilotprojekt „Produktrücknahme“	O					

 Modellfirma	Umweltprüfungsbericht	Entwicklung Ausgabe : Datum : Seite :

Ist-Zustand (Prüfung)	Soll-Zustand (Ziel)	Maßnahme	I/O	Invest. (DM)	Einsp. (DM/a)	Amort. (Jahre)	Verant-wortung	Reali-sierung
1. Organisation								
Die Umweltanforderungen an die Produkte werden nicht immer pro Projekt definiert.	Anforderungsliste Umweltschutz im Pflichtenheft bei jedem Neuentwicklungs- und Änderungsprojekt.	Erstellung einer detaillierten Umwelt-Anforderungsliste für Produkte als Formular welches spezifisch anpaßbar ist.	O					
Bei der Materialauswahl werden Umweltkriterien zuwenig beachtet, da Info mangelhaft.	In der Entwicklung sollen durch richtige Materialauswahl nur noch umweltgerechte Produkte entstehen.	Erstellung eines detaillierten Werkstoffkataloges der alle umweltrelevanten Informationen enthält.	O					
Bei der Auswahl der Produktionsverfahren fehlen Informationen zu Umweltdaten der Technologien.	In der Entwicklung sollen durch richtige Verfahrensauswahl nur noch umweltgerechte Produkte entstehen.	Erstellung eines detaillierten Verfahrenskataloges der alle umweltrelevanten Informationen enthält.	O					
OEM-Produkte unterliegen keiner Umwelt-Prüfung	OEM-Produkte erfüllen die gleichen Umwelt-Kriterien wie „in house“ -Produkte	Erstellung einer OEM-Umwelt-Checkliste und Installation eines Freigabe-Ablaufes	O					
Die Rücknahme von Altprodukten wird zwar garantiert, jedoch kein Entsorgungsplan und keine praktische Erfahrung.	Zum Zeitpunkt der Entsorgung von Altprodukten sollten klare Anweisungen zur Demontage, Trennung und Verwertung vorliegen.	1. Erstellung eines Entsorgungsplanes als aktualisierbares Dokument pro Produktgruppe. 2. Durchführung Pilotprojekt „Produktrücknahme“	O					

6. Prüfungsleitung

Name:

Datum:

Unterschrift:

Phase 5: Aufbau eines Umweltmanagementsystems

5.1 Einleitende Erläuterungen

➔ Wie legen Sie die Verantwortung im Umweltschutz fest?

In einem Unternehmen sind nicht alle Funktionen, Tätigkeiten und Verfahren gleichermaßen umweltrelevant. Bei der Zuordnung von Verantwortung sind entsprechende Prioritäten zu setzen. Im Rahmen dieses Projektes wurde dazu folgende Vorgehensweise gewählt:

1. Wählen Sie die Organisationseinheiten (z.B. Verfahrenstechnik) aus, die als umweltrelevant eingestuft werden.
2. Tragen Sie diese Organisationseinheiten in die Kopfzeile eines Schnittstellenplanes ein. Die Kopfzeilen aller Schnittstellenpläne enthalten jeweils die gleichen Organisationseinheiten.
3. Tragen Sie die wichtigsten Abläufe des jeweiligen Schnittstellenplanes in der senkrechten Spalte ein. Diese Ablaufstrukturierung muß alle wesentlichen umweltrelevanten Abläufe enthalten.
4. Stellen Sie nun sicher, daß zu jedem Ablauf die Verantwortlichkeiten (V) und die Zusammenarbeit / Mitarbeit (M) identifiziert und eingetragen werden. Die Mitarbeiter sind bei dieser Festlegung mit einzubeziehen.

Der Schnittstellenplan ermöglicht so einen schnellen Überblick über die Verantwortungs- und Organisationsstruktur. Er stellt eine ablaufbezogene Aufgabenbeschreibung für die einzelnen Unternehmensbereiche bzw. Abteilungen dar. Die verantwortlichen Führungskräfte lassen sich sofort identifizieren.

Die beschriebene Vorgehensweise ist ein einfaches und effizientes Mittel, um die Schnittstellenproblematik zwischen den verschiedenen Abteilungen im Unternehmen zu identifizieren und zu diskutieren. Möglicherweise müssen gegenüber der festgestellten, aktuellen Situation neue Aufgabenverteilungen und organisatorische Änderungen vorgenommen werden. Es ergeben sich jedoch verbesserte, definierte Abläufe, die langfristig Umweltschutzkosten einsparen und betriebliche Umweltrisiken minimieren. Die dadurch verbesserte Transparenz führt zu einem effektiveren Umweltschutz und höherem Ansehen des Betriebes.

➔ Wie setzen Sie die unternehmenspolitischen Umweltziele um?

Die in der betrieblichen Umweltpolitik formulierten strategischen Ziele sind sehr allgemein und abstrakt gehalten. Zur Umsetzung müssen sie für den jeweiligen Unternehmensbereich in den einzelnen n des Umweltmanagementhandbuches in konkrete Vorgaben umformuliert werden.

Die einzelnen des Umweltmanagementhandbuches enthalten zu dem jeweiligen Unternehmensbereich zunächst grundlegende Aussagen und Zielformulierungen. Zum Beispiel werden im "Entwicklung" Aussagen über eine umweltverträgliche Produktentwicklung, der späteren Wiederverwertung oder Entsorgung der Produkte, eine möglichst geringe Belastung der Umwelt, etc. gemacht.

In den Schnittstellenplänen sind nicht alle ausgewiesenen Abläufe umweltrelevant. Die wesentlichsten umweltrelevanten Abläufe müssen daher identifiziert und genauer beschrieben werden.

Im Beispiel "Entwicklung" werden die Abläufe "Anforderungsliste Umweltschutz" und "Entscheidung Produktaufnahme" beschrieben. Sie stellen Realisierungsmöglichkeiten für die verantwortlichen Personen zur Erreichung der grundlegenden Anforderungen / Zielsetzungen dar.

Die einzelnen des Umweltmanagementhandbuches sind das organisatorische Rahmen-konzept für den Soll-Zustand und ein Umsetzungsinstrument für die Umweltziele der nächsten Jahre. Wo sinnvoll und notwendig, kann eine detailliertere Beschreibung durch Umweltverfahrensanweisungen geschehen.

➔ Welche Umweltverfahrensanweisungen erstellen Sie?

Die dritte Ebene des Umweltmanagementsystems wird durch die Umweltverfahrensanweisungen (UVA's) als Ausführungsrichtlinien beschrieben. Sie konkretisieren das im Umweltmanagementhandbuch vorgegebene Rahmenkonzept. So gibt es zu den entsprechenden n des Handbuches eine oder mehrere Umweltverfahrensanweisungen.

Die entsprechenden Umweltverfahrensanweisungen sind unternehmensspezifisch zusammenzustellen. Sie richten sich nach der jeweiligen Aufbau- und Ablauforganisation des Unternehmens. So muß ein Unternehmen, das keine umweltrelevanten Lärmemissionen hat, keine UVA "Lärm" erstellen und kann den Schwerpunkt auf andere Umweltbereiche legen. Ebenso verhält es sich mit den Umweltverfahrensanweisungen "Funktionen". Die betrachtete Modellfirma besitzt die umweltrelevanten Unternehmensbereiche "Entwicklung", "Produktion", "Materialwirtschaft", etc. In anderen Unternehmen könnten dies z.B. folgende Funktionen sein: "Arbeitsvorbereitung", "Produktmanagement", "Industrial Engeenering", etc. Entsprechend sind spezifische UVA's nach den Vorgaben des Umweltmanagementhandbuches zu erstellen.

In Abbildung 8 des Umweltmanagementhandbuches sind die Zusammenhänge im Umweltmanagementsystem und zu den Umweltverfahrensanweisungen dargestellt. Die UVA's sind in die drei Blöcke "Unterstützung", "Umweltbereiche" und "Funktionen" eingeteilt.

UVA's "Unterstützung"

Die drei Umweltverfahrensanweisungen "Umweltschutzbeauftragter", "Umweltvorschriften" und "Umweltaudit" sind keinen bestimmten Umweltbereichen oder Funktionen zuzuordnen. Sie gelten für das gesamte Unternehmen und sind übergreifend für das gesamte Umweltmanagementsystem zu betrachten.

In der Umweltverfahrensanweisung "Umweltschutzbeauftragter" werden die Aufgaben und Pflichten des Umweltschutzbeauftragten sowie der einzelnen Betriebsbeauftragten beschrieben.

Die Umweltverfahrensanweisung "Umweltvorschriften" enthält eine Auflistung der für den jeweiligen Betrieb geltenden und nach der EG-Verordnung geforderten Umweltvorschriften. Es sind die jeweils aktuellen Umweltgesetze, -verordnungen, -verwaltungsvorschriften und Richtlinien sowie kommunale Satzungen und behördliche Auflagen / Genehmigungen aufgeführt.

Die Umweltverfahrensanweisung "Umweltaudit" beschreibt die generelle Vorgehensweise bei der Durchführung eines Umweltaudits von der Planung über die Prüfung vor Ort bis hin zu den Tätigkeiten nach der Prüfung und der Erstellung eines Berichtes. Die Umweltverfahrensanweisung richtet sich nach den Vorgaben der EG-Verordnung und den ISO-Normenentwürfen 14010-12.

UVA's "Umweltbereiche"

Die Umweltverfahrensanweisungen des Blockes "Umweltbereiche" beschreiben organisatorische Maßnahmen für die Umweltbereiche "Abluft", "Abwasser", "Abfall", "Gefahrstoffe", "Energie", "Lärm" und "Boden / Altlasten".

Der Aufbau aller Umweltverfahrensanweisungen dieses Blockes richtet sich nach dem gleichen Ablaufschema. Durchgehend werden folgende Abläufe beschrieben:

Konzept:	Darstellung eines Konzeptes für entsprechende Umweltschutzmaßnahmen
Kataster:	Beschreibung des Aufbaus eines Katasters für die Datenerfassung
Dokumentation:	Beschreibung der gesetzlich geforderten und zusätzlich empfohlener Dokumentationen
Handhabung / Umgang:	Spezifische Hinweise für die jeweiligen Umweltbereiche
Jahresbericht:	Beschreibung der einzelnen Punkte des Jahresberichtes

Die folgende Tabelle 1 zeigt eine Gliederungsübersicht der Umweltverfahrensanweisungen "Gefahrstoffe", "Abwasser", "Abfall" und "Abluft".

UVA's "Funktionen"

Die Umweltverfahrensanweisungen des Blockes "Funktionen" gelten als Ausführungsrichtlinien für die einzelnen Unternehmensbereiche. Auch hier werden keine technischen Maßnahmen, sondern organisatorische Maßnahmen -z.B. Pflichtenheft Produktentwicklung oder Pflichtenheft Technologieauswahl- für einen integrierten Umweltschutz beschrieben.

Die Tabelle 2 zeigt eine Gliederungsübersicht der Verfahrensanweisungnen "Entwicklung" "Technologien" und "Produktion":

Die UVA's "Umweltbereiche" behandeln mehr die Symptome der Umweltprobleme in einem Unternehmen. So beschreibt z.B. die UVA "Abfall" die Anforderungen an ein betriebliches Abfallwirtschaftskonzept und die Anforderungen an eine Wertstoff- /Reststoff-Trennung. Diese sinnvollen Tätigkeiten führen jedoch nicht zu einem verbesserten Wirkungsgrad eines Fertigungsprozesses. Es bleiben optimierte, nachsorgende Umweltmaßnahmen.

Die UVA's "Funktionen" behandeln mehr die Ursachen der Umweltprobleme in einem Unternehmen. Denn die Verursacher liegen in der Produktentwicklung, der Technologieauswahl für die Fertigungsverfahren und in der Materialauswahl. In diesen Bereichen müssen zukünftig verstärkt Umweltmaßnahmen frühzeitig initiiert und vorbeugend etabliert werden.

Ablauf	Gefahrstoffe	Abwasser	Abfall	Abluft
1 **Umwelt-verfahrens-anweisung**	Verantwortung für die Erstellung festgeschrieben			
2 **Konzept**	- Freigabe - Waren- und Versuchsmuster	- Wasserwirtschaftskonzept - Einsparungen	- Abfallwirtschaftskonzept - Abfallminimierung	- Konzept zur Emissionsreduzierung
3 **Kataster**	Was? - interne Bezeichnung - chem. Bezeichnung - Artikel-Nr. Gefahrenkennzeichen - WGK - VbF Wo? - Kst. - Arbeitsbereich Menge? - Gesamtmenge - Menge je Kst. Bemerkungen	Was? - Art des Abwassers - Analyse vor der Behandlung - Behandlung - Analyse nach der Behandlung - Einleitung Wo? - Kst. - Arbeitsbereich / Anlage Menge? - Vol./Zeit Bemerkungen	Was? - Abfallart - Abfallschlüssel-nummer - Abfall zur Entsor-gung / Verwertung Wo? - Kst. - Anfallstelle (Anlage) Menge? - Gesamtmenge - Menge je Kst. Bemerkungen	Was? - Anlage / Prozeß - Genehmigungsbed. - Parameter - Betriebsstunden Wo? - Kst. Menge? - Menge bzw. Konz. der einzelnen Parameter Bemerkungen
4 **Doku-mentation**	- Betriebsanweisung	- Betriebstagebuch	- Abfallhandbuch	- Betriebstagebuch - Emissionserklärung
5 **Hand-habung / Umgang**	- Einsatz und Überwachung - Lagerung - Substitution	- Sicherheitseinrichtungen - Innerbetriebliche Rohr-leitungen und Kanäle	- Überwachung von Sammlung und Entsorgung	- Überwachung der Anlagen - Messung und Überwachung der Emissionen
6 **Jahres-bericht**	- Verbräuche - Vergleich zum Vorjahr - Bewertung - Ziele	- Verbräuche - Vergleich zum Vorjahr - Bewertung - Ziele	- Abfallmengen - Vergleich zum Vorjahr - Bewertung - Ziele	- Mengen - Vergleich zum Vorjahr - Bewertung - Ziele
7 **Audit**	Durchführung eines Audits in der UVA 16.1 "Umweltaudit" beschrieben			

Tabelle 1: Umweltverfahrensanweisungen „Umweltbereiche“

Tabelle 2: Umweltverfahrensanweisungen "Funktionen"

	Entwicklung	Technologien	Produktion	Lieferanten
Ablauf 1	UVA Entwicklung	UVA Technologien	UVA Produktion	UVA Lieferanten
Ablauf 2	Pflichtenheft	Pflichtenheft	Anlagenkataster	Lieferantenverträge
Ablauf 3	Materialauswahl	Lieferantenauswahl	Materialhandhabung/ -verbrauch	Lieferantenaudit
Ablauf 4	Berücksichtigung Fertigungstechnologien	Fertigungsversuche	Anlagenbedienung	Prüfung / Durchführung
Ablauf 5	OEM-Produkte	Wirtschaftlichkeitsbetrachtung	Anlagenwartung / Instandhaltung	Auditbericht
Ablauf 6	Produktservice	Aufbau / Inbetriebnahme / Abnahme	Anlagenverschrottung	Lieferantenbewertung, Auswahl
Ablauf 7	Audit Entwicklung	Audit Technologien	Audit Produktion	Audit Lieferanten

➔ Wie erstellen Sie eine Umweltverfahrensanweisung?

Vor der Erstellung einer Umweltverfahrensanweisung muß zunächst der Ist-Zustand des entsprechenden Bereiches oder der entsprechenden Funktion aufgenommen werden. Die Ist-Aufnahme - das heißt die (erste) Umweltprüfung- erfolgt zum einen mit Hilfe von Fragebögen (siehe Phase 4), zum anderen durch eine genaue Analyse des Organisationsablaufes und Zuordnung von Verantwortlichkeiten. Die jeweils geltenden Umweltvorschriften (Gesetze, Verordnungen, Auflagen, etc.) sind ebenfalls zu berücksichtigen.

Wie das Umweltmanagementhandbuch sind die einzelnen UVA's nach

- spezifischen Zielsetzungen
- Schnittstellenplänen und Verantwortungen
- Abläufe und Realisierungsmöglichkeiten

beschrieben. Die detaillierten Abläufe geben z.B. die Anforderungen an ein Abfallwirtschaftskonzept oder an die Datenerfassung wieder. Die UVA's beschreiben einen einzuhaltenden Soll-Zustand.

5.2 Umweltmanagement-handbuch der Modellfirma

1. Umweltmanagementsystem

1.1 Grundlegende Zielsetzungen

Betrieblicher Umweltschutz ist ein integraler Bestandteil der Unternehmenspolitik und der Unternehmensziele.

Das Umweltmanagementsystem ist in das allgemeine Managementsystem des gesamten Unternehmens integriert. Es dient dazu, die Umweltpolitik des Unternehmens festzulegen und Organisationsstrukturen zur Umsetzung der Umweltpolitik einzurichten. Es orientiert sich inhaltlich an der EG-Verordnung Nr. 1836/93 vom 29. Juni 1993 und den internationalen Normen zum Umweltmanagement und Umweltaudit ISO 14000 ff.

Der Aufbau des Umweltmanagementsystems gliedert sich in verschiedene Ebenen mit entsprechend unterschiedlichen Funktionen. Im folgenden werden die einzelnen Ebenen bzw. Elemente des Umweltmanagementsystems (UMS) beschrieben und deren Funktion erläutert. Ebenso wird der Zusammenhang dieser einzelnen Elemente mit dem gesamten System erklärt.

Der Vorstand ergreift alle nötigen Maßnahmen um sicherzustellen, daß die Umweltpolitik und die Umweltziele des Unternehmens verstanden und umgesetzt werden. Ein gut strukturiertes Umweltmanagementsystem ist ein wertvolles Führungsmittel, um den Umweltschutz in bezug auf Risiko-, Kosten- und Nutzenbetrachtungen für alle Bereiche und Abteilungen zu optimieren.

1.2 Systemelemente

Das Umweltmanagementsystem legt die Verantwortung und die Zusammenarbeit bezüglich Umweltschutz im Unternehmen fest. Es erstreckt sich auf alle organisatorischen und technischen Maßnahmen im Unternehmen. Um die Entstehung von Umweltproblemen zu vermeiden, legt das UM-System besonderen Nachdruck auf vorbeugende Maßnahmen. Es gewährleistet die Erfüllung unserer betrieblichen Umweltpolitik und führt zu einer laufenden Verbesserung der betrieblichen Umweltsituation.

Das Umweltmanagementsystem unseres Unternehmens besteht aus hierarchischen Elementen (Abbildung 7):

1. Der Umweltpolitik
2. Dem Umweltmanagementhandbuch (UMH)
3. Den Umweltverfahrensanweisungen (UVA)
4. Den Umweltarbeitsanweisungen (UAA)
5. Den Mitarbeitern

und den zyklischen Systemelementen:

1. Dem Umweltaudit
2. Dem Umweltprogramm
3. Der Umwelterklärung
4. Der Validierung

Umweltpolitik
Der Vorstand legt die Umweltpolitik und die strategischen Umweltziele fest, die in regelmäßigen Zeitabständen überprüft und gegebenenfalls angepaßt werden. Im Rahmen der Investitionsplanung sind Maßnahmen und Projekte zur Realisierung des festgelegten Umweltprogrammes zu berücksichtigen.

Umweltmanagementhandbuch (UMH)
Das Umweltmanagementhandbuch ist das wichtigste Bezugsdokument. Es stellt ein Rahmenkonzept dar und beschreibt die Umsetzung der Umweltpolitik unseres Unternehmens. Für die jeweiligen Unternehmensbereiche sind die grundlegenden Zielsetzungen, die Verantwortungen und die Realisierungsmöglichkeiten festgelegt. Alle Mitarbeiter des Unternehmens sind im Rahmen ihrer Zuständigkeiten zur Umsetzung der entsprechenden Umweltvorgaben des Vorstandes verpflichtet.

Umweltverfahrensanweisung (UVA)
Die Umweltverfahrensanweisungen beinhalten die Ausführungsrichtlinien und die spezifischen Zielsetzungen. Sie bestimmen die umweltrelevanten Bestandteile des entsprechenden Prozesses bzw. Ablaufes. Alle Verfahrensanweisungen müssen einfach, eindeutig und verständlich formuliert sein. Sie geben die anzuwendenden Methoden und die zu erfüllenden Kriterien an. Alle Verfahrensanweisungen sind im Inhaltsverzeichnis des Umweltmanagementhandbuches aufgeführt. Die Umweltverfahrensanweisungen werden vom zuständigen Bereich / Abteilung erstellt.

Umweltarbeitsanweisungen (UAA)
Der operative Umweltschutz ist in konkreten Handlungsweisen für die Mitarbeiter in Form von Umweltarbeitsanweisungen niedergelegt. Sie beschreiben genau die Bedienung der Anlagen, die notwendige Einhaltung gesetzlich vorgeschriebener Grenzwerte und Korrekturmaßnahmen im Falle von Abweichungen. Die Umweltarbeitsanweisungen werden von der für die Anlage zuständigen Abteilung erstellt.

Umweltaudit
Wir führen regelmäßig interne Umweltaudits durch. In einem Soll-Ist-Vergleich prüfen wir alle Bestandteile unseres Umweltmanagementsystems auf Wirksamkeit und die Erreichung unserer Umweltziele.

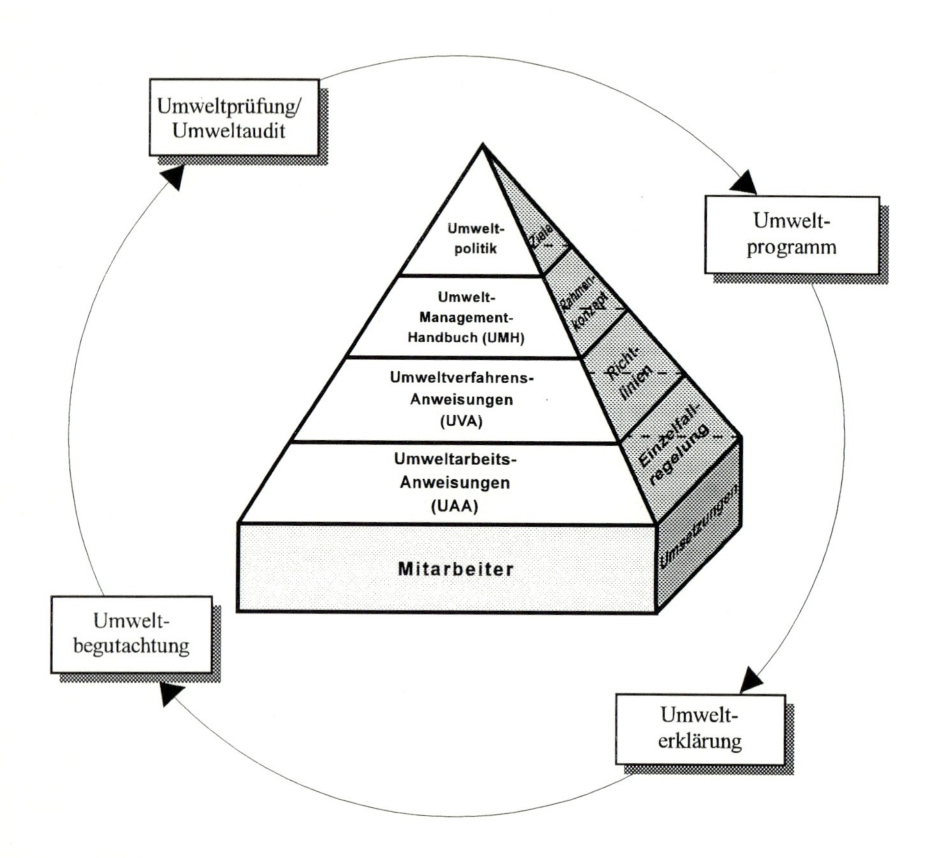

Abbildung 7: Umweltmanagementsystem

Umweltprogramm
Die aus der strategischen Zielsetzung der Umweltpolitik und den grundlegenden bzw. spezifischen Zielsetzungen des jeweiligen Unternehmens- und Umweltbereiches resultierenden Maßnahmen sind im Umweltprogramm niedergelegt. Es enthält die notwendigen Mittel zur Erreichung der Ziele und die Festlegung der Verantwortung. Das Umweltprogramm wird als eigenständiger Bestandteil beschrieben.

Umwelterklärung
Mit der Umwelterklärung geben wir eine Zusammenfassung über die Umweltsituation unseres Unternehmens. Sie wird jährlich erstellt und ist allen Interessenten zugänglich.

Umweltbegutachtung
Im Rahmen der Beteiligung unseres Unternehmens an der EG-Verordnung unterziehen wir uns einer regelmäßigen Prüfung durch einen zugelassenen, unabhängigen Umweltgutachter. Wir legen Wert auf die kritische und unabhängige Überprüfung.

Kontinuerliche Verbesserung
Für die Beschreibung und Fortentwicklung der einzelnen Elemente des Umweltmanagementsystems im Umweltmanagementhandbuch ist der Vorstand "Forschung und Entwicklung" als Managementvertreteter zuständig. Mit den betroffenen Bereichen ist eine Abstimmung erforderlich und durch den Vorstand Forschung & Entwicklung erfolgt die Freigabe geänderter Bestandteile. Die Betreuung des Umweltmanagementhandbuches geschieht durch den Umweltschutzbeauftragten.

1.3 Zusammenhänge

Abbildung 8 zeigt die Zusammenhänge zwischen dem Umweltmanagementhandbuch und den Umweltverfahrensanweisungen. Der Umweltschutzbeauftragte (UVA 2.1), das Verzeichnis der Umweltvorschriften (UVA 3.1) und das Instrument des Umweltaudits (UVA 16.1) dienen zur Unterstützung der Funktionsfähigkeit des Umweltmanagementsystems.

Die Umweltverfahrensanweisungen für die Umweltauswirkungen

UVA 7.1 "Gefahrstoffe"
UVA 8.2 "Lärm"
UVA 8.3 "Energie"
UVA 9.1 "Abwasser"
UVA 9.2 "Abfälle"
UVA 9.3 "Abluft"
UVA 9.4 "Boden / Altlasten"

enthalten Vorgaben, die im Rahmen eines Umweltinformationssystems SOLL-IST-Vergleiche ermöglichen. Damit sind Schwachstellenanalysen und einzuleitende Maßnahmen zur Verbesserung der betrieblichen Umweltsituation möglich. Die gesammelten Aussagen fließen letztlich in aussagefähige Emissions-, Abwasser- und Abfallkataster, in das Gefahrstoffkataster, und die jährliche Umwelterklärung ein.

Die organisationsbezogenen Umweltverfahrensanweisungen

UVA 4.1 "Marketing & Vertrieb"
UVA 5.1 "Entwicklung"
UVA 6.1 "Technologien"
UVA 7.2 "Lieferanten"
UVA 7.3 "Materialwirtschaft"
UVA 8.1 "Produktion"
UVA 10.1 "Logistik"
UVA 11.1 "Personal / Schulung"

geben generelle umweltrelevante Anforderungen für die entsprechenden Tätigkeiten vor. Wie in unserem Unternehmen, lassen sich analog bei unseren Lieferanten und bei unseren Kunden ähnliche Zusammenhänge eines Umweltmanagementsystems darstellen.

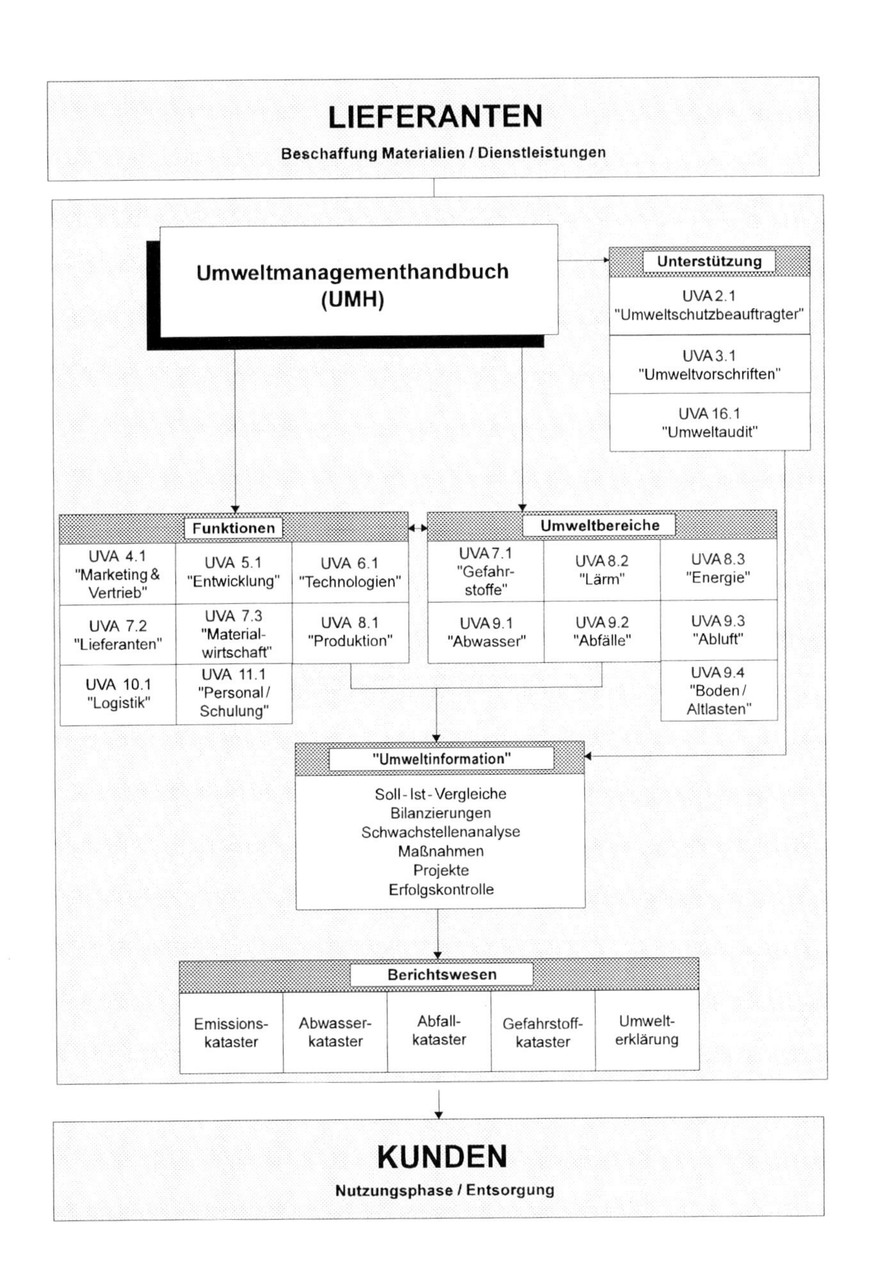

Abbildung 8: Bestandteile des Umweltmanagementsystems

2. Managementaufgaben

2.1 Grundlegende Zielsetzungen

Umweltorientiertes Management bedeutet mehr als die Formulierung von Umweltleitlinien und Umweltpolitik. Es bedeutet die vollständige Integration des Umweltschutzes in das unternehmerische Handeln, das heißt in die tägliche Arbeit der Unternehmensleitung. Der Umweltschutz ist als ein Aufgabenbereich zu sehen, der alle Teile des Unternehmens betrifft. Dies erfordert eine gute Organisation des betrieblichen Umweltschutzes, in der die unterschiedlichen Aufgaben und Verantwortlichkeiten im Betrieb genau beschrieben sind.

Die Organisation unseres Unternehmens ist in vier Vorstandsbereiche unterteilt. Die funktionellen Verantwortlichkeiten sind dem Organigramm (Abbildung 9) für die Gesamtorganisation zu entnehmen.

Die fachliche Verantwortung für den Umweltschutz ist dem Vorstandsbereich **"Forschung und Entwicklung"** zugewiesen. Das beauftragte Vorstandsmitglied hat die Richtlinienkompetenz für den Umweltschutz im Unternehmen. Hier sind auch die Verantwortlichkeiten für die Querschnittsfunktionen "Qualitätswesen" und "Arbeitssicherheit" angesiedelt. Dadurch ist bereits im Vorfeld der Produktentwicklung eine intensive Auseinandersetzung mit Fragen der Qualitätssicherung, der Arbeitssicherheit und des Umweltschutzes gewährleistet. Erkenntnisse aus der laufenden Produktion lassen sich so leichter in eine betriebliche Weiterentwicklung umsetzen.

Der Umweltschutzbeauftragte ist diesem Vorstandsbereich zugeordnet. Er hat keine direkte Weisungsbefugnis, sondern nur beratende Funktion. Anordnungen zum Umweltschutz erfolgen ausschließlich über die direkten Vorgesetzten. In einer Umweltverfahrensanweisung (UVA 2.1 "Umweltschutzbeauftragter") sind seine Aufgaben näher beschrieben.

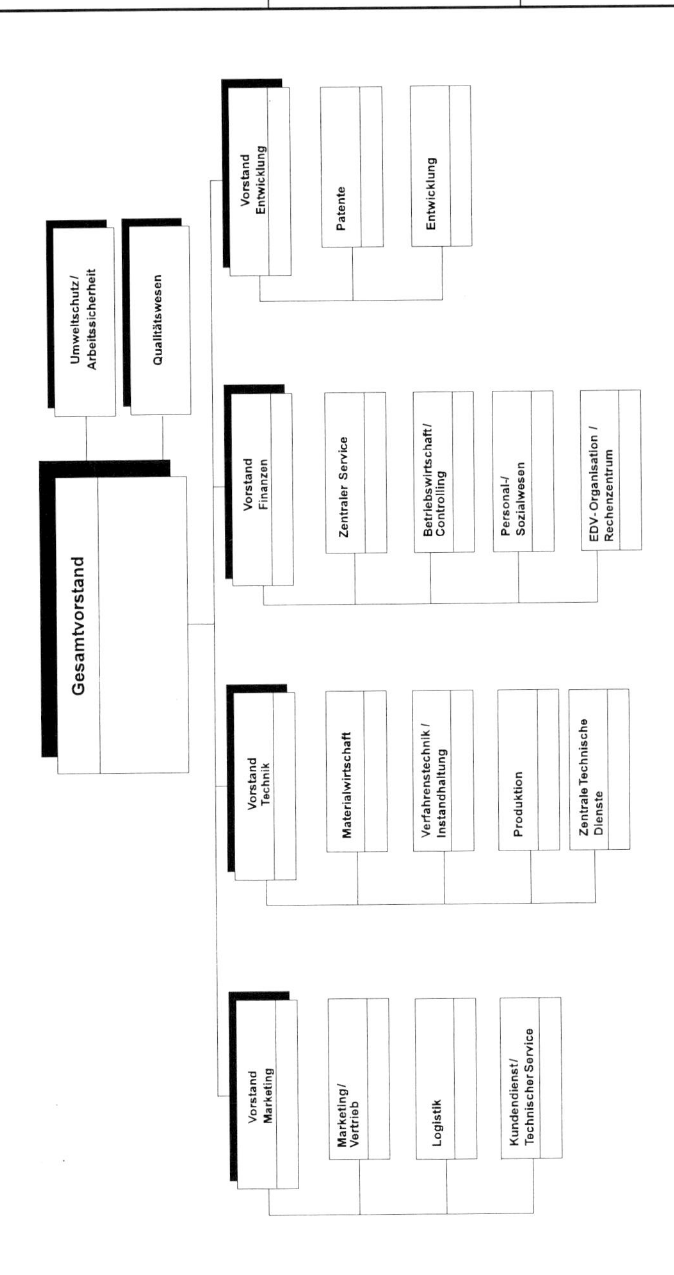

Abbildung 9: Organigramm des Unternehmens

2.2 Verantwortungen und Schnittstellenplan

Im Schnittstellenplan "Managementaufgaben" wurden folgende umweltrelevante Abläufe (fett) identifiziert:

Ablauf \ Bereich	Vorstand	Marketing / Vertrieb	Entwicklung	Qualitätswesen	Verfahrenstechnik / Instandhaltung	Materialwirtschaft	Produktion	Zentrale Technische Dienste	Umweltschutz / Arbeitssicherheit	Logistik	Betriebswirtschaft / Controlling	Technischer Service / Kundendienst	Personal / Sozialwesen
2.1 Unternehmensziele, -leitlienien	V												
2.2 Umweltmanagement-system	V			M					M				
2.3 Betriebliche Umweltpolitik	V			M					M				
2.4 Umweltziele	V			M	M				M				
2.5 Umweltprogramm	V			M	M				M				
2.6 Umweltmanagement-handbuch				M					V				
2.7 Verantwortungszu-ordnung, laufende Umweltschutz-aufgaben				**Verantwortlich sind alle Vorgesetzten im Rahmen ihres Aufgabengebietes**									

V = Verantwortlich M = Mitarbeit

Abbildung 10: Schnittstellenplan Managementaufgaben

2.3 Abläufe und Realisierungsmöglichkeiten

Die genannten umweltrelevanten Abläufe sind im folgenden kurz beschrieben.

Ablauf 2.2: Umweltmanagementsystem

Verantwortlich für diesen Ablauf ist der Vorstand vertreten durch den Vorstandsbereich "Forschung und Entwicklung".

Der Vorstand veranlaßt alle notwendigen Maßnahmen, um nach Festlegung der Unternehmensziele und -leitlinien die Umsetzung im Rahmen des Umweltmanagementsystems zu gewährleisten. Der Umweltschutzbeauftragte ist als "Beauftragter der obersten Leitung" für die Anwendung, Aufrechterhaltung und Weiterentwicklung des Umweltmanagementsystems verantwortlich.

Unterstützung bei der betrieblichen Umsetzung des Umweltschutzes findet der Umweltschutzbeauftragte zum einen durch die vorhandenen Fachkräfte und Beauftragte für Arbeitssicherheit, deren Aufgabengebiet um die Unterstützungsleistung im Umweltbereich erweitert wird. Bei der Bestimmung der gesetzlich vorgeschriebenen Einsatzzeiten wird dieser Mehraufwand berücksichtigt. Dadurch ist eine stärkere Durchdringung des gesamten Unternehmens in Fragen des betrieblichen Umweltschutzes gewährleistet. Zum anderen wird der Umweltschutzbeauftragte durch die Einrichtung von Projektarbeitskreisen unterstützt. Hier arbeiten Vertreter verschiedener Abteilungen und Bereiche sowie dem Betriebsrat problemorientiert unter ganzheitlicher Betrachtung (Umwelt, Qualität, Wirtschaftlichkeit, etc.) zusammen.

Abläufe 2.3: Umweltpolitik

Verantwortlich für diese Ablauf ist der "Gesamtvorstand".

Die Umweltpolitik des Unternehmens wird vom Vorstand ausgearbeitet und schriftlich festgelegt. Ebenso unterstützt er die Umsetzung der Umweltpolitik. Sie enthält die langfristigen, strategischen Zielsetzungen im betrieblichen Umweltschutz.

Die Mitarbeiter werden schriftlich über die Umweltpolitik und deren Inhalt informiert. So können die in der Umweltpolitik festgelegten Ziele und Handlungsgrundsätze bei den Handlungen und Entscheidungen aller Mitarbeiter Beachtung finden.

Die betriebliche Umweltpolitik wird regelmäßig hinsichtlich der gesellschafts-, wirtschafts- und umweltpolitischen Entwicklung überprüft und gegebenenfalls angepaßt.

Abläufe 2.4: Umweltziele

Verantwortlich für diesen Ablauf ist der "Gesamtvorstand".

Die Umweltziele konkretisieren die Verpflichtung zur kontinuierlichen Verbesserung des betrieblichen Umweltschutzes. Sie müssen im Einklang mit der Umweltpolitik stehen und werden -so weit wie möglich- quantitativ für alle betroffenen Unternehmensebenen festgelegt. Im Rahmen des Umweltprogramms sind die Umweltziele jährlich neu zu diskutieren.

Abläufe 2.5: Umweltprogramm

Verantwortlich für diesen Ablauf ist der "Gesamtvorstand".

Das Umweltprogramm wird in Übereinstimmung mit Umweltpolitik und Umweltzielen erstellt. Im Umweltprogramm werden die Maßnahmen festgelegt, die zum erreichen der Umweltziele notwendig sind. Ebenso sind im Umweltprogramm die Mittel (finanzielle und personelle) und die Fristen für die Umsetzung der Maßnahmen definiert. Das Umweltprogramm wird jährlich fortgeschrieben und angepaßt.

Ablauf 2.6: Umweltmanagementhandbuch

Verantwortlich für diesen Ablauf ist der "Umweltschutzbeauftragte".

Im Umweltmanagementhandbuches sind die Bereiche, Abteilungen, Abläufe und Tätigkeiten festgeschrieben, die eine relevante Auswirkung auf die Umwelt haben. Durch Schnittstellenpläne werden Verantwortungen und Beziehungen festgelegt.

Die Verantwortung für die Herausgabe des Umweltmanagementhandbuches (UMH) ist dem Vorstandsbereich "Forschung und Entwicklung" zugeordnet. Der Umweltschutzbeauftragte ist verantwortlich für die Beschreibung und Fortentwicklung der einzelnen Elemente im Umweltmanagementhandbuch.

Änderungen im UMH werden in Absprache mit den betroffenen Stellen ausschließlich durch den Umweltschutzbeauftragten ausgeführt. Die Änderungen werden abschnittsweise vorgenommen. Der geänderte Abschnitt erhält einen Revisionsindex und wird mit einer Liste der gültigen Ausgaben verteilt.

Das Inhaltsverzeichnis und die Änderungsübersicht des Umweltmanagementhandbuches enthalten Listen aller gültigen Umweltverfahrensanweisungen (UVA's) mit Titel, Ausgabe und Ausgabedatum. In einer Vorstandsanweisung ist beschrieben, wie Organisations-, Verfahrens- und Arbeitsanweisungen erstellt und herausgegeben werden müssen. Die Vorstandsanweisung gilt sowohl für bereichsinterne als auch für bereichsübergreifende Anweisungen. Für die Erstellung von Umweltverfahrensanweisungen (UVA's) und Umweltarbeitsanweisungen (UAA's) sind die entsprechenden Bereiche und Abteilungen verantwortlich.

Alle Dokumente unterliegen dem Änderungsdienst der herausgebenden Abteilung. Der Ersteller legt im Einvernehmen mit dem Umweltschutzbeauftragten den Verteiler für die Anweisungen fest. Jede erstellte und geänderte Umweltverfahrensanweisung ist außerdem dem Umweltschutzbeauftragten zu übermitteln. Es ist seine Pflicht die Liste aller gültigen UVA's auf dem neuesten Stand zu halten. Er verfügt über eine vollständige Ausgabe aller gültigen UVA's.

Geänderte Kapitel des Umweltmanagementhandbuches und geänderte Umweltverfahrensanweisungen müssen vom Ersteller 3 Jahre aufbewahrt werden. Es liegt in der Verantwortung der Empfänger, geänderte Dokumente nach Erhalt der neuen Version zu vernichten.

Die aufgrund von Umweltverfahrensanweisungen und Umweltarbeitsanweisungen erstellten Meßprotokolle, Aufzeichnungen, Unterlagen, Berichte, Prüfpläne, etc. sind von der ausführenden Abteilung aufzubewahren (Kapitel 14 "Umweltinformation").

Im Rahmen von Umweltaudits wird die Einhaltung des gesamten Dokumentationsverfahrens überwacht. Festgestellte Abweichungen werden erfaßt, in einem Umweltauditbericht dokumentiert und im Rahmen von Korrekturmaßnahmen (Kapitel 15) behoben.

Ablauf 2.7: Verantwortungszuordnung

Betroffen von diesem Ablauf sind alle Vorgesetzten unseres Unternehmens!

Für den Umweltschutz in unserem Unternehmen existieren, unabhängig von einer tiefer gegliederten Hierarchie in der Organisation, drei Verantwortungsebenen:

1. Ebene: Vorstand
2. Ebene: Bereichsleiter
3. Ebene: Meister

Für die Tätigkeiten unserer Mitarbeiter der 2. und 3. Ebene sind innerhalb der Stellenbeschreibung die zu erfüllenden Aufgaben, die Ziele und die Vollmachten u.a. auch für Umweltschutzaufgaben spezifiziert.

Zusätzlich geben die Schnittstellenpläne in den einzelnen Kapiteln dieses Handbuches eine Übersicht über die Verantwortlichkeiten, Mitarbeitspflichten bei abteilungsübergreifenden, umweltrelevanten Tätigkeiten im Unternehmen. Der Vorstand überträgt im Rahmen einer Stellenbeschreibung unseren Bereichsleitern (2. Ebene) entsprechende Verantwortlichkeiten und Vollmachten. Für sie besteht die Pflicht, die in den Schnittstellenplänen genannten Verantwortlichkeiten und Mitarbeitspflichten in ihrem Bereich genauer zu beschreiben und in weitere Abläufe und Stellenbeschreibungen umzusetzen. Die Meister (3. Ebene) sind als Vorgesetzte der untersten Ebene in ihrem Aufgabenbereich für den ordnungsgemäßen Umgang mit umweltrelevanten Anlagen und Tätigkeiten zuständig und verantwortlich. Für die in den Schnittstellenplänen nicht ausgewiesenen Organisationseinheiten besteht im Rahmen der Eigenkontrolle (Kapitel 12) ebenfalls die Pflicht sich mit umweltrelevanten betrieblichen Belangen auseinanderzusetzen und wenn nötig, in Stellenbeschreibungen die Verantwortlichkeiten festzuschreiben.

Neue Mitarbeiter werden von ihren Vorgesetzten in die Funktionsweise unseres Umweltmanagementsystems und die spezifischen Umweltbelange am jeweiligen Arbeitsplatz unterwiesen. Alle Mitarbeiter sind im Rahmen ihrer Tätigkeit für die sachgerechte Durchführung der Aufgaben, einschließlich des Umweltschutzes, verantwortlich. Im Rahmen unseres innerbetrieblichen Vorschlagwesens sind sie aufgefordert, Beiträge zur Verbesserung der betrieblichen Umweltsituation zu liefern. Hier sind Prämierungen von Verbesserungsvorschlägen auch bei nicht unmittelbar gewinnsteigernden Vorschlägen möglich. Voraussetzung für ein erfolgreiches Umweltmanagement in unserem Unternehmen ist eine große Eigenverantwortung aller Beteiligten.

2.4 Ausführungsrichtlinien

UVA 2.1 "Umweltschutzbeauftragter"

3. Umweltvorschriften

3.1 Grundlegende Zielsetzungen

Der Umweltschutz im Unternehmen wird durch staatliche und behördliche Vorgaben und Überwachungen sehr stark beeinflußt.

Es ist die Aufgabe eines Umweltschutzbeauftragten diese öffentlich - rechtlichen Vorgaben zu prüfen und zu bewerten. Zu prüfende Unterlagen sind z.B. Gesetze, Verordnungen, Verwaltungsvorschriften und weitere Regelwerke. Dazu gehören Genehmigungen, Betriebserlaubnisse, Anweisungen, Konzessionen und alle behördlichen Auflagen. Die Umweltverfahrensanweisung (UVA 3.1 "Umweltvorschriften") dokumentiert die für unser Unternehmen umweltrelevanten Rechtsvorschriften.

Der Umweltschutzbeauftragte führt den Schriftverkehr und leitet die Unterlagen an die betroffenen Abteilungen weiter. Er prüft ferner, ob die Anforderungen mit der Unternehmenspolitik und dem Umweltmanagementsystem übereinstimmen.

Bei Vereinbarungen mit Lieferanten oder Kunden sind die Verträge, Unterlagen und Schriftwechsel auf Übereinstimmung mit unserer Umweltpolitik zu prüfen. Durch schriftliche Festlegung der Bedingungen wird sichergestellt, daß alle Forderungen an Lieferanten oder von Kunden ausreichend dokumentiert werden. Dazu zählen z.B. Forderungen über die Umweltfreundlichkeit der Produkte in Herstellung, Anwendung und in der Entsorgung. Im Rahmen der Unterlagenprüfung wird die Realisierbarkeit der Forderungen geklärt. Der Umweltschutzbeauftragte berät bei allen den Umweltschutz betreffenden Regelungen die ausführenden Funktionen.

3.2 Verantwortungen und Schnittstellenplan

Im Schnittstellenplan "Umweltvorschriften " wurden folgende umweltrelevanten Abläufe (fett) identifiziert:

Ablauf \ Bereich	Vorstand	Marketing / Vertrieb	Entwicklung	Qualitätswesen	Verfahrenstechnik / Instandhaltung	Materialwirtschaft	Produktion	Zentrale Technische Dienste	Umweltschutz / Arbeitssicherheit	Logistik	Betriebswirtschaft / Controlling	Technischer Service / Kundendienst	Personal / Sozialwesen
3.1 Verfolgung / Prüfung / Bewertung der Rechtsvorschriften									V				
3.2 Abwicklung der Genehmigungs-verfahren									V				
3.3 Überwachung / Kontrolle behördlicher Auflagen									V				
3.4 Einhaltung der Rechtsvorschrifen / Auflagen				**Verantwortlich sind alle Vorgesetzten im Rahmen ihres Aufgabengebietes**									

V = Verantwortlich   M = Mitarbeit

Abbildung 11: Schnittstellenplan Umweltvorschriften

3.3 Abläufe und Realisierungsmöglichkeiten

Die umweltrelevanten Abläufe werden im folgenden kurz beschrieben.

Ablauf 3.1 - 3.3: Verfolgung, Prüfung, Bewertung der Rechtsvorschriften; Abwicklung der Genehmigungsverfahren; Überwachung/Kontrolle behördlicher Auflagen

Für die Abläufe 3.1 bis 3.3 ist der Umweltschutzbeauftragte verantwortlich.

Eine ausführliche Beschreibung findet sich in der Umweltverfahrensanweisung UVA 2.1 "Umweltschutzbeauftragter".

Ablauf 3.4: Einhaltung von Rechtsvorschriften und Auflagen

Betroffen von diesem Ablauf sind alle Vorgesetzten unseres Unternehmens!

Generell überprüfen die Vorgesetzten im Rahmen ihrer Sorgfaltspflicht die ordnungsgemäße Anwendung der für ihre Aufgabengebiete zutreffenden Gesetze und Verordnungen. Sie werden vom Umweltschutzbeauftragten regelmäßig über die rechtlichen Entwicklungen in ihrem Zuständigkeitsbereich informiert.

Die Vorgesetzten kennen die potentiellen Umwelteinwirkungen in ihrem Arbeitsbereich. Sie sind für die Einhaltung der Umweltschutzbestimmungen (Gesetze, Verordnungen, etc.) verantwortlich. In ihrem Aufgabenbereich setzen sie die entsprechenden Vorgaben des Vorstandes zu Umweltzielen und Umweltprogrammen im Rahmen der betrieblichen Umweltpolitik um. Mindestens einmal jährlich prüfen sie im Rahmen ihrer abteilungs- bzw. bereichsinternen Eigenkontrolle (Kapitel 12) die Umweltschutzbelange in ihrem Verantwortungsbereich.

3.4 Ausführungsrichtlinien

UVA 3.1 "Umweltvorschriften"

4. Marketing / Vertrieb

4.1 Grundlegende Zielsetzungen

Die umweltpolitischen Zielsetzungen des Vorstandes sind Bestandteil der Marketing- und Vertriebsstrategie.

Bei der Festlegung unseres Marketing-Mixes spielen neben unseren ökonomischen Interessen ökologische Aspekte eine wichtige Rolle. Dies betrifft den Produktgestaltungsprozeß, die Distribution unserer Produkte, die Informationspolitik und die Phase nach der Produktlebensdauer.

Auf Verbraucherseite ist in den letzten Jahren eine zunehmende Sensibilisierung in Sachen Umweltschutz festzustellen. Dies trifft in zunehmenden Maße auch auf den medizintechnischen Bereich zu. Wenngleich heute vielfach noch eine Lücke zwischen umweltbewußter Einstellung und tatsächlichen Kaufverhalten festzustellen ist, haben wir es mit einem wachsenden Marktsegment von umweltbewußten Verbrauchern zu tun.

Unser Ziel ist es, umweltbewußten Kunden Lösungen anzubieten und durch die Schaffung einer umweltbewußten Identität unseres Unternehmens weitere Kundenkreise für umweltbewußtes Einkaufsverhalten zu sensibisisieren.

Ökologische Ansatzpunkte im Rahmen unseres Marketing-Mix sind:

- Steigerung der Bekanntheit ökologischer Problemstellungen im medizintechnischen Bereich.
- Information über umweltfreundliche Produkte und Verfahren.
- Ökologiebezogene PR-Aktivitäten.
- Herstellung rohstoffschonender und recycelbarer Produkte.
- Aufbau einer ressourcenschonenden Absatzorganisation.
- Gewährleistung des Rückflusses von alten Produkten durch den Absatzkanal.

Die Realisierung ökologisch orientierter Marketingaktivitäten erfolgt in enger Abstimmung mit allen Fachbereichen des Unternehmens.

4.2 Verantwortungen und Schnittstellenplan

Im Schnittstellenplan "Marketing / Vertrieb" wurden folgende umweltrelevanten Abläufe (fett) identifiziert.

Ablauf \ Bereich	Vorstand	Marketing / Vertrieb	Entwicklung	Qualitätswesen	Verfahrenstechnik / Instandhaltung	Materialwirtschaft	Produktion	Zentrale Technische Dienste	Umweltschutz / Arbeitssicherheit	Logistik	Betriebswirtschaft / Controlling	Technischer Service / Kundendienst	Personal / Sozialwesen
4.1 Marktanalyse		V	M										
4.2 Lastenheft Neuprodukte erstellen		V											
4.3 Kommunikation / Öffentlichkeitsarbeit		V	M	M									
4.4 Veranstaltungen		V	M	M								M	
4.5 Korrespondenz mit Kunden		V											
4.6 Auftragsannahme		V											
4.7 Kundenbetreuung		V	M	M					M				

V = Verantwortlich M = Mitarbeit

Abbildung 12: Schnittstellenplan Marketing / Vetrieb

4.3 Abläufe und Realisierungsmöglichkeiten

Die genannten umweltrelevanten Abläufe werden im folgenden kurz beschrieben.

Ablauf 4.3: Kommunikation / Öffentlichkeitsarbeit

Verantwortlich für diesen Ablauf ist der Bereich "Marketing / Vertrieb".

In der ökologischen Herausforderung sehen wir eine Chance, uns langfristig am Markt Erfolgspotentiale aufzubauen. Im Rahmen einer offensiven Kommunikationspolitik mit ihren Elementen Werbung, Sales-Promotion und PR bauen wir eine umweltbewußte Unternehmensidentität auf. Um dies zu erreichen, informieren wir die Öffentlichkeit und unsere Kunden regelmäßig über umweltrelevante Themen. Wir stellen unseren Kunden Informationsmaterial über unsere umweltpolitischen Ziele und Maßnahmen zur Verfügung. In Produktinformationen finden sich Aussagen zum Umweltschutz.

Ablauf 4.7: Kundenbetreuung

Verantwortlich für diesen Ablauf ist der Bereich "Markteting / Vertrieb".

Für unsere Produkte bieten wir Serviceleistungen, die eine entsprechend längere Lebensdauer ermöglichen. Wir bieten unseren Kunden eine Rücknahmegarantie für unsere Produkte nach dem Ende der Nutzungsphase an, um einen Materialkreislauf mit einer möglichst hohen Wiederverwertung der eingesetzten Materialien sicherzustellen. Ein Konzept für die Rücknahme von Fremdfabrikaten beim Kauf unserer Produkte ist in Vorbereitung. Unser Ziel ist die Vermeidung von Verpackung. Wo dies nicht möglich ist, setzen wir möglichst umweltschonende Verpackungen ein. Die Mehrwegverpackung hat hierbei Vorrang vor der Einwegverpackung. Ist die Verwendung von Einwegverpackung nicht zu vermeiden, bieten wir eine Lösung für die Entsorgung dieser Verpackungen an. Wir informieren unsere Kunden regelmäßig über Rücknahmekonzept und über Entsorgungsmöglichkeiten von Verpackungsmaterialien. Unsere Verkaufsmitarbeiter im Innen- und Außendienst werden hinsichtlich umweltrelevanter Produktmerkmale regelmäßig geschult. Rückmeldungen der Anwender unserer Produkte über Verbesserungsmöglichkeiten im Bereich Entsorgung und Umweltschutz werden durch den Bereich "Marketing / Vertrieb" dokumentiert und in Zusammenarbeit mit "Entwicklung", "Qualitätswesen" und "Umweltschutz / Arbeitssicherheit" ausgewertet.

4.4 Ausführungsrichtlinien

UVA 4.1 "Marketing / Vertrieb"

5. Entwicklung

5.1 Grundlegende Zielsetzungen

Ein zielorientierter Ansatzpunkt für den betrieblichen Umweltschutz ist die Entwicklung neuer sowie die Verbesserung vorhandener Produkte. Wesentliche Erfolge zum betrieblichen Umweltschutz werden bereits hier vorbereitet. Die Entwicklung neuer Verfahren und Produkte hilft umweltgefährdende Stoffe zu substituieren, den Verbrauch von Wasser, Energie und anderen Ressourcen zu minimieren und die Belastung der Umwelt durch Emissionen, Abwasser und Abfall zu vermindern.

Ziel ist es, hochwertige und zuverlässige Produkte zu entwickeln, die den Anforderungen der Anwender entsprechen. Sie müssen zu einem wirtschaftlichen Preis herzustellen sein. Während des gesamten Produktkreislaufes - von der Entwicklung bis zur Entsorgung - ist die Umwelt möglichst wenig zu belasten. Der zeitliche Ablauf der Produktentwicklung, zusammen mit den Festlegungen von Verantwortlichkeiten, Schnittstellen mit anderen Bereichen und Abteilungen, und der dazu gehörenden Dokumentation ist durch das Entwicklungshandbuch festgelegt. Der Schnittstellenplan "Entwicklung" (Abbildung 13) zeigt stark verkürzt die Abläufe auf.

Für Projekte, die sich auf neue Produkte oder Dienstleistungen beziehen, erstellt der Bereich "Marketing / Vertrieb" eine Marktanalyse. Der Bereich "Entwicklung" überträgt die Kundenforderungen in Pflichtenhefte mit den technischen Spezifikationen für Materialien, Produkte und Prozesse. Für den betrieblichen Umweltschutz kommt den Pflichtenheften im Rahmen der Produkt- und Verfahrensentwicklung eine Schlüsselrolle zu. Produktmerkmale und Umweltanforderungen in den Pflichtenheften enthalten Angaben für die Beschaffung, die Arbeitsausführung und die Fertigungsverfahren zur Herstellung und späteren Wiederverwertung oder Entsorgung der Produkte. Die Umweltauswirkungen neuer Produkte und neuer Verfahren werden durch die Anforderungslisten Umweltschutz, die Bestandteil des entsprechenden Pflichtenheftes sind, im voraus bewertet. Der aus den Pflichtenheften resultierende Kostenplan beinhaltet nicht nur die internen Herstellungskosten. Zusätzlich sind auch die nach Ablauf der Nutzungsdauer möglichen externen Entsorgungskosten zu bewerten. Grundsätzlich muß der Entwickler / Konstrukteur für eine umweltverträgliche Produktentwicklung die Forderungen aus Sicherheits-, Qualitäts-, Umwelt- und anderen Vorschriften genau beachten. Dies gilt auch, wenn diese Forderungen nicht ausdrücklich Bestandteil der Pflichtenhefte sind. Zum Abschluß jeder Entwicklung findet eine formale, dokumentierte Entscheidung über die Serienreife des Produktes und dessen Aufnahme in das Vertriebsprogramm statt. Federführend für diese Entscheidungsrunde ist der Bereich "Marketing / Vertrieb". Das Entscheidungsgremium stellt sicher, daß die Kundenanforderungen und die Forderungen an die Qualität und den betrieblichen Umweltschutz erfüllt werden. Die Produktionsfreigabe erfordert das Einvernehmen aller an der Entscheidungsrunde beteiligten Bereiche.

5.2 Verantwortungen und Schnittstellenplan

Im Schnittstellenplan "Entwicklung" wurden folgende umweltrelevante Abläufe (fett) identifiziert:

Ablauf \ Bereich	Vorstand	Marketing / Vertrieb	Entwicklung	Qualitätswesen	Verfahrenstechnik / Instandhaltung	Materialwirtschaft	Produktion	Zentrale Technische Dienste	Umweltschutz / Arbeitssicherheit	Logistik	Betriebswirtschaft / Controlling	Technischer Service / Kundendienst	Personal / Sozialwesen
5.1 Entscheidung Entwicklungsprojekt		M	V										
5.2 Pflichtenheft Produkt		V	M	M	M		M					M	
5.3 Anforderungsliste Umweltschutz			V		M	M	M	M	M				
5.4 Projektbearbeitung		M	V	M	M	M							
5.5 Beurteilung der Realisierbarkeit		M	V	M	M	M	M						
5.6 Entscheidung Produktaufnahme		V	M	M	M	M	M		M			M	
5.7 Erstellung von Zeichnungen und Stücklisten			V	M	M	M							
5.8 Dokumentation der Entwicklungs-ergebnisse		M	V	M	M				M				

V = Verantwortlich   M = Mitarbeit

Abbildung 13: Schnittstellenplan Entwicklung

5.3 Abläufe und Realisierungsmöglichkeiten

Die genannten umweltrelevanten Abläufe sind im folgenden kurz beschrieben.

Ablauf 5.3: Anforderungsliste Umweltschutz

Verantwortlich für die Erstellung des Pflichtenheftes mit der "Anforderungsliste Umweltschutz" ist der Bereich "Entwicklung".

Zweck der Anforderungsliste ist es, die Umweltauswirkungen neuer Produkte und neuer Verfahren im voraus zu bewerten. So wird in einem sehr frühen Entwicklungsstadium ein umweltfreundliches Herstellungsverfahren sichergestellt. Somit entfällt die Notwendigkeit, nachsorgende Umweltschutzmaßnahmen zu ergreifen. Bei der Durchführung von Entwicklungsprojekten beachtet der Bereich "Entwicklung" die Umweltfreundlichkeit der eingesetzten Materialien, Gefahrstoffe, Bezugsteile und Produktionsverfahren. So sind der Einsatz von Rohstoffen und Energie zu minimieren und bei der Herstellung des Produktes sind möglichst wenig gasförmige, flüssige und feste Schadstoffe freizusetzen. Für die, bei der Fertigung des Produktes anfallenden Abfälle sind Möglichkeiten des Recyclings aufzuzeigen. Entsprechend sind für die nichtverwertbaren Abfälle Entsorgungswege darzustellen. Da wir eine Kreislaufwirtschaft anstreben, sind in der Entwicklung auch die Produkteigenschaften nach Ablauf der Nutzungsphase zu berücksichtigen. Eine sichere Entsorgbarkeit muß auch für die Zukunft gewährleistet sein. Neue Produkte sind daher recyclinggerecht zu konstruieren und die Materialvielfalt ist auf ein Minimum zu beschränken. In einer vom Bereich "Entwicklung" zu erstellenden Umweltverfahrensanweisung (UVA 5.1) sind die Forderungen an die "Anforderungsliste Umweltschutz" näher spezifiziert.

Ablauf 5.6: Entscheidung Produktaufnahme

Verantwortlich für diese Aufgabe zeichnet der Bereich "Marketing / Vertrieb".

Bei der Entscheidung für die Aufnahme und Fertigung des Produktes sind nochmals alle in den Pflichtenheften "Produkt" und "Anforderungslisten Umweltschutz" niedergelegte Punkte zu verifizieren. Dies gilt besonders für die in der "Anforderungsliste Umweltschutz" festgelegten Parameter. Abweichungen von den in den Pflichtenheften und Anforderungslisten genannten Vorgaben sind zu begründen und zu dokumentieren. Eventuell ist eine Nachbesserung erforderlich. Zu diesem Zeitpunkt sind allen am Ablauf 5.6 Beteiligten die Umwelt- und Prozeßauswirkungen bekannt. Danach ist die Aufnahme des Produktes in das Vertriebsprogramm möglich.

5.4 Ausführungsrichtlinien

UVA 5.1 "Entwicklung"

6. Prozeß- und Verfahrenstechnik

6.1 Grundlegende Zielsetzungen

Bei der Vorbereitung zur Serienfertigung spielen Umweltschutzaspekte - ähnlich wie bei der Produktentwicklung - eine entscheidende Rolle, um präventiven Umweltschutz zu betreiben. Hier sind die Entwicklungsvorgaben, die bezüglich des Umweltschutzes mehr als den gesetzlichen Mindestanforderungen genügen sollen, in konkrete Fertigungstechnologien umzusetzen.

Ziel ist es, für Produktentwicklungen Bearbeitungsversuche durchzuführen und neue bzw. verbesserte Fertigungsverfahren zu konzipieren. Die bisher eingesetzten Verfahren werden auf ihre Umweltverträglichkeit untersucht. In eine Vorkalkulation gehen die Recherchen nach den kostengünstigsten, effektivsten und umweltfreundlichsten Herstellungsverfahren ein. Der Schnittstellenplan "Prozeß- und Verfahrenstechnik" (Abbildung 14) zeigt die wesentlichen Abläufe, um eine Produktentwicklung in die Serienfertigung zu überführen.

In Rücksprache mit "Entwicklung", "Qualitätswesen", "Materialwirtschaft" und "Produktion" sind die Arbeitspläne und Fertigungsstücklisten zu erstellen. Spezifische Arbeitsanweisungen enthalten Angaben zur Fertigung des Produktes, zu umweltrelevanten Bestandteilen des Herstellungsprozesses und zur Arbeitssicherheit.

Genehmigungspflichtige Anlagen oder Arbeiten dürfen erst nach Vorliegen der schriftlichen Genehmigungen betrieben bzw. durchgeführt werden. Die Tätigkeiten sind mit dem Umweltschutzbeauftragten abzustimmen. Eventuelle Auflagen sind einzuhalten. Bei allen umweltrelevanten bzw. genehmigungsbedürftigen Anlagen ist in Abstimmung mit dem Umweltschutzbeauftragten und der zuständigen Genehmigungsbehörde der Umfang von Kontrollmessungen festzulegen. Dazu gehört die Ermittlung der entsprechenden Meßstellen, die Festlegung der Meßverfahren, die Protokollierung der Meßwerte und die Dokumentation der Meßergebnisse.

6.2 Verantwortungen und Schnittstellenplan

Im Schnittstellenplan "Prozeß- und Verfahrenstechnik" wurden folgende umweltrelevante Abläufe (fett) identifiziert:

Ablauf \ Bereich	Vorstand	Marketing / Vertrieb	Entwicklung	Qualitätswesen	Verfahrenstechnik / Instandhaltung	Materialwirtschaft	Produktion	Zentrale Technische Dienste	Umweltschutz / Arbeitssicherheit	Logistik	Betriebswirtschaft / Controlling	Technischer Service / Kundendienst	Personal / Sozialwesen
6.1 Erarbeitung von neuen / verbesserten Fertigungs-technologien			M	M	V		M		M				
6.2 Prüfmittelplanung für Fertig- und Halbfertigteile				V	M		M						
6.3 Festlegung der Produkt-verpackung		M	M	M	V	M			M	M			
6.4 Arbeitsplan-erstellung				M	V	M	M						
6.5 Erstellung von Arbeits-anweisungen			M	M	V		M						
6.6 Bereitstelung von Werkzeugen / Be-triebseinrichtungen				M	V	M	M						
6.7 Anlagen-modifikationen / -verschrottungen					V	M	M	M	M				

V = Verantwortlich M = Mitarbeit

Abbildung 14: Schnittstellenplan Prozeß- und Verfahrenstechnik

6.3 Abläufe und Realisierungsmöglichkeiten

Die genannten umweltrelevanten Abläufe sind im folgenden kurz beschrieben:

Ablauf 6.1: Erarbeiten von neuen / verbesserten Fertigungstechnologien

Verantwortlich für diese Aufgabe ist der Bereich "Verfahrenstechnik/Instandhaltung".

Ziel ist es, vorhandene Fertigungstechnologien zu verbessern bzw. neue Prozeß- und Verfahrenstechniken unter Berücksichtigung abfallarmer Prozesse und integrierter Umweltschutztechnologien für den Produktionseinsatz zu entwickeln.

Entsprechende Bearbeitungsversuche für Produktentwicklungen und Versuche mit neuen Fertigungstechnologien verbessern die Qualitäts-, Umwelt- und Kostenaspekte unserer Produktionsverfahren. Dabei sind die bisher eingesetzten und neuen Verfahren auf ihre Umweltverträglichkeit zu untersuchen. Entsprechend dem fortgeschrittenen Stand der Technik werden Roh-, Hilfs-, Betriebs- und Gefahrstoffe durch umweltverträglichere Einsatzstoffe substituiert.

Neue Prozeß- und Verfahrenstechniken sind nach dem fortgeschrittenen Stand der Technik auszuwählen. Bei Prozeßänderungen sind die Auswirkungen auf den betrieblichen Umweltschutz darzustellen, den betroffenen Bereichen / Abteilungen bekanntzumachen und zu dokumentieren. Hierzu finden sich nähere Ausführungen in der Umweltverfahrensanweisung (UVA 6.1) "Technologien".

Bei allen Prozeß- und Verfahrensentwicklungen stehen Sicherheitsfragen und Umweltfragen in sehr engem Bezug zueinander. Der Schutz der Mitarbeiter vor potentiellen Gefahren schützt gleichzeitig auch die Umwelt. Umweltfreundliche Fertigungsverfahren sind zugleich auch sichere Verfahren. Die rechtlichen Grundlagen für Umweltschutz und Arbeitssicherheit müssen daher beachtet werden.

Bei mehreren möglichen Fertigungsprozessen sind alternativ die Umweltauswirkungen aufzuzeigen und zu bewerten. Grundsätzlich müssen bei neuen Prozeß- und Verfahrenstechnologien nicht nur die internen Kosten, sondern auch die externen Kosten Berücksichtigung finden.

Ablauf 6.3: Festlegung der Produktverpackung

Verantwortlich für die Entwicklung und Festlegung der Produktverpackung ist der Bereich "Verfahrenstechnik / Instandhaltung".

Grundlegend ist zu prüfen, ob eine Verpackung tatsächlich notwendig ist. Wenn ja, sind bei der Gestaltung der Verpackung monomaterielle, wiederverwertbare Lösungen anzustreben. Der Einsatz von Verbundmaterialien ist auf ein Minimum zu begrenzen. Generell ist die Verpackung unter dem Gesichtspunkt Materialeinsparung zu minimieren. Verpackungskomponenten mit einem hohen Anteil an recycletem Material sind bevorzugt zu verwenden. Nach der Verwendung ist eine leichte Verwertung anzustreben. Gleichfalls müssen bei geeigneten Vertriebswegen, Mehrwegverpackungen ins Auge gefaßt werden.

Falls Kunststoffe zum Einsatz kommen, so sollten diese so wenig wie möglich differieren, um unnötige Sortiervorgänge und Entsorgungsschwierigkeiten zu vermeiden. Sie sind entsprechend zu kennzeichnen.

Alle Verpackungsarten und deren Komponenten müssen sich an bestehenden Gesetzgebungen (z.B. Verpackungsverordnungen) orientieren und diesen entsprechen. Soweit eine Entsorgung der Endverbraucher über die DSD (Duales System Deutschland) oder entsprechende Gesellschaften im Ausland nicht möglich ist, müssen diesen geeignete Möglichkeiten aufgezeigt werden. Soweit von den Endverbrauchern Vorschriften bezüglich der Verpackungsart und der Auswahl der verwendeten Materialien bestehen, sind diese im Rahmen der gesetzlichen Auflagen einzuhalten.

Ablauf 6.7: Anlagenverschrottungen

Verantwortlich für diesen Ablauf ist der Bereich "Verfahrenstechnik / Instandhaltung".

Ziel ist es, am Ende der betrieblichen Nutzungsdauer einer Anlage, diese sachgerecht zu entsorgen. Auch nach der Stillegung einer Anlage können von dieser noch Gefahren ausgehen. Bei der Verschrottung ist daher darauf zu achten, daß keine Gefahren durch Einsatz- oder Reststoffe bzw. durch Materialien der Anlage selbst ausgehen. Der Boden und das Grundwasser sind nach der Stillegung einer Anlage stichprobenartig zu untersuchen und bei Bedarf zu sanieren. Die demontierte Anlage ist entsprechend zu recyclen oder sachgerecht zu entsorgen.

Bei der Entwicklung neuer Anlagen ist daher vermehrt auf eine umweltfreundliche Entsorgung zu achten. Daß heißt eine leichte Demontagemöglichkeit und eine konsequente Materialkennzeichnung. Ebenso ist bereits bei der Entwicklung einer Anlage auf die Substitution von Gefahrstoffen zu achten. Gerade bei Anlagenverschrottungen zahlen sich ökologische Vorteile durch integrierten Umweltschutz in zunehmenden Maße ökonomisch aus.

6.4 Ausführungsrichtlinien

UVA 6.1 "Technologien"

7. Materialwirtschaft

7.1 Grundlegende Zielsetzungen

Der Bereich "Materialwirtschaft" übernimmt eine wesentliche Funktion bei der umweltorientierten Unternehmensführung. Über den Bereich Materialwirtschaft ist eine direkte Einwirkung auf die umweltrelevanten Stoffströme gegeben. Dazu gehören in erster Linie Roh-, Hilfs- und Betriebsstoffe, sowie Vorprodukte, Maschinen und Einrichtungen. Auch für Raumausstattung, Mobiliar und Büromaterial sind Kriterien der Umweltbelastung anzulegen.

Der Einsatz von Roh-, Hilfs- und Betriebsstoffen ist ein entscheidender Punkt für den vorsorgenden Umweltschutz. Häufig ist es möglich, durch den Ersatz eines umweltschädigenden Stoffes auf zusätzliche Reinigungsanlagen o.ä. zu verzichten bzw. hohe Entsorgungskosten zu sparen. Eine entscheidende Maßnahme für vorsorgenden Umweltschutz in der Materialwirtschaft ist das Erstellen von Einkaufsrichtlinien. Das bedeutet, neben dem Einkaufspreis sind die Entsorgungskosten, die Reinigungskosten etc. einzubeziehen. Bei der Auswahl von Lieferanten sind die beschriebenen Kriterien ebenfalls zu berücksichtigen. Im Beschaffungsvorgang ist die Umweltintegrität von Lieferanten im Hinblick auf ihre Produkte und Tätigkeiten zu berücksichtigen. Existieren alternative Bezugsquellen, so sind die Lieferanten in bezug auf ihre maßgeblichsten Umwelteinwirkungen miteinander zu vergleichen. In diesem Zusammenhang wird auf den Ablauf 7.3 "Lieferantenauswahl / -audit" (Abbildung 15) verwiesen.

Auch bei der Lagerung sind Umweltschutzbelange vorbeugend zu beachten. Es sind u.a. Sicherheit, Grundwasser- und Bodenschutz zu berücksichtigen. Eine sachgerechte Lagerung der verschiedenen Stoffe ist daher sowohl unter Umweltschutz- als auch unter Arbeitssicherheitsaspekten erforderlich. Die gesetzlichen Bestimmungen (z.B. Gefahrstoffverordnung, Verpackungsverordnung) sind in jedem Fall einzuhalten.

Der Transport von Gefahrstoffen ist ebenso wie die Lagerung dieser Stoffe ein Gefahrenpotential. Daher müssen für den Transport entsprechende Maßnahmen getroffen werden. Bei Transporten, die der Lieferant organisiert oder veranlaßt, ist darauf zu achten, daß der Lieferant den Anforderungen für einen umweltgerechten Transport nachkommt.

Intern eingesetzte Dienstleistungsunternehmen sind für die sachgemäße Anwendung und Entsorgung ihrer Materialien selbst voll verantwortlich. Dabei sind die Verträge so zu gestalten, daß die entsprechenden Umweltvorgaben unseres Unternehmens eingehalten werden.

7.2 Verantwortungen und Schnittstellenplan

Im Schnittstellenplan "Materialwirtschaft" wurden folgende umweltrelevante Abläufe (fett) identifiziert:

Bereich / Ablauf	Vorstand	Marketing / Vertrieb	Entwicklung	Qualitätswesen	Verfahrenstechnik / Instandhaltung	Materialwirtschaft	Produktion	Zentrale Technische Dienste	Umweltschutz / Arbeitssicherheit	Logistik	Betriebswirtschaft / Controlling	Technischer Service / Kundendienst	Personal / Sozialwesen
7.1 Freigabe Gefahrstoffe				M	V	M		M	M				
7.2 Verwendung Gefahrstoffe				Verantwortlich sind alle Vorgesetzten im Rahmen ihres Aufgabengebietes									
7.3 Lieferantenaus-wahl, -audit				M	M	V	M		M				
7.4 Beschaffung				M		V			M				
7.5 Intern eingesetzte Dienstleistungs-unternehmen				Verantwortlich sind alle Vorgesetzten im Rahmen ihres Aufgabengebietes									
7.6 Materialwirtschaft / Lagerwesen				M		V			M				
7.7 Auftrags-bereitstellung						V							

V = Verantwortlich M = Mitarbeit

Abbildung 15: Schnittstellenplan Materialwirtschaft

7.3 Abläufe und Realisierungsmöglichkeiten

Die genannten Abläufe sind im folgenden kurz beschrieben.

Ablauf 7.1: Freigabe Gefahrstoffe

Verantwortlich für diesen Ablauf ist der Bereich "Verfahrenstechnik / Instandhaltung".

Ist die Einführung bisher nicht eingesetzter Gefahrstoffe geplant -dazu gehört auch der Austausch bisher eingesetzter Gefahrstoffe - so ist vor der Erstbestellung ein Antrag auf Freigabe für Gefahrstoffe zu stellen. Die Freigabe ist vom Antragsteller in Abstimmung mit dem Anwender durchzuführen. Der Umweltschutzbeauftragte, die Fachkraft für Arbeitssicherheit und der Betriebsarzt sind zur Stellungnahme aufzufordern. Ohne entsprechende Freigabe dürfen vom Einkauf keine neuen Gefahrstoffe bestellt werden. Für den späteren Einsatz und die notwendige Überwachung sind die Vorgesetzten zuständig.

Im Rahmen eines Gefahrstoffkatasters werden die Stoffe regelmäßig erfaßt und dargestellt. Das Gefahrstoffkataster ist mindestens einmal jährlich zum Ende des Geschäftsjahres durch die Fachkraft für Arbeitssicherheit und den Umweltschutzbeauftragten zu überarbeiten.

Der gesamte Ablauf "Gefahrstoffe", von der Auswahl, über den Einsatz, der Überwachung, bis hin zur Entsorgung muß nach dem Stand der Technik erfolgen. Im Rahmen von internen Umweltaudits wird mindestens alle drei Jahre der gesamte Ablauf überprüft.

In einer Umweltverfahrensanweisung (UVA 7.1 "Gefahrstoffe") sind die Anforderungen an diesen Ablauf näher spezifiziert.

Ablauf 7.2: Verwendung Gefahrstoffe

Verantwortlich für diesen Ablauf sind alle Vorgesetzten im Rahmen ihres Aufgabengebietes.

Der Umgang mit Gefahrstoffen ist in der Gefahrstoffverordnung geregelt. Bei allen verwendeten Gefahrstoffen sind die Mitarbeiter vor Gesundheitsgefahren und die Umwelt vor stoffbedingten Schädigungen zu schützen. Vor der erstmaligen Verwendung haben die zuständigen Vorgesetzten den ordnungsgemäßen Einsatz und die Lagerung sicherzustellen. Besondere Aufmerksamkeit ist bei Warenmustern gefordert. Für sie gelten die gleichen Anforderungen.

Bei der mindestens einmal jährlich durchzuführenden Sicherheitsunterweisung sind die Mitarbeiter auf die Gefahren beim Umgang mit den entsprechenden Stoffen hinzuweisen. Im Rahmen der abteilungsinternen Eigenkontrolle wird mindestens einmal jährlich der ordnungsgemäße Einsatz sämtlicher Gefahrstoffe überprüft.

Ablauf 7.3: Lieferantenauswahl, -audit

Verantwortlich für diese Aufgabe ist der Bereich "Materialwirtschaft".

Die Beschaffung umweltfreundlicher Waren und Dienstleistungen ist ein wesentlicher Beitrag zum betrieblichen Umweltschutz. Bestellungen werden daher nur an Lieferanten vergeben, die über die notwendigen technischen Einrichtungen und Verfahren zur umweltschonenden Herstellung des zu beschaffenden Erzeugnisses verfügen.

Jeder Lieferant muß ein Umweltmanagementsystem benutzen, mit dem er seine betriebliche Umweltschutzaktivitäten nachweisen kann. Nur Lieferanten, die mit Hilfe eines Umweltmanagementsystems ihre betrieblichen Umweltaktivitäten bewerten können, werden gute Partner sein. Im Vertrag mit dem Lieferanten ist deshalb eine Vereinbarung bezüglich der Darlegung von Umweltschutzaktivitäten des Lieferanten zu treffen. Liegen Anhaltspunkte dafür vor, daß der Lieferant die Umweltschutzvorschriften nicht einhält, ist schriftlich auf eine Abhilfe zu drängen. Tritt keine Verbesserung der Situation ein, ist der entsprechende Vertrag zu beenden.

Mit dem Lieferanten ist ein klares Einvernehmen über die Darlegung seiner betrieblichen Umweltschutzaktivitäten zu erzielen. Diese Ergebnisse und Fortschritte müssen vom Lieferanten in einem jährlichen Umweltbericht vorgelegt werden. Dabei erhält der Lieferant Unterstützung bei der Einführung eines Umweltmanagementsystems in seinem Betrieb. Hier werden ihm die Erfahrungen unseres Unternehmens mit einem solchen System zur Verfügung gestellt.

Im Rahmen eines Lieferantenaudits wird periodisch das Umweltmanagementsystem des Lieferanten beurteilt. Solche Vereinbarungen sollen dazu dienen, gemeinsame Verbesserungen im betrieblichen Umweltschutz zu erzielen. Die Kriterien für die Auswahl und Beurteilung von Lieferanten und deren Auditierung sind in einer Umweltverfahrensanweisung (UVA 7.2 "Lieferanten") näher erläutert.

Ablauf 7.4: Beschaffung

Grundlagen für den Einkauf zur Beschaffung sind die von der Entwicklung erstellten Bestelltexte und Beschaffungsunterlagen.

Die Anforderungen an Materialien und Dienstleistungen, deren Eigenschaften Einfluß auf die Umwelt haben, werden in Bestelltexten näher spezifiziert. Aussagefähige Unterlagen bezüglich der Merkmale "Technische Anforderungen", "Qualität" und "Umweltrelevanz" sichern eine ordnungsgemäße Beschaffung der Produkte und der Dienstleistungen ab.

Die Bestelltexte für Werkstoffe werden vom Bereich "Qualitätswesen" unter Berücksichtigung der Anforderungsliste mit der Entwicklungsabteilung und der Arbeitsvorbereitung festgelegt. Für Produktverpackungen werden die Bestelltexte vom Bereich "Verfahrenstechnik / Instandhaltung" erstellt. Der Bereich "Logistik" formuliert die Bestelltexte für Transportverpackungen. Es sind ausschließlich Anlagen und Dienstleistungen zu beschaffen, die einen vorbeugenden Umweltschutz ermöglichen. Entsprechend müssen regelmäßig Umweltinformationen und umweltfreundliche Angebote der Beschaffungsmärkte erfaßt und verarbeitet werden. Dadurch wird unser Unternehmen in seiner Entsorgungsaufgabe auch von vermeidbaren Kosten entlastet.

Umweltorientierte Unternehmensführung beschränkt sich nicht nur auf die Produktion und die damit direkt zusammenhängenden Fragen, sondern beinhaltet auch alle im Verwaltungsbereich eingesetzten Materialien und Dienstleistungen. Es gelten die gleichen Kriterien und Voraussetzungen, wie sie in der allgemeinen Einleitung zu diesem Kapitel genannt werden. Hier lassen sich leicht Erfolge bei der Substitution von Verbrauchsgegenständen erzielen. Auch im Verwaltungsbereich ist bereits bei der Beschaffung im Hinblick auf die Entsorgungsgebühren eine größtmögliche Abfallvermeidung bzw. -verwertung anzustreben.

Bei Gebäuden und Einrichtungen handelt es sich meist um langfristige Investitionen. In Zusammenarbeit mit einschlägigen Architekten ist auf eine umweltgerechte Ausführung, Gestaltung und Ausstattung von Büroräumen, Pausenräumen, Kantine, Verwaltungs- und Produktionsgebäuden, Straßen, Höfe etc. zu achten. Bei der Ausführung sind ökologische und baubiologische Gesichtspunkte zu beachten und Materialien einzusetzen.

Abteilungen, die die Beschaffung bestimmter Produkte selbst übernehmen, sind verpflichtet, sich über diese Grundlagen zu informieren und die getroffenen Festlegungen im Rahmen der abteilungsinternen Eigenkontrolle einzuhalten.

Ablauf 7.6: Materialwirtschaft / Lagerwesen

Verantwortlich für diese Aufgabe ist der Bereich "Materialwirtschaft".

Der zentrale Wareneingang nimmt Waren entgegen, prüft die Begleitpapiere und kontrolliert die Verpackung auf sichtbare Transportschäden, die zu Beeinträchtigungen der Umwelt führen könnten. Im Schadensfall wird der Umweltschutzbeauftragte informiert.

Die Wareneingangskontrolle führt bei Halbfertig- und Fertigteilen die Eingangsprüfungen durch bzw. leitet die Waren in die entsprechenden produktspezifischen Kontrollabteilungen weiter. Die Prüfungen erfolgen nach im Rahmen der Beschaffung erstellten Bestelltexten und Beschaffungsunterlagen.

In der Werkstoffprüfstelle werden von angelieferten Rohstoffen und Halbzeugen Proben entnommen und analysiert. Die Prüfer erteilen eine Freigabe bzw. benachrichtigen im Falle einer Ablehnung den Einkauf. Somit ist ein definierter Wareneingang sichergestellt.

Alle Lagerbereiche sind räumlich von anderen Bereichen getrennt und erfüllen einschlägige Anforderungen. Rohmaterialien und Halbzeuge lagern im Roh-, Hilfs- und Betriebsstofflager an gekennzeichneten Plätzen.

Die Kennzeichnung der Behälter und Lagerplätze geschieht nach den entsprechenden rechtlichen Vorschriften. Besonders bei umweltgefährdenden Stoffen ist auf eine sachgerechte Lagerung zu achten. Eine Warenentnahme aus dem Lager ist nur mittels eines Entnahmebelegs möglich und zulässig. Um mögliche Abweichungen zu entdecken, erfolgt in regelmäßig wiederkehrenden Abständen eine Überprüfung der Lagerabläufe. Für den werksinternen Transport und die Handhabung werden durch geeignete Behältnisse, Transportmittel und Schutzmaßnahmen die Einhaltung der gesetzlichen Auflagen sichergestellt, so daß Umweltgefährdungen bei sachgerechtem Betrieb ausgeschlossen sind. Der Verbraucher bzw. die verarbeitende Abteilung ist für die ordnungsgemäße Vorortlagerung und Anwendung verantwortlich. Dies gilt besonders für umweltgefährdende Stoffe.

Im Rahmen von Umweltaudits (Kapitel 16) werden Anlieferung, Lagerung, Transport und Verwendung regelmäßig beurteilt. In einer Umweltverfahrensanweisung (UVA 7.3 "Materialwirtschaft") sind die Anforderungen näher beschrieben.

7.4 Ausführungsrichtlinien

UVA 7.1 "Gefahrstoffe"

UVA 7.2 "Lieferanten"

UVA 7.3 "Materialwirtschaft"

8. Produktion

8.1 Grundlegende Zielsetzungen

Die umweltpolitischen Ziele eines Unternehmens gelten prinzipiell für das gesamte Unternehmen. Der Bereich "Produktion" ist jedoch von Umweltschutzgesetzen, -verordnungen und -auflagen am stärksten betroffen. Das folgende Kapitel befaßt sich daher ausführlich mit der Produktion.

Die Fertigungsabteilungen unterliegen bei der Herstellung der Produkte einer besonderen Verantwortung für den Umweltschutz, da sich hier potentielle Auswirkungen auf die Umwelt ablaufbedingt konzentrieren. Dem Schnittstellenplan ist zu entnehmen, daß Produktionsabläufe in starkem Maße als umweltrelevant zu betrachten sind.

Die sorgfältige Planung von Fertigungstechnologien stellt sicher, daß diese unter beherrschten Bedingungen durchgeführt werden. Dazu zählen der gezielte Einsatz von Roh-, Hilfs- und Betriebsstoffen, die Einrichtung von Produktionsanlagen, die Einstellung von Prozessen und deren Parameter, sowie der Einsatz von qualifiziertem Personal. Die Belastung von Luft und Wasser, die Versiegelung von Boden durch Gebäude und Verkehrswege, die Kontamination von Erdreich sind bei diesen Planungen zu berücksichtigen und zu minimieren.

Ziel ist auch die Förderung einer rückstandsarmen Kreislaufwirtschaft. Produktionsbedingte Abfälle sind zu vermeiden bzw. in ihrer Menge und Schädlichkeit zu mindern und natürliche Ressourcen sind zu schonen. Da die rückstandsarme Kreislaufwirtschaft Vorrang vor der Abfallentsorgung hat, sind die abfallerzeugenden Einsatzstoffe in der Produktion sparsamer zu verwenden oder durch abfallärmere Einsatzstoffe zu ersetzen.

8.2 Verantwortungen und Schnittstellenplan

Im Schnittstellenplan "Produktion" wurden folgende umweltrelevanten Abläufe (fett) identifiziert:

Ablauf \ Bereich	Vorstand	Marketing / Vertrieb	Entwicklung	Qualitätswesen	Verfahrenstechnik / Instandhaltung	Materialwirtschaft	Produktion	Zentrale Technische Dienste	Umweltschutz / Arbeitssicherheit	Logistik	Betriebswirtschaft / Controlling	Technischer Service / Kundendienst	Personal / Sozialwesen
8.1 Fertigungsverfahren in der Anwendung				M	M		V	M	M				
8.2 Versuchsplanung und Verfahrensänderung				M	V		M		M				
8.3 Instandhaltung Fertigungseinrichtung					V		M						
8.4 Instandhaltung Gebäude und Technische Anlagen								V					
8.5 Energieversorgung / -einsparung					M		M	V	M				
8.6 Lärm					M		V	M	M				
8.7 Linienbegehung / -inspektion				M			V		M				

V = Verantwortlich   M = Mitarbeit

Abbildung 16: Schnittstellenplan Produktion

8.3 Abläufe und Realisierungsmöglichkeiten

Die genannten umweltrelevanten Abläufe sind im folgenden kurz beschrieben.

Ablauf 8.1: Fertigungsverfahren in der Anwendung

Verantwortlich für diesen Ablauf ist der Bereich "Produktion.

Die Produktion nimmt im Rahmen des betrieblichen Umweltschutzes eine Schlüsselstellung ein. Vor ihrem Einsatz müssen alle Fertigungseinrichtungen auf Funktionsfähigkeit geprüft werden. Die Auswirkungen auf die Umwelt sind den Verantwortlichen bekannt. Die gesetzlichen Vorschriften werden eingehalten.

Fertigungsvorgänge sind -soweit notwendig- durch dokumentierte Arbeitsanweisungen festgelegt. So enthalten diese Arbeitsanweisungen Hinweise zur Qualitätssicherung, zur Arbeitssicherheit und zum Umweltschutz. Der inhaltliche Rahmen für diese Arbeitsanweisungen wird in der UVA 8.1 "Produktion" beschrieben. Eine Verifizierung der Auswirkungen des Prozesses auf die Umgebung erfolgt an wichtigen Punkten des Fertigungsablaufes. So werden die Auswirkungen auf die Umwelt minimiert. Dazu gehören auch regelmäßige Überprüfungen der Lärm- und Geruchsemissionen in den zuständigen Fertigungsabteilungen.

Sofern für Umweltschutzbelange wichtig, werden die für den Prozeß benutzten Hilfsmaterialien und Hilfsmittel wie Wasser, Druckluft, elektrische Energie und Chemikalien regelmäßig überwacht. Während der Produktion sind Materialien und Chemikalien den Vorschriften entsprechend zu lagern, um negative Auswirkungen auf Mitarbeiter und Umwelt zu vermeiden.

Ablauf 8.2: Versuchsplanung und Verfahrensänderung

Verantwortlich für diese Aufgabe ist der Bereich "Verfahrenstechnik / Instandhaltung".

Vorhandene Fertigungstechnologien sind unter Berücksichtigung abfallarmer Produktionsverfahren und integrierter Umweltschutztechnologien zu verbessern. Entsprechende Bearbeitungsversuche mit geänderten Verfahren verbessern die Qualitäts-, Umwelt- und Kostenaspekte unserer Produktionsverfahren.

Da bei der Herstellung oder dem Gebrauch von Roh-, Hilfs- und Betriebsstoffen und sonstigen Materialien verfahrensbedingt Nebenprodukte entstehen, ist zu prüfen, welche Einsatzstoffe und Verfahren diese Nebenprodukte verursachen. Da die rückstandsarme Kreislaufwirtschaft Vorrang vor der Entsorgung hat, sind die entsprechenden Einsatzstoffe sparsamer zu verwenden oder sie werden entsprechend dem fortgeschrittenen Stand der Technik durch umweltverträglichere Roh-, Hilfs-, Betriebsstoffe substituiert. Bei Prozeßänderungen sind die Auswirkungen auf den betrieblichen Umweltschutz darzustellen, den betroffenen Bereichen / Abteilungen bekanntzugeben und zu dokumentieren.

Erst wenn alle genannten Möglichkeiten ausgeschöpft sind, ist die Weiterverwendung von Nebenprodukten als Sekundärrohstoffe zu prüfen.

Materialien, für die eine Verwendung als Sekundärrohstoffe nicht möglich ist, sind zuverlässig zu entsorgen. Voraussetzung dafür ist eine getrennte Sammlung aller Abfälle. Der Bereich "Zentrale Technische Dienste" stellt die ordnungsgemäße Abfallentsorgung sicher und führt die gesetzlich vorgeschriebene Dokumentation durch.

Ablauf 8.3 - 8.4: Instandhaltung "Fertigungseinrichtungen", "Gebäude und Technische Anlagen"

Verantwortlich für den Ablauf 8.3 ist der Bereich "Verfahrenstechnik / Instandhaltung".

Die laufende Funktionsfähigkeit der Fertigungsanlagen durch regelmäßige Wartungen ist zu gewährleisten. Dadurch lassen sich die umweltbelastenden Nebenwirkungen nicht optimal eingestellter Einrichtungen minimieren. Damit sind auch Kosteneinsparungen verbunden. Sämtliche Arbeiten mit umweltrelevanten Auswirkungen sind zu dokumentieren.

Verantwortlich für den Ablauf 8.4 ist der Bereich "Zentrale Technische Dienste".

Alle Abluftanlagen, die nicht direkt einer Fertigungsanlage zugeordnet sind, werden hier betreut. Die regelmäßigen Überprüfungen der Dichtigkeit von Abwasserkanälen und -leitungen ist ebenfalls Aufgabe des Bereiches.

Externe Firmen nehmen ebenfalls Instandhaltungsaufgaben wahr. Entsprechende Vereinbarungen sind vorhanden. Sämtliche Arbeiten mit umweltrelevanten Auswirkungen sind zu dokumentieren.

Ablauf 8.5: Energieversorgung / -einsparung

Verantwortlich für diesen Ablauf ist der Bereich "Zentrale Technische Dienste".

Als Grundlage für den wirtschaftlichen und umweltschonenden Einsatz von Energie ist eine Energieplanung vorzunehmen. Die entsprechenden Anlagen sind regelmäßig zu warten. Die Möglichkeiten der Wärmerückgewinnung sind zu intensivieren.

Im Rahmen der Energieversorgung werden die Verbrauchsschwerpunkte des Unternehmens aufgezeigt und Energiesparmaßnahmen nach ihrer Wirtschaftlichkeit und den zu erwartenden Einsparungen bewertet. Für die einzelnen Gebäude und Anlagen sind Energiekennzahlen und Energiebilanzen zu entwickeln. In Form einer Umweltverfahrensanweisung (UVA 8.3 "Energie") ist der Bereich "Zentrale Technische Dienste" verpflichtet, ein entsprechendes Programm zu entwickeln.

Ablauf 8.6: Lärm

Verantwortlich für diesen Ablauf ist der Bereiche "Produktion", weil dort die Hauptverursacher für Lärm angesiedelt sind.

Ziel ist es Lärmentwicklungen vorangig zu vermeiden. Nicht vermeidbare Lärmentwicklung ist soweit möglich einzudäammen. Dies gilt sowohl intern als auch für Lärmentwicklung die auf die benachbarte Umgebung einwirkt.

Die verantwortlichen Bereiche überprüfen regelmäßig Lärmverursacher und stellen sicher, daß vermeidbare Lärmentwicklung unterbleibt.

Bei Bedarf werden notwendige Meßungen in Abstimmung mit dem Umweltbeauftragten und der Fachkraft für Arbeitssicherheit durchgeführt.

8.4 Ausführungsrichtlinien

UVA 8.1 "Produktion"

UVA 8.2 "Lärm"

UVA 8.3 "Energie"

9. Umweltbereiche

9.1 Grundlegende Zielsetzungen

Im Unternehmen entstehen neben den eigentlichen Produkten Nebenprodukte wie Abluft, Abwasser und Abfälle. Ziel ist es, durch eine umweltorientierte Produktion diese zu minimieren bzw. erst gar nicht entstehen zu lassen und soweit möglich, sie sinnvoll zu verwerten.

Die existierenden Umweltgesetze, Verordnungen und Vorschriften wirken besonders stark auf die Produktion ein. Sie betreffen in erster Linie das Abwasser, die Abfälle und Abluft. Aus diesen Gesetzen resultieren nicht nur die einzuhaltenden Grenzwerte, sondern auch die Pflicht zur Genehmigung und Überwachung von Anlagen, die Berufung von Gewässerschutz-, Immissionsschutz-, Abfall- und Gefahrgutbeauftragten.

Durch organisatorische Maßnahmen sind die Entstehungsschwerpunkte von Abwässern, Rückständen -dazu gehören Abfälle, Reststoffe, Wertstoffe und Sonderabfälle- und gasförmige Emissionen zu identifizieren und zu bewerten.

Verbesserungen existierender bzw. die Einführung neuer Verfahren nach dem jeweils neuesten Stand der Technik führen zur Reduzierung der unerwünschten Nebenprodukte und zur Einsparung von Energie. Dazu ist bevorzugt die anlageninterne bzw. unternehmensinterne Kreislaufführung von Stoffen einzusetzen.

Um diese rechtlichen Pflichten und Vorgaben und zusätzlich die aus dem Umweltmanagementhandbuch resultierenden Vorgaben zu erfüllen, sind durch Umweltverfahrensanweisungen die innerbetrieblichen Voraussetzungen zu schaffen. Aus den UVA's sind von der zuständigen Abteilung konkrete Umweltarbeitsanweisungen für die Mitarbeiter zu erstellen. Sie enthalten konkrete Handlungsanweisungen für die Bedienung der Anlagen, Einhaltung der Prozeßparameter und Maßnahmen um Abweichungen zu korrigieren.

9.2 Verantwortungen und Schnittstellenplan

Im Schnittstellenplan "Umweltbereiche" wurden folgende umweltrelevanten Abläufe (fett) identifiziert:

Ablauf \ Bereich	Vorstand	Marketing / Vertrieb	Entwicklung	Qualitätswesen	Verfahrenstechnik / Instandhaltung	Materialwirtschaft	Produktion	Zentrale Technische Dienste	Umweltschutz / Arbeitssicherheit	Logistik	Betriebswirtschaft / Controlling	Technischer Service / Kundendienst	Personal / Sozialwesen
9.1 Abwasserbehandlung					M		V	M	M				
9.2 Abwasserkanäle								V	M				
9.3 Abfallmanagement					M	M	M	M	V				
9.4 Abfallminimierung			**Verantwortlich sind alle Vorgesetzten im Rahmen ihres Aufgabengebietes**										
9.5 Abluft					V		M	M	M				
9.6 Boden / Altlasten					M		M	V	M				

V = Verantwortlich M = Mitarbeit

Abbildung 17: Schnittstellenplan Umweltbereiche

9.3 Abläufe und Realisierungsmöglichkeiten

Die genannten umweltrelevanten Abläufe sind im folgenden kurz beschrieben.

Ablauf 9.1-9.2: Abwasserbehandlung und -kanäle

Verantwortlich für den Ablauf 9.1 ist der Bereich "Produktion ", da von diesem Bereich die größten Belastungen für das Abwasser ausgehen. Für den Ablauf 9.2 ist der Bereich "Zentrale Technische Dienste" verantwortlich.

Ziel ist es, den Wasserverbrauch und die Abwassermenge zu vermindern sowie die Umweltgefahren, die durch das Abwasser ausgehen, zu minimieren. Die betriebliche Wasserwirtschaft (Wassermanagement) befaßt sich mit der Umsetzung der wasserwirtschaftlichen Ziele. Dazu werden quantitative und qualitative Analysen durchgeführt und Wasserwirtschaftskonzepte erarbeitet. Die Funktionsfähigkeit der Abwasserbehandlungsanlage ist durch einen verantwortlichen Mitarbeiter regelmäßig sicherzustellen. Er prüft täglich Kontrolleinrichtungen, eicht Meßgeräte, analysiert das Abwasser hinsichtlich bestimmter Parameter und dokumentiert dieses im Betriebstagebuch. Das Betriebstagebuch wird monatlich vom Umweltschutzbeauftragten gegengezeichnet. Das innerbetriebliche Kanalnetz muß im Rahmen der Eigenkontrolle ebenso regelmäßig kontrolliert werden. Die Überprüfungen sind zu dokumentieren.

Die Umweltverfahrensanweisung (UVA 9.1 "Abwasser") gibt nähere Erläuterungen zu diesem Umweltbereich.

Ablauf 9.3-9.4: Abfallmanagement und -minimierung

Verantwortlich für den Ablauf 9.2 ist der "Umweltschutzbeauftragte" und für den Ablauf 9.3 sind es alle Vorgesetzten.

Ziel ist es, den Verbrauch von Rohstoffen zu vermindern und die Abfallmenge zu minimieren. Das betriebliche Abfallmanagement erfaßt die Entstehung der Abfälle in Form von Stoffflüssen. Es umfaßt Abfälle, Sonderabfälle, Reststoffe, Wertstoffe und die Abwicklung der Entsorgungsvorgänge. Zusätzlich liefert ein Abfallkataster die grundlegenden Daten zur Erstellung eines Abfallwirtschaftskonzept. Der Umweltschutzbeauftragte stellt die Abfallentsorgung mit möglichen Entsorgern sicher und er gibt die "Verantwortlichen Erklärungen" ab, um das Verwerten von Reststoffen und das Entsorgen von Abfällen zu ermöglichen. Für den Transport von Reststoffen und Abfällen sind nur solche Beförderer einzusetzen, die über die behördliche Genehmigung verfügen. Er ist für die gesamte Dokumentation der Reststoffverwertung und Abfallentsorgung verantwortlich. Die Verantwortung für den sparsamen Einsatz von Roh-, Hilfs- und Betriebsstoffen zur Vermeidung von Abfällen, sowie für die Bereitstellung zum Transport liegt bei den abfallerzeugenden Abteilungen. Diese Abteilungen sind auch für die Reduzierung ihres Abfallaufkommens verantwortlich.

Eine Umweltverfahrensanweisung (UVA 9.2 "Abfälle") gibt nähere Erläuterungen zu diesem Umweltbereich.

Ablauf 9.5: Abluft

Verantwortlich für diesen Ablauf ist der Bereich "Verfahrenstechnik / Instandhaltung".

Mit dem Ziel, die umweltrelevanten Abluftströme zu minimieren werden alle Abluftquellen aus den unterschiedlichsten Betriebseinheiten in Form eines Katasters erfaßt. Hierzu zählen auch die durch den Werksverkehr und Vertrieb verursachten Emissionen. Dieses Kataster enthält zusätzlich die Abluftart (z.B. Lösemitteldämpfe) sowie die verursachenden Produktionsprozesse (z.B. Entfetten, Lackieren). Der Bereich "Verfahrenstechnik / Instandhaltung" erarbeitet in Zusammenarbeit mit dem Umweltschutzbeauftragten ein Konzept zur Reduzierung umweltrelevanter Abluftströme. Die Funktionsfähigkeit und regelmäßige Wartung von Abluftreinigungsanlagen wird von dem Bereich "Verfahrenstechnik / Instandhaltung" sichergestellt. Dies schließt die regelmäßige Prüfung und Eichung der Kontrolleinrichtungen und Meßgeräte ein. Diese Arbeiten sind zu dokumentieren.

Eine Umweltverfahrensanweisung (UVA 9.3 "Abluft") gibt nähere Erläuterungen zu diesem Umweltbereich.

Ablauf 9.6: Boden / Altlasten

Verantwortlich für diesen Bereich ist der Bereich "Zentrale Technische Dienste".

Durch den Umgang mit Stoffen, deren Gefahren für die Umwelt in der Vergangenheit nicht oder nicht ausreichend bekannt waren, können Altlasten entstanden sein. Solche Altlasten können z.B. Boden- und Grundwasserverunreinigungen durch CKW's, schwermetallverunreinigte Böden oder mit Öl und/oder Lösemittel verunreinigte Hallenböden sein.

Der verantwortliche Bereich muß daher folgende Punkte sicherstellen:

- Ermittlung von Verdachtsflächen aus früherer Nutzung durch historische Erkundungen
- Überprüfung von Verdachtsflächen
- Sanierung erkannter Schadensfälle

Eine Umweltverfahrensanweisung (UVA 9.4 "Boden /Altlasten") gibt nähere Erläuterungen zu diesem Umweltbereich.

9.4 Ausführungsrichtlinien

UVA 9.1 "Abwasser"

UVA 9.2 "Abfälle"

UVA 9.3 "Abluft"

UVA 9.4 "Boden / Altlasten"

10. Logistik

10.1 Grundlegende Zielsetzungen

Die Verantwortung unseres Unternehmens für die Produkte erstreckt sich von der Entwicklung, dem Versand über die Nutzungsphase, bis hin zu ihrer endgültigen Entsorgung. Im Rahmen unserer Ver- und Entsorgungslogistik müssen umweltfreundliche Möglichkeiten aufgezeigt werden.

Dazu gehören die Auswahl der umweltfreundlichsten Verkehrsmittel im Zuge der Kundenbelieferung. Wir arbeiten aktiv an der Entwicklung geeigneter Möglichkeiten zum Transport unserer Produkte mit der Bahn bzw. Bahn / Lkw-Kombinationen. Wo bereits möglich, setzen wir bewußt die Bahn als Transportmittel ein.

Die Verpackung unserer Produkte richtet sich ebenfalls nach ökologischen Gesichtspunkten. Die Sekundärverpackungen der Produkte werden so weit wie möglich reduziert, bei Transportverpackungen wird auf Mehrwegverpackungen geachtet.

Zur Verwertung von ausgedienten Produkten nach der Nutzungsphase zeigen wir firmeneigene Rücknahmemöglichkeiten oder Entsorgungswege durch Dritte auf. Im Hinblick auf diese Kreislaufwirtschaft sind entsprechende Schulungen der Außendienstmitarbeiter sehr wichtig und werden vom Bereich "Marketing und Vertrieb" veranlaßt.

10.2 Verantwortungen und Schnittstellenplan

Im Schnittstellenplan "Logistik" wurden folgende umweltrelevante Abläufe (fett) identifiziert:

Ablauf \ Bereich	Vorstand	Marketing / Vertrieb	Entwicklung	Qualitätswesen	Verfahrenstechnik / Instandhaltung	Materialwirtschaft	Produktion	Zentrale Technische Dienste	Umweltschutz / Arbeitssicherheit	Logistik	Betriebswirtschaft / Controlling	Technischer Service / Kundendienst	Personal / Sozialwesen
10.1 Auftrags-annahme		V								M			
10.2 Vorhersage- und Bedarfsplanung		M								V			
10.3 Lagerung Fertigprodukte				M						V			
10.4 Transport-verpackung und Versand		M		M	M				M	V			
10.5 Speditive Abwicklung		M							M	V			
10.6 Gefahrgutbegleit-papiere für Produkte									V	M			
10.7 Produkt-instandhaltung		M	M	M					M			V	
10.8 Rücknahme von Altprodukten		M		M					M	V		M	

V = Verantwortlich M = Mitarbeit

Abbildung 18: Schnittstellenplan Logistik

10.3 Abläufe und Realisierungsmöglichkeiten

Die genannten umweltrelevanten Abläufe sind im folgenden kurz beschrieben.

Ablauf 10.4: Transportverpackung und Versand

Verantwortlich für diese Aufgabe ist der Bereich "Logistik".

Die Zusammenstellung umfaßt Kommissionieren, Vorverpacken und ggf. Zusatzbeschriften der einzelnen Positionen; weiterhin Erfassen, Verpacken und speditive Abwicklung der Sendungen. Bei der Auswahl der Transportverpackungen ist dem optimalen Schutz der Güter, aber ebenso auch dem minimalen Aufwand an Verpackungsmaterial, Rechnung zu tragen. Wenn möglich, sind Mehrwegverpackungen einzusetzen oder Mehrfachverwendung der Verpackungsmaterialien anzustreben. Die verwendeten Verpackungsmaterialien müssen eindeutig identifizierbar sein und stofflich verwertet werden können. Bei grundsätzlichen Entscheidungen in der Wahl der Änderung von Verpackungsmaterialien oder -methoden sind gesetzliche Verordnungen und Fragen der Ökobilanz von Verpackungen zu beachten.

Ablauf 10.5: Speditive Abwicklung

Verantwortlich für diese Aufgabe ist der Bereich "Logistik".

Unter den Tätigkeiten innerhalb der speditiven Abwicklung wie z.B. Erstellen von Versandaufträgen, Verhandeln von Frachtraten usw. spielt in erster Linie die Auswahl der Verkehrsträger bzw. -mittel eine umweltrelevante Rolle. Kriterien zur Auswahl der Verkehrsmittel sind Laufzeit zum Bestimmungsort und Kosten unter Berücksichtigung der Dringlichkeit und dem Warenwert. Zwischen diesen Auswahlkriterien und dem Einsatz umweltfreundlicher Verkehrsmittel bestehen häufig Zielkonflikte. Wenn immer möglich, sind bevorzugt umweltfreundliche Verkehrsmittel einzusetzen. Der Umweltschutzbeauftragte ist bei der Auswahl der Verkehrsmittel mit einzubeziehen. Wenn eine gute Anbindung an das Schienennetz der Eisenbahn vorhanden ist, so ist in erster Linie dieses Verkehrsmittel zu nutzen. Hier sind in Zusammenarbeit mit dem Verkehrsträger noch bedeutende Verbesserungen möglich. Bei Aufträgen ohne Terminvorgabe sind im nationalen und internationalen Bereich Päckchen und Pakete durch die Post zu versenden. Für Sammelverkehr im nationalen und europäischen Bereich und für Expreßdienste wird heute vorwiegend der Transport mit dem LKW vorgenommen. Hier muß jedoch durch eine verbesserte Logistik der Eisenbahn- bzw. Postanteil vergrößert werden. Artikel nach Übersee, die die Planung langer Laufzeiten ermöglichen, werden verschifft.

Ablauf 10.7: Produktinstandhaltung

Verantwortlich für diese Aufgabe ist der Bereich "Technischer Service" / "Kundendienst".

Die Betreuung unserer Produkte beim Kunden wird über den Verkaufszeitpunkt hinaus übernommen. Damit ist während der Betriebsphase eine hohe Verfügbarkeit beim Anwender sichergestellt. Die notwendigen Einrichtungen sind bereitzustellen, damit die Serviceausführungen den hohen Qualitäts- und Umweltvorschriften entsprechen. So sind sämtliche Wareneingänge einer gründlichen Reinigung zuzuführen, um unsere Mitarbeiter vor eventuellen gesundheitlichen Schäden zu schützen. Die Dokumentation von Reklamationen, Garantie- und Kulanzleistungen auf kostenloser oder kostenpflichtiger Basis erlaubt Rückkopplungen und Erkenntnisse für sämtliche Bereiche im Unternehmen und über den Stand der Produkte. Ebenfalls erfolgt die Ersatzteilversorgung / der Ersatzteilvertrieb an die Beteiligungsgesellschaften und die Vertragsfachhändler mit autorisierten Werkstätten zentral durch den "Technischen Service / Kundendienst".

Ablauf 10.8: Rücknahme von Produkten

Verantwortlich für diesen Ablauf ist der Bereich "Logistik".

Er hat in Zusammenarbeit mit dem "Technischen Service / Kundendienst" und "Marketing und Vertrieb" den Rücknahmefluß zu organisieren. Beim Eintreffen der Produkte sorgt die Logistik für die richtige Endlagerung bzw. Demontage. Die Trennung der einzelnen Stoffe erfolgt sortenrein. Die demontierten Teile werden in einem dafür vorgesehenen Zwischenlager bis zum Rücktransport zu einem Verwerter gelagert. Gleichwertig kann vom Bereich "Logistik" direkt eine Produktrücknahme durch entsprechende Verwertungsunternehmen organisiert werden. Diese Unternehmen sind regelmäßig zu auditieren.

10.4 Ausführungsrichtlinien

UVA 10.1 "Logistik"

11. Personal / Schulung

11.1 Grundlegende Zielsetzungen

Umweltorientierte Unternehmensführung bedeutet u.a., daß sich alle Mitarbeiter über die Umweltpolitik und -ziele des Unternehmens bewußt sind. Die Motivation der Mitarbeiter zu Eigenverantwortung und Umweltbewußtsein ist eine elementare Aufgabe. Dies kann durch Schulungen und Informationen über Neuerungen im Betrieb, neue Gesetze etc. erfolgen.

Durch die gezielte Aus- und Weiterbildung unserer Mitarbeiter wird sichergestellt, daß an allen Arbeitsplätzen mit direkten umweltrelevanten Tätigkeiten ausreichend qualifiziertes Personal eingesetzt wird.

Die Personalabteilung informiert alle Bereiche / Abteilungen über das Weiterbildungsangebot. Sie ist verantwortlich für die Organisation und Durchführung der Fortbildungsveranstaltungen.

Für die leitenden Angestellten bis zur Meisterebene aller Bereiche / Abteilungen sind Unterweisungen durchzuführen, um das Verständnis für die Funktionsfähigkeit unseres Umweltmanagementsystems zu vermitteln.

Für andere und neue Mitarbeiter ist durch die Vorgesetzten ein entsprechender Kenntnisstand zu gewährleisten. Die Vorgesetzten sind ebenfalls dafür verantwortlich, daß die Mitarbeiter andere Weiterbildungsmaßnahmen wahrnehmen können. Dies betrifft insbesondere die Einarbeitung in neue Aufgaben, Geräte und Verfahren. Fragen der Arbeitssicherheit, des Umweltschutzes und der Qualitätssicherung sind wichtige Ausbildungsinhalte. Aus der Personalakte des Mitarbeiters ist ersichtlich, an welchen Schulungen und Seminaren er im Laufe seiner Betriebszugehörigkeit teilgenommen hat. Für externe Schulungen sind die Mitarbeiter freizustellen.

Die Notwendigkeit des betrieblichen Umweltschutzes läßt sich durch ein Programm zur Förderung des Umweltbewußtseins unterstreichen. Dazu gehören Anregungen für Verbesserungsvorschläge, Einführungs- und Elementarlehrgänge für neue Mitarbeiter und wiederkehrende Lehrgänge für langjährige Mitarbeiter. Diese Maßnahmen geben ein tieferes Verständnis für die durchzuführenden Aufgaben und Tätigkeiten. So vermindert eine gute Arbeitsausführung die Umweltbelastung und erhöht die Zufriedenheit der Kunden. Dies hat letztlich direkte Auswirkungen auf die wirtschaftliche Lage unseres Unternehmens.

Langfristig wird über die Personalentwicklung nicht nur die fachliche Qualifikation der Mitarbeiter, sondern auch ihre generelle Einstellung zum betrieblichen Umweltschutz weiterentwickelt. Dadurch erhöht sich die Mitarbeitermotivation und es wird ein umweltbewußteres Verhalten am Arbeitsplatz erzielt. In der Führungstechnik von Vorgesetzten werden die Anforderungen unseres Umweltmanagementsystems verstärkt berücksichtigt.

11.2 Verantwortungen und Schnittstellenplan

Im Schnittstellenplan "Personal / Schulung" wurde folgender umweltrelevanter Ablauf (fett) identifiziert:

Ablauf \ Bereich	Vorstand	Marketing / Vertrieb	Entwicklung	Qualitätswesen	Verfahrenstechnik / Instandhaltung	Materialwirtschaft	Produktion	Zentrale Technische Dienste	Umweltschutz / Arbeitssicherheit	Logistik	Betriebswirtschaft / Controlling	Technischer Service / Kundendienst	Personal / Sozialwesen
11.1 Führungstechniken				**Verantwortlich sind alle Vorgesetzten im Rahmen ihres Aufgabengebietes**									
11.2 Mitarbeiterqualifikation und -einsatz				**Verantwortlich sind alle Vorgesetzten im Rahmen ihres Aufgabengebietes**									
11.3 Weiterbildungsplanung				**Verantwortlich sind alle Vorgesetzten im Rahmen ihres Aufgabengebietes**									
11.4 Weiterbildungsangebot									M				V
11.5 Umweltinformationen									V				M
11.6 Umweltworkshops									V				M
11.7 Sicherheitsunterweisung				**Verantwortlich sind alle Vorgesetzten im Rahmen ihres Aufgabengebietes**									

V = Verantwortlich M = Mitarbeit

Abbildung19: Schnittstellenplan Personal / Schulung

11.3 Abläufe und Realisierungsmöglichkeiten

Der genannte umweltrelevante Ablauf ist im folgenden kurz beschrieben:

Ablauf 11.6: Umweltworkshops

Die Verantwortung für die Planung und Durchführung von Umweltworkshops liegt beim "Umweltschutzbeauftragten".

Die durch die betriebliche Umweltpolitik und das Umweltmanagementhandbuch vorgegebenen Umweltziele sind abteilungs- und bereichsbezogen in entsprechende Maßnahmen umzusetzen. Dies ist nur durch Einbeziehung der Mitarbeiter möglich.

Im Rahmen von Umweltworkshops wird eine Standortbewertung des eigenen Verantwortungsbereiches durchgeführt. Es ist die Frage zu beantworten:

Wo stehen wir heute?

Aus dieser Betrachtung der gegenwärtigen Verhältnisse ergibt sich die Zielsetzung für die Zukunft:

Wo wollen wir hin?

Damit sind Ausgangs- und Endpunkt festgelegt. Zur Erreichung des Zieles sind mit der Frage:

Welche Maßnahmen sind notwendig?

die entsprechenden Aktionen zu bewerten und in einem Projektplan festzuschreiben.

11.4 Ausführungsrichtlinien

UVA 11.1 "Personal / Schulung"

12. Eigenkontrolle

12.1 Grundlegende Zielsetzungen

Die in den Kapiteln 4-11 ausgewiesenen Unternehmensbereiche und Abläufe wurden als besonders umweltrelevant eingestuft und näher betrachtet.

Die nicht ausgewiesenen Unternehmensbereiche (z.B. Betriebswirtschaft / Controlling, EDV-Organisation / Rechenzentrum) sind im Rahmen eines Umweltmanagementsystems jedoch ebenfalls zu Umweltschutzmaßnahmen aufgefordert Dies geschieht durch eine systematische Eigenkontrolle in allen Abteilungen und Bereichen. Somit wird sichergestellt, daß die Auswirkungen von betrieblichen Aufgaben, Abläufen und Tätigkeiten auf die Umwelt möglichst gering sind.

Die abteilungs- bzw. bereichsinterne Eigenkontrolle gewährleistet somit eine kontinuierliche Stabilität unserer Umweltpolitik. Unsere Zielsetzungen im betrieblichen Umweltschutz lassen sich durch diese Vorgehensweise leichter verwirklichen und verbessern.

Sie ermöglicht die Erfüllung von Forderungen aus Gesetzen, Verordnungen, Richtlinien, Anforderungen aus der Umweltpolitik dem Umweltmanagementhandbuch, Umwelt-verfahrensanweisungen und anderen internen Anweisungen.

Die Durchführung und der Umfang der Eigenkontrolle basiert auf den folgenden Eigenkontrollfragen:

1. Wie ist die Umweltbilanz (Stoff- und Energiebilanz) unserer Abteilung?
2. Welche umweltrelevanten Materialien verwenden wir in unserer Abteilung?
3. Wie lassen sich diese Materialien durch umweltfreundlichere Stoffe ersetzen?
4. Wie können wir Materialien, Wasser und Energie einsparen?
5. Wie können wir Abfälle reduzieren?
6. Welche umweltrelevanten Tätigkeiten üben wir aus?
7. Wie lassen sich die Tätigkeiten umweltfreundlicher gestalten?
8. Welche umweltrelevanten Anlagen oder Geräte betreiben wir in unserer Abteilung?
9. Gibt es Parameter, die wir zur Umweltüberwachung an diesen Anlagen messen können?

10. Haben wir ein Qualitätssicherungsprogramm für umweltrelevante Anlagen und Geräte?

11. Welche Gesetze und Verordnungen sind für unsere Abteilung gültig?

12. Kennen die Mitarbeiter unserer Abteilung die betrieblichen Umweltziele?

13. Welche Maßnahmen können wir ergreifen, um den Umweltschutz in unserer Abteilung zu verbessern?

14. Welche Schwachstellen müssen wir in unserer Abteilung sofort beheben?

12.2 Verantwortungen und Schnittstellenplan

Im Schnittstellenplan "Eigenkontrolle" wurden folgende umweltrelevante Abläufe (fett) identifiziert:

Bereich / Ablauf	Vorstand	Marketing / Vertrieb	Entwicklung	Qualitätswesen	Verfahrenstechnik / Instandhaltung	Materialwirtschaft	Produktion	Zentrale Technische Dienste	Umweltschutz / Arbeitssicherheit	Logistik	Betriebswirtschaft / Controlling	Technischer Service / Kundendienst	Personal / Sozialwesen
12.1 Durchführung Eigenkontrolle				**Verantwortlich sind alle Vorgesetzten im Rahmen ihres Aufgabengebietes**									
12.2 Umfang				**Verantwortlich sind alle Vorgesetzten im Rahmen ihres Aufgabengebietes**									
15.3 Eigenkontroll-bericht				**Verantwortlich sind alle Vorgesetzten im Rahmen ihres Aufgabengebietes**									
12.4 Maßnahmen und Projekte incl. Erfolgskontrolle				**Verantwortlich sind alle Vorgesetzten im Rahmen ihres Aufgabengebietes**									

V = Verantwortlich M = Mitarbeit

Abbildung 20: Schnittstellenplan Eigenkontrolle

12.3 Abläufe und Realisierungsmöglichkeiten

Die genannten umweltrelevanten Abläufe sind im folgenden kurz beschrieben.

Ablauf 12.1: Durchführung der Eigenkontrolle

Für die Durchführung der Eigenkontrolle sind alle Vorgesetzten im Rahmen ihres Aufgabengebietes verantwortlich.

Die Eigenkontrolle dient dem Vorgesetzten als Nachweis für die Wahrnehmung der ihm obliegenden Verantwortung und Aufsichtspflicht. Werden im Rahmen der Eigenkontrolle Abweichungen vom Soll-Zustand oder Schwachstellen festgestellt, sind die entsprechenden Korrekturmaßnahmen durchzuführen.

Ablauf 12.2: Umfang der Eigenkontrolle

Für diesen Ablauf sind alle Vorgesetzten im Rahmen ihres Aufgabengebietes verantwortlich.

In den Bereichen / Abteilungen sind die umweltrelevanten Aufgaben und Anlagen zu erfassen. Dazu zählen insbesondere alle überwachungspflichtigen Anlagen mit ihren Parametern. In einer regelmäßigen Kontrolle sind im Rahmen von Risikoanalysen die Auswirkungen der Anlagen und Tätigkeiten auf die Umwelt zu prüfen und zu bewerten. Jeder Bereich bzw. jede Abteilung kennt die von ihm bzw. ihr ausgehenden Umweltbelastungen (Mengen, etc.) und die dadurch verursachten Kosten.

Ablauf 12.3: Eigenkontrollbericht

Verantwortlich für die Erstellung eines Eigenkontrollberichtes sind alle Vorgesetzten.

In einem Eigenkontrollbericht sind die Ergebnisse der Eigenkontrolle und die sich daraus ergebenden Schlußfolgerungen zu dokumentieren. Sie sollten den Umfang von einer Seite nicht überschreiten. Eine Prüfung ist im Rahmen von internen Umweltaudits vorgesehen.

Ablauf 12.4: Maßnahmen und Projekte incl. Erfolgskontrolle

Sowohl für die Umsetzung der Maßnahmen, als auch für deren Erfolgskontrolle sind alle Vorgesetzten des Unternehmens im Rahmen ihres Aufgabengebietes verantwortlich.

Nach einer Eigenkontrolle wird ein Maßnahmenplan erarbeitet. Dieser Maßnahmenplan enthält die durchzuführenden Projekte, Zeitpläne und Verantwortungen um die bei der Eigenkontrolle festgestellten Schwachstellen zu beseitigen bzw. um die festgelegten Ziele zu erreichen. Nur durch die Umsetzung des Maßnahmenplanes und die regelmäßige Erfolgskontrolle durch die betroffenen Vorgesetzten ist ein Erfolg zu gewährleisten. Wo immer möglich, sind die erzielten Erfolge zu quantifizieren.

12.4 Ausführungsrichtlinien

Zur Zeit sind keine weiteren Richtlinien notwendig.

13. Prüfmittel

13.1 Grundlegende Zielsetzungen

Dieses Kapitel regelt die Überwachung von Prüfmitteln, die bei umweltrelevanten Tätigkeiten Verwendung finden. Durch die systematische Überwachung läßt sich sicherstellen, daß die Meßergebnisse und die darauf beruhenden Entscheidungen und Maßnahmen richtig sind. Die Prüfmittelüberwachung bezieht sich auf Instrumente, Sensoren, Meßeinrichtungen, Meßwertaufzeichner, spezielle Prüfeinrichtungen, Computersoftware und beinhaltet auch deren Kalibrierung und Wartung.

Die Abteilung Qualitätswesen ist für die Gesamtkoordination verantwortlich. Sie pflegt die Prüfmitteldaten im Umweltinformationssystem, erstellt die Fälligkeitslisten und legt die zu überwachenden Prüfmittel fest. Die Kalibrierungen werden von den anwendenden Abteilungen durchgeführt bzw. von diesen bei externen Stellen veranlaßt.

Die Überprüfungsintervalle sind von den Einsatzbedingungen, der Einsatzhäufigkeit und den Ergebnissen vorangegangener Überprüfungen abhängig. Das jeweilige Intervall ist im Umweltinformationssystem hinterlegt. Nach jeder Kalibrierung wird überprüft, ob das gespeicherte Intervall beibehalten werden kann oder angepaßt werden muß. Die Programmfunktion ist über Paßwort geschützt und nur den Mitarbeitern der Prüfmittelüberwachung zugänglich.

Nach durchgeführter Kalibrierung und positivem Ergebnis wird dieses erfaßt und gespeichert. Über die Prüfmittel-Nr. ist das Ergebnis jederzeit aufrufbar. Bei großen Prüfmitteln erhalten diese zusätzlich eine Prüfplakette, die den Zeitpunkt der nächsten Kalibrierung anzeigt.

Durch die systematische Überwachung der Prüfmittel und eine sorgfältige Instandhaltung ist eine regelmäßige Prüfung und eine kontinuierliche Funktionsfähigkeit unserer Umweltschutzeinrichtung gewährleistet.

13.2 Verantwortungen und Schnittstellenplan

Im Schnittstellenplan "Prüfmittel" wurden folgende umweltrelevante Abläufe (fett) identifiziert:

Ablauf \ Bereich	Vorstand	Marketing / Vertrieb	Entwicklung	Qualitätswesen	Verfahrenstechnik / Instandhaltung	Materialwirtschaft	Produktion	Zentrale Technische Dienste	Umweltschutz / Arbeitssicherheit	Logistik	Betriebswirtschaft / Controlling	Technischer Service / Kundendienst	Personal / Sozialwesen
13.1 Erfassung und Registrierung			M	V					M				
13.2 Prüfmittel-verwaltung				V									
13.3 Kalibrier-normale				V					M				
13.4 Fehlerhafte Prüfmittel				V			M		M				
13.5 Einsatz der Prüfmittel				**Verantwortlich sind alle Vorgesetzten im Rahmen ihres Aufgabengebietes**									

V = Verantwortlich M = Mitarbeit

Abbildung 21: Schnittstellenplan Prüfmittel

13.3 Abläufe und Realisierungsmöglichkeiten

Die genannten umweltrelevanten Abläufe sind im folgenden kurz beschrieben:

Ablauf 13.1: Einführung und Registrierung

Verantwortlich für diesen Ablauf ist der Bereich "Qualitätswesen".

Ebenso wie Prüfmittel, die nach einer definierten Einsatzdauer überwacht werden, unterliegen neue Prüfmittel einer Kalibrierung. Erst nach einem positiven Prüfergebnis werden diese gekennzeichnet (Prüfmittel-Nr.), registriert und für den Einsatz freigegeben.

Der Beschaffungsablauf für neue Prüfmittel sieht bei Eingang eines neuen Prüfmittels in jedem Falle den Bereich Qualitätswesen als Empfangsstelle vor. Diese leitet die Prüfmittel nach der Erfassung und Erstabnahme an den endgültigen Empfänger weiter. Hierdurch wird sichergestellt, daß alle Prüfmittel erfaßt und einer Erstabnahme unterzogen werden.

Ablauf 13.4: Fehlerhafte Prüfmittel

Verantwortlich für diesen Ablauf ist der Bereich "Qualitätswesen".

Werden im Rahmen der laufenden Überwachung fehlerhafte Prüfmittel erkannt, ist der Bereich Qualitätswesen für das weitere Vorgehen zuständig. Dies kann bestehen aus:

- Einzug der fehlerhaften Prüfmittel
- Zurückstufung in eine niedrigere Güteklasse
- Reparatur
- Verschrottung
- Ersatzbeschaffung
- Überprüfung der mit diesem Meßmittel ermittelten Daten / Neumessung

Werden fehlerhafte Prüfmittel repariert, durchlaufen sie nach deren Instandsetzung erneut die Kalibrierstelle. Sind Prüfmittel irreparabel, werden diese entsorgt. Die Entsorgung und die erforderliche Neubestellung wird durch den Leiter des Bereiches Qualitätswesen abgewickelt.

Ablauf 13.5: Einsatz der Prüfmittel

Verantwortlich für diesen Ablauf sind alle Vorgesetzten im Rahmen ihres Aufgabengebietes.

Die Vorgesetzten sind für die sachgerechte Lagerung und für die pflegliche Behandlung der Prüfmittel während des Einsatzes verantwortlich. Weiterhin sind sie für folgende Aufgaben zuständig:

- Einzug fälliger Prüfmittel
- Erste Ansprechperson für Prüfmittelfragen
- Information des Umweltschutzbeauftragten bei Prüf- oder Prüfmittelproblemen
- Einzug beschädigter Prüfmittel
- Überwachung des sachgerechten Einsatzes von Prüfmitteln
- Prüfmittelpflege

13.4 Ausführungsrichtlinien

Zur Zeit sind keine weiteren Richtlinien notwendig.

14. Umweltinformation

14.1 Grundlegende Zielsetzungen

Die Umweltinformationen unseres Unternehmens erfassen und vergleichen die von uns verursachten Umweltauswirkungen. Damit gelingt es uns, die Umweltqualität unserer Produkte und in diesem Zusammenhang die unserer Herstellungsverfahren zu bewerten.

Ausgangspunkt unserer Umweltinformationen ist die UVA 3.1 "Umweltvorschriften". Sie gibt die für uns verbindlichen externen Gesetze, Verordnungen und Vorschriften sowie die internen Regelungen an. Die in Abbildung 8 (Bestandteile des Umweltmanagementsystems) gezeigten Umweltverfahrensanweisungen (UVA's) bilden die Grundlage für SOLL-IST-Vergleiche und ermöglichen im Rahmen unseres Umweltcontrollings die Erstellung eines Emissions-, Abwasser- und Abfallkatasters, eines Gefahrstoffkatasters und der Umwelterklärung.

Mit dem Umweltinformationssystem verfügen wir über ein System zur Erfassung der relevanten Stoffdaten und -eigenschaften, sowie der wichtigsten Stoff- und Energieströme. In Zusammenhang mit den Umweltvorschriften stehen uns so Möglichkeiten zur Bewertung umweltrelevanter Prozesse und Tätigkeiten zur Verfügung. Wir können damit die Umsetzung und die Wirksamkeit beschlossener Maßnahmen quantitativ verfolgen. Wir können leichter die ökologische Relevanz unseres Unternehmens erkennen und auf dieser Basis mit den Mitarbeitern quantitative Zielsetzungen vereinbaren. So läßt sich die Kommunikation und die Erreichung unserer betrieblichen Umweltziele verbessern.

Unser Umweltinformationssystem muß den Forderungen der relevanten Zielgruppen gerecht werden. In besonderem Maße trifft das auf die Bereitstellung von Ergebnissen und Berichten zu. Ergänzend sind nachfolgend die Informationen aufgeführt, die den einzelnen Zielgruppen zur Verfügung stehen oder gestellt werden können.

Zielgruppe	Umweltaufzeichnungen und Berichte
Vorstand	Mengen und Kosten in Verbindung mit umweltrelevanten Stoffen, Trenddaten, Risikopotentiale; Umweltmanagementhandbuch
Vorgesetzte	Mengen und Kosten in Verbindung mit umweltrelevanten Stoffen, Trenddaten, Risikopotentiale für ihren Verantwortungsbereich; relevante Umweltverfahrensanweisungen und Umweltarbeitsanweisungen
Umweltschutzbeauftragter	Zugriff auf alle umweltrelevanten Detailinformationen der Stoffe, Prozesse und Produkte; Umweltmanagementhandbuch, alle Umweltverfahrensanweisungen und Umweltarbeitsanweisungen
Sicherheitsfachkräfte	Zugriff auf umweltrelevanten Detailinformationen der Stoffe, Prozesse und Produkte entsprechend ihres Verantwortungsbereiches, zugehörige Umweltarbeitsanweisungen
Mitarbeiter	Stoff- und Prozeßdaten mit zugehöriger Umweltarbeitsanweisung, Umweltlexikon für Begriffserklärungen
Behörden	Abluft-, Abfall-, Abwasserdaten; Nachweise
Lieferanten	Umweltanforderungen des Unternehmens an den Lieferanten; Umweltverfahrensanweisung "Lieferanten"
Kunden	Umwelteigenschaften der Produkte; Umweltrelevanz des Herstellungsprozesses; Produktrücknahme, Entsorgungs- und Recyclingmöglichkeiten nach der Nutzung
Beförderer / Entsorger	Stoffeigenschaften und -zusammensetzungen, Nachweise
Öffentlichkeit	Umweltprogramm, Umweltpolitik, Umweltbericht; umweltrelevante Stoffe, Abluft-, Abfall-, Abwasserdaten, Energieeinsatz

14.2 Verantwortungen und Schnittstellenplan

Im Schnittstellenplan "Umweltinformation" wurden folgende umweltrelevante Abläufe (fett) identifiziert:

Ablauf \ Bereich	Vorstand	Marketing / Vertrieb	Entwicklung	Qualitätswesen	Verfahrenstechnik / Instandhaltung	Materialwirtschaft	Produktion	Zentrale Technische Dienste	Umweltschutz / Arbeitssicherheit	Logistik	Betriebswirtschaft / Controlling	Technischer Service / Kundendienst	Personal / Sozialwesen
14.1 Umweltschutz-aufzeichnungen				**Verantwortlich sind alle Vorgesetzten im Rahmen ihres Aufgabengebietes**									
14.2 Aufbewahrungs-fristen				**Verantwortlich sind alle Vorgesetzten im Rahmen ihres Aufgabengebietes**									
14.3 Umwelt-erklärung	V								M				

V = Verantwortlich M = Mitarbeit

Abbildung 22: Schnittstellenplan Umweltinformation

14.3 Abläufe und Realisierungsmöglichkeiten

Die genannten umweltrelevanten Abläufe sind im folgenden kurz beschrieben.

Ablauf 14.1: Umweltschutzaufzeichnungen

Regelmäßiges Aufzeichnen von umweltrelevanten Daten erleichtert die Kontrolle der Einhaltung der Anforderungen, die das Unternehmen im Rahmen seiner Umweltpolitik definiert hat.

Des weiteren sind die Daten eine wichtige Grundlage zur Erstellung von Berichten (Gefahrgutbericht, Umweltschutzbericht, u.s.w.) und Katastern (Emissionskataster, Abwasserkataster, u.s.w.) im Rahmen unseres Umweltinformationssystems.

Die durch die Produktion und weitere Tätigkeiten entstandenen Umwelteinwirkungen, wie Emissionen, Abwässer, Abfälle, Ressourcennutzung, Nutzung von Brennstoffen, Lärm- und Staubbelästigungen etc. werden in den einzelnen Abteilungen überwacht. Die Aufzeichnungen dienen als Beweis für das fortlaufende Wirken und Funktionieren des Umweltmanagementsystems. Die zugehörigen Umweltschutzaufzeichnungen, Verantwortlichkeiten und Aufbewahrungszeiträume finden sich im Ablauf 14.2. Die Verantwortung erstreckt sich auf die Erstellung, Verwaltung und Änderung der Umweltschutzaufzeichnungen.

Ablauf 14.2: Aufbewahrungsfristen

Umweltschutzaufzeichnungen sind verständlich und eindeutig formuliert zu führen. Aus den Aufzeichnungen geht die Verantwortlichkeit für die entsprechende Tätigkeit eindeutig hervor. Die Umweltschutzaufzeichnungen müssen zum Nachweis der Funktionsfähigkeit unseres Umweltmanagementsystems aufbewahrt werden.

Die von den einzelnen Fachabteilungen im Rahmen der Eigenkontrolle erstellten Berichte sind 5 Jahre aufzubewahren

Zur Überprüfung der Funktionsfähigkeit des Umweltmanagementsystems führen wir regelmäßig Umweltaudits /-reviews durch. Die zugehörigen Unterlagen, Protokolle und Maßnahmen sind 15 Jahre aufzubewahren.

Für die Aufbewahrung von Aufzeichnungen aus Umweltstörfällen und den zugehörigen Korrekturmaßnahmen ist das für den betrieblichen Umweltschutz zuständige Vorstandsmitglied verantwortlich. Hier beträgt die Aufbewahrungsfrist 30 Jahre.

Zu Ablauf 14.2:

Aufzeichnungen	Turnus	Aufbewahrungsfrist	Verantwortlich
Meßdaten	laufend	3 Jahre	Fachabteilung
Meßprotokolle	laufend	3 Jahre	Fachabteilung
Kalibrierdaten	laufend	3 Jahre	Fachabteilung
Betriebstagebücher	laufend	3 Jahre	Fachabteilung
Eigenkontrollberichte und Kataster:			
- Instandhaltung Fertigungseinrichtung	jährlich	5 Jahre	Bereich "Verfahrenstechnik / Instandhaltung"
- Instandhaltung Medienver- und -entsorgung	jährlich	5 Jahre	Bereich "Zentrale Techn. Dienste"
- Abfälle	jährlich	5 Jahre	Bereich "Zentrale Techn. Dienste"
- Abwasser	jährlich	5 Jahre	Bereich "Produktion"
- Abluft	jährlich	5 Jahre	Bereich "Verfahrenstechnik / Instandhaltung"
- Energieversorgung / -einsparung	jährlich	5 Jahre	Bereich "Zentrale Techn. Dienste"
- Gefahrstoffe	jährlich	5 Jahre	Bereich "Arbeitssicherheit / Umweltschutz
Gefahrgutbericht	jährlich	5 Jahre	Umweltschutzbeauftragter
Umwelterklärung	jährlich	10 Jahre	Umweltschutzbeauftragter
Umweltaudit	3-jährlich	15 Jahre	Umweltschutzbeauftragter
Umweltreview	5-jährlich	15 Jahre	Umweltschutzbeauftragter
Umweltstörfall und Korrekturmaßnahmen	---	30 Jahre	Vorstand

Ablauf 14.3: Umwelterklärung

Verantwortlich für diesen Ablauf ist der Vorstand, vertreten durch den Vorstandsbereich "Entwicklung"

Die Umwelterklärung ist ein verbindlicher Bestandteil des Umweltmanagementsystemes. Sie stellt eine jährliche Analyse der betrieblichen Umweltsituation unseres Unternehmens dar. Die jährliche Fortschreibung der Umwelterklärung erleichtert neben der Kontrolle durch das Management auch die Einhaltung der Unternehmenspolitik einschließlich der gesetzlichen Vorschriften.

Unsere Umwelterklärung dient zur Information von Mitarbeitern, Nachbarschaft, Behörden und Umweltgruppen. Überregional ist die Umwelterklärung für Kunden und Lieferanten, Banken und Versicherungen sowie überregionale Medien von Interesse und wird auf Anfrage auch an diese weitergeleitet.

Inhaltlich umfaßt die Umwelterklärung insbesondere:

- eine Beschreibung der Tätigkeiten unseres Unternehmens an dem betreffenden Standort.
- eine Beurteilung aller Umweltfragen im Zusammenhang mit den betreffenden Tätigkeiten.
- eine Zusammenfassung der Zahlenangaben über Schadstoffemissionen, Abfallaufkommen, Rohstoff-, Energie- und Wasserverbrauch und ggf. über Lärm und andere bedeutsame umweltrelevante Aspekte, soweit angemessen.
- eine Darstellung der Umweltpolitik, des Umweltprogramms und des Umweltmanagementsystems unseres Unternehmens für den betreffenden Standort.
- den Termin für die Vorlage der nächsten Umwelterklärung.
- den Namen des zugelassenen Umweltgutachters.
- bedeutsame Veränderungen, die sich seit der vorangegangenen Erklärung z.B. im Rahmen von Umweltaudits ergeben haben.

Die Erklärung muß in leicht verständlicher und sachlicher Form verfaßt sein. Ziel ist es, durch Offenlegung aller umweltrelevanten Daten, Vertrauen zu schaffen und zur Kommunikation anzuregen. Damit lassen sich spezifische Schwachstellen und Handlungspotentiale herausarbeiten, die Ansatzmöglichkeiten zur Verbesserung der betrieblichen Umweltsituation bieten.

14.4 Ausführungsrichtlinien

Zur Zeit sind keine weiteren Richtlinien notwendig.

15. Korrekturmaßnahmen

15.1 Grundlegende Zielsetzungen

Wenn es zu Abweichungen von einem vorgegebenen Soll-Zustand kommt, sind Korrekturmaßnahmen erforderlich. Der einzuhaltende Soll-Zustand ergibt sich aus der Umweltpolitik, dem Umweltmanagementhandbuch, firmeninternen Umweltzielen und rechtlichen Vorgaben z.B. in Form von Grenzwerten oder Stoffverboten.

Bei Abweichungen vom Soll-Zustand sind immer die Ursachen zu ermitteln. Der Soll-Zustand ist mit Hilfe eines Aktionsplanes wieder herzustellen. Im Rahmen des Aktionsplanes sind Vorsorgemaßnahmen zu realisieren, die zukünftig die Einhaltung des Soll-Zustandes gewährleisten. Mögliche Änderungen, die sich aus den Korrekturmaßnahmen ergeben, sind zu dokumentieren und im entsprechenden Bestandteil des Umweltmanagementsystems zu berücksichtigen.

15.2 Verantwortungen und Schnittstellenplan

Im Schnittstellenplan "Korrekturmaßnahmen" wurden folgende umweltrelevanten Abläufe (fett) identifiziert:

Ablauf \ Bereich	Vorstand	Marketing / Vertrieb	Entwicklung	Qualitätswesen	Verfahrenstechnik / Instandhaltung	Materialwirtschaft	Produktion	Zentrale Technische Dienste	Umweltschutz / Arbeitssicherheit	Logistik	Betriebswirtschaft / Controlling	Technischer Service / Kundendienst	Personal / Sozialwesen
15.1 Fertigungsverfahren				M			V		M				
15.2 Umweltstörfall			Verantwortlich sind alle Vorgesetzten im Rahmen ihres Aufgabengebietes										
15.3 Anwohner	M								V				
15.4 Informations- u. Koordinationsplan	M						M	V	M				

V = Verantwortlich   M = Mitarbeit

Abbildung 23: Schnittstellenplan Korrekturmaßnahmen

15.3 Abläufe und Realisierungsmöglichkeiten

Die genannten umweltrelevanten Abläufe sind im folgenden kurz beschrieben:

Ablauf 15.1: Produktionsbereich

Die Herstellung unserer Produkte erfolgt durch Fertigungsverfahren, die möglichst wenig Auswirkungen auf die Umwelt besitzen. Wird trotzdem festgestellt, daß Prozesse, Abläufe und Tätigkeiten nicht mehr beherrscht werden oder daß Meß- und Prüfmittel die vorgegebenen Fehlergrenzen überschreiten, sind Korrekturmaßnahmen erforderlich. Ziel ist die zukünftige Vermeidung eines einmal erkannten Fehlers, unter dem Gesichtspunkt einer steten Verbesserung unserer betrieblichen Umweltsituation.

Für die Einleitung von Untersuchungen, der Durchführung von Analysen und der Einführung von Korrekturmaßnahmen ist der Fertigungsleiter verantwortlich. Er entscheidet im Einzelfall über die weitere Vorgehensweise und zeichnet die notwendigen Maßnahmen auf.

Mit diesen Untersuchungen sind die Auswirkungen auf die Umwelt festzustellen und zu ermitteln. Die Fehlerursache ist zu identifizieren und Abhilfemaßnahmen sind vorzuschlagen und durchzuführen. Die Untersuchung und Abstellung der Fehlerursache vermeidet eine Wiederholung des aufgetretenen Fehlers und der Abweichungen. Eventuell sind vorbeugende Maßnahmen einzuführen. Die sich aus Korrekturmaßnahmen ergebenden Verfahrensänderungen sind zu dokumentieren.

Ablauf 15.2: Umweltstörfall

Unser Unternehmen bewertet und überwacht die Auswirkungen der gegenwärtigen Tätigkeiten auf die lokale Umgebung und prüft alle bedeutenden Auswirkungen auf die Umwelt. In unserem Unternehmen setzen wir teilweise Stoffe ein, von denen ein gewisses Gefahrenpotential ausgeht. Daher müssen im Falle einer Gefährdung die richtigen Informationen und Anweisungen vorliegen.

Für die Gefahrenabwehr beim Eintreten eines Umweltstörfalles sind die Vorgesetzten unseres Unternehmens in ihrem Verantwortungsbereich zuständig. Sie wissen, welche potentiellen Gefahren von ihrem Bereich ausgehen können, und welche Sicherheitsmaßnahmen zu ergreifen sind. Sie erhalten Unterstützung durch den Umweltschutzbeauftragten und den Beauftragten für Arbeitssicherheit. Unsere Mitarbeiter werden im Rahmen der jährlichen Sicherheitsunterweisung regelmäßig zu den betreffenden Aspekten geschult.

Sollte es trotzdem zu einem Störfall mit einer damit verbundenen unmittelbaren Gefahrensituation kommen, wird durch unser Notrufsystem die Feuerwehr alarmiert. Für den ablaufenden Informations- und Koordinationsplan ist der Leiter "Zentrale Technische Dienste" zuständig. Er informiert intern den Vorstand und die betroffenen Bereichsleiter, Werksfeuerwehr, Technischen Notdienst, Umweltschutz- und Arbeitssicherheitsbeauftragten. Extern werden -soweit notwendig- Polizei, Behörden, Kommune und Berufsgenossenschaft benachrichtigt. Der Vorstand informiert bei einem Umweltstörfall die Öffentlichkeit. Er gibt Informationen zu folgenden Punkten:

- wie erkenne ich die Gefahr?
- was muß ich zuerst tun?
- was sollte ich auf keinen Fall tun?

Bei mittelbaren Gefahrensituationen erfolgt die Meldung im Rahmen unserer Aufbau- und Ablauforganisation. Die entscheidungsberechtigte Führungsebene veranlaßt die notwendigen Maßnahmen, kontrolliert deren Umsetzung und Wirksamkeit und führt die notwendigen Dokumentationen durch. Solch ein Störfall führt immer zu einer Prüfung der Funktionsfähigkeit unseres Umweltmanagementsystems.

Ablauf 15.3: Anwohner

Unser Umweltmanagementsystem ist die Voraussetzung für eine gute Organisation des betrieblichen Umweltschutzes. Trotzdem kann es in Ausnahmefällen zu Beschwerden der direkten Anlieger und Anwohner kommen. Diese Hinweise werden vom Umweltschutzbeauftragten und dem zuständigen Vorstandsmitglied aufmerksam verfolgt und recherchiert. Eventuell notwendige Maßnahmen sind unter Einbeziehung des Hinweisgebers zu realisieren.

15.4 Ausführungsrichtlinien

Zur Zeit sind keine weiteren Richtlinien notwendig

16. Umweltaudit

16.1 Grundlegende Zielsetzungen

Zur Überprüfung des gesamten Umweltmanagementsystems werden regelmäßig Umweltaudits durchgeführt. Sie dienen der Aufrechterhaltung und Verbesserung der Wirksamkeit unseres Umweltmanagementsystems und ermöglichen gleichzeitig Risikoanalysen. Es lassen sich dadurch die umweltspezifischen Zielsetzungen bewerten und das System an neue Forderungen anpassen.

Umweltaudits werden in allen Bereichen / Abteilungen durchgeführt. Sie bewerten die Aufbauorganisation, die Ablaufverfahren und umfassen auch entsprechende Audits bei unseren Lieferanten. Mit der Durchführung eines Umweltaudits werden die Soll-Vorgaben aus dem Umweltmanagementhandbuch auf ihre Umsetzung in den einzelnen Bereichen / Abteilungen überprüft.

Der Umweltaudit ist eines der wesentlichen Führungselemente in unserem betrieblichen Umweltschutz. Die in Zusammenhang mit der Planung und Durchführung stehenden Aufgaben sind dem Umweltschutzbeauftragten übertragen. Für die Durchführung der eigentlichen Audits stellt er ein Team aus Fachleuten zusammen. In Abstimmung mit dem Vorstand können auch externe Stellen mit der Durchführung von Umweltaudits beauftragt werden. Umweltaudits werden pro Geschäftsjahr geplant und durchgeführt.

In einem Auditplan sind die spezifischen Tätigkeiten und Bereiche, welche einem Audit zu unterziehen sind, festzulegen. Der Umfang der Auditplanung richtet sich nach der Art und der umweltspezifischen Bedeutung der entsprechenden Tätigkeiten und nach den Ergebnissen vorangegangener Umweltaudits. Der Auditplan enthält auch den notwendigen Personalbedarf für die Durchführung. Der Vorstand genehmigt den vorgelegten Auditplan und ordnet seine Durchführung an.

Außerplanmäßige Umweltaudits sind dann erforderlich, wenn wesentliche Änderungen in den Umweltmanagementabläufen vorgenommen wurden oder ein Umweltstörfall eintrat. Auch aufgrund von gesetzlichen Vorgaben, Vorschriften und Verordnungen sich ergebende wesentliche Änderungen der betrieblichen Rahmenbedingungen können auslösende Faktoren sein. Dazu gehören z.B. Anwendungsverbote von Stoffen, Änderungen von Grenzwerten, Einsatzgebiete von Fertigprodukten etc.

Die Durchführung und die Ergebnisse von planmäßigen und außerplanmäßigen Umweltaudits sind zu protokollieren. Der Auditleiter erstellt einen Auditbericht in dem alle festgestellten Schwachpunkte innerhalb der einzelnen Bereiche / Abteilungen aufgezeigt werden. Die Leiter der auditierten Bereiche bzw. Abteilungen sind an der Erstellung der Auditberichte beteiligt. Der Auditbericht enthält konkrete Vorschläge und zeitliche Vorgaben für Korrekturmaßnahmen, für deren Ausführung die auditierten Bereiche / Abteilungen zuständig sind. Der Vorstand erhält den

Auditbericht und er überwacht im Rahmen seiner Führungsverantwortung die festgelegten Maßnahmen.

Interne Umweltaudits dienen dem Vorstand als Nachweis für die Wahrnehmung der ihm obliegenden Organisations- und Aufsichtspflicht. Auditpläne, Auditberichte und Aufschreibungen über durchgeführte Korrekturmaßnahmen sind deshalb als Beweismittel zu behandeln. Sie werden vom Umweltschutzbeauftragten für die Dauer von 15 Jahren dokumentiert. Eine Umweltverfahrensanweisung (UVA 16.1 "Umweltaudit") regelt den detaillierten Ablauf.

16.2 Verantwortungen und Schnittstellenplan

Im Schnittstellenplan "Umweltaudit" wurden folgende umweltrelevanten Abläufe (fett) identifiziert.

Ablauf \ Bereich	Vorstand	Marketing / Vertrieb	Entwicklung	Qualitätswesen	Verfahrenstechnik / Instandhaltung	Materialwirtschaft	Produktion	Zentrale Technische Dienste	Umweltschutz / Arbeitssicherheit	Logistik	Betriebswirtschaft / Controlling	Technischer Service / Kundendienst	Personal / Sozialwesen
16.1 Anordnung Umweltaudit	V								M				
16.2 Auditplan				M					V				
16.3 Durchführung Umweltaudit				M					V				
16.4 Auditbericht									V				
16.5 Maßnahmen und Projekte				**Verantwortlich sind alle Vorgesetzten im Rahmen ihres Aufgabengebietes**									
16.6 Erfolgskontrolle				**Verantwortlich sind alle Vorgesetzten im Rahmen ihres Aufgabengebietes**									

V = Verantwortlich M = Mitarbeit

Abbildung 24: Schnittstellenplan Umweltaudit

16.3 Abläufe und Realisierungsmöglichkeiten

Die umweltrelevanten Abläufe sind im folgenden kurz beschrieben.

Ablauf 16.1-16.2: Anordnung Umweltaudit und Auditplan

Verantwortlich für die Anordnung eines Umweltaudits (Ablauf 16.1) ist der Vorstand, vertreten durch den Vorstandsbereich "Entwicklung".

Der Vorstand veranlaßt alle notwendigen Maßnahmen, um eine erfolgreiche Durchführung eines Umweltaudits zu gewährleisten.

Für den Ablauf 16.2 ist der Umweltschutzbeauftragte zuständig.

Zur Planung des Audits gehört zunächst die Zusammenstellung des Auditteams. Dieses legt das Ziel der Prüfung sowie den Prüfungsumfang fest. Der Umweltschutzbeauftragte fixiert die Punkte des Prüfungsumfanges in schriftlicher Form.

Ablauf 16.3-16.4: Durchführung Umweltaudit und Auditbericht

Verantwortlich für diese beiden Abläufe ist der Umweltschutzbeauftragte.

Er überprüft zusammen mit dem Auditteam vor Ort das Umweltmanagementsystem hinsichtlich des organisatorischen Aufbaus und der Funktionsfähigkeit sowie die umweltrelevanten Anlagen und das Überwachungs- und Dokumentationsverfahren. Zur Unterstützung stehen entsprechende Fragenkataloge zur Verfügung.

Am Ende der Überprüfungen vor Ort erstellt der Umweltschutzbeauftragte den Auditbericht. Der Auditbericht sollte den Umfang und das Ziel des Audits aufzeigen sowie die festgestellten Mängel mit entsprechenden Maßnahmenplan. Der im Auditbericht enthaltene Maßnahmenplan wird in enger Zusammenarbeit mit den entsprechenden Führungskräften ausgearbeitet.

Der Auditbericht wird dem Vorstand des Unternehmens zugeleitet; er gilt als Grundlage für einen weiteren Audit.

Ablauf 16.5-16.6: Maßnahmen und Projekte, Erfolgskontrolle

Sowohl für die Umsetzung der Maßnahmen, als auch für deren Erfolgskontrolle sind alle Vorgesetzten des Unternehmens im Rahmen ihres Aufgabengebietes verantwortlich.

Nach einem Audit wird vom Auditteam ein Maßnahmenplan erarbeitet. Dieser Maßnahmenplan enthält die durchzuführenden Projekte, Zeitpläne und Verantwortungen um die beim Audit festgestellten Schwachstellen zu beseitigen bzw. um die festgelegten Ziele zu erreichen. Nur durch die Umsetzung des Maßnahmenplanes und die regelmäßige Erfolgskontrolle durch die betroffenen Vorgesetzten ist ein Erfolg zu gewährleisten. Wo immer möglich, sind die erzielten Erfolge zu quantifizieren.

Ablauf 16.7: Umweltreview

Verantwortlich für diesen Ablauf ist der Vorstand vertreten durch den Vorstandsbereich "Entwicklung".

Während die (Erste) Umweltprüfung eine Bestandsaufnahme des Ist-Zustandes ist, dient der in den Abläufen 16.1 - 16.6 beschriebene Umweltaudit zur Überprüfung des festgelegten Soll-Zustandes im Rahmen von Soll-Ist-Vergleichen.

Der für das Unternehmen festgelegte Soll-Zustand des Umweltmanagementsystems kann sich jedoch aufgrund gesellschaftlicher, politischer und/oder unternehmerischer Randbedingungen ebenfalls ändern. Daher sind alle 5 Jahre im Rahmen eines Umweltreviews die Umweltpolitik, die Zielsetzungen und das Umweltmanagementsystem auf die Aktualität des gültigen Soll-Zustandes zu prüfen.

16.4 Ausführungsrichtlinien

UVA 16.1 "Umweltaudit"

5.3 Umweltverfahrensanweisungen (UVA's) der Modellfirma

UVA 2.1

Umweltschutzbeauftragter

1. Spezifische Zielsetzungen

Für den verantwortlichen Vorstand ist die Organisation und Überwachung des betrieblichen Umweltschutzes eine wichtige Managementaufgabe. Der betriebliche Umweltschutz gewinnt zunehmend an Bedeutung und ist für ein modernes Unternehmen unverzichtbar. Für jede Tätigkeit im Unternehmen, sowie für jedes Produkt von der Entwicklung, der Produktion, der Nutzungsdauer bis hin zur Entsorgung sind wichtige Umweltaspekte zu berücksichtigen.

Das betriebliche Umweltmanagement kann jedoch nur dann erfolgreich sein, wenn alle Führungskräfte des Unternehmens für Umweltfragen verantwortlich sind und die aktuell geltenden Gesetze, Verordnungen und betriebsinternen Regelungen in ihrem Bereich durchsetzen. Dazu ist eine laufende Information und Anregung aller Mitarbeiter in Umweltschutzbelangen notwendig. Um auch den zukünftigen Erfolg in einer noch stärker umweltsensibilisierten Gesellschaft zu gewährleisten, erhalten die Führungskräfte durch die Institution eines Umweltschutzbeauftragten die notwendige Unterstützung. In dieser Umweltverfahrensanweisung „Umweltschutzbeauftragter" sind dessen Tätigkeiten zur Erfüllung der Umweltanforderungen näher beschrieben.

2. Verantwortungen und Schnittstellenplan

Im Schnittstellenplan „Umweltschutzbeauftragter“ wurden folgende umweltrelevanten Abläufe (fett) identifiziert.

Ablauf \ Bereich	Vorstand	Marketing / Vertrieb	Entwicklung	Qualitätswesen	Verfahrenstechnik / Instandhaltung	Materialwirtschaft	Produktion	Zentrale Technische Dienste	Umweltschutz / Arbeitssicherheit	Logistik	Betriebswirtschaft / Controlling	Technischer Service / Kundendienst	Personal / Sozialwesen
2.1.1 Umweltverfahrensanweisung	V								I				
2.1.2 Bestellung / Übergreifende Aufgaben	V	I	I	I	I	I	I	I	M	I	I	I	I
2.1.3 Immissionsschutz Schutz gegen Störfälle			I		M		M	M	V	I			
2.1.4 Gewässerschutz			I			I	M	I	V				
2.1.5 Abfälle			I		I	I	M	I	V	I			
2.1.6 Gefahrgut			I			I	I		V	M			

V = Verantwortlich M = Mitarbeit I = Information

Abbildung 25: Schnittstellenplan Umweltschutzbeauftragter

3. Abläufe und Realisierungsmöglichkeiten

Die umweltrelevanten Abläufe sind im folgenden kurz beschrieben:

Ablauf 2.1.2: Bestellung / Übergreifende Aufgaben

Zum Umweltschutzbeauftragten darf nur bestellt werden, wer die zur Erfüllung der Aufgabe erforderliche Fachkunde und Zuverlässigkeit besitzt. Der Begriff „Umweltschutzbeauftragter" ist gesetzlich nicht eindeutig geregelt. In einigen umweltrelevanten Gesetzen und Verordnungen werden für verschiedene Bereiche unter bestimmten Voraussetzungen Beauftragte gefordert. z.B.:

- Immissionsschutzbeauftragter nach § 53 BImSchG
- Störfallbeauftragter nach § 58 BImSchG
- Betriebsbeauftragter für Gewässerschutz nach § 21a WHG
- Betriebsbeauftragter für Abfall nach § 11 AbfG
- Gefahrgutbeauftragter nach § 5 GbV

Es ist zu prüfen, für welche umweltrelevanten Bereiche ein Betriebsbeauftragter zu bestellen ist. Die Bestellung erfolgt schriftlich unter Angabe der zu erfüllenden Aufgaben durch das verantwortliche Mitglied des Vorstandes und ist der Behörde anzuzeigen.

Der Betriebsbeauftragte hat in jedem Fall die gesetzlichen Regelungen und Vorgaben der Umweltvorschriften einzuhalten. Es muß ihm die Möglichkeit gegeben werden, regelmäßig an den entsprechenden, vorgeschriebenen Weiterbildungsmaßnahmen teilzunehmen. Im Rahmen seiner Tätigkeiten informiert der Umweltschutzbeauftragte die Geschäftsleitung und die Führungskräfte über aktuelle Tendenzen und Absichten des Gesetzgebers, die das Firmeninteresse berühren. Die Aktualisierung des Umweltmanagementhandbuches liegt in seiner Verantwortung. Zur Aufrechterhaltung und Verbesserung der Wirksamkeit des Umweltmanagementsystems plant er regelmäßig interne Umweltaudits und führt diese durch.

Für den gesamten Umweltbereich überprüft er die Einhaltung der gesetzlichen Vorschriften, Anordnungen und Auflagen. Dazu führt er in regelmäßigen Abständen Kontrollen der Betriebsstätten durch, unterbreitet Vorschläge zur Beseitigung festgestellter Mängel und klärt die Mitarbeiter über schädliche Umwelteinwirkungen auf. Er hält Kontakte zu den Behörden, führt den Schriftverkehr und reicht Genehmigungsanträge ein. Behördliche Verfügungen, Auflagen und sonstige Anweisungen werden von ihm dem jeweils betroffenen Verantwortlichen sofort mitgeteilt und deren Einhaltung überprüft.

Auf der Basis der im Umweltmanagementhandbuch geforderten Eigenkontrollberichte erstellt der Umweltschutzbeauftragte einmal jährlich einen schriftlichen Bericht über den Stand des Umweltschutzes.

Ablauf 2.1.3: Immissionsschutz / Schutz gegen Störfälle

Als Betriebsbeauftragter für Immissionsschutz prüft der Umweltschutzbeauftragte die Genehmigungsbedürftigkeit von Anlagen. Er ist verantwortlich dafür, daß genehmigungsbedürftige Anlagen oder Arbeiten erst nach Vorliegen der schriftlichen Genehmigungen betrieben bzw. durchgeführt werden. Er ist weiterhin verantwortlich für die Mitteilungspflicht nach § 16 BImSchG und für die Abgabe der Emissionserklärung. Der Immissionsschutzbeauftragte veranlaßt Emissionsmessungen und teilt die Ergebnisse dem Betreiber der Anlage und der zuständigen Behörde mit. Er berät den Betreiber bei der Verminderung von Emissionen und der Einsparung von Energie.

Als Störfallbeauftragter ist er für die Einhaltung der Sicherheitsvorschriften zur Verhinderung von Störfällen und zur Begrenzung von Störfallauswirkungen verantwortlich. In Zusammenarbeit mit den betroffenen Bereichen und den Behörden entwickelt der Störfallbeauftragte Alarm- und Gefahrenabwehrpläne. Er ist nach § 11a der Störfallverordnung für die sachgerechte Information der Öffentlichkeit verantwortlich.

Ablauf 2.1.4: Gewässerschutz

Als Betriebsbeauftragter für Gewässerschutz ist er verantwortlich für die regelmäßigen Kontrollen der Eintragungen in das Betriebstagebuch. Festgestellte Mängel hat er dem Betreiber mitzuteilen und Maßnahmen zu ihrer Beseitigung vorzuschlagen. Er berät den Betreiber in der Anwendung geeigneter Abwasserbehandlungsverfahren. Er wirkt mit und berät die Betriebsangehörigen bei der Entwicklung und Einführung von innerbetrieblichen Verfahren und Maßnahmen zur Verminderung des Wasserverbrauchs.

Ablauf 2.1.5: Abfall

Als Betriebsbeauftragter für Abfall ist er verantwortlich für das Abfallwirtschaftskonzept des Unternehmens. Er überwacht den Weg des Abfalls (Reststoffe, Wertstoffe, Sonderabfälle) von ihrer Entstehung bis zu ihrer Verwertung bzw. geordneten Entsorgung. Er ist verantwortlich für die Einhaltung der geltenden Gesetze und Rechtsverordnungen und der aufgrund dieser Vorschriften erlassenen Anordnungen, Bedingungen und Auflagen. Als Betriebsbeauftragter für Abfall gibt er die „Verantwortlichen Erklärungen" ab, um das Verwerten von Reststoffen und das geordnete Entsorgen von Abfällen zu ermöglichen. Er führt in regelmäßigen Abständen Kontrollen der Betriebsstätten durch und teilt die festgestellten Mängel sowie Vorschläge über Verbesserungsmaßnahmen der Geschäftsführung mit. Der Betriebsbeauftragte für Abfall führt das Abfallnachweisbuch.

In Zusammenarbeit mit dem Bereich „Produktion" und den abfallerzeugenden Abteilungen werden Vorschläge zur Vermeidung, stofflichen Verwertung, energetischen Verwertung, bzw. zur Abfallentsorgung überprüft und durchgeführt.

Ablauf 2.1.6: Gefahrgut

Als Gefahrgutbeauftragter ist er verantwortlich dafür, den Umgang mit Gefahrgütern zu organisieren, zu kontrollieren und zu überwachen. So können drohende Gefahren für die öffentliche Sicherheit oder Ordnung, für das Leben und die Gesundheit von Mensch und Tier, sowie Schäden an Boden und insbesondere an Wasser minimiert werden. Er überwacht und dokumentiert die Einhaltung der Vorschriften über die Beförderung gefährlicher Güter durch die beauftragten Personen.

4. Einzelfallregelungen

Für jedes Unternehmen sind entsprechende Einzelfallregelungen (Arbeitsanweisungen) betriebsspezifisch zu erstellen.

UVA 3.1

Umweltvorschriften

1. Spezifische Zielsetzungen

Betriebliche Belange sind vielfach in Gesetzen und Vorschriften reglementiert. Dies trifft in besonderem Umfang auch auf die Bereiche Umweltschutz und Arbeitssicherheit zu. Diese beiden Bereiche sind durch das Umweltprogramm der Bundesregierung von 1971 („Zieltrias") untrennbar miteinander verknüpft.

Im o.g. Umweltprogramm hat die Bundesregierung die Umweltpolitik als Gesamtheit aller Maßnahmen beschrieben:

1. dem Menschen eine Umwelt zu sichern, wie er sie für seine Gesundheit und für ein menschenwürdiges Dasein braucht.
2. Boden, Luft und Wasser, Pflanzenwelt und Tierwelt vor nachteiligen Wirkungen menschlicher Eingriffe zu schützen.
3. Schäden oder Nachteile aus menschlichen Eingriffen zu beseitigen.

Die erlassenen Gesetze der verschiedenen Umweltbereiche, z.B. Wasser, Abwasser, Luftreinhaltung sowie Abfall, Gefahrstoffe und Chemikalien, werden durch entsprechende Verordnungen, Verwaltungsvorschriften und technische Anleitungen konkretisiert und durch weitere allgemeine Gesetze ergänzt. So finden sich im Bau- und im Gewerberecht ebenfalls wesentliche umweltrelevante Vorschriften.

Sowohl Gesetze und Verordnungen, als auch die von Fachorganen erlassenen Richtlinien, sind Grundlage für die Kontrolle und Überwachung durch die Behörden, aber auch Planungs- und Entscheidungsgrundlage für betriebliche Vorgänge.

Die im Anhang folgende Auflistung der wichtigsten umweltrelevanten Vorschriften ist nach verschiedenen Umweltbereichen gegliedert. Sie ist Grundlage für alle Unternehmensbereiche und dient vordergründig als Nachschlagewerk. Für die innerbetriebliche Umsetzung ist es unerläßlich sich ausführlich und vollständig mit den Inhalten auseinanderzusetzen. Ebenso ist es unbedingt notwendig, sich regelmäßig über Änderungen bei Gesetzen, Verordnungen, Richtlinien etc. zu informieren.

2. Verantwortungen und Schnittstellenplan

Im Schnittstellenplan "Umweltvorschriften" wurden folgende umweltrelevanten Abläufe (fett) identifiziert:

Ablauf \ Bereich	Vorstand	Marketing / Vertrieb	Entwicklung	Qualitätswesen	Verfahrenstechnik / Instandhaltung	Materialwirtschaft	Produktion	Zentrale Technische Dienste	Umweltschutz / Arbeitssicherheit	Logistik	Betriebswirtschaft / Controlling	Technischer Service / Kundendienst	Personal / Sozialwesen
3.1.1 Umweltverfahrensanweisung	I								V				
3.1.2 Aktualisierung der Umweltvorschriften	I								V				
3.1.3 Erfüllung der Umweltvorschriften				**Verantwortlich sind alle Vorgesetzten im Rahmen ihres Aufgabengebietes**									
3.1.4 Behördenauflagen				**Verantwortlich sind alle Vorgesetzten im Rahmen ihres Aufgabengebietes**									

V = Verantwortlich M = Mitarbeit I = Information

Abbildung 26: Schnittstellenplan Umweltvorschriften

3. Abläufe und Realisierungsmöglichkeiten

Die genannten umweltrelevanten Abläufe sind im folgenden kurz beschrieben:

Ablauf 3.1.2: Aktualisierung der Umweltvorschriften

Für die regelmäßige Pflege und Aktualisierung der Liste der relevanten Umweltvorschriften ist der Umweltschutzbeauftragte verantwortlich.

Er muß die im Anhang aufgeführten Umweltvorschriften hinsichtlich der Vollständigkeit für das Unternehmen überprüfen. Anhand der Ausgabedaten und Quellenangaben muß er diese Vorschriftenliste mindestens einmal jährlich hinsichtlich ihrer Aktualität überprüfen und gegebenenfalls ergänzen. Geänderte oder aktualisierte Umweltvorschriften sind wieder mit dem letzten Ausgabedatum und der Fundstelle (Quelle) zu versehen.

Ablauf 3.1.3: Erfüllung Umweltvorschriften

Für die Einhaltung der Gesetze, Verordnungen und technischen Richtlinien sind die jeweiligen Vorgesetzten verantwortlich.

Im Rahmen der abteilungsinternen Eigenkontrolle prüfen sie, welche Umweltvorschriften für ihren Verantwortungsbereich zutreffend sind. Unterstützung und Beratung erhalten sie durch den Umweltschutzbeauftragten, die Fachkräfte für Arbeitssicherheit und die Sicherheitsbeauftragten. Bei Letzteren wurde die Aufgabe "Arbeitssicherheit" um den Bereich Umwelt ergänzt.

Ablauf 3.1.4: Behördenauflagen

Für die Einhaltung von behördlichen Auflagen für Anlagen bzw. umweltrelevanten Tätigkeiten sind die Vorgesetzten verantwortlich.

Der Anhang dieser Verfahrensanweisung ist vom Umweltschutzbeauftragten um die entsprechenden Auflagen, kommunalen Satzungen und Genehmigungsbescheide zu ergänzen. Zusätzlich informiert der Umweltschutzbeauftragte die Vorgesetzten hinsichtlich der entsprechenden Auflagen und überwacht die Einhaltung.

4. Einzelfallregelungen

Für jedes Unternehmen sind entsprechende Einzelfallregelungen (Arbeitsanweisungen) betriebs-spezifisch zu erstellen.

5. Anlage

Folgende Rechtsvorschriften sind für unser Unternehmen relevant:

1. Umweltverwaltungsrecht / Umweltprivatrecht
2. Gewerberecht / Gefahrstoffrecht
3. Baurecht
4. Immissionsschutzrecht
5. Gewässerschutz
6. Abfallrecht
7. Energieeinsparung
8. Bodenschutz
9. Kommunale Satzungen (Auflagen)
10. Genehmigungsbescheide

1. Umweltverwaltungssrecht / Umweltprivatrecht

1.1 Gesetz über die Umweltverträglichkeitsprüfung (UVPG)

Vom 12 Februar 1990 (BGBl.I S. 205);
zuletzt geändert durch Gesetz vom 27. Dezember 1993 (BGBl.I S. 2378).

1.2 Umweltinformationsgesetz (UIG)

Vom 8. Juli 1994 (BGBl.I S 1490).

1.3 Verordnung (EWG) Nr. 1836/93 des Rates vom 29. Juni 1993 über die freiwillige Beteiligung gewerblicher Unternehmen an einem Gemeinschaftssystem für das Umweltmanagement und die Umweltbetriebsprüfung (EG-UmwPrüfV)

(ABL. EG vom 10. Juli 1993 Nr. L168 S. 1).

1.4 Umwelthaftungsgesetz (UmweltHG)

Vom 10. Dezember 1990 (BGBl.I S.2634).

1.5 Landesrecht Baden-Württemberg

1.5.1 Neufassung des Bußgeldkatalogs zur Ahndung von Ordnungswidrigkeiten im Bereich des Umweltschutzes

Vom 23. September 1991 (GABl. S. 969).

2. Gewerberecht, Gefahrstoffrecht

2.1 Gewerbeordnung

Neufassung vom 1. Januar 1987 (BGBl.I S 425);
zuletzt geändert am 23. April 1990 (BGBL.I S. 706).

2.1.1 Verordnung über brennbare Flüssigkeiten (VbF)

Vom 27. Februar 1980 (BGBl.I S. 299);
zuletzt geändert am 3. Mai 1982 (BGBL.I S. 569).

2.1.2 Druckbehälterverordnung

Vom 21.April 1989 (BGBl.I S. 843).

2.2 Gesetz zum Schutz vor gefährlichen Stoffen (Chemikaliengesetz - ChemG)

In der Fassung der Bekanntmachung vom 25. Juni 1994 (BGBl.I S. 1703);
zuletzt geändert durch Gesetz vom 2. August 1994 (BGBl.I S. 1963).

2.2.1 Verordnung über Prüfnachweise und sonstige Anmelde- und Mitteilungsunterlagen nach dem Chemikaliengesetz (Prüfnachweisverordnung - ChemPrüfV)

Vom 1. August 1994 (BGBl.I S. 1877).

2.2.2 Verordnung über Verbote und Beschränkungen des Inverkehrsbringen gefährlicher Stoffe, Zubereitungen und Erzeugnisse nach dem Chemikaliengesetz (Chemikalienverbotsordnung - ChemVerbotsV)

Vom 14. Oktober 1993 (BGBl.I S. 1720);
zuletzt geändert durch Gesetz vom 25. Juli 1994 (BGBl.I S. 1689).

2.2.3 Verordnung zum Schutz vor gefährlichen Stoffen (Gefahrstoffverordnung - GefStoffV)

Vom 26. Oktober 1993 (BGBl.I S. 2049)
zuletzt geändert durch Verordnung vom 19.September 1994 (BGBl.I S. 2557).

2.2.4 Verordnung über die Mitteilungspflichten nach § 16e des ChemG zur Vorbeugung und Information bei Vergiftungen (Giftinformationsverordnung - ChemGiftInfoV)

Vom 17. Juli 1990 (BGBl.I S 1424);
zuletzt geändert durch Gesetz vom 24. Juni 1994 (BGBl.I S. 1416).

2.2.5 Verordnung zum Verbot von bestimmten die Ozonschicht abbauenden Halogenkohlenwasserstoffen (FCKW-Halon-Verbots-Verordnung)

Vom 6. Mai 1991 (BGBl.I S. 1090).

2.3 Gefahrgutgesetz

Vom 6. August 1975 (BGBl:I S. 2121);
zuletzt geändert durch Gesetz vom 28. Juni 1990 (BGBl.I S. 1221).

2.3.1 Gefahrgutverordnung Straße (GGVStr)

Vom 13. Oktober 1990 (BGBL.I S. 2453);
zuletzt geändert am 26. November 1993 (BGBl.I S. 448).

2.3.2 Gefahrgutbeauftragtenverordnung

Vom 12.Dezember 1989 (BGBl.I S. 2185);
zuletzt geändert am 25. September 1991 (BGBl.I S. 1923).

2.4 Verordnung (EWG) Nr. 793/93 des Rates vom 23 März 1993 zur Bewertung und Kontrolle der Umweltrisiken chemischer Altstoffe (EG-AltstoffV)

ABL.EG vom 5. April 1993 Nr. L 84 S.1; ber. ABL.EG vom 3. September 1993 Nr. L 224 S. 34.

3. Baurecht

3.1 Baugesetzbuch

Vom 8. Dezember 1986 (BR 1:I S. 2253).

3.1.1 Baunutzungsverordnung

Neufassung vom 23. Januar 1990 (BGBl.I S. 132).

3.2 Landesbauordnung (Baden-Württemberg)

Vom 28. November 1983 (GBl. S 770);
zuletzt geändert am 17. Dezember 1990 (GBl. S. 54).

3.2.1 Verwaltungsvorschrift über Feuerungsanlagen

Vom 6. März 1984 (GABl S. 329).

3.2.2 Prüfzeichenverordnung

Vom 2. Juli 1982 (GBl. S. 363).

4. Immissionsschutzrecht

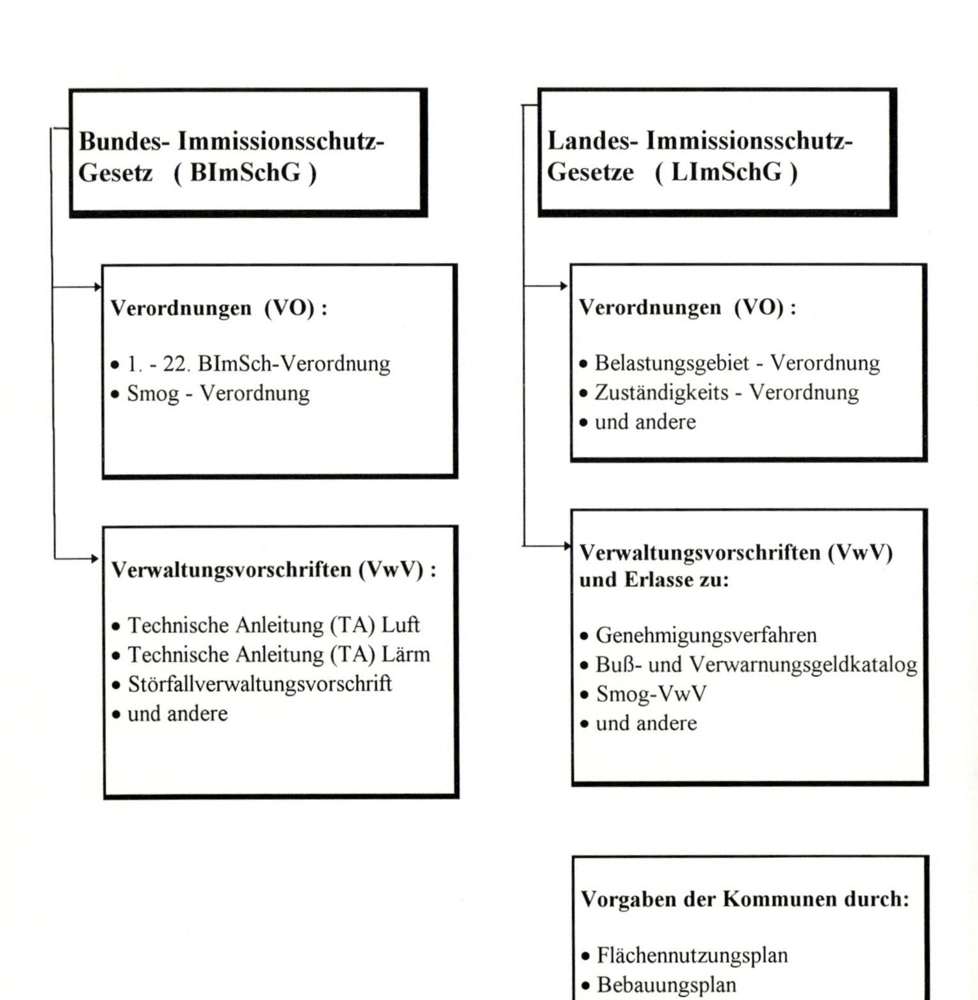

4.1 Bundesimmissionsschutzgesetz (BImSchG)

Vom 15. März 1974 (BGBl.I S. 721, 1193);
in der Fassung der Bekanntmachung vom 14. Mai 1990 (BGBl.I S. 880);
zuletzt geändert durch das Gesetz vom 27. September 1994 (BGBl.I S. 2705/2724).

4.1.1 Verordnung über Kleinfeuerungsanlagen (1. BImSchV)

Vom 15. Juli 1988 (BGBl.I S. 1059);
zuletzt geändert durch Verordnung vom 20. Juli 1994 (BGBl.I S.1680).

4.1.2 Verordnung zur Emissionsbegrenzung von leichtflüchtigen Halogenkohlenwasserstoffen (2. BImSchV)

Vom 10. Dezember 1990 (BGBl.I S. 2694);
geändert durch die Verordnung vom 5. Juni 1991 (BGBl.I S. 1218).

4.1.3 Verordnung über genehmigungsbedürftige Anlagen (4. BImSchV)

Vom 24. Juni 1985 (BGBl.I S. 1586);
zuletzt geändert durch Verordnung vom 26. Oktober 1993 (BGBl.I S. 1782).

4.1.4 Verordnung über Immissionsschutz- und Störfallbeauftragte (5. BImSchV)

Vom 30. Juli 1993 (BGBl.I S. 1433).

4.1.5 Verordnung zur Auswurfbegrenzung von Holzstaub (7. BImSchV)

Vom 18. Dezember 1975 (BGBl.I S. 3133); zuletzt geändert
durch das Sechste Überleitungsgesetz vom 25. September 1990 (BGBl.I. S. 2106).

4.1.6 Verordnung über das Genehmigungsverfahren (9. BImSchV)

Vom 18. Februar 1977 (BGBl.I S. 274); in der Fassung der Bekanntmachung vom 29. Mai 1992 (BGBl.I S. 1001); geändert durch Verordnung vom 20. April 1993 (BGBl.I. S.494).

4.1.7 Emissionserklärungsverordnung (11. BImSchV)

Vom 12. Dezember 1991 (BGBl.I S. 2213);
geändert durch Verordnung vom 26. Oktober 1993 (BGBl.I S. 1782).

4.1.8 Störfall-Verordnung (12. BImSchV)

Vom 27. Juni 1980 (BGBl.I S. 772); in der Fassung der Bekanntmachung vom 20. September 1991 (BGBl.I S. 1891); geändert durch Verordnung vom 26. Oktober 1993 (BGBl.I S. 1782).

4.1.9 Verordnung über Großfeuerungsanlagen (13. BImSchV)

Vom 22. Juni 1983 (BGBl.I S. 719); geändert durch das Sechste Überleitungsgesetz vom 25. September 1990 (BGBl.I S. 2106).

4.1.10 Verordnung über Verbrennungsanlagen für Abfälle und ähnliche brennbare Stoffe (17. BImSchV)

Vom 23. November 1990 (BGBl.I S. 2545, 2832).

4.1.11 Verordnung zur Begrenzung der Kohlenwasserstoffemissionen beim Umfüllen und Lagern von Ottokraftstoffen (20. BImSchV)

Vom 7. Oktober 1992 (BGBl.I S 1727).

4.1.12 Verordnung über Immissionswerte (22. BImSchV)

Vom 26. Oktober 1993 (BGBl.I S. 1819);
geändert durch Verordnung vom 27. Mai 1994 (BGBl.I S. 1095).

4.1.13 SMOG - Verordnung

Vom 27. Juni 1988 (BGBl.I S 214).

(Die 6. BImSchV wurde durch die 5. BImschV ersetzt. Die 8., 10., 14., 15., 16., 18. und 21. BImSch-Verordnungen sind nur für bestimmte Industriezweige relevant, deshalb wurde hier auf eine Auflistung verzichtet.)

4.1.14 Erste allgemeine Verwaltungsvorschrift zum BImSchG (TA-Luft)

Vom 27. Februar 1986 (GMBl S.95).

4.1.15 Allgemeine Verwaltungsvorschrift über genehmigungsbedürftige Anlagen nach § 16 der Gewerbeordnung - GewO (TA-Lärm)

Vom 16. Juli 1986 Bundesanz. Nr. 137 vom 26. Juli 1986 (Beilage)

4.1.16 Erste allgemeine Verwaltungsvorschrift zur Störfall-Verordnung (1. StörfallVwV)

Vom 20. September 1993 (GMBl. S. 582, 820).

4.1.17 VDI Richtlinie 2058

Bl. 1: Beurteilung von Lärm in der Nachbarschaft
BL 2: Beurteilung von Lärm am Arbeitsplatz

4.2 Landes Immissionsschutzgesetze (Baden-Württemberg - LImSchG)

4.2.1 Verwaltungsvorschrift zur Durchführung der SMOG-Verordnung

Vom 26. September 1988 (GABl. S 897);
zuletzt geändert am 9. September 1990 (GABl. S. 112).

5. Gewässerschutz

Bundes- und Landesgesetzgebung

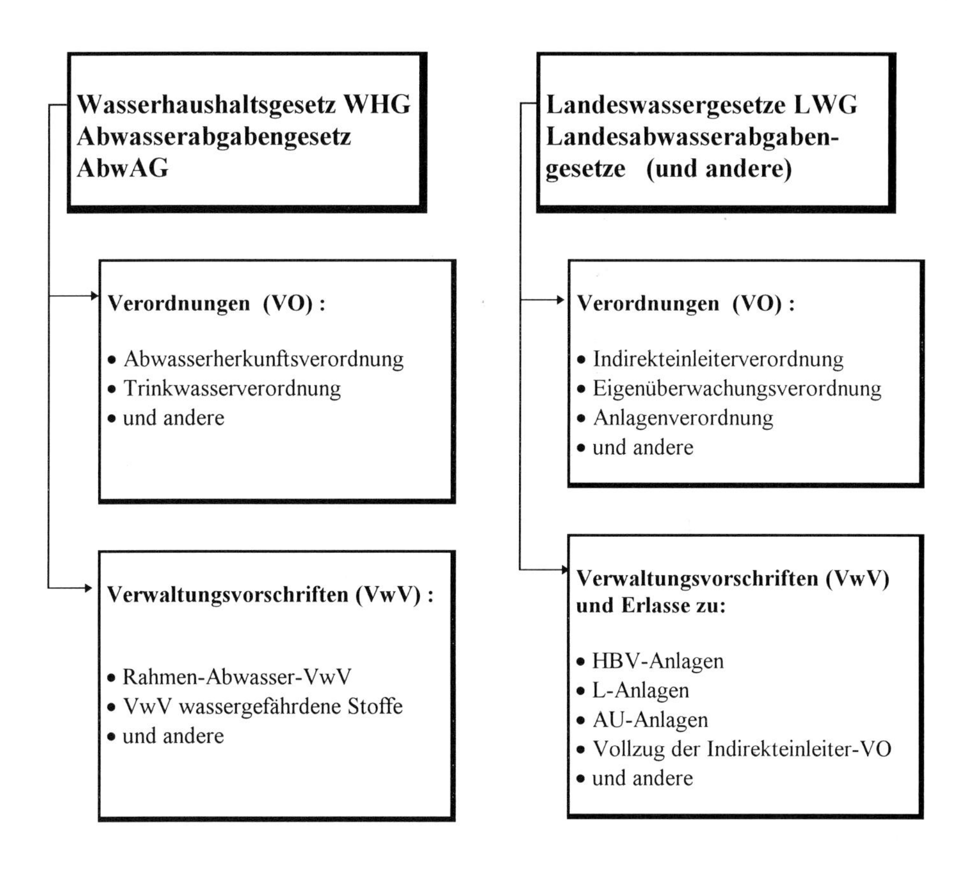

HBV : Anlagen zum Herstellen,Behandeln und Verwenden wassergefährdender Stoffe

L : Anlagen zum Lagern wassergefährdender Stoffe

AU : Anlagen zum Abfüllen und Umschlagen wassergefährdender Stoffe

Satzungen der :

- Abwasserverbände
- Städte und Gemeinden

5.1 Gesetz zur Ordnung des Wasserhaushalts (Wasserhaushaltsgesetz WHG)

Fassung d. Bekanntmachung vom 23. September 1986 (BGBl.I S. 1529, ber. S. 1654); zuletzt geändert durch Gesetz vom 27. Juni 1994 (BGBl.I. S. 1440).

5.1.1 Verordnung über die Herkunftsbereiche von Abwasser (Abwasserherkunftsverordnung - AbwHerkV)

Vom 3. Juli 1987 (BGBl.I S. 1578);
zuletzt geändert durch Verordnung vom 27. Mai 1991 (BGBl.I S. 1197).

5.1.2 Verordnung über Trinkwasser und über Wasser für Lebensmittelbetriebe (Trinkwasserverordnung - TrinkwV)

Vom 5. Dezember 1990 (GBGl.I S. 2612).

5.1.3 Allgemeine Rahmen-Abwasserverwaltungsvorschrift (Rahmen AbwVwV) mit insgesamt 52 branchenspezifischen Anhängen

Vom 25. Dezember 1992 (GMBl. S. 518);
zuletzt geändert am 31. Januar 1994 (GMBl.)

5.2 Abwasserabgabengesetz (AbwAG)

In der Fassung der Bekanntmachung vom 6. November 1990 (BGBl.I S. 2432); zuletzt geändert durch Gesetz vom 5. Juli 1994 (BGBl.I S. 1453).

5.3 Gesetz über Wasser- und Bodenverbände (Wasserverbandsgesetz - WVG)

Vom 12. Februar 1991 (BGBl.I S 405).

5.4 Gesetz über die Umweltverträglichkeit von Wasch- u. Reinigungsmitteln (Wasch- und Reinigungsmittelgesetz - WRMG)

In der Fassung der Bekanntmachung vom 5. März 1987 (BGBl.I S. 875); zuletzt geändert durch Gesetz vom 27. Juni 1994 (BGBl.I S. 1440).

5.4.1 Verordnung über die Abbaubarkeit anionischer und nichtionischer grenzflächenaktiver Stoffe in Wasch- und Reinigungsmitteln (TensV)

Vom 30. Januar 1977 (BGBL.I S. 244);
zuletzt geändert durch Verordnung vom 4. Juni 1986 (BGBl.I S 851).

5.4.2 Verordnung über Höchstmengen für Phosphate in Wasch- und Reinigungsmitteln (Phosphathöchstmengenverordnung - PHöchstMengV)

Vom 4. Juni 1980 (BGBl.I s. 664).

5.5 Landeswassergesetze (LWG) Baden-Württemberg

5.5.1 Landesabwasserabgabengesetz (LAbwAG)

Vom 6. Juli 1981 (GBl. S. 337);
zuletzt geändert am 12. Dezember 1991 (GBl. S 848).

5.5.2 Wassergesetz Baden-Württemberg (WG)

Vom 1. Juli 1988 (GBl. S. 269);
zuletzt geändert am 12. Dezember 1991 (GBl. S. 860).

5.5.3 Indirekteinleiterverordnung

Vom 12. Juli 1990 (GBl. S. 258).

5.5.4 Verwaltungsvorschrift zum Vollzug der Indirekteinleiter-Verordnung

Vom 23. Mai 1991 (GABl. S 764).

5.5.5 Richtlinien für die Anforderungen an Abwasser bei Einleitung in öffentliche Abwasseranlagen (Indirekteinleiterrichtlinien)

Vom 28. Juni 1978 (GABl. S. 995).

5.5.6 Richtlinie zur Bemessung von Löschwasser-Rückhalteanlagen beim Lagern wassergefährdender Stoffe

Vom 10. Februar 1993 (GABl. S. 207).

5.5.7 Eigenkontrollverordnung (EigenkontrollV)

Vom 9. August 1989 (GBl. S. 39 l, ber. S 487).

5.5.8 Verwaltungsvorschrift zur Durchführung der Eigenkontrolle von Abwasseranlagen (Eigenkontroll VwV)

Vom 11. Mai 1990 (GABI. S. 492).

5.5.9 Verordnung über das Lagern wassergefährdender Flüssigkeiten (VLwF)

Vom 30. Juni 1966 (GBl. S. 134);
zuletzt geändert am 13. Februar 1989 (GBl. S. 848).

6. Abfallrecht

Bundes- und Landesgesetzgebung

Abfallgesetz (AbfG)

(Kreislaufwirtschaftsgesetz *)

Verordnungen (VO) :

- Abfallbestimmungsverordnung
- Reststoffbestimmungsverordnung
- Abfall-/Reststoffüberwachungs VO
- Betriebsbeauftragtenverordnung
- Altölverordnung
- Klärschlammverordnung
- Verpackungsverordnung
- und andere

Verwaltungsvorschriften (VwV) :

- Allgemeine Abfall- VwV
- TA Abfall
- TA Siedlungsabfall
- und andere

- LAGA-Abfallartenkatalog

Landesabfallgesetze (LAbfG)
Landesabfallabgabengesetze
und andere

Verordnungen (VO) :

- Abfallbeseitigungsverordnungen der Länder

Verwaltungsvorschriften (VwV) und Erlasse

Satzungen der Kommunen für:

- Abfallbeseitigung
- Gebührenregelung
- und andere

(*) **Kreislaufwirtschaftsgesetz:**
Das Kreislaufwirtschaftsgesetz wurde am 27. September 1994 vom Bundesrat verabschiedet.. Soweit nichts anderes bestimmt ist, tritt dieses Gesetz 2 Jahre nach Verkündigung in Kraft

6.1 Gesetz über die Vermeidung und Entsorgung von Abfällen (Abfallgesetz - AbfG)

Vom 27. August 1986 (BGBl.I S. 1410, ber S. 1502);
zuletzt geändert durch das Gesetz vom 27. Juni 1994 (BGBl.I S.1440).

6.1.1 Verordnung zur Bestimmung von Abfällen nach § 2 Abs. 2 AbfG (Abfallbestimmungs-Verordnung - AbfBestV)

Vom 3. April 1990 (BGBl.I. S. 648);
zuletzt geändert durch Gesetz vom 27. Dezember 1993 (BGBl.I S 2378).

6.1.2 Verordnung zur Bestimmung von Reststoffen nach § 2 Abs. 3 AbfG (Reststoffbestimmungs-Verordnung - RestBestV)

Vom 3. April 1990 (BGBl.I S. 631, ber. S. 862);
zuletzt geändert durch Gesetz vom 27. Dezember 1993 (BGBl.I S. 2378).

6.1.3 Altölverordnung (AltölV)

Vom 27. Oktober 1987 (BGBl.I S. 2335).

6.1.4 Verordnung über Betriebsbeauftragte für Abfall nach § 11a Abs. 1 Satz 3 Abfallbeseitigungsgesetz

Vom 26. Oktober 1977 (BGBl.I S. 1913).

6.1.5 Verordnung über das Einsammeln und Befördern sowie über die Überwachung von Abfällen und Reststoffen (AbfRestÜberwV)

Vom 3. April 1990 (BGBl.I S 648).

6.1.6 Verordnung über die Entsorgung gebrauchter halogenierter Lösemittel (HKWAbfV)

Vom 23. Oktober 1989 (BGBl.I S. 1918).

6.1.7 Verordnung über die Vermeidung von Verpackungsabfällen (VerpackV)

Vom 12. Juni 1991 (BGBl.I S. 1234);
zuletzt geändert durch Verordnung vom 26. Oktober 1993 (BGBl.I S. 1782).

6.1.8 Este allgemeine Verwaltungsvorschrift über Anforderungen zum Schutz des Grundwassers bei der Lagerung und Ablagerung von Abfällen (AbfVwV)

Vom 31. Januar 1990 (GMBl. S. 74); Titel geändert durch Art. 4, Allg. VwV zur Änderung der TA-Abfall, Teil 1 vom 17. Dezember 1990 (GMBl. S. 886).

6.1.9 Zweite allgemeine Verwaltungsvorschrift zum AbfG (TA Abfall)

Teil 1: Technische Anleitung zur Lagerung, chemisch/physikalischen, biologischen Behandlung, Verbrennung und Ablagerung von besonders überwachungsbedürftigen Abfällen.Vom 12. März 1991 (GMBl. S 139, ber. S. 469).

6.1.10 Dritte allgemeine Verwaltungsvorschrift zum Abfallgesetz (TA Siedlungsabfall)

Referentenentwurf vom 22. November 1991 (BMU-WA II 6 - 530 410/0 „Technische Anleitung zur Vermeidung, Verwertung, Behandlung und sonstigen Entsorgung von Siedlungsabfällen"). Kabinettsbeschluß v. 27. August 1992, Bundesratsdrucksache 594/92 vom 31. August 1992.Ergänzende Empfehlungen vom 29. Mai 1993, Bundesanz. Nr. 99.

6.2 Gesetz zur Förderung der Kreislaufwirtschaft und Sicherung der umweltverträglichen Beseitigung von Abfällen (KrW./AbfG)

Vom 27. September 1994 (BGBl.I S 2705 - 2728).

(Die Vorschriften dieses Gesetzes, die zum Erlaß von Rechtsverordnungen ermächtigen oder solche Ermächtigungen in anderen Gesetzen ändern, treten am Tage nach der Verkündigung in Kraft. Im übrigen tritt das Gesetz, soweit in einzelnen Vorschriften nichts anderes bestimmt ist, 2 Jahre nach Verkündigung in Kraft. Zum gleichen Zeitpunkt tritt das Abfallgesetz vom 27. August 1965, zuletzt geändert durch Artikel 5 des Gesetzes vom 27. Juni 1994 (BGBl.I S. 1440) außer Kraft.)

6.3 Landesrechtliche Abfallvorschriften (Auszug für Baden-Württemberg)

6.3.1 Gesetz über die Vermeidung und Entsorgung von Abfällen und die Behandlung von Altlasten in Baden-Württemberg (LAbfG)

Vom 8 Januar 1990 (GBl. S. 1); geändert durch Gesetz vom 24. Juni 1991, (GBl. S. 434) und durch Gesetz vom 12. Dezember 1991 (GBl. S 860).

6.3.2 Landesabfallabgabengesetz (LAbfAG)

Vom 11. März 1991 (GBl. S. 133).

6.3.3 Verordnung der Landesregierung über die Beseitigung pflanzlicher Abfälle außerhalb von Abfallbeseitigungsanlagen

Vom 30. April 1974 (GBl. S. 187); geändert durch Verordnung vom 4. Oktober 1982 (GBl. S. 470) und Verordnung vom 22. April 1985 (GBl. S. 132).

6.3.4 Verordnung der Landesregierung und des Umweltministeriums über die Rechtsstellung der Träger der zentralen Einrichtungen zur Abfallentsorgung (Abfallandienungsverordnung - AbfAndienVO)

Vom 5. Februar 1990 (GBl. S. 62);
zuletzt geändert durch Verordnung vom 6. Mai 1992 (GABl. S 273).

6.3.5 Verordnung des Umweltministeriums über die Altlasten-Bewertungskommission (Kommissions-VO)

Vom 16. Oktober 1990 (GBl. S. 392).

7 Energieeinsparung

7.1 Gesetz zur Einsparung von Energie in Gebäuden (EnEG)

Vom 22. Juli 1976 (BGBl.I S. 1837);
zuletzt geändert durch Gesetz vom 20. Juni 1980 (BGBl.I S. 701).

7.1.1 Verordnung über einen energiesparenden Wärmeschutz bei Gebäuden (Wärmeschutzverordnung - WärmeschutzV)

Vom 16. August 1994 (BGBl.I S.2121).

7.1.2 Verordnung über energiesparende Anforderungen an heizungstechnische Anlagen und Brauchwasseranlagen (Heizungsanlagenverordnung - HeizAnlV)

Vom 22. März 1994 (BGBl.I S. 613).

7.1.3 Verordnung über die verbrauchsabhängige Abrechnung der Heiz- und Warmwasserkosten (Verordnung über Heizkostenabrechnung - HeizkostenV)

In der Fassung der Bekanntmachung vom 20. Januar 1989 (BGBl.I S. 115).

7.2 Gesetz über die Einspeisung von Strom aus erneuerbaren Energien in das öffentliche Netz (Stromeinspeisungsgesetz)

Vom 7. Dezember 1990 (BGBl.I S. 2633);
zuletzt geändert durch Gesetz vom 19. Juli 1994 (BGBl.I S. 1618).

7.3 Schornsteinfegergesetz

Vom 15. September 1969 (BGBl.I S. 1634);
zuletzt geändert am 18. Februar 1986 (BGBl.I S. 270).

8 Bodenschutz

8.1 Bodenschutzgesetz

Vom 24. Juni 1991 (GBl. S. 433).

9 Kommunale Satzungen (Auflagen)

10 Genehmigungsbescheide

Abkürzungen und Bezugsquellen:

BGBl Bundesgesetzblatt
Bundesanzeiger Verlagsgesellschaft mbH
Postfach 1320
53003 Bonn

GMBl Gemeinsames Ministerialblatt
Carl Heymann Verlag KG
Luxemburger Str. 449
50393 Köln

GBI Gesetzblatt Baden-Württemberg
Staatsanzeiger für BW GmbH
Postfach 10 43 63
70038 Stuttgart

GABl Gemeinsames Amtsblatt BW
Staatsanzeiger für BW GmbH
Postfach 10 43 63
70038 Stuttgart

UVA 5.1
Entwicklung

	**Umwelt-Verfahrens-Anweisung**	**Entwicklung** **Ausgabe :** **Datum :** **Seite :**

1. Spezifische Zielsetzungen

Diese Umweltverfahrensanweisung gilt für die Planung, Entwicklung und Konstruktion unserer Produkte mit besonderer Berücksichtigung des Umweltschutzes. Hierbei sind auch die Auswirkungen auf die Produktion, den Gebrauch der Produkte beim Kunden und die Recyclingfähigkeit nach Ablauf der Nutzungsphase zu betrachten. Für die Wirtschaftlichkeit bedeutet das, daß in den Kosten für ein neues Produkt auch die zusätzlichen Kosten der späteren Entsorgung zu berücksichtigen sind.

Es ist die Aufgabe des Entwicklers / Konstrukteurs, das Optimum bezüglich aller technischen und wirtschaftlichen Anforderungen, sowie aller Umwelt- und Recyclinganforderungen zu finden.

Für die Produktentwicklung, die damit zusammenhängenden Fertigungsverfahren und die Produktentsorgung nach Ablauf der Nutzungsphase haben wir 3 Szenarien entwickelt:

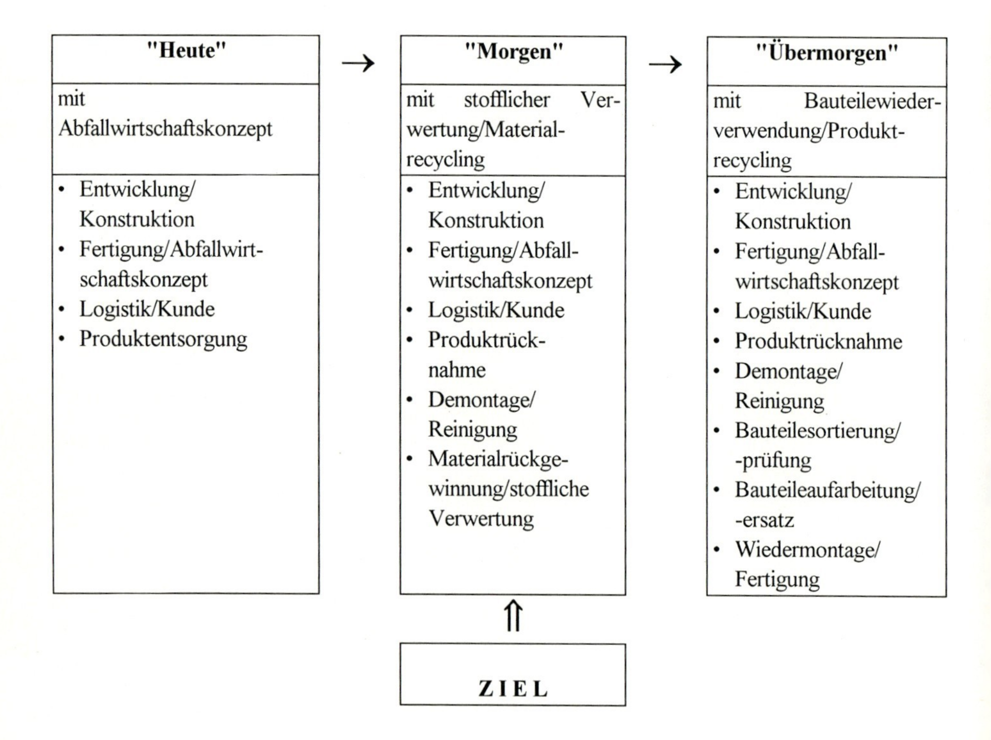

Aufgrund unserer heutigen Entwicklungs-, Fertigungsabläufe und -strukturen sehen wir uns in der Lage die im Szenario "Morgen" entwickelte Vorstellung zu verwirklichen, d. h. unsere neuen Produkte vornehmlich über ein verbessertes Materialrecycling zu verwerten.

Für eine Realisierung dieses Szenarios und einer umweltfreundlichen Entwicklung/Konstruktion von Produkten sind die eingesetzten Roh-, Hilfs- und Betriebsstoffe, die für die Herstellung benutzten Fertigungsverfahren, die Anwendung der Produkte und ihre Entsorgung nach Ablauf der Nutzungsphase von besonderer Bedeutung. Für eine recyclinggerechte Produktentwicklung und Konstruktion ist daher der gesamte Lebenszyklus des Produktes zu betrachten.

Längerfristig ist das Szenario "Übermorgen" mit einer verstärkten Wieder- bzw. Weiterverwendung von Produktteilen anzustreben. Ein wichtiger Zwischenschritt dorthin, ist eine Verbesserung der Reparaturfreundlichkeit unserer Produkte. Soweit bereits heute möglich, ist die Aufarbeitung von Altprodukten durch Austausch von Verschleißteilen zu forcieren. Die Aufarbeitung kann intern in unserem Unternehmen oder durch externe Auftragnehmer erfolgen.

2. Verantwortungen und Schnittstellenplan

Im Schnittstellenplan "Entwicklung" wurden folgende umweltrelevanten Abläufe (fett) identifiziert:

Ablauf \ Bereich	Vorstand	Marketing / Vertrieb	Entwicklung	Qualitätswesen	Verfahrenstechnik / Instandhaltung	Materialwirtschaft	Produktion	Zentrale Technische Dienste	Umweltschutz / Arbeitssicherheit	Logistik	Betriebswirtschaft / Controlling	Technischer Service / Kundendienst	Personal / Sozialwesen
5.1.1 Umweltverfahrens-anweisung		I	V	I	I	I	I		I			I	
5.1.2 Pflichtenheft Anforderungsliste Umweltschutz		M	V	M	M	M	M		M				
5.1.3 Materialauswahl incl. Verpackung		I	V	M	I	M	M		M				
5.1.4 Berücksichtigung Fertigungs-technologien			M	M	V	I	M		M				
5.1.5 OEM-Produkte		V	M	M					I	M			
5.1.6 Produktservice			I	M	M		M		I			V	
5.1.7 Audit Entwicklung	I		M	I	M		M		V				

V = Verantwortlich M = Mitarbeit I = Information

Abbildung 27: Schnittstellenplan Entwicklung

3. Abläufe und Realisierungsmöglichkeiten

Die genannten umweltrelevanten Abläufe sind im folgenden kurz beschrieben:

Ablauf 5.1.2 Pflichtenheft/Anforderungsliste Umweltschutz

Um Umweltschutzfragen in die Neu- und Weiterentwicklung unserer Produkte incl. Verpackungen einzubeziehen, muß ein entsprechendes Pflichtenheft erstellt werden. Ein Teil des Pflichtenheftes trägt den zunehmenden Kundenforderungen nach mehr Umweltschutz Rechnung. Im Rahmen der Produktentwicklung sind ebenfalls Wege für ein Produktrecycling nach Ablauf der Lebensdauer aufzuzeigen. Da die Lebensdauer unserer Produkte 10 - 15 Jahre beträgt, erfordert dieser Ablauf eine ständige Beobachtung und Neubewertung der vorhandenen und möglichen Entwicklungs-, Konstruktions- und Recyclingtechnologien.

Im Rahmen der Anforderungsliste Umweltschutz sind folgende grundsätzlichen Punkte zu berücksichtigen:

a) Baugruppen, -teile:

Für den Einsatz von Baugruppen, -teilen gelten die nachfolgenden Vorgaben.

→ Reduzierung der Baugruppen-, Bauteilevielfalt

→ Verwendung leicht lösbarer Demontageverbindungen

→ Reinigungsfreundliche Baugruppen, -teile einsetzen

→ Aufarbeitungsmöglichkeiten und Wiedermontage prüfen

→ Gefahrstoffhaltige Baugruppen, -teile vermeiden

→ Baugruppen, -teile aus recyclingfähigem Material verwenden

→ Kennzeichnung wieder- oder weiterverwendbarer Baugruppen, -teile

→ Kennzeichnung gefahrstoffhaltiger, umweltschädlicher, entsorgungsunfreundlicher Baugruppen, -teile

→ Bevorzugung von Baugruppen, -teilen mit geringem Energie- und Materialverbrauch

→ Bauteileaufarbeitung aus verbrauchten Produkten gewährleisten

→ Unter Berücksichtigung des Qualitäts- und Kostenaspektes ist eine Aufarbeitung der Baugruppen bzw. Bauteile nach Ablauf der Nutzungsphase zu prüfen.

b) Zerlegetechnik:

Generell ist der Zerlegungsaufwand durch leichte Demontierbarkeit zu minimieren. Für die erhaltenen Materialien sind die Verwertungswege aufzuzeigen. Um Downcycling zu vermeiden ist die stoffliche Recyclingfähigkeit für alle Produkte in Prozent darzustellen. Die möglichen Verwertungswege sind aufzuzeigen. Wo bereits heute möglich ist für einzelne Bauteile das Szenario "Übermorgen" einzuschlagen, d. h. es sind Bauteile zu verwenden die nach Ablauf der Lebensdauer wiederverwertet werden können.

→ Standardisierte Demontagewerkzeuge einsetzen

→ Leicht zugängliche Verbindungselemente, Sollbruchstellen oder Trennstellen vorsehen

→ Zerlegung in wenige Fraktionen

→ Demontagetest durchführen

→ Schadstoffhaltige Bauteile separat demontieren können

→ Leichte Sortierbarkeit von Bauteilen aus demontierten Produkten

c) Verbindungstechnik:

Verbindungen für Montage und Wartung müssen nicht zwangsläufig auch für das Zerlegen bei der Entsorgung in Anspruch genommen werden. Es sind Verbindungsverfahren bzw. -elemente einzusetzen, die unter Anwendung der dafür vorgesehenen Werkzeuge bzw. Zerlegetechniken leicht trennbar sind.

→ Anzahl der Verbindungsverfahren minimieren

→ Lösbare Verbindungen (Schnapp-, Schraubverbindungen) verwenden

→ Standardisierte Verbindungen anwenden

→ Geeignete Möglichkeiten für Demontagewerkzeuge vorsehen

d) Demontageanweisung:

Um die Recyclingmöglichkeiten zu verbessern, ist es zweckmäßig, eine Demontageanweisung zu erstellen. Sie sollte folgendes enthalten:

→ Empfehlungen zur Reihenfolge der Demontage

→ Angabe der notwendigen Werkzeuge

→ Hinweise auf Material-, Baugruppen-, Bauteilekennzeichnungen

→ Angaben über Art und Menge von Gefahrstoffen, umweltschädlichen, entsorgungs-unfreundlichen Teilen

→ Angaben über Art und Menge recyclingfähiger Komponenten

Ablauf 5.1.3 Materialauswahl incl. Verpackung

Maßnahmen zur Reduzierung des Materialeinsatzes bzw. der Materialvielfalt sind geeignet die natürlichen Ressourcen zu schonen und zukünftige Entsorgungsprobleme zu minimieren. Bei Preisvergleichen sind die Entsorgungs-/Recyclingkosten mit zu berücksichtigen. Es gelten folgende allgemeinen Vorgaben:

→ Energieverbrauch reduzieren

→ Vorwiegend Sekundärrohstoffe einsetzen

→ Sortenreine, gekennzeichnete Kunststoffe verwenden

→ Reduzierung der Materialvielfalt

→ Keine Verbundwerkstoffe einsetzen

→ Naturmaterialien verwenden

→ Einsatz höherwertiger Materialien zur Mengenreduzierung

→ Materialien auswählen, die zu Betriebsmitteleinsparungen führen

→ Recyclingmöglichkeiten aufzeigen

→ Vermeiden von Gefahrstoffen

→ Materialkennzeichnung nach entsprechenden Normen

→ Beständigkeit in Reinigungsmedien/Chemikalien

→ Beschichtungen vermeiden bzw. leicht erneuerbar

→ Reduzierung des Verschleißes

→ Vermeiden von Korrosion

Bereits heute sind Stoffe bekannt, die für den Menschen und die Umwelt Gefahren darstellen. Diese Kenntnisse müssen bereits bei der Produktentwicklung Berücksichtigung finden. Es sind daher Indexlisten für Roh-, Hilfs-, Betriebsstoffe, Bauelemente und Bauteile zu erstellen. Bewertungs-/Auswahlkriterien für diese Indexlisten sind:

a) Umweltgefährdung

gesetzliche Vorgaben (z. B. Gefahrstoffverordnung, Chemikalienverbotsverordnung, FCKW-Halon-Verordnung)

→ Maximale Arbeitsplatzkonzentration (MAK)

→ Technische Richtkonzentration (TRK)

→ Biologische Arbeitsplatztoleranzwert (BAT)

→ Wassergefährdungsklassen (WGK)

→ Verordnung brennbare Flüssigkeiten (VbF)

→ Ozonzerstörungspotential (ODP)

→ Treibhauspotential (GWP)

b) Recyclingfähigkeit

→ Wertstoffe im Produkt

→ Abfälle nach LAGA-Katalog und deren Entsorgung

→ Anteile an Sonderabfall nach Produktrecycling

→ Angaben über den geplanten Recyclingkreislauf

→ Einsetzbare Aufarbeitungs- und Aufbereitungstechnologien

→ Wirtschaftliche Situation des Marktes

→ Generelle Möglichkeiten zur Produktentsorgung

→ Verwertungsverfahren angeben

c) Rohstoffgewinnung

→ Ursprung

→ Abbau und Aufbereitung

→ Gewinnung und Transport

→ Energiebedarf

→ Umweltbelastung

→ Abfall, Abwasser und Abluft

Bei den Indexlisten wird zwischen einer Verbotsliste, einer Auflagenliste und/oder einer Positivliste unterschieden.

d) Verbotsliste:

Positionen dieser Liste dürfen bei keiner Neu- oder Weiterentwicklung eingesetzt werden. Sie enthält Angaben, die über gesetzliche Verbote hinausgehen.

e) Auflagenliste:

Positionen dieser Liste sind zu vermeiden. Ist ihr Einsatz aber notwendig, d. h. nicht vermeidbar, so müssen die Materialien, Bauelemente oder Bauteile leicht demontierbar im Produkt angeordnet sein. Sie müssen außerdem mit einer Kennzeichnung versehen sein. Die Freigabe von Positionen der Auflagenliste für Neu- und Weiterentwicklungen erfordert die Zustimmung der Entwicklungsleitung.

f) Positivliste:

Positionen dieser Liste sind bei Neu- und Weiterentwicklungen bevorzugt einzusetzen.

Eine Arbeitsgruppe der im Ablauf 5.1.3 genannten Bereiche Entwicklung, Qualitätswesen, Materialwirtschaft, Produktion und Umweltschutz nimmt eine Einstufung in Verbots-, Auflagen- und Positivliste vor. Da auf absehbare Zeit keine objektiven, mit vertretbarem Aufwand ermittelten, Bewertungskriterien zur Verfügung stehen, handelt es sich um eine, von uns aufgrund der Vorgaben ermittelte, subjektive Einstufung.

Die ins Produkt eingebrachten Materialien sind nach dem Werkstoffkatalog zu kennzeichnen.

Ablauf 5.1.4 Berücksichtigung Fertigungstechnologien

Bei Produktneuentwicklungen sind neben der Materialauswahl die Fertigungstechnologien zu betrachten. Eine Neuinstallation von Fertigungstechnologien wird nur selten im Zusammenhang mit Produktneuentwicklungen möglich sein. Deshalb sind hier Möglichkeiten zur

→ Optimierung des Verfahrenswirkungsgrades

→ Erhöhung der Produktausbeuten

→ Energiesparenden und rückstandsarmen Fertigungsmöglichkeiten

→ Verwertung der Fertigungsrückstände

→ Reduzierung der Anzahl an Hilfs- und Betriebsstoffen

→ Recyclingmöglichkeiten für Hilfs- und Betriebsstoffe

→ Vermeiden von Gefahrstoffen

im Rahmen der Produktneuentwicklungen zu berücksichtigen. Grundsätzlich ist zu bedenken, daß Oberflächenbeschichtungen das Recycling erschweren können.

Ausführungen zur Auswahl neuer Fertigungstechnologien finden sich in den Umweltverfahrensanweisung "Technologien".

Ablauf 5.1.5 OEM-Produkte

Das Thema Umweltverträglichkeit muß künftig zusätzlich beim Kauf von OEM-Produkten (Original Equipment Manufacturers) berücksichtigt werden. Es sind die gleichen Anforderungen wie bei Eigenentwicklungen zugrundezulegen. Die Freigabe von OEM-Produkten ist Sache von Marketing & Vertrieb. Für eine Kaufentscheidung sind Forschung & Entwicklung, Qualitätswesen und Umweltschutz mit heranzuziehen.

Ablauf 5.1.6 Produktservice

Eine längere Produktlebensdauer läßt sich durch eine entsprechende Instandhaltung erreichen. Regelmäßig ist eine Analyse der Servicefälle durchzuführen. Die Schwachstellenanalyse der Produkte ermöglicht laufende Verbesserungen im Entwicklungs- und Fertigungsprozeß. Es gelten die Vorgaben:

→ Schwachstellenanalyse von Verschleißteilen

→ leichte Demontierbarkeit und Austauschbarkeit von Bauteilen zur Erhöhung der Lebensdauer bzw. zur Verbesserung des Produktrecyclings

→ Abgestimmte Korrosionsschutzmaßnahmen für Produktteile/Gesamtprodukt

→ Modulare Bauweise zum Hochrüsten

→ Längerfristiger Einsatz von Bauteilen zwecks Kostenreduzierungen in Fertigung, Logistik, Service und Entsorgung

4. Einzelfallregelungen

Für jedes Unternehmen sind entsprechende Einzelfallregelungen (Arbeitsanweisungen) betriebsspezifisch zu erstellen.

UVA 6.1

Technologien

1. Spezifische Zielsetzungen

Bei der Einführung neuer Technologien bzw. beim Ersatz von alten Technologien ist die Berücksichtigung des Umweltschutzes ein wichtiges Element. Diese Verfahrensanweisung gilt für die Planung, Entwicklung, Auswahl und Inbetriebnahme unserer Fertigungstechnologien. Sie beschreibt die wesentlichen umweltrelevanten Punkte, die dabei zu beachten sind. Dies gilt auch für eine zukünftige Anlagenverschrottung.

Die Auswahl und der Einsatz neuer umweltfreundlicher Technologien ist neben der Entwicklung von umweltfreundlichen Produkten eine der größten Herausforderungen für den betrieblichen Umweltschutz in einem modernen Unternehmen. Sowohl für die Produktentwicklung, als auch für die Auswahl neuer Technologien gelten heute die Kriterien der nachhaltigen Entwicklung. Das bedeutet, einen verstärkten Einsatz von integrierten Umweltschutzmaßnahmen und zunehmender Verzicht auf additive Umweltschutzmaßnahmen, die nur eine Problemverlagerung darstellen. Als Kriterien für integrierten Umweltschutz sind zu nennen:

→ Sparsamer Umgang mit bzw. verringerter Einsatz von Energien und stofflichen Ressourcen

→ Produktions- und prozessinternes Recycling bzw. Kreislaufführung

→ Verringerung des unvermeidlichen Reststoffanfalls

→ Substitution umweltschädlicher Einsatzstoffe

→ Zunehmender Verzicht auf additive Umweltschutztechnologien

→ Berücksichtigung von Vor- und Folgestufen eines Produktionsprozesses oder eines Produktes (Life-Cycle-Betrachtung)

→ Recyclingfähigkeit bzw. umweltfreundlichere Entsorgung unvermeidbarer Abfälle und nicht mehr brauchbarer Produkte

Im Rahmen der Einführung neuer Technologien sind rechtzeitig gegebenenfalls behördliche Genehmigungen einzuholen.

2. Verantwortungen und Schnittstellenplan

Im Schnittstellenplan "Technologien" wurden folgende umweltrelevanten Abläufe (fett) identifiziert:

Ablauf \ Bereich	Vorstand	Marketing / Vertrieb	Entwicklung	Qualitätswesen	Verfahrenstechnik / Instandhaltung	Materialwirtschaft	Produktion	Zentrale Technische Dienste	Umweltschutz / Arbeitssicherheit	Logistik	Betriebswirtschaft / Controlling	Technischer Service / Kundendienst	Personal / Sozialwesen
6.1.1 Umweltverfahrens-anweisung			I		I	I	I		V				
6.1.2 Pflichtenheft Anlage			M		V		M		M				
6.1.3 Lieferanten-auswahl			I		M	V	M		M				
6.1.4 Fertigungs-versuche			M	M	V		M		M				
6.1.5 Wirtschaftlichkeits-betrachtung			I	I	M	I	M		M		V		
6.1.6 Aufbau/ Inbetriebnahme/ Abnahme				M	V		M	M	M				
6.1.7 Audit Technologien	I		M	M	M		M		V				

V = Verantwortlich M = Mitarbeit I = Information

Abbildung 28: SchnittstellenplanTechnologien

3. Abläufe und Realisierungsmöglichkeiten

Die genannten umweltrelevanten Abläufe sind im folgenden kurz beschrieben:

Ablauf 6.1.2 Pflichtenheft Anlage

Für die Erstellung der Anforderungsliste Umweltschutz ist der Bereich Verfahrenstechnik / Instandhaltung verantwortlich.

Bei der Einführung einer neuen Technologie werden in einem Pflichtenheft zunächst die technischen Anforderungen an eine Anlage definiert (z.B. Leistungsdaten, Installationsdaten, Anlagenspezifikationen etc.). Um Umweltschutzfragen zu berücksichtigen, wird im Rahmen des Pflichtenheftes der Anlage eine Anforderungsliste Umweltschutz erstellt. Diese enthält folgende Punkte:

a) Eingesetzte Stoffe

Die bei dem Verfahren einzusetzenden Hilfs- und Betriebsstoffe sind hinsichtlich folgender Punkte zu überprüfen:

→ Maximale Arbeitsplatzkonzentration (MAK)
→ Technische Richtkonzentration (TRK)
→ Biologischer Arbeitsplatztoleranzwert (BAT)
→ Wassergefährdungsklasse (WGK)
→ Verordnung brennbare Flüssigkeiten (VbF)
→ Ozonzerstörungspotential (ODP)
→ Treibhauspotential (GWP)
→ Vermeiden von Gefahrstoffen
→ Recyclingmöglichkeiten für Hilfs- und Betriebsstoffe
→ Möglichkeit der Kreislaufführung
→ Reduzierung der Anzahl der eingesetzten Stoffe
→ Maßnahmen zur Standzeitverlängerung
→ Eigenschaften der entstehenden Nebenprodukte (Abwasser, Abfall, Abluft)
→ Welche Entsorgungsmöglichkeiten existieren für die Nebenprodukte?
→ Welche Verwertungsmöglichkeiten existieren für die Nebenprodukte?

Stoffe, die mit Auflagen versehen sind (Auflagenliste), sind bei der Einführung neuer Technologien zu vermeiden. Ist ihr Einsatz aber notwendig, so erfordert dies die Zustimmung der Bereichsleitung. Verbotene Stoffe (Verbotsliste) dürfen nicht eingesetzt werden.

b) Ressourcenverbrauch

Der Verbrauch von Ressourcen muß bei der Einführung von neuen Technologien ca. 30 % unter den alten Verbrauchswerten liegen. Energie-, Wasser- und Rohstoffeinsatz sind daher bei der Entwicklung bzw. der Einführung von neuen Technologien nach folgenden Punkten zu überprüfen:

→ Reduzierung des Energieverbrauches
→ Einsatz erneuerbarer Energien
→ Möglichkeiten der Wärmerückgewinnung
→ Reduzierung des Wasserverbrauches
→ Optimierung des Verfahrenswirkungsgrades
→ Erhöhung der Produktionsausbeuten

c) Nebenprodukte

Die Entstehung von Abfällen, Abwasser und Abluft ist in vielen Fällen nahezu unvermeidbar. In jedem Fall ist jedoch zu überprüfen:

→ Wie kann die Abwassermenge vermieden oder vermindert werden?
→ Wie kann die Abfallmenge reduziert oder vermieden werden?
→ Können die entstehenden Abwässer, Abfälle oder Emissionen durch den Einsatz anderer Stoffe vermindert bzw. die Zusammensetzung verbessert werden?
→ Verwertung der Fertigungsrückstände

Die Punkte der o.g. Anforderungsliste Umweltschutz sind bei der Auswahl bzw. Planung neuer Technologien und Anlagen in jedem Fall zu berücksichtigen.

d) Anlagendemontage / -verwertung

Für die nachfolgende Verwertung oder Verschrottung nach Stillegung der Anlage sind folgende Punkte wichtig:

→ Materialkennzeichnungen für Recyclingzwecke
→ Leichte Demontagemöglichkeiten
→ Aufarbeitungsmöglichkeiten prüfen
→ Recyclingsfähige Komponenten
→ Verwertungsverfahren für die Anlage

Ablauf 6.1.3 Lieferantenauswahl

Für diesen Ablauf ist der Bereich Materialwirtschaft verantwortlich.

Bei der Auswahl der Lieferanten sind neben den wirtschaftlichen und qualitativen Kriterien Umweltschutz-Punkte zu beachten. Das heißt, der Lieferant wird hinsichtlich seiner Aktivitäten im Bereich Umweltschutz bewertet. Es ist zu prüfen, ob der Lieferant ein Umweltmanagementsystem hat und ob er nach der EG-Verordnung zertifiziert ist. Die Überprüfung der Lieferanten erfolgt in Form von Lieferantenaudits. Die Durchführung solcher Lieferantenaudits ist in der Umweltverfahrensanweisung UVA 7.2 beschrieben.

Ablauf 6.1.4 Fertigungsversuche

Für diesen Ablauf ist der Bereich Verfahrenstechnik / Instandhaltung verantwortlich.

Zur Beurteilung eines neuen Verfahrens sind verschiedene Versuche notwendig. Die Beurteilungskriterien richten sich zum einen nach den technischen Anforderungen wie Prozeßsicherheit, -genauigkeit, Instandhaltungsmöglichkeiten etc., zum anderen nach Umweltschutzaspekten, die bereits bei der Versuchsplanung zu beachten sind. Die zu beachtenden Umweltschutzaspekte sind unter Ablauf 6.1.2 Pflichtenheft Anlage genannt.

Bei der Durchführung der Versuche sind folgende Punkte zu beachten:

→ Die bei der Versuchsdurchführung entstehenden Abfälle sind sachgerecht zu entsorgen bzw. zu verwerten.
→ Die Anlage ist auch unter Versuchsbedingungen so zu betreiben, daß keine Umweltgefahren wie Bodenverunreinigungen, Gewässerverunreinigungen o.ä. von der Anlage ausgehen.
→ Unnötige Versuche mit umweltgefährdenden Stoffen sind zu vermeiden.
→ Die an der Versuchsdurchführung beteiligten Mitarbeiter sind hinsichtlich Arbeitssicherheit und Umweltschutz zu unterweisen.
→ Beschreibung der Versuchsergebnisse auch für Umweltschutz.

Ablauf 6.1.5 Wirtschaftlichkeitsbetrachtung

Verantwortlich für diesen Ablauf ist der Bereich Betriebswirtschaft / Controlling.

Bei der Wirtschaftlichkeitsbetrachtung für eine geplante Anlage werden die bisher extern gerechneten Umweltkosten mit einbezogen. Das bedeutet die Berücksichtigung folgender Punkte:

→ Entsorgungskosten entstehender Abfälle
→ Kosten für benötigte additive Umweltschutzmaßnahmen
→ Reinigungskosten für Abwässer und Emissionen
→ Entsorgungskosten für die Anlage bei Verschrottung
→ Kosten für Sicherungsmaßnahmen zum Schutz von Mensch und Umwelt
→ Kosten für die Umwelthaftpflichtversicherung

Ablauf 6.1.6 Aufbau / Inbetriebnahme / Abnahme

Für diesen Ablauf ist der Bereich Verfahrenstechnik / Instandhaltung verantwortlich.

Vor Aufbau und Inbetriebnahme der Anlage vor Ort sind folgende Punkte zu klären:

→ Umgebung (Boden, Luft etc.) entsprechend gegen Verunreinigungen sichern
→ Entsorgung bzw. die Verwertung der entstehenden Abfälle sicherstellen
→ Nötige additive Umweltschutzmaßnahmen anschließen
→ Mitarbeiter hinsichtlich möglicher Umweltgefahren sowie des Umgangs mit den Einsatzstoffen schulen
→ Wartungsanleitung muß vorhanden sein

4. Einzelfallregelungen

Für jedes Unternehmen sind entsprechende Einzelfallregelungen (Arbeitsanweisungen) betriebsspezifisch zu erstellen.

UVA 7.1
Gefahrstoffe

1. Spezifische Zielsetzungen

Der Umgang mit Gefahrstoffen ist in der Gefahrstoffverordnung (GefStoffV) - einer Ausführungsverordnung des Chemikaliengesetzes - geregelt. Die GefStoffV beinhaltet sowohl den Arbeits- und Gesundheitsschutz als auch den Schutz der Umwelt. Sie ist somit als Schnittstelle zwischen Arbeitssicherheit und Umweltschutz zu sehen.

In der Gefahrstoffverordnung werden Maßnahmen zum Schutz der Arbeitnehmer und der Umwelt ergriffen, die die Einführung, den Umgang die Lagerung und Kennzeichnung von Gefahrstoffen betreffen. Gefährliche Stoffe und Zubereitungen, die unter die Gefahrstoffverordnung fallen, sind in den Anhängen der Gefahrstoffverordnung aufgelistet. Im Rahmen des Umweltmanagementsystems gelten diese Maßnahmen und Vorschriften jedoch nicht ausschließlich für die in der Gefahrstoffverordnung genannten Stoffe sondern für **alle umweltgefährdenden Stoffe und Materialien.**

Gefahrstoffmanagement im Rahmen des Umweltmanagementsystems bedeutet eine umweltorientierte Planung und Kontrolle der Stoff- und Materialflüsse im Unternehmen. Es umfaßt die Bewertung von Stoffen und Materialien vor dem Einsatz im Unternehmen im Rahmen eines Freigabeverfahrens, die regelmäßige Kontrolle der eingesetzten Stoffe sowie des Umgangs mit diesen Stoffen und die regelmäßige Prüfung der verwendeten Verfahrenstechnologien nach dem fortgeschrittenen Stand der Technik.

2. Verantwortungen und Schnittstellenplan

Im Schnittstellenplan "Gefahrstoffe" wurden folgende umweltrelevanten Abläufe (fett) identifiziert.

Ablauf \ Bereich		Vorstand	Marketing / Vertrieb	Entwicklung	Qualitätswesen	Verfahrenstechnik / Instandhaltung	Materialwirtschaft/ Logistik	Produktion	Zentrale Technische Dienste	Umweltschutz / Arbeitssicherheit	Betriebsarzt	Betriebswirtschaft / Controlling	Technischer Service / Kundendienst	Personal / Sozialwesen
7.1.1 Verfahrens-anweisung				I	I	I	I	I	I	V	I			
7.1.2 Konzept	Freigabe			I	M	M	M	M	M	V	M			
	Waren- und Versuchsmuster					Verantwortlich sind alle Vorgesetzten im Rahmen ihres Aufgabengebietes								
7.1.3 Kataster				I		M	M	M		V	I			
7.1.4 Dokumentation	Betriebs-anweisungen					Verantwortlich sind alle Vorgesetzten im Rahmen ihres Aufgabengebietes								
7.1.5 Umgang/ Handhabung	Einsatz/ Überwachung					Verantwortlich sind alle Vorgesetzten im Rahmen ihres Aufgabengebietes								
	Lagerung					M	V	M	I	M				
	Substitution			M		V	I	M	I	M				
7.1.6 Jahresbericht		I		I		M	M	M		V				
7.1.7 Audit		I		I	M	M	M	M		V				

V = Verantwortlich M = Mitarbeit I = Information

Abbildung 29: Schnittstellenplan Gefahrstoffe

3. Abläufe und Realisierungsmöglichkeiten

Die umweltrelevanten Abläufe sind im folgenden kurz beschrieben.

Ablauf 7.1.2: Konzept

Freigabe Gefahrstoffe

Verantwortlich für die Freigabe von Gefahrstoffen nach dieser Umweltverfahrensanweisung ist die "Zentrale Freigabestelle" im Bereich "Umweltschutz / Arbeitssicherheit".

Für den vorsorgenden Umweltschutz ist die Beurteilung von Stoffen **vor** der ersten Bestellung und Anwendung ein entscheidender Punkt. Der Stoff wird hinsichtlich der Gefahren für Mensch und Umwelt bewertet. Nach dieser Bewertung durch die verantwortlichen Mitarbeiter der Freigabestelle wird der Stoff freigegeben oder gesperrt.

Für die Freigabe neuer Gefahrstoffe muß ein entsprechender Freigabeantrag gestellt werden. Nach Erfüllung des Freigabeantrages wird eine Artikelnummer für den Gefahrstoff vergeben. Erst danach darf der Einkauf den entsprechenden Gefahrstoff bestellen.

In der Anlage zur UVA 7.1 sind die Formulare für den Freigabeantrag dargestellt.

Waren- und Versuchsmuster

Verantwortlich für diesen Ablauf sind alle Vorgesetzten im Rahmen ihres Aufgabengebietes.

Bei Warenmustern ist besondere Aufmerksamkeit gefordert! Der Besteller/Empfänger/Anwender muß sicherstellen, daß keine Gefahren für Mensch und Umwelt bei der versuchsweisen Anwendung dieses Stoffes ausgehen. Auch bei Warenmustern muß ein Europäisches Sicherheitsdatenblatt vorhanden sein! Der Besteller / Empfänger / Anwender trägt sämtliche Konsequenzen. Er ist für die ordnungsgemäße Anwendung, Überwachung und Entsorgung nicht verbrauchter Mengen verantwortlich.

Ablauf 7.1.3: Kataster

Verantwortlich für diesen Ablauf ist der Bereiche "Umweltschutz / Arbeitssicherheit".

Das Gefahrstoffkataster gibt einen vollständigen Überblick über die im Betrieb vorhandenen und eingesetzten Gefahrstoffe sowie die als umweltrelevant eingestuften Materialien. Es liefert die grundlegenden Daten für die Substitutionsverpflichtung sowie zur Durchführung weiterer definierter Projekte inklusive derer Erfolgskontrolle. Gesetzliche Grundlage für die Erstellung eines Gefahrstoffkatasters ist § 16 (3a) der Gefahrstoffverordnung, wonach der Arbeitgeber verpflichtet ist, ein Verzeichnis aller Gefahrstoffe, mit denen Arbeitnehmer umgehen, zu führen.

Aufgrund der Vorgaben des Umweltmanagementhandbuches ist das Gefahrstoffkataster mindestens einmal jährlich zum Ende des Geschäftsjahres von "Umweltschutz / Arbeitssicherheit" zu überarbeiten.

Das Gefahrstoffkataster enthält Angaben zu folgenden Punkten:

- Artikel-Nr.
- Interne Bezeichnung
- Chemische Bezeichnung
- Gefahrenkennzeichen
- WGK
- VbF
- Einsatzorte im Betrieb
  a) Kostenstelle
  b) Arbeitsbereich oder Anlage
- Lagerorte im Betrieb
- Mengen
  a) Gesamtmenge
  b) Menge im Arbeitsbereich, am Einsatzort
- Bemerkungen

Ablauf 7.1.4: Dokumentation

Betriebsanweisung

Verantwortlich für die Erstellung einer Betriebsanweisung gemäß § 20 Gefahrstoffverordnung sind alle Vorgesetzten im Rahmen ihres Aufgabengebietes.

Sie ist für jeden Gefahrstoff zu erstellen, wobei das Europäisches Sicherheitsdatenblatt meist die Grundlage für die Betriebsanweisung bildet. Unterstützung bei der Erstellung wird durch den Bereich "Umweltschutz / Arbeitssicherheit" gegeben. Die Vorgesetzten haben die Verpflichtung, die Betriebsanweisungen auszuhängen und fehlende Betriebsanweisungen anzufordern. Die Mitarbeiter müssen von ihnen geschult werden und sie haben die sachgemäße Anwendung von Gefahrstoffen zu beachten. Im Rahmen der rechtlichen vorgeschriebenen Sicherheitsunterweisung, die mindestens einmal jährlich durchzuführen ist, dient die Betriebsanweisung als Schulungsunterlage.

Ablauf 7.1.5: Handhabung / Umgang

Einsatz und Überwachung Gefahrstoffe

Für Einsatz, Überwachung und Entsorgung von Gefahrstoffen sind die Vorgesetzten in den anwendenden Funktionen verantwortlich. Dies betrifft auch die ordnungsgemäße Lagerung vor Ort.

Vor dem Einsatz von Gefahrstoffen hat der Vorgesetzte sichergestellt, daß alle technischen und organisatorischen Voraussetzungen erfüllt sind, um die Einhaltung des **MAK-Wertes** (Maximale Arbeitsplatzkonzentration), des **TRK-Wertes** (Technische Richtkonzentration) bzw. des **BAT-Wertes** (Biologischer Arbeitsplatztoleranzwert) zu gewährleisten.

Im Rahmen der Freigabe neuer Gefahrstoffe hat der Antragsteller sichergestellt, daß am Arbeitsplatz eine Gefährdung ausgeschlossen ist. Zur Überwachung dienen der MAK-Wert und der TRK-Wert.

Zu Beginn des Ersteinsatzes neuer Gefahrstoffe ist vom Bereich "Umweltschutz / -Arbeitssicherheit" eine entsprechende Messung durchzuführen oder zu veranlassen.

Lagerung

Verantwortlich für die sachgerechte Lagerung von Gefahrstoffen ist der Bereich "Materialwirtschaft".

Bei der Lagerung von Gefahrstoffen ist in erster Linie darauf zu achten, die Gefahren, die von Lagern ausgehen zu minimieren. Hierzu sind folgende Punkte zu beachten:

- Getrennte Lagerung von Stoffen mit verschiedenen Gefährdungseigenschaften hinsichtlich ihrer chemischen Charakteristik.

  Beispiele für Verbote für die Zusammenlagerung:
  - giftig - brennbar
  - giftig - brandfördernd
  - brennbar - brandfördernd

- Getrennte Lagerung von Stoffen, die unterschiedliche Löschmittel erfordern.
- Auffangräume / Auffangwannen für die Chemikalien um einen Eintrag in die Umwelt zu vermeiden.
- Der Boden des Lagers muß mit einem entsprechend der gelagerten Stoffe geeignetem Material versiegelt sein.
- Für den Brandfall sind Löschmitteleinrichtungen vorzusehen.

- Für kleine Mengen ausgetretener Stoffe müssen zum Aufsaugen bzw. Binden geeignete Chemikalienbinder vorhanden sein.
- Die Raumluft des Lagers muß abgesaugt werden.
- Alle elektrischen Einrichtungen des Lagers müssen explosionsgeschützt sein.

Die Beschäftigten sind vom Lagerverantwortlichen bzw. vom Vorgesetzten hinsichtlich der Gefahren, die von dem entsprechenden Lager ausgehen können, zu unterweisen. Die Lager sollten nur von unterwiesenen Personen betreten werden.

Die Ein- und Abgänge in den Lagern müssen dokumentiert werden. Dadurch sind zu jedem Zeitpunkt die aktuellen Lagerbestände abfragbar.

<u>Substitution Gefahrstoffe</u>

Verantwortlich für den Ersatz von Gefahrstoffen ist der Bereich "Verfahrenstechnik/ Instandhaltung ".

Nach § 16 (2) Gefahrstoffverordnung ist der Einsatz von Gefahrstoffen zu überprüfen. Es ist zu prüfen, ob die eingesetzten Gefahrstoffe durch umweltverträgliche Stoffe ersetzt werden können. Neben dieser stofflichen Seite ist darüber hinaus zu prüfen, ob durch eine Änderung des Herstellungsverfahrens bzw. des Produktdesignes auf die Verwendung der Gefahrstoffe verzichtet werden kann. Die Substitutionsprüfung ist mindestens alle 3 Jahre durchzuführen. Die Ergebnisse der Prüfungen müssen schriftlich festgehalten werden, um sie auf Verlangen der zuständigen Behörde vorzulegen.

Ablauf 7.1.6: Jahresbericht

Für die Erstellung eines Jahresberichtes im Umweltbereich "Gefahrstoffe" ist die "Fachkraft für Arbeitssicherheit" verantwortlich.

Der Jahresbericht enthält eine Zusammenfassung aller relevanten Daten aus dem Gefahrstoff-Bereich. Hierzu zählt eine Auflistung aller in den verschiedenen Arbeitsbereichen des Betriebes eingesetzten Gefahrstoffe, ein mengenmäßiger Vergleich des Gefahrstoffeinsatzes zum Vorjahr, eine Bewertung der Gefahrstoffsituation sowie die Formulierung geplanter Ziele und Maßnahmen. Die Daten aus dem Jahresbericht gehen in das entsprechende Kapitel der Umwelterklärung ein.

4. Einzelfallregelungen

Für jedes Unternehmen sind entsprechende Einzelfallregelungen (Umweltarbeitsanweisungen) betriebsspezifisch zu erstellen. Dazu kann z.B. die im Anhang aufgeführte Betriebsanweisung, der Freigabeantrag und das Kataster gehören.

5. Anlage

In der Anlage befindet sich ein Antrag zur Bewertung und Freigabe von Gefahrstoffen.

Umwelt-Verfahrens-Anweisung	Freigabeantrag Antrag-Nr. : Datum : Seite :

Diese Seite ist vom Antragsteller auszufüllen.

Antragsteller / Anwender

Name			
Kostenstelle		Benennung	
Ort / Gebäude			
Arbeitsplatz			
Tätigkeit			
Anwendungshäufigkeit		Jahresverbrauch	

Gefahrstoffbezeichnung

Bezeichnung	
Lieferant	

Das EU-Sicherheitsdatenblatt ist beizufügen.

Aufbewahrung vor Ort (Tagesvorrat)

Ort	
Art	

Anmerkungen

Datum		Unterschrift	

	Umwelt-Verfahrens-Anweisung	Freigabeantrag Antrag-Nr. : Datum : Seite :

Diese Seite wird von der Freigabestelle ausgefüllt.

Gefahrstoffbezeichnung

Artikel-Nr.

interne Bezeichnung

chemische Bezeichnung

EU-Sicherheitsdatenblatt ist beigefügt ❑

Aufbewahrung vor Ort (Tagesvorrat)

max. zulässiger Vorrat (kleiner oder gleich Tagesbedarf)

Für diese Menge sind die gesetzlich vorgeschriebenen Aufbewahrungsbedingungen erfüllt ❑

Entsorgung

Die sachgerechte Entsorgung der aus dem Gefahrstoff entstehenden Rückstände ist sichergestellt ❑

Anmerkungen

Freigabe

Freigabestatus

Begründung

Datum Unterschrift

Modellfirma	**Umwelt-Verfahrens-Anweisung**	**Freigabeantrag** **Antrag-Nr. :** **Datum :** **Seite :**

Grunddaten

Artikel-Nr.			
interne Bezeichnung			
chemische Bezeichnung			
Stoffgruppe		Stoffklasse	
Lagerort			

Gefahren für Mensch und Umwelt

Gefahrenkennzeichen	❑ C	❑ E	❑ F	❑ F+	❑ N	❑ O	❑ T	❑ T+	❑ X_i	❑ X_n

Verordnung brennbare Flüssigkeiten (VbF)	❑ AI	❑ AII	❑ AIII	❑ B	❑ n.a.
Wassergefährdungsklasse (WGK)	❑ 0	❑ 1	❑ 2	❑ 3	❑ unbekannt

R-Sätze			S-Sätze		
Gesundheitsgefahren					
Umweltgefährdung					
MAK-Wert		TRK-Wert		BAT-Wert	

Schutzmaßnahmen

Benötigte technische Einrichtungen	
Körperschutz-ausrüstungen	
Lagerungshinweise	

	Umwelt-Verfahrens-Anweisung	Freigabeantrag Antrag-Nr. : Datum : Seite :

Verhalten im Gefahrenfall

bei Verschütten	
bei Leckagen	
bei Brand	
Löschmittel	
- geeignete	
- zu vermeidende	

Erste Hilfe

nach Einatmen	
nach Hautkontakt	
nach Augenkontakt	
nach Verschlucken	
Hinweise für den Arzt	

	**Umwelt-Verfahrens-Anweisung**	**Freigabeantrag** **Antrag-Nr. :** **Datum :** **Seite :**

Stellungnahmen

	Zustimmung	Datum	Unterschrift
Umweltschutz-beauftragter	❑ Ja / Nein ❑		
	Name		
	Bemerkungen:		
Sicherheitsfachkraft	❑ Ja / Nein ❑		
	Name		
	Bemerkungen:		
Betriebsarzt	❑ Ja / Nein ❑		
	Name		
	Bemerkungen:		
Koordinator Freigabestelle	❑ Ja / Nein ❑		
	Name		
	Bemerkungen:		

UVA 7.2
Lieferanten

1. Spezifische Zielsetzungen

Mit der Umweltpolitik und einem entsprechenden Umweltmanagementsystem verpflichtet sich ein Unternehmen dazu, einen bestimmten Umweltstandard aufzubauen und diesen zu halten. Diese Verpflichtung gilt nicht nur gegenüber den Kunden oder dem Gesetzgeber, sondern auch der Bevölkerung und den einzelnen Mitarbeitern. Durch die Querschnittsfunktion des betrieblichen Umweltschutzes gelten die Umweltschutzanforderungen auch für unsere Lieferanten. Integrierter Umweltschutz bedeutet u.a. umweltfreundliche Beschaffung von Produkten, Dienstleistungen und Technologien. In allen Fällen ist in einem großen Maße der Lieferant von unseren Umweltschutzaktivitäten betroffen. Es muß sichergestellt sein, daß Umweltprobleme nicht indirekt von Seiten der Vertragspartner in den Betrieb getragen werden.

Der Lieferant muß vor Vertragsabschluß auf verantwortungsbewußtes Handeln im Sinne des Umweltschutzes überprüft werden. Dabei ist festzustellen, ob die entsprechenden Produkte und / oder Dienstleistungen in umweltschonender Weise hergestellt bzw. erbracht werden. Im Vertragsabschluß ist auf die Umweltschutzaktivitäten des Lieferanten hinzuweisen. Einen Auftrag erhält nur der Lieferant, der diese Bedingungen erfüllt. In regelmäßigen Abständen werden zur Überprüfung der Lieferanten Umweltaudits durchgeführt. Bei einem Lieferantenaudit werden die Lieferanten hinsichtlich ihres Umweltmanagementsystems und der Produktionstechnologien überprüft und bewertet.

Entsprechen die Lieferanten nicht den Umweltschutzanforderungen und können diese nach Ablauf einer angemessenen Frist auch nicht erreicht werden, so kann das Vertragsverhältnis wegen ungenügender Umweltschutzaktivitäten gelöst werden.

2. Verantwortungen und Schnittstellenplan

Im Schnittstellenplan "Lieferanten" wurden folgende umweltrelevanten Abläufe (fett) identifiziert:

Ablauf \ Bereich	Vorstand	Marketing / Vertrieb	Entwicklung	Qualitätswesen	Verfahrenstechnik / Instandhaltung	Materialwirtschaft	Produktion	Zentrale Technische Dienste	Umweltschutz / Arbeitssicherheit	Logistik	Betriebswirtschaft / Controlling	Technischer Service / Kundendienst	Personal / Sozialwesen
7.2.1 Umweltverfahrens-anweisung			I	I		I			V				
7.2.2 Lieferanten-verträge				M		V	I		M				
7.2.3 Lieferanten-audit	V		M	M		M	M		M				
7.2.4 Prüfung / Durchführung			I	M		M	I		V				
7.2.5 Auditbericht			I	M		M	I		V				
7.2.6 Lieferanten-bewertung, -auswahl				M		M			V				

V = Verantwortlich   M = Mitarbeit   I = Information

Abbildung 30: Schnittstellenplan Lieferanten

3. Abläufe und Realisierungsmöglichkeiten

Die genannten umweltrelevanten Abläufe sind im folgenden kurz beschrieben:

Ablauf 7.2.2 Lieferantenverträge

Für die Verträge mit den Lieferanten ist der Bereich Materialwirtschaft verantwortlich.

In die Verträge mit unseren Lieferanten werden folgende Umweltschutzaspekte mit aufgenommen:

1. Der Lieferant versichert, bei der Beschaffung und / oder der Herstellung des gelieferten Produktes (bzw. der Leistung) alle Umweltgesetze einzuhalten.
2. Der Lieferant muß über ein entsprechendes Umweltmanagement verfügen.
3. Die Überprüfung der Lieferanten erfolgt über Lieferantenaudits.

Lieferanten, die sich an der EG-Verordnung "über die freiwillige Beteiligung gewerblicher Unternehmen an einem Gemeinschaftssystem für das Umweltmanagement und die Umweltbetriebsprüfung" beteiligen, werden bevorzugt ausgewählt.

Ablauf 7.2.3 Lieferantenaudit

Das zuständige Mitglied der Geschäftsleitung veranlaßt in Abstimmung mit dem Geschäftspartner die Durchführung eines Lieferantenaudits.

Zur Überprüfung der Lieferanten werden zunächst vor Vertragsabschluß und anschließend in regelmäßigen Abständen -nicht länger als drei Jahre- Umweltaudits bei den Lieferanten durchgeführt. Die Häufigkeit und der Aufwand richtet sich nach der Umweltrelevanz und dem Herstellungsprozeß des vom Lieferanten bezogenen Produktes sowie nach dem Umweltmanagementsystem des Lieferanten.

Bei Mängeln oder Unzulänglichkeiten im Unternehmen des Zulieferers / Vertragspartners wird partnerschaftliche Unterstützung bei der Gestaltung seines Umweltmanagementsystems angeboten. Besteht kein ausreichendes Interesse die erkannten Mängel zu beheben, wird das Vertragsverhältnis gelöst.

Ablauf 7.2.4 Prüfung / Durchführung

Für die Durchführung des Lieferantenaudits ist der Umweltschutzbeauftragte verantwortlich.

Ein Umweltaudits beim Lieferanten wird nach dem gleichen Schema wie ein interner Umweltaudit durchgeführt.

Planung

Zur Planung und Vorbereitung eines Lieferantenaudits gehört zunächst die Zusammenstellung des Auditteams. Bei der Zusammenstellung des Teams ist zu beachten, daß die Personen über die erforderlichen Kenntnisse des zu prüfenden Lieferanten in Bezug auf technische, umweltspezifische und rechtliche Fragen, sowie in Bezug auf das Umweltmanagement verfügen. Ebenso sollten die Personen eine objektive Bewertung abgeben können, d.h. sie sollten von dem zu überprüfenden Lieferanten weitgehend unabhängig sein. Wird es vom Umweltschutzbeauftragten für sinnvoll erachtet, so können externe Fachleute hinzugezogen werden. Die Teammitglieder unseres Unternehmens sind immer:

- Umweltschutzbeauftragter
- Mitarbeiter aus der Oualitätssicherung
- Mitarbeiter aus der Materialwirtschaft

Das Auditteam legt als ersten Schritt das Ziel der Prüfung sowie den Prüfungsumfang, gegebenenfalls den Umfang eines jeden Abschnitts der Prüfung, in schriftlicher Form fest. Wichtig ist die frühzeitige Information des zu auditierenden Lieferanten. Es muß im Vorfeld deutlich gemacht werden, daß das gegenseitige Vertrauen für den weiteren Verlauf von grundlegender Bedeutung ist.

Vor dem Standortbesuch werden mit Hilfe eines Fragebogens (siehe Anhang) Angaben zu:

- Organisation des Umweltschutzes
- Produktionsverfahren, -technologien
- Versandlogistik und Produkte

vom Lieferanten angefordert und anschließend ausgewertet. Ebenso werden Angaben zum Umweltmanagementsystem, eine Umwelterklärung oder ähnliche einschlägige Dokumente zur Bewertung angefordert.

Nach der Auswertung der Unterlagen des Lieferanten wird dieser bei Bedarf im Rahmen eines Standortbesuches bewertet.

Standortbesuch / Prüfung vor Ort

Bei der Prüfung vor Ort wird das bestehende Umweltmanagementsystem hinsichtlich des organisatorischen Aufbaus und des Überwachungs- und Dokumentationsverfahrens sowie die umweltrelevanten Anlagen hinsichtlich des Standes der Technik untersucht. Es wird die Richtigkeit der Angaben zu den Fragen überprüft.

Alle Prüfungstätigkeiten werden mit den vor Ort beschäftigten Mitarbeitern durchgeführt. Schwachstellen müssen in einer klar verständlichen und prägnanten Art und Weise dokumentiert und durch entsprechende Nachweise belegt werden. Alle während des Audits gemachten Feststellungen und Beobachtungen sind zu dokumentieren.

Als Abschluß der Überprüfung vor Ort werden die Prüfungsergebnisse vom Prüfungsteam ausgewertet und mit dem Lieferanten besprochen. Dabei sind die Zusammenhänge des gesamten Umweltmanagementsystems zu berücksichtigen.

Ablauf 7.2.5 Auditbericht

Nach der Prüfung vor Ort wird vom Umweltschutzbeauftragten (Teamleiter) ein Abschlußbericht "Lieferantenaudit" ausgearbeitet und vom Team überprüft.

Der Auditbericht soll insbesondere folgende Punkte enthalten:

- Name und Anschrift des Lieferanten
- Vom Lieferanten bezogene(s) Produkt(e)
- Prüfungsumfang
- Ziele des Audits;
- Benennung des geprüften Bereiches, der Mitglieder des Auditteams und sonstige Beteiligte
- Detaillierte Darstellung des Auditplanes sowie des Ablaufs der Prüfung;
- Zeitpunkt und Dauer des Audits;
- Benennung der Referenzdokumente, nach deren Maßstab der Audit durchgeführt wurde (z.B. das Umweltmanagementhandbuch des Unternehmens);
- Beurteilung der Wirksamkeit und Verläßlichkeit der Regelungen zur Überwachung der vom Unternehmen verursachten ökologischen Auswirkungen;
- Bezeichnung der festgestellten umweltschutzbezogenen Schwachstellen;
- Belege über die Notwendigkeit von Korrekturmaßnahmen;
- Maßnahmenplan
- Verteilerliste des Auditberichtes.

Ein wesentlicher Punkt nach dem Audit ist die Kooperationsbereitschaft des Lieferanten bezüglich der Realisierung der vorgeschlagenen Umweltschutzmaßnahmen. Hier wird vom Lieferanten eine interne Erfolgskontrolle und Mitteilung erwartet.

Ablauf 7.2.6 Lieferantenbewertung, -auswahl

Für die Lieferantenbewertung ist der Umweltschutzbeauftragte verantwortlich.

Die Bewertung der Lieferanten richtet sich nach den Ergebnissen aus dem Lieferantenaudit. Die Lieferanten werden nach einem 3-Punkte-System klassifiziert:

A: gut
B: befriedigend
C: kritisch

Die Antworten der einzelnen Fragen werden zunächst nach A, B oder C bewertet. Die abschließende Einstufung und Auswahl des Lieferanten wird aus den **gesamten** Ergebnissen des Audits vorgenommen. Die Einstufung geschieht nach keinem Punktesystem sondern nach einer verbal-argumentativen Bewertung, in die die Ergebnisse des Fragebogens des Vor-Ort-Besuches, die Dokumentation im Umweltschutz und sonstige Unterlagen mit einbezogen werden.

4. Einzelfallregelungen

Für jedes Unternehmen sind entsprechende Einzelfallregelungen (Umweltarbeitsanweisungen) betriebsspezifesch zu erstellen. Dazu kann z.B. der als Anlage aufgeführte Fragenkatalog "Lieferanten" gehören.

5. Anlage

In der Anlage findet sich ein Fragenkatalog zum Lieferantenaudit.

	Umwelt- Verfahrens- Anweisung	Lieferantenaudit Ausgabe : Datum : Seite :

Organisation	Bewertung A / B / C	Erläuterung
Wurde in Ihrem Unternehmen von der Geschäftsführung eine betriebliche Umweltpolitik festgelegt? ❒ ja ❒ nein		
Existiert ein Umweltmanagementsystem und wird dieses regelmäßig bewertet? ❒ ja ❒ nein		
Ist in Ihrem Unternehmen ein Umweltmanagement-handbuch vorhanden, daß die Verantwortungen und umweltrelevanten Tätigkeiten der einzelnen Unternehmensbereiche festlegt? ❒ ja ❒ nein		
Haben sie einen Umweltschutzbeauftragten? ❒ ja ❒ nein einen Gewässerschutzbeauftragten? ❒ ja ❒ nein einen Abfallbeauftragten? ❒ ja ❒ nein einen Immissionsschutzbeauftragten? ❒ ja ❒ nein einen Gefahrgutbeauftragten? ❒ ja ❒ nein		

	Umwelt-Verfahrens-Anweisung	Lieferantenaudit Ausgabe : Datum : Seite :

Organisation	Bewertung A / B / C	Erläuterung
Wie ist der Umweltschutz organisatorisch in Stab- und Linienfunktion eingebunden? ____________________ ____________________		
Existiert ein regelmäßig tagender interner Arbeitskreis "Umweltschutz" oder eine vergleichbare Arbeitsgruppe? ❒ ja ❒ nein		
Liegen Stellenbeschreibungen und Anforderungsprofile für Mitarbeiter / Vorgesetzte vor, die umweltrelevante Tätigkeiten ausüben? ❒ ja ❒ nein		
Werden umweltrelevante Informationen der `Öffentlichkeit zur Verfügung gestellt? ❒ ja ❒ nein		
Wurde in Ihrem Unternehmen bereits ein Umweltaudit durchgeführt? ❒ ja ❒ nein		
Erstellen Sie regelmäßg eine Umwelterklärung? ❒ ja ❒ nein		

Modellfirma	Umwelt-Verfahrens-Anweisung	Lieferantenaudit Ausgabe : Datum : Seite :

Produktionsverfahren, -technologien	Bewertung A / B / C	Erläuterung
Berücksichtigen Sie Umweltaspekte bei der Entwicklung neuer Technologien? ❒ ja ❒ nein		
Werden in Ihrem Unternehmen genehmigungsbedürftige Anlagen betrieben? nach BImSchG? ❒ ja ❒ nein welche?__________ __________ nach WHG? ❒ ja ❒ nein welche?__________ __________ nach AbfG? ❒ ja ❒ nein welche?__________ __________		
Welche nicht genehmigungsbedürftige umweltrelevante Anlagen werden betrieben? __________ __________		
Erstellen Sie regelmäßig eine Umweltbilanz (Stoff- und Energiebilanz bzw. Ökobilanz) für Ihr Unternehmen? Material: ❒ ja ❒ nein Energie: ❒ ja ❒ nein Abfall: ❒ ja ❒ nein Abwasser: ❒ ja ❒ nein Abluft: ❒ ja ❒ nein Lärm: ❒ ja ❒ nein Boden: ❒ ja ❒ nein		

	**Umwelt-Verfahrens-Anweisung**	**Lieferantenaudit** **Ausgabe :** **Datum :** **Seite :**

Produktionsverfahren, -technologien	**Bewertung A / B / C**	**Erläuterung**
Werden neu einzuführende Stoffe hinsichtlich ihrer Gefährlichkeit, möglichen Umweltschäden und ihrer Entsorgbarkeit durch eine interne Stelle bewertet? ❒ ja ❒ nein		
Ist die Lagerung, Handhabung und Entsorgung der Gefahrstoffe eindeutig geregelt? ❒ ja ❒ nein		
Existiert ein Gefahrstoffkataster? ❒ ja ❒ nein		
Sind alle anfallenden Abfälle zentral erfaßt, bewertet und mit einer Abfallschlüsselnummer versehen? ❒ ja ❒ nein		
Existiert ein Abfallkataster? ❒ ja ❒ nein		
Ist die Abwasserzusammensetzung und anfallenden Abwasserströme bekannt und mengenmäßig erfaßt? ❒ ja ❒ nein		
Ist die Abwasserzusammensetzung bekannt? ❒ ja ❒ nein		

	Umwelt-Verfahrens-Anweisung	Lieferantenaudit Ausgabe : Datum : Seite :

Produktionsverfahren, -technologien	Bewertung A / B / C	Erläuterung
Werden die Anlagen zum Lagern, Abfüllen, Herstellen, Behandeln und Einsatz von wassergefährdenden Stoffen nach dem Stand der Technik betrieben? ❒ ja ❒ nein		
Wird die Abluft im Unternehmen gemessen? ❒ ja ❒ nein		
Ergreifen Sie Maßnahmen zur Emissionsreduzierung? ❒ ja ❒ nein		
Ergreifen Sie Maßnahmen zur Einsparung von Energie? ❒ ja ❒ nein		
Welche Brennstoffe setzen Sie ein? __________ __________		
Wird Prozeßwärme genutzt? ❒ ja ❒ nein		
Wie groß ist die versiegelte Fläche des Standortes? __________ __________		
Welche wesentlichen umweltrelevanten Lärmquellen existieren im Unternehmen? __________ __________		

	Umwelt-Verfahrens-Anweisung	Lieferantenaudit Ausgabe : Datum : Seite :

Versandlogistik und Produkte	Bewertung A / B / C	Erläuterung
Berücksichtigen Sie Umweltaspekte bei der Entwicklung neuer Produkte? ❐ ja ❐ nein		
Können Ihre Produkte recyclet werden? ❐ ja ❐ nein		
Wird bei den Produkten auf umweltrelevante Bestandteile hingewiesen, auch wenn keine Kennzeichnungspflicht besteht? ❐ ja ❐ nein		
Werden die Produkte ökologisch bewertet? ❐ ja ❐ nein		
Welche Verpackungsmaterialien kommen zum Einsatz? __________ __________		
Wie werden die Produkte hauptsächlich transportiert? __________ __________		
Nehmen sie Rückstände bzw. alte Produkte und Verpackungen von Ihren Kunden zurück? ❐ ja ❐ nein		

UVA 8.1
Produktion

1. Spezifische Zielsetzungen

Umweltfreundliche Produktion ist neben den umweltfreundlichen Produkten und den umweltfreundlichen Prozessen eine weitere Komponente des integrierten Umweltschutzes im Unternehmen. Für die umweltrelevanz der Produkte ist der Bereich "Entwicklung" verantwortlich. Die UVA 5.1 "Entwicklung" gilt als Ausführungsrichtlinie für die Produktentwicklung. Die Produktionsprozesse und deren Optimierung liegt im Verantwortungsbereich der "Verfahrenstechnik / Instandhaltung". Als Ausführungsrichtlinie für umweltfreundliche Prozesse gilt die UVA 6.1 "Technologien". Die vorliegende Verfahrensanweisung beschreibt grundlegende Regeln für eine umweltfreundliche Produktion.

Gerade die Fertigungsabteilungen haben eine besondere Verantwortung, da sich hier die potentiellen Auswirkungen auf die Umwelt konzentrieren. Umweltfreundliche Produktion bedeutet jedoch nicht, daß überhaupt keine Emissionen entstehen und keine Ressourcen verbraucht werden. Umweltfreundliche Produktion heißt ein bewußter Umgang mit Ressourcen während der Produktion sowie ein sachgerechter Umgang mit entstehenden Abfällen, Abwässern und sonstigen Emissionen.

Für einen aktiven Umweltschutz unter den von der "Entwicklung" und "Verfahrenstechnik / Instandhaltung" vorgegebenen Bedingungen ist jeder einzelne Mitarbeiter verantwortlich. Das bedeutet jeder Mitarbeiter innerhalb der Produktion leistet seinen entsprechenden Beitrag zu einem integrierten Umweltschutz. Dies wird in erster Linie durch Aufklärungsarbeit und Schulungen hinsichtlich möglicher Umweltschäden, Umweltkosten und Einsparungen durch Umweltschutzmaßnahmen erreicht.

2. Verantwortungen und Schnittstellenplan

Im Schnittstellenplan "Produktion" wurden folgende umweltrelevanten Abläufe (fett) identifiziert:

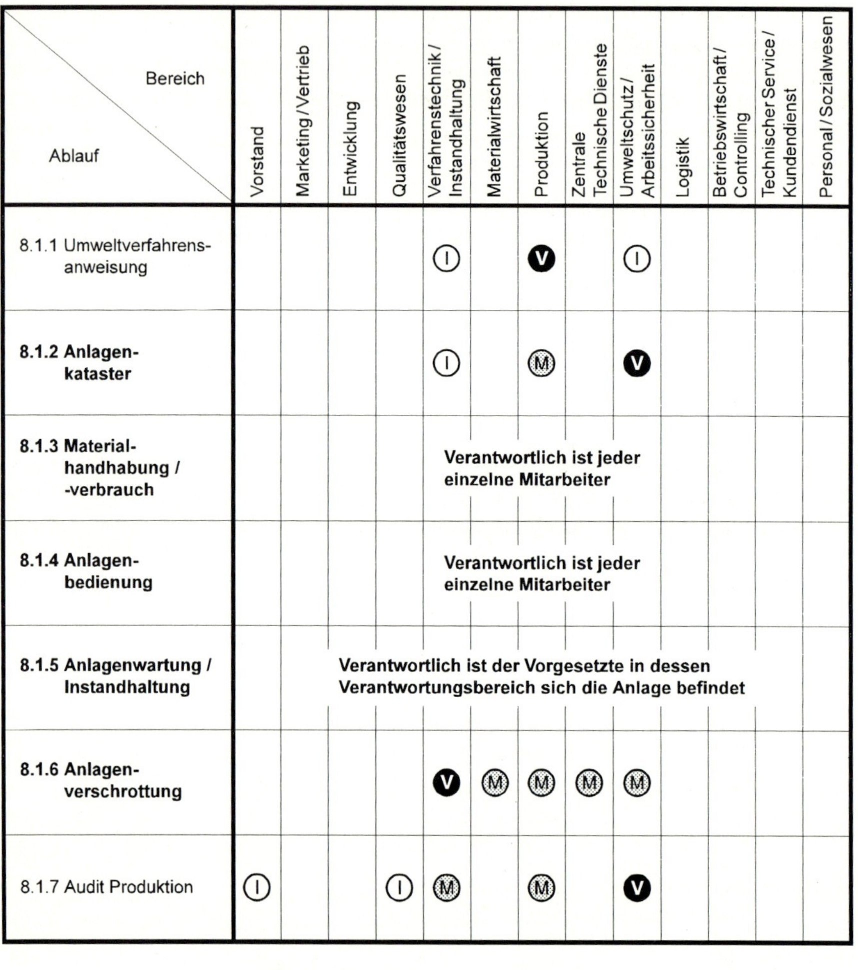

Ablauf \ Bereich	Vorstand	Marketing / Vertrieb	Entwicklung	Qualitätswesen	Verfahrenstechnik / Instandhaltung	Materialwirtschaft	Produktion	Zentrale Technische Dienste	Umweltschutz / Arbeitssicherheit	Logistik	Betriebswirtschaft / Controlling	Technischer Service / Kundendienst	Personal / Sozialwesen
8.1.1 Umweltverfahrens-anweisung					I		V		I				
8.1.2 Anlagen-kataster					I		M		V				
8.1.3 Material-handhabung / -verbrauch					Verantwortlich ist jeder einzelne Mitarbeiter								
8.1.4 Anlagen-bedienung					Verantwortlich ist jeder einzelne Mitarbeiter								
8.1.5 Anlagenwartung / Instandhaltung			Verantwortlich ist der Vorgesetzte in dessen Verantwortungsbereich sich die Anlage befindet										
8.1.6 Anlagen-verschrottung					V	M	M	M	M				
8.1.7 Audit Produktion	I			I	M		M		V				

V = Verantwortlich M = Mitarbeit I = Information

Abbildung 31: Schnittstellenplan Produktion

3. Abläufe und Realisierungsmöglichkeiten

Die genannten umweltrelevanten Abläufe sind im folgenden kurz beschrieben:

Ablauf 8.1.2 Anlagenkataster

Verantwortlich für die Erstellung eines Anlagenkatasters ist der Umweltschutzbeauftragte.

Das Anlagenkataster gibt einen vollständigen Überblick über alle Anlagen und der jeweils zugehörigen Technologie. Es ermöglicht die Beurteilung aller Anlagen und die Erfassung der umweltrelevanten Anlagen. Das Anlagenkataster ist somit die Grundlage für die Ermittlung von Optimierungspotentialen und der Auswahl und Einsatz neuer umweltfreundlicher Technologien bzw. Produktionsverfahren. Das Anlagenkataster enthält Angaben zu folgenden Punkten:

- Maschinennummer
- Kostenstelle
- Inbetriebnahme
- Kurzbeschreibung der Technologie
- Nebenprodukte
- Anlage / Prozeß
- Genehmigungsbescheid
- Instandhaltungsfrequenz
- Einsatzstoffe
- Bemerkungen

Ablauf 8.1.3 Materialhandhabung /-verbrauch

Für einen umweltschonenden Materialgebrauch ist jeder einzelne Mitarbeiter verantwortlich.

Beim Gebrauch aller Materialien (Rohstoffe, Hilfs- oder Betriebsstoffe) ist der sparsame Einsatz zu beachten. Ein prinzipieller sparsamer Umgang mit allen Materialien spiegelt sich in den Entsorgungskosten der Abfälle, in der Abwasserreinigung und nicht zuletzt bei den Einkaufskosten wider.

Der Einsatz von Gefahrstoffen und umweltgefährdenden Materialien läßt sich nicht völlig vermeiden. Ein umweltgerechter Umgang mit diesen Stoffen ist daher ein wichtiger Punkt im betrieblichen Umweltschutz. Beim Umgang mit diesen Stoffen ist zunächst die Betriebsanweisung des jeweiligen Stoffes für den entsprechenden Arbeitsplatz zu beachten. Die in der Betriebsanweisung genannten Schutzmaßnahmen müssen auf jeden Fall berücksichtigt werden.

Folgende Punkte müssen jedoch unabhängig vom Stoff und Arbeitsplatz beachtet werden:

- Sparsamer und genau dosierter Einsatz von Gefahrstoffen
- Dokumentation des Verbrauches der Stoffe
- Bei Mehrfachgebrauch des Stoffes sind Verunreinigungen zu vermeiden
- Kleckerverlußste beim Ab- und Umfüllen von Flüssigkeiten vermeiden
- sparsamer Einsatz von Energie und Wasser
- Gebrauch von Mehrweg- statt Einwegmaterial (z.B. waschbare Putzlappen)

Über einen ordnungsgemäßen Materialgebrauch, über Gefahren für Mensch und Umwelt, die von bestimmten Stoffen ausgehen können sowie über die Entsorgungsproblematik werden die Mitarbeiter regelmäßig vom Umweltschutzbeauftragten unterwiesen.

Ablauf 8.1.4 Anlagenbedienung

Für diesen Ablauf ist jeder einzelne Mitarbeiter verantwortlich.

Jeder Mitarbeiter beachtet im Rahmen seiner täglichen Arbeit Umweltschutzmaßnahmen entsprechend seines Arbeitsplatzes um eine umweltfreundliche Produktion zu gewährleisten. Hierzu zählen folgende Punkte:

- bewußter Umgang mit Ressourcen
- Abfalltrennung gemäß des Abfallwirtschaftskonzeptes
- Maßnahmen zur Badpflege und Standzeitverlängerung
- richtige Einstellung der Anlagen

Die Mitarbeiter werden in regelmäßigen Schulungen hinsichtlich Umweltschutzmaßnahmen am Arbeitsplatz unterwiesen. Zusätzlich gibt es an den einzelnen Arbeitsplätzen und Abteilungen entsprechende Umweltschutz-Infos.

Ablauf 8.1.5 Anlagenwartung / Instandhaltung

Für diesen Ablauf ist der jeweilige Vorgesetzte verantwortlich, in dessen Verantwortungsbereich sich die entsprechende Anlage befindet.

Alle Anlagen sind regelmäßig hinsichtlich Umweltschutzaspekte zu warten. Die Wartungsfristen richten sich nach den Angaben im Anlagenkataster. Folgende Punkte sind bei der Wartung zu beachten:

- Dichtheit von Auffangwannen
- Dichtheit der Anlage
- Emissionswerte der Anlage

- Wasser- und Energieverbrauch der Anlage
- Anlagenspezifische Punkte laut Instandhaltungsplan.

Nach der Wartung der Anlage wird ein entsprechender Bericht erstellt. Dieser enthält folgende Punkte:

- Anlage mit Anlagen-Nr.
- überprüfte Punkte
- festgestellte Mängel
- Maßnahmen
- Instandhalter
- Datum

Der Wartungsbericht wird dem Betriebstagebuch der Anlage beigelegt.

Ablauf 8.1.6 Anlagenverschrottung

Für die Verschrottung von Altanlagen ist der Bereich Verfahrenstechnik / Instandhaltung verantwortlich.

Kann ein Verkauf der Anlage auf Grund des sicherheits- und umwelttechnischen Standards noch verantwortet werden, so ist der Verkauf einer Altanlage einer Verschrottung vorzuziehen. In diesem Fall ist der Bereich Materialwirtschaft verantwortlich.

Muß eine Altanlage verschrottet werden, sind folgende Punkte zu beachten:

- Mögliche Gefahren, die von der Anlage ausgehen können, sind zu beseitigen bzw. auszuschließen.
- Es ist zu überprüfen, ob Gefahrstoffreste in der Anlage vorhanden sind. Diese müssen sachgerecht verwertet bzw. entsorgt werden.
- Das Material der Anlage ist zu überprüfen.
- Die Anlage ist zur sachgerechten Verschrottung einem entsprechenden Entsorger zu übergeben.
- Der sachgerechte Transport durch einen entsprechenden Beförderer ist zu gewährleisten.
- Der Transport ist zu überwachen.
- Um mögliche Kontaminationen des Bodens auszuschließen, sind stichprobenartige Bodenuntersuchungen zu veranlassen.
- Im Falle von Bodenkontaminationen sind entsprechende Sanierungsarbeiten einzuleiten.

4. Einzelfallregelungen

Für jedes Unternehmen sind entsprechende Einzelfallregelungen (Umweltarbeitsanweisungen) betriebsspezifisch zu erstellen.

UVA 8.3

Energie

	Umwelt- Verfahrens- Anweisung	**Energie** **Ausgabe :** **Datum :** **Seite :**

1. Spezifische Zielsetzung

Ein wichtiger Bestandteil des integrierten betrieblichen Umweltschutzes ist die rationelle Energiewirtschaft. Die Energieerzeugung und -verwendung verursacht eine Vielzahl von Umweltproblemen. Emissionen wie Kohlendioxid (CO_2), Stickoxide (NO_x), Schwefeldioxid (SO_2) und teilverbrannte Kohlenwasserstoffe (HC) sind mitverantwortlich für Waldsterben / Saurer Regen, hohe Ozonkonzentrationen / Sommersmog und Treibhauseffekt. Maßnahmen zur rationellen Energienutzung sind daher von besonderer Bedeutung.

Energiemanagement im Rahmen eines Umweltmanagementsystems bedeutet eine umweltorientierte Planung und Kontrolle der Energieflüsse im Unternehmen. Durch eine systematische Erfassung der Energieverbräuche (Strom, Gas, Öl, Dampf etc.) über alle Bereiche (Produktion, Verwaltung, Verkehr, Gebäude etc.) und Verbraucher ergibt sich die notwendige Transparenz. Ein entsprechendes Energiekataster ermöglicht die Identifikation von Potentialen zur Energieeinsparung.

2. Verantwortung und Schnittstellenplan

Im Schnittstellenplan „Energie“ wurden folgende umweltrelevanten Abläufe (fett) identifiziert:

Ablauf \ Bereich		Vorstand	Marketing / Vertrieb	Entwicklung	Qualitätswesen	Verfahrenstechnik / Instandhaltung	Materialwirtschaft/ Logistik	Produktion	Zentrale Technische Dienste	Umweltschutz / Arbeitssicherheit	Betriebswirtschaft / Controlling	Technischer Service / Kundendienst	Personal / Sozialwesen
8.3.1 Verfahrens-anweisung							I	I	I	V	I		
8.3.2 Energie-management							M	M	V	M			
8.3.3 Kataster							M	M	V	M	M		
8.3.4 Dokumentation							M	M	V	M	M		
8.3.5 Umgang/ Handhabung	**Anlagen-betrieb**					**Verantwortlich sind alle Vorgesetzten im Rahmen ihres Aufgabengebietes**							
	Überwachung und Messung						M	M	V	M	M		
	Schulung					**Verantwortlich sind alle Vorgesetzten im Rahmen ihres Aufgabengebietes**							
8.3.6 Jahresbericht		I					M	M	M	V	M		
8.3.7 Audit		I					M	M	M	V	I		

V = Verantwortlich M = Mitarbeit I = Information

Abbildung 32: Schnittstellenplan Energie

3. Abläufe und Realisierungsmöglichkeiten

Die genannten umweltrelevanten Abläufe sind im folgenden kurz beschrieben:

Ablauf 8.3.2 Konzept Energiemanagement

Für die Erstellung eines Konzeptes zum Energiemanagement ist der Bereich „Zentrale Technische Dienste" verantwortlich.

Die Einbeziehung des Aspektes Energieeinsatz und -einsparung in Entscheidungsabläufe ist ein zentraler Bestandteil zur rationellen Energienutzung.

Bei der Erstellung eines Konzeptes „Energiemanagement" müssen folgende Punkte berücksichtigt werden:

1. Art und Menge der eingesetzten Energien
Die Daten zu Art (Gas, Öl, Strom, Dampf, etc.) und Menge der einzelnen Energiearten werden in einem Energiekataster erfaßt. Jeder Kostenstellenleiter wird monatlich über seine Verbrauchsdaten informiert.

2. Maßnahmen zur Energieeinsparung
Es sind die bereits umgesetzten sowie geplanten Maßnahmen und geplante bzw. gewünschte Lösungen darzustellen und zu erläutern. Grundlage sind auch hier die im Kataster erhobenen Daten.

3. Notwendigkeit des Energieeinsatzes
Die Notwendigkeit des Energieeinsatzes ist ausführlich zu begründen. Dazu sind für Anlagen und Gebäude entsprechende Kennziffern (z.B. Wärmedurchgangskoeffizienten, Wirkungsgrade, etc.) zu erfassen. Bei Entscheidungen über Investitionen fließen diese als grundlegende Entscheidungskriterien mit ein.

4. Information der Öffentlichkeit
Die Öffentlichkeit wird im Rahmen der Umwelterklärung ausführlich über die Energiesituation des Unternehmens informiert.

Ablauf 8.3.3 Energiekataster

Für die Erstellung eines Energiekatasters ist der Bereich „Zentrale Technische Dienste" verantwortlich.

Ein Energiekataster vermittelt einen Überblick über energierelevante Daten. Dies ist Voraussetzung, um möglichst verursacherspezifisch Transparenz über die Energieströme im Unternehmen zu gewinnen und über die Beurteilung der Anlagen/Geräte und Gebäude zu Maßnahmen zu gelangen, die den Energieverbrauch senken.

Das Kataster enthält folgende Angaben:

1. Kostenstelle
2. Anlage / Gerät / Gebäude
3. Energieträger / -art
4. Verbrauch
5. Betriebsstunden / Jahr
6. Kosten
7. Bemerkungen

Ablauf 8.3.4 Dokumentation

Verantwortlich für die Dokumentation ist der Bereich „Zentrale Technische Dienste".

Durch regelmäßige Erfassung der Zählerstände / Verbräuche ist eine gute Kontrolle gewährleistet. Die vom Bereich „Betriebswirtschaft / Controlling" erstellten Verbrauchslisten werden monatlich von den jeweiligen Vorgesetzten im Rahmen ihres Aufgabengebietes geprüft. Überhöhten Verbrauchswerten kann so rasch nachgegangen werden. Dieser Soll-Ist-Vergleich ermöglicht rechtzeitig die Einleitung entsprechender Korrekturmaßnahmen.

Ablauf 8.3.5 Handhabung / Umgang

Anlagenbetrieb

Für den Betrieb bzw. die Betriebsweise von Anlagen / Geräten ist diejenige Führungskraft verantwortlich, in deren Bereich sich die Anlage / Gerät befindet. Über die Bedienung von Anlagen / Geräten sind in der Arbeitsanweisung Hinweise zum energiesparenden Umgang enthalten.

Eine regelmäßige Wartung von Anlagen gewährleistet den bestimmungsgemäßen Betrieb und verhindert überhöhte Energieverbräuche. Deshalb ist durch Wartungsverträge und festgelegte Wartungsintervalle der ordnungsgemäße Gebrauch und Verbrauch sicherzustellen. Die Wartung wird ausschließlich von sach- und fachkundigem Personal durchgeführt.

Überwachung und Messung
Für die Installation von Zählern ist der Bereich „Zentrale Technische Dienste“ verantwortlich. In Zusammenarbeit mit dem Umweltschutzbeauftragten werden für ein aussagefähiges Umwelt-Controlling Vorschläge erarbeitet, inwiefern weitere Meßtechnik, Unterzähler, Hauptzähler installiert werden, um die kostenstellenbezogene Verbrauchserfassung zu ermöglichen.

Schulung
Im Verbraucherverhalten der Mitarbeiter liegt ein hohes Einsparungspotential. Die Schulung hat den Zweck, die Probleme, die mit dem Verbrauch von Energie verbunden sind, ins Bewußtsein der Mitarbeiter zu rücken. Die Schulungen werden sorgfältig auf die einberufene Zielgruppe abgestimmt und von den verantwortlichen Vorgesetzten durchgeführt.

Ablauf 8.3.6 Jahresbericht

Verantwortlich für die Erstellung des Jahresberichtes ist der „Umweltschutzbeauftragte“.

Der Jahresbericht enthält die relevanten Energiedaten in verdichteter Form. Eine Darstellung des durch den werksbedingten Verkehr verursachten Treibstoff- bzw. Energieverbrauches ist dabei ebenfalls von Interesse. Da Treibstoffverbrauch und Emissionen korrelieren, ist es mit einmaligem Aufwand verbunden, die Umweltauswirkungen aufgrund des Verkehrs, sowohl für den Bereich Energiebedarf, als auch für den Bereich Abluft (Emissionen) darzustellen. Der Bericht beinhaltet überdies die Entwicklung und Tendenzen in Relation zum Vorjahr, sowie geplante Maßnahmen und Ziele. Die Daten werden auszugsweise in die Umwelterklärung übernommen.

4. Einzelfallregelungen

Für jedes Unternehmen sind entsprechende Einzelfallregelungen (Arbeitsanweisungen) betriebsspezifisch zu erstellen.

UVA 9.1
Abwasser

1. Spezifische Zielsetzungen

Die betriebliche Wasserwirtschaft befaßt sich zum einen mit dem Frischwasserverbrauch, zum anderen mit dem Abwasser und der Abwasserbehandlung. Sie ist mit nahezu allen Bereichen des Betriebes verknüpft. In besonderem Maße ist jedoch der Produktionsbereich betroffen. Hier haben Entscheidungen in der Produktentwicklung und Produktionsplanung für den Einsatz von Stoffen und Verfahren direkten Einfluß auf den Wasserbedarf, die Abwasserzusammensetzung und den schließlich erforderlichen Reinigungsaufwand.

Das Ziel der betrieblichen Wasserwirtschaft ist:

- Ressourcenschonung (Grundwasserschutz)
- Verminderung der Abwassermengen
- Verminderung der Stofffrachten im Abwasser
- Vermeidung und Verminderung von Schadstoffen im Abwasser
- Minimierung des Hilfstoffeinsatzes bei der Abwasserreinigung
- Schließung von Wasserkreisläufen

Die Aufgabe der betrieblichen Wasserwirtschaft ist es, durch die Initiierung von Maßnahmen die genannten Ziele zu erreichen. Um die entsprechenden Maßnahmen einzuleiten, ist ein umfassender Überblick und die entsprechende Transparenz über Wasserverbräuche, Abwassermengen etc. nötig. Diesen Überblick erhält man in erster Linie durch die Erstellung und die regelmäßige Pflege von Katastern, Betriebstagebüchern etc.

Die Maßnahmen im Bereich Abwasser haben in der Regel einen Einfluß auf weitere Umweltbereiche. Daher arbeiten zur Planung und Umsetzung von Projekten und Maßnahmen im Abwasserbereich die Bereiche "Verfahrenstechnik / Instandhaltung", "Entwicklung" und "Materialwirtschaft" intensiv zusammen.

2. Verantwortungen und Schnittstellenplan

Im Schnittstellenplan "Abwasser" wurden folgende umweltrelevanten Abläufe (fett) identifiziert:

Ablauf \ Bereich		Vorstand	Marketing / Vertrieb	Entwicklung	Qualitätswesen	Verfahrenstechnik / Instandhaltung	Materialwirtschaft	Produktion	Zentrale Technische Dienste	Umweltschutz / Arbeitssicherheit	Logistik	Betriebswirtschaft / Controlling	Technischer Service / Kundendienst	Personal / Sozialwesen
9.1.1 Verfahrens-anweisung						I		I	I	V				
9.1.2 Konzept	**Wasser-wirtschafts-konzept**					M		M	M	V				
	Einsparung					V		M	I	M				
9.1.3 Kataster						I		M	I	V				
9.1.4 Dokumentation	**Betriebs-tagebuch**					I		V		M				
9.1.5 Umgang/ Handhabung	**Sicherheits-einrichtungen**					M		M	M	V				
	Innerbetriebliche Rohrleitungen und Känale					M		I	V	M				
9.1.6 Jahresbericht		I				M		M	M	V				
9.1.7 Audit		I				M		M	M	V				

V = Verantwortlich M = Mitarbeit I = Information

Abbildung 33: Schnittstellenplan Abwasser

3. Abläufe und Realisierungsmöglichkeiten

Die umweltrelevanten Abläufe sind im folgenden kurz beschrieben

Ablauf 9.1.2: Konzept

Wasserwirtschaftskonzept

Für die Erstellung des Wasserwirtschaftskonzeptes ist der Umweltschutzbeauftragte verantwortlich.

Das Wasserwirtschaftskonzept dient zur systematischen Umsetzung der wasserwirtschaftlichen Ziele wie:
- Ressourcenschonung
- Verminderung der Abwassermengen
- Verminderung der Stofffrachten im Abwasser
- Vermeidung bzw. Verminderung von Schadstoffen im Abwasser
- Minimierung des Hilfstoffeinsatzes bei der Abwasserreinigung
- Schließung von Wasserkreisläufen

Es enthält analog zu einem Abfallwirtschaftskonzept folgende Angaben

1. Art und Herkunft des Frischwassers

   Angaben wie Quellwasser, Trinkwasser, Brauchwasser, etc.

2. Art, Menge und Verbleib des Abwassers

   Die Daten über Art und Menge sowie über Herkunft und Verbleib des Wassers werden in einem Abwasserkataster erfaßt.

3. Maßnahmen

   Darstellung der bereits durchgeführten sowie geplanten Maßnahmen zur Frischwasserreduzierung und zur Abwasservermeidung bzw. -reduzierung. Grundlage sind auch hier die im Kataster erfaßten Daten und die Projekte des Bereiches "Verfahrenstechnik / Instandhaltung" zur Verfahrensoptimierung und Abwassereinsparung.

4. Information der Öffentlichkeit

   Die Öffentlichkeit wird im Rahmen der Umwelterklärung ausführlich über die Abwassersituation des Unternehmens informiert.

Einsparungen

Für die Einsparung von Frischwasser und die Verminderung der Abwassermenge durch Verfahrensänderungen ist der Bereich "Verfahrenstechnik / Instandhaltung" verantwortlich.

Die Optimierung von Verfahren hinsichtlich des Wasserverbrauches, sowie die Reduzierung der Schadstoffe im Abwasser und der Abwassermenge ist ein wesentlicher Punkt in der Wasserwirtschaft. Um Schwachstellen und Handlungsbedarf zu identifizieren werden regelmäßig Audits im Umweltbereich Abwasser durchgeführt. Die durchgeführten Projekte und Maßnahmen zu Verfahrensänderungen bzw. -optimierungen sind Teil des Wasserwirtschaftskonzeptes.

Innerhalb der Abteilungen sind die Vorgesetzten für einen sparsamen Einsatz von Frischwasser sowie der sachgerechten Entsorgung des Abwassers und von flüssigen Abfällen verantwortlich. Im Rahmen ihrer abteilungsinternen Eigenkontrolle überprüfen sie mindestens einmal jährlich die Erfolgsbilanz.

Ablauf 9.1.3: Kataster

Für die Erstellung eines Abwasserkatasters ist der Umweltschutzbeauftragte verantwortlich.

In dem Abwasserkataster werden -analog zum Abfallkataster- sämtliche relevanten Daten aus dem Abwasserbereich erfaßt. Die Daten werden vom Umweltschutzbeauftragten aus dem Betriebstagebuch zusammengefaßt.

Das Kataster wird mit dem Ziel erstellt, Transparenz im Abwasserbereich zu gewinnen, Abwasser- und Abwasserreinigungskosten verursacherspezifisch umzulegen und Bilanzen zu erstellen. Das Kataster liefert somit die grundlegenden Daten zur Erstellung eines Abwasserkonzeptes. Es enthält Angaben zu folgenden Punkten:

- Art des Abwassers
- Analyse des Abwassers vor der Behandlung
- Art der Abwasserbehandlung
- Analyse nach der Behandlung
- Einleitung
- Anfallstelle (Kst., Anlage)
- Menge (Vol. pro Zeiteinheit)
  a) Menge je Anfallstelle
  b) Gesamtmenge im Betrieb
- Bemerkungen

Ablauf 9.1.4: Dokumentation

Betriebstagebuch

Für die ordnungsgemäße Führung eines Abwasser-Betriebstagebuches im Rahmen der Eigenkontrollverordnung ist der Produktionsbereich "A" verantwortlich.

In dem Betriebstagebuch werden sämtliche Daten, die vor, während und nach der Abwasserbehandlung gemessen werden erfaßt. Das Betriebstagebuch wird regelmäßig einmal im Monat vom Umweltschutzbeauftragten überprüft und abgezeichnet. Die Daten des Betriebstagebuches werden von dem Umweltschutzbeauftragten im Abwasserkataster zusammengefaßt.

Ablauf 9.1.5: Handhabung / Umgang

Sicherheitseinrichtungen

Verantwortlich für diesen Ablauf ist der Umweltschutzbeauftragte.

Bei allen betrieblichen Einrichtungen, bei denen wassergefährdende Stoffe eine Rolle spielen, muß durch entsprechende Sicherheitsvorkehrungen gewährleistet sein, daß von diesen Einrichtungen keine Verunreinigungen von Gewässern ausgehen können. Zu den betrieblichen Einrichtungen zählen Anlagen zum Lagern, Abfüllen, Umschlagen, Herstellen, Behandeln, Verarbeiten und Transportieren von wassergefährdenden Stoffen. Diese Anlagen müssen regelmäßig überprüft werden und folgende grundsätzliche Anforderungen erfüllen:

- Sie müssen dicht und standsicher sein.
- Undichtigkeiten müssen schnell und zuverlässig erkennbar sein.
- Anlagen müssen mit einem entsprechenden Auffangraum ausgerüstet sein bzw. doppelwandig mit Leckanzeige ausgerüstet sein.
- Auffangräume dürfen grundsätzlich keine Abläufe haben.
- Im Schadensfall ausgetretene Stoffe müssen zurückgehalten und entsprechend entsorgt werden.

Für jede Anlage ist eine Betriebsanweisung mit Überwachungs-, Instandhaltungs- und Alarmplan zu erstellen.

Wird außerhalb der Anlagen mit wassergefährdenden Stoffen umgegangen, so muß auch hier darauf geachtet werden, daß Wasser und Boden nicht verunreinigt werden. Dasselbe gilt für Abfälle, die wassergefährdend sind (z.B. Altöl).

Innerbetriebliche Rohrleitungen und Kanäle

Das innerbetriebliche Rohrleitungs- und Kanalsystem sowie die zugehörigen Schächte und Anschlüsse sind im Rahmen der Selbstüberwachung in regelmäßigen Abständen zu überprüfen. Für diesen Ablauf ist der Bereich "Zentrale Technische Dienste" verantwortlich.

Folgende Punkte sind zu überprüfen:

- Zustand der Kanäle, Schächte, und Hausanschlüsse im Hinblick auf Verschleiß und Leckagen.

- Funktion der Rückhalteeinrichtungen, Ölabscheider, Sandfänge etc..

Als Grundlage dient ein Kanalkataster mit Angaben über die Lage der Kanäle und Schächte, das Material der Rohre und Dichtungen sowie das Baujahr der Kanäle bzw. der letzten Sanierung.

Werden in unterirdischen Rohrleitungen wassergefährdende Flüssigkeiten befördert bzw. in Tanks aufbewahrt, so sind diese doppelwandig zu wählen und mit Leckanzeigen zu versehen.

Bei Bedarf werden Sanierungen durch den Bereich "Zentrale Technische Dienste" durchgeführt bzw. veranlaßt.

Ablauf 9.1.6: Jahresbericht

Für die Erstellung eines Jahresberichtes im Umweltbereich "Abwasser" ist der Umweltschutzbeauftragte verantwortlich.

Der Jahresbericht enthält eine Zusammenfassung aller relevanten Daten aus dem Abwasser-Bereich. Hierzu zählt eine Auflistung aller in den verschiedenen Arbeitsbereichen des Betriebes anfallenden Abwässer sowie Frischwasserverbräuche, ein Vergleich zum Vorjahr, eine Bewertung der Abwassersituation sowie die Formulierung geplanter Ziele und Maßnahmen. Die Daten aus dem Jahresbericht gehen in das entsprechende Kapitel der Umwelterklärung ein.

4. Einzelfallregelungen

Für jedes Unternehmen sind entsprechende Einzelfallregelungen (Arbeitsanweisungen) betriebsspezifisch zu erstellen.

UVA 9.2
Abfälle

1. Spezifische Zielsetzungen

Die betriebliche Abfallwirtschaft ist ein wesentliches Element innerhalb des Umweltmanagementsystems. Als oberstes Ziel der betrieblichen Abfallwirtschaft ist zunächst die Vermeidung von Abfällen sowie die Verminderung der Schädlichkeit und der Menge zu nennen. Ist eine weitere Verminderung nicht möglich, so ist eine hochwertige Abfallverwertung der Beseitigung von Abfällen vorzuziehen.

Ohne Kenntnisse der Abfallmengen und -zusammensetzung sowie der Anfallorte ist es nicht möglich, Reduzierungspotentiale zu erkennen und Maßnahmen einzuleiten. Um mittel- bis langfristig Projekte zur Vermeidung und Reduzierung zu initiieren, Verwertungs- und Entsorgungskapazitäten zu planen, nötige Mittel bereitzustellen etc. benötigt man Transparenz im Abfallbereich und aussagekräftige Planungsunterlagen in Form von Katastern, Betriebstagebüchern, Abfallhandbüchern etc.

Die Abfallwirtschaft darf jedoch nicht als "Endstation" der Verschiebung betrieblicher Umweltprobleme gesehen werden. Die Menge und Zusammensetzung eines Abfalles wird in der Regel durch die Auswahl der Roh- Hilfs- und Betriebsstoffe und / oder den Produktionsprozeß bedingt. Auch die Abluft- und Abwasserreinigung hat Einfluß auf die Abfallseite. Daher müssen die Bereiche "Verfahrenstechnik/Instandhaltung", "Entwicklung" und "Materialwirtschaft" intensiv in den Arbeitsbereich des betrieblichen Abfallmanagement mit einbezogen werden.

2. Verantwortungen und Schnittstellenplan

Im Schnittstellenplan "Abfälle" wurden folgende umweltrelevanten Abläufe (fett) identifiziert:

Ablauf	Bereich	Vorstand	Marketing / Vertrieb	Entwicklung	Qualitätswesen	Verfahrenstechnik / Instandhaltung	Materialwirtschaft	Produktion	Zentrale Technische Dienste	Umweltschutz / Arbeitssicherheit	Logistik	Betriebswirtschaft / Controlling	Technischer Service / Kundendienst	Personal / Sozialwesen
9.2.1 Verfahrens-anweisung						I	I	I		V				
9.2.2 Konzept	**Abfallwirtschafts-konzept**			I		M	M	M		V				
	Abfall-minimierung			M		V	M	M		M				
9.2.3 Kataster						I	M	M		V				
9.2.4 Dokumentation	**Abfall-handbuch**					I		M		V				
9.2.5 Umgang/ Handhabung	**Überwachung von Sammlung und Entsorgung**					I		M		V				
9.2.6 Jahresbericht		I				M		M		V				
9.2.7 Audit		I			M	M		M		V				

V = Verantwortlich M = Mitarbeit I = Information

Abbildung 34: Schnittstellenplan Abfälle

3. Abläufe und Realisierungsmöglichkeiten

Die umweltrelevanten Abläufe sind im folgenden kurz beschrieben.

Ablauf 9.2.2: Konzept

<u>Abfallwirtschaftskonzept</u>

Für die Erstellung eines Abfallwirtschaftskonzeptes ist der "Umweltschutzbeauftragte" verantwortlich.

Im Rahmen eines Abfallwirtschaftskonzeptes wird der Umweltbereich "Abfall" genau analysiert und bewertet. Dies geschieht mit dem Ziel, Abfälle zu vermeiden bzw. zu vermindern, Verwertungspotentiale besser zu nutzen, Schadstoffe im Abfall zu eliminieren bzw. zu minimieren sowie Entsorgungskosten zu sparen.

Bei der Erstellung eines Abfallwirtschaftskonzeptes müssen folgende Punkte berücksichtigt werden:

1. Art, Menge und Verbleib der zu entsorgenden Abfälle

   Die Daten zu Art (Abfallschlüsselnummer, Zusammensetzung) und Menge der einzelnen Abfälle werden in einem Abfallkataster erfaßt. Der Verbleib des Abfalls ist über den Entsorger bzw. Verwerter bekannt und wird ebenfalls im Kataster erfaßt.

2. Maßnahmen zur Vermeidung, Verwertung und zur Beseitigung

   Darstellung und Erläuterung der bereits umgesetzten sowie geplanten Maßnahmen sowie die geplanten und gewünschten Lösungen. Grundlage sind auch hier die im Kataster erhobenen Daten, die Daten aus dem Umweltbereich Gefahrstoffe sowie die Projekte des Bereiches "Verfahrenstechnik / Instandhaltung" zur Verfahrensoptimierung Gefahrstoffsubstitution, Abfallreduzierung bzw. -vermeidung.

3. Notwendigkeit der Abfallbeseitigung

   Ausführliche Begründung der Notwendigkeit der Abfallbeseitigung. Begründung, warum keine Kreislaufführung bzw. kein internes oder externes Recycling praktiziert wird bzw. nicht möglich ist.

4. 5-jährigen Entsorgungssicherheit

   Überprüfung der Entsorgungsverträge und Nachweis einer mehrjährigen (mind. 5 Jahre) vertraglich gesicherten Entsorgung der entsprechenden Abfälle.

5. Produkte nach der Nutzungsphase

   Erläuterung der umweltfreundlichen Entsorgbarkeit aller im Unternehmen hergestellten Produkte. Darstellung von Rücknahmegarantien, Recyclingmöglichkeiten sowie die für das jeweilige Produkt empfohlenen Entsorgungswege.

6. Information der Öffentlichkeit im Rahmen einer Umwelterklärung

   Die Öffentlichkeit wird im Rahmen der Umwelterklärung ausführlich über die Abfallsituation des Unternehmens informiert.

Abfallminimierung

Für die Reduzierung der Abfälle durch Verfahrensänderungen ist der Bereich "Verfahrenstechnik/Instandhaltung" verantwortlich.

Um dem obersten Prinzip, der Vermeidung von Abfällen gerecht zu werden, sind die eingesetzten Hilfs- und Betriebsstoffe sowie die Prozesse und Verfahren regelmäßig im Rahmen von Umweltaudits nach dem fortgeschrittenen Stand der Technik zu überprüfen. Die Auswahl neuer Verfahrenstechnologien geschieht nach den Kriterien der UVA 6.1 "Technologien". Es sind bevorzugt die Hilfs- und Betriebsstoffe einzusetzen, die eine abfallarme Produktion fördern. Hilfs- und Betriebsstoffe, die nach dem Einsatz als überwachungsbedürftige Abfälle entsorgt oder verwertet werden müssen, sind möglichst zu ersetzen. Können diese nicht ersetzt werden, so ist der Verbrauch durch geeignete Maßnahmen zu minimieren. Beim Neueinsatz von Hilfs- und Betriebsstoffen ist dieser Punkt ein wichtiges Kriterium für die Freigabe des Stoffes (siehe UVA 7.1, "Gefahrstoffe").

Innerhalb der Abteilungen sind die Vorgesetzten für eine Minimierung der anfallenden Abfälle und die ordnungsgemäße Sammlung verantwortlich. Im Rahmen ihrer abteilungsinternen Eigenkontrolle (UMH Kap. 12) überprüfen sie mindestens einmal jährlich die Erfolgsbilanz.

Ablauf 9.2.3: Abfallkataster

Für die Erstellung eines Abfallkatasters ist der "Umweltschutzbeauftragte" verantwortlich.

In dem Abfallkataster werden sämtliche relevanten Daten aus dem Abfallbereich erfaßt. Die Daten werden vom Umweltschutzbeauftragten aus den Betriebstagebüchern zusammengefaßt.

Das Kataster wird mit dem Ziel erstellt, Transparenz im Abfallbereich zu gewinnen, Entsorgungskosten verursacherspezifisch umzulegen und Abfallbilanzen zu erstellen. Das Kataster liefert somit die grundlegenden Daten zur Erstellung eines Abfallwirtschaftskonzeptes. Es enthält Angaben zu folgenden Punkten:

- Abfallschlüsselnummer
- Abfallart
- Abfall zur Entsorgung / zur Verwertung
- Anfallstelle (Kst., Anlage)
- Menge pro Zeiteinheit
  a) Gesamtmenge im Betrieb
  b) Menge je Anfallstelle
- Kosten
- Bemerkungen

Ablauf 9.2.4: Dokumentation / Arbeitsanweisungen

Abfallhandbuch

Verantwortlich für die Erstellung und regelmäßige Pflege des Abfallhandbuches ist der "Umweltschutzbeauftragte".

In dem Abfallhandbuch sind alle, im Betrieb anfallenden Abfälle, Sonderabfälle, Reststoffe und Wertstoffe sowie die genaue Regelung der innerbetrieblichen Sammlung und der Verwertung bzw. Entsorgung aufgeführt. Für jede einzelne Abfallart sind folgende Punkte beschrieben:

- Definition
- Interne Sammlung
- Annahmezeiten
- Entsorgung
- Vermeidung

Die Angaben im Abfallhandbuch sind gleichzeitig Schulungsgrundlage für die Mitarbeiter.

Ablauf 9.2.5: Handhabung / Umgang

Überwachung der innerbetrieblichen Sammlung und sachgerechten Entsorgung

Für diesen Ablauf ist der "Umweltschutzbeauftragte" verantwortlich.

Er veranlaßt und kontrolliert die sachgerechte Sammlung der Abfälle im Betrieb und überwacht den gesamten Weg der Abfälle von ihrer Entstehung in der Kostenstelle bis zu ihrer Entsorgung bzw. Verwertung. Durch die Erfassung aller Abfallarten und -mengen in den Kostenstellen bzw. Anfallstellen ergibt sich die nötige Transparenz für entsprechende Maßnahmen zur Vermeidung bzw. Reduzierung von Abfällen.

Die im Betrieb anfallenden Abfälle unterschiedlichster Art und Herkunft müssen ordnungsgemäß getrennt gesammelt und einer Verwertung bzw. Entsorgung zugeführt werden.

Bei der innerbetrieblichen Sammlung von Abfällen sowie bei deren Verwertung oder Entsorgung müssen folgende Punkte berücksichtigt werden:

1. Alle Abfälle sind nach Art getrennt zu sammeln. Dadurch ergeben sich bessere Verwertungsmöglichkeiten.
2. Überwachungsbedürftige Abfälle und Reststoffe dürfen nicht mit unproblematischen Abfällen vermischt werden Bei einer Vermischung muß die gesamte Menge als überwachungsbedürftiger Abfall entsorgt werden.
3. Für die innerbetriebliche Sammlung sind Sammelstellen einzurichten. Diese sind deutlich als solche zu kennzeichnen.
4. Die Sammlung darf nur in zugelassenen und entsprechend gekennzeichneten Behältern erfolgen.
5. Die Zuverlässigkeit von Beförderern und Entsorgern ist in regelmäßigen Abständen durch den Umweltschutzbeauftragten zu überprüfen.

Ablauf 9.2.6: Jahresbericht

Für die Erstellung eines Jahresberichtes im Umweltbereich "Abfall" ist der "Umweltschutzbeauftragte" verantwortlich.

Der Jahresbericht enthält eine Zusammenfassung aller relevanten Daten aus dem Bereich "Abfall". Hierzu zählt eine Aufstellung aller Abfallmengen, ein Vergleich des Abfallaufkommens zum Vorjahr, eine Bewertung der Abfallsituation sowie die Formulierung geplanter Maßnahmen und Ziele. Der Daten aus dem Jahresbericht gehen in das entsprechende Kapitel der Umwelterklärung ein.

4. Einzelfallregelungen

Für jedes Unternehmen sind entsprechende Einzelfallregelungen (Arbeitsanweisungen) betriebsspezifisch zu erstellen.

UVA 9.3

Abluft

	**Umwelt-Verfahrens-Anweisung**	**Abluft** **Ausgabe :** **Datum :** **Seite :**

1. Spezifische Zielsetzungen

Der Umweltbereich "Abluft" befaßt sich mit den verschiedenen Luftverunreinigungen, d.h. Veränderungen der natürlichen Zusammensetzung der Luft, die in einem Betrieb entstehen können. Die klassischen Verunreinigungen der Luft können in der Regel auf fünf verschiedene Schadstoffgruppen zurückgeführt werden:

- Schwefeloxide (SO_2)
- Stickoxide (NO_X)
- CO, CO_2
- flüchtige organische Verbindungen (VOC)
- Staub, Aerosole

Maßnahmen zur Reinhaltung der Luft spielen im betrieblichen Umweltschutz eine wichtige Rolle. Um Maßnahmen ergreifen zu können, müssen alle Emissionsquellen in Art und Menge bekannt und erfaßt sein. Diese Dokumentation der Emissionsquellen im Rahmen eines Katasters gilt als Grundlage für Projekte zur Emissionsreduzierung.

Die Reinhaltung der Luft im Unternehmen betrifft in erster Linie die Produktion, in zunehmenden Maße jedoch auch den Verkehr. Somit ist in einem Unternehmen nicht nur der Produktionsbereich sondern ebenso der Bereich Logistik/Versand und der Fuhrpark von Fragen der Luftreinhaltung betroffen.

2. Verantwortungen und Schnittstellenplan

Im Schnittstellenplan "Abluft" wurden folgende umweltrelevanten Abläufe (fett) identifiziert:

Ablauf \ Bereich		Vorstand	Marketing / Vertrieb	Entwicklung	Qualitätswesen	Verfahrenstechnik / Instandhaltung	Materialwirtschaft	Produktion	Zentrale Technische Dienste	Umweltschutz / Arbeitssicherheit	Logistik	Betriebswirtschaft / Controlling	Technischer Service / Kundendienst	Personal / Sozialwesen
9.3.1 Verfahrens-anweisung						I	I	I	I	V	I			
9.3.2 Konzept	**Konzept zur Emissions-reduzierung**					V		M	I	M	M			
9.3.3 Kataster						I		M	I	V	I			
9.3.4 Dokumentation	**Betriebs-tagebuch**				**Verantwortlich sind die jeweiligen Vorgesetzten in deren Bereich sich die Anlage befindet**									
	Emissions-erklärung					I		M	I	V				
9.3.5 Umgang/ Handhabung	**Überwachung der Anlagen**				**Verantwortlich sind die jeweiligen Vorgesetzten in deren Bereich sich die Anlage befindet**									
	Messungen und Überwachung der Emissionen					I		M	V	M				
9.3.6 Jahresbericht		I				M		M	I	V	I			
9.3.7 Audit		I			I	M		M	I	V	I			

V = Verantwortlich M = Mitarbeit I = Information

Abbildung 35: Schnittstellenplan Abluft

3. Abläufe und Realisierungsmöglichkeiten

Die umweltrelevanten Abläufe sind im folgenden kurz beschrieben

Ablauf 9.3.2: Konzept

Konzept zur Reduzierung umweltrelevanter Emissionen

Für diesen Ablauf ist der Bereich "Verfahrenstechnik / Instandhaltung" verantwortlich.

Das Ziel aller Luftreinhaltemaßnahmen ist eine deutliche Verringerung der emittierten Schadstoffe. Das Konzept zur Reduzierung umweltrelevanter Emissionen dient zur systematischen Umsetzung des Zieles.

Analog zu einem Abfallwirtschaftskonzept enthält das Emissionskonzept folgende Angaben:

1. Art und Menge der Emissionen

2. Herkunft der Emissionen

   Die Daten über Art, Menge und Herkunft werden in einem betrieblichen Emissionskataster erfaßt.

3. Maßnahmen

   Darstellung und Erläuterung der bereits umgesetzten sowie geplanter Maßnahmen und Ziele. Grundlage sind die durch das Kataster erfaßten Emissionsquellen und die Projekte des Bereiches "Verfahrenstechnik / Instandhaltung" zur allgemeinen Verfahrensoptimierung und Emissionsreduzierung

4. Information der Öffentlichkeit

   Die Öffentlichkeit wird im Rahmen der Umwelterklärung ausführlich über die Abluftsituation des Unternehmens informiert.

Ablauf 9.3.3: Kataster

Für die Erstellung eines betrieblichen Emissionskatasters ist der Umweltschutzbeauftragte verantwortlich.

In einem Kataster werden alle Schadstoffemittenten bzw. Schadstoffemissionen in die Atmosphäre erfaßt. Die Daten werden vom Umweltschutzbeauftragten aus den Betriebstagebüchern zusammengefaßt.

Das Kataster wird mit dem Ziel erstellt, Transparenz im Abluftbereich zu gewinnen und die grundlegenden Daten für die Erstellung eines Konzeptes zu liefern. Es enthält Angaben zu folgenden Punkten:

- Anlage / Prozeß
- Genehmigungsbedürftig
- Emissionen / Parameter
- Menge bzw. Konzentration der einzelnen Parameter
- Betriebsstunden
- Kst.
- Bemerkungen

Ablauf 9.3.4: Dokumentation

Betriebstagebuch

Für die ordnungsgemäße Führung eines Betriebstagebuches im Bereich Abluft ist die jeweilige Führungskraft verantwortlich, in deren Bereich sich die entsprechenden Anlage befindet.

In dem Betriebstagebuch werden die Meßergebnisse der regelmäßigen Kontrollmessungen dokumentiert. Das Betriebstagebuch wird regelmäßig einmal im Monat vom Umweltschutzbeauftragten überprüft und abgezeichnet. Die Daten des Betriebstagebuches werden von dem Umweltschutzbeauftragten im Kataster zusammengefaßt.

Emissionserklärung

Für die Erstellung einer Emissionserklärung ist der Immissionsschutzbeauftragte verantwortlich.

Die zuständige Behörde erstellt Emissionskataster mit dem Ziel, die Luftgüte zu verbessern oder zumindest zu erhalten. Der Betreiber einer genehmigungsbedürftigen Anlage hat die Behörde bei der Erstellung von Emissionskatastern und Luftreinhalteplänen zu unterstützen. Dies geschieht in Form einer Emissionserklärung, die regelmäßig alle zwei Jahre fortzuschreiben bzw. zu ergänzen ist. Die Einzelheiten zur Erstellung einer Emissionserklärung ist in der 11. Verordnung des BImSchG geregelt.

Ablauf 9.3.5: Handhabung / Umgang

Überwachung der Anlagen

Für die Überwachung der Anlagen ist der jeweilige Vorgesetzte verantwortlich, in dessen Bereich sich die Anlage befindet.

Es sind sowohl genehmigungsbedürftige als auch nicht genehmigungsbedürftige Anlagen zu überwachen und regelmäßig zu warten. Bei genehmigungsbedürftigen Anlagen ist zu überwachen, daß die Anlage erst nach erteilter Genehmigung errichtet und betrieben wird. Während des Betriebes der Anlage ist die Einhaltung der Auflagen sowie die Genehmigung wesentlicher Änderungen zu überwachen. Für nicht genehmigungsbedürftige Anlagen gilt es, zu überwachen, daß schädliche Umwelteinwirkungen verhindert werden, die nach dem Stand der Technik vermieden werden können.

Die Dokumentation der ordnungsgemäßen Überwachung sowie des einwandfreien, störungsfreien Betriebes aller Anlagen ist im Hinblick auf das Umwelthaftungsgesetz sehr wichtig. Bereits die potentielle Möglichkeit, daß der Betrieb einer Anlage geeignet ist, einen eingetretenen Schaden zu verursachen, reicht aus, um dem Betreiber den Schaden nachzuweisen. Es sei denn, er kann den störungsfreien Normalbetrieb belegen.

Messung und Überwachung der Emissionen

Für Emissionsmessungen und die Überwachung der Emissionen ist der Bereich "Zentrale Technische Dienste" verantwortlich.

Die bei einem technischen Prozeß entstehenden Abgase sowie die aus einem Raum abgeführte Abluft müssen regelmäßig überwacht werden. Für diese Emissionen existieren verschiedene Grenzwerte:

- allgemeingültige stoffbezogene Emissionsgrenzwerte
  (z.B. für krebserzeugende Stoffe, organische Stoffe)

- anlagenspezifische Emissionsgrenzwerte
  (Grenzwerte unter Berücksichtigung der besonderen prozeßtechnischen Randbedingungen)

- MAK-Werte
  (Maximale Stoffkonzentrationen, von denen angenommen wird, daß sie am Arbeitsplatz bei achtstündiger Einwirkung im allgemeinen die Gesundheit der dort arbeitenden Mitarbeiter/-innen nicht schädigt)

Die Emissionsüberwachung gilt nicht nur als Pflicht für genehmigungsbedürftige Anlagen, sondern für alle Anlagen, von denen umweltrelevante Emissionen ausgehen. Die Verfahren zu den Messungen sowie die Meßintervalle sind in den entsprechenden Verordnungen und Rechtsvorschriften bzw. bei genehmigungsbedürftigen Anlagen im Genehmigungsbescheid näher erläutert. Für die MAK-Messungen gelten die Vorschriften der TRGS 400 und 402.

Über das Ergebnis der Messung ist ein Meßbericht zu erstellen. Dieser muß folgende Angaben enthalten:

- Meßplanung
- Ergebnis jeder Einzelmessung
- verwendetes Meßverfahren
- Betriebsbedingungen.

Ablauf 9.3.6: Jahresbericht

Für die Erstellung eines Jahresberichtes im Umweltbereich "Abluft" ist der Umweltschutzbeauftagte verantwortlich.

Der Jahresbericht enthält eine Zusammenfassung aller relevanten Daten aus dem Abluft-Bereich. Hierzu zählt eine Darstellung aller durch den Betrieb verursachten Emissionen inklusive der durch den Verkehr verursachten Emissionen, ein Vergleich der Abluftsituation zum Vorjahr sowie die Formulierung geplanter Ziele und Maßnahmen. Die Daten aus dem Jahresbericht gehen in das entsprechende Kapitel der Umwelterklärung ein.

4. Einzelfallregelungen

Für jedes Unternehmen sind entsprechende Einzelfallregelungen (Umweltarbeitsanweisungen) betriebsspezifisch zu erstellen.

UVA 16.1

Umweltaudit

1. Spezifische Zielsetzungen

Ein wirksamer Schutz der Umwelt läßt sich am besten erreichen durch:

1.) eine geeignete Kombination von Umweltvorschriften,
2.) eine umweltbezogene Unternehmensstrategie, Umweltpolitik und Umweltprogramme, die auf freiwilliger Basis ausgeführt werden.

Umweltaudits sind ein wichtiger Bestandteil solcher Programme. Wir führen sie auf freiwilliger Basis in regelmäßigen Abständen von höchstens 3 Jahren durch und erhalten so hinsichtlich des Umweltschutzes eine fortwährende Überwachung, Kontrolle und laufende Verbesserung des gesamten Betriebes. Es werden sämtliche Produktionseinrichtungen, Anlagen und Gebäude sowie das Umweltmanagementsystem mit seinen Abläufen und Tätigkeiten überprüft.

Bei einem Umweltaudit wird das bestehenden Umweltmanagementsystems auf seine Wirksamkeit und Übereinstimmung mit der Umweltpolitik des Unternehmens geprüft. Es wird festgestellt, inwieweit die in der Umweltpolitik formulierten, und im Umweltmanagementhandbuch beschriebenen Ziele zuverlässig umgesetzt werden. Ebenso wird überprüft, inwieweit einschlägige Umweltvorschriften erfüllt werden und ob die Umsetzung mindestens nach dem Stand der Technik erfolgt. Ein weiterer Zweck eines Umweltaudits besteht darin, den Vorstand über umweltbezogene Fakten und Zustände des Unternehmens und den Erfolg des Umweltprogrammes zu informieren. Der Vorstand kann damit seiner Vorsorge- und Aufsichtspflicht nachkommen.

2. Verantwortungen und Schnittstellenplan

Im Schnittstellenplan "Umweltaudit" wurden folgende umweltrelevanten Abläufe (fett) identifiziert:

Ablauf \ Bereich	Vorstand	Marketing / Vertrieb	Entwicklung	Qualitätswesen	Verfahrenstechnik / Instandhaltung	Materialwirtschaft	Produktion	Zentrale Technische Dienste	Umweltschutz / Arbeitssicherheit	Logistik	Betriebswirtschaft / Controlling	Technischer Service / Kundendienst	Personal / Sozialwesen
16.1.1 Umweltverfahrens-anweisung	I								V				
16.1.2 Veranlassung Umweltaudit	V								I				
16.1.3 Planung	I			M					V				
16.1.4 Prüfung vor Ort		**Die erfolgreiche Durchführung eines Audits erfordert die Mitarbeit aller beteiligten Bereiche**							V				
16.1.5 Tätigkeiten nach der Prüfung		**Die "Tätigkeiten nach der Prüfung" erfordert die Mitarbeit aller beteiligten Bereiche**							V				

V = Verantwortlich M = Mitarbeit I = Information

Abbildung 36: Schnittstellenplan Umweltaudit

3. Abläufe und Realisierungsmöglichkeiten

Die genannten umweltrelevanten Abläufe sind im folgenden kurz beschrieben:

Ablauf 16.1.2: Veranlassung Audit

Das zuständige Mitglied der Geschäftsleitung des Unternehmens veranlaßt die Durchführung eines internen Umweltaudits und bestimmt die Häufigkeit eines solchen Audits, wobei der Zyklus drei Jahre nicht überschreiten darf.

Die Häufigkeit von Umweltaudits richtet sich nach Art, Umfang und Komplexität der Tätigkeiten im Unternehmen, Art und Umfang der Emissionen, der Rückstände, des Rohstoff- und Energieverbrauches sowie generell der Wechselwirkung mit der Umwelt. Bei jedem Umweltaudit sind Ergebnisse vorangegangener Audits bzw. eventuell vorhandene Umweltprobleme zu berücksichtigen.

Ablauf 16.1.3: Planung und Vorbereitung

Für diesen Ablauf ist der Umweltschutzbeauftragte verantwortlich.

Zur Planung und Vorbereitung eines Audits gehört zunächst die Zusammenstellung des Auditteams. Bei der Zusammenstellung des Teams ist zu beachten, daß die Personen über die erforderlichen Kenntnisse der zu prüfenden Bereiche in Bezug auf technische, umweltspezifische und rechtliche Fragen, sowie in Bezug auf das Umweltmanagement verfügen. Ebenso sollten die Personen eine objektive Bewertung abgeben können, d.h. sie sollten von der zu überprüfenden Tätigkeit weitgehend unabhängig sein. Sie sollten weiterhin die Fähigkeit zur Diplomatie, wie zur flüssigen und klaren Darstellung von Ideen und Konzepten haben. Ein entscheidendes Kriterium für die spätere Akzeptanz des Audits bei den Mitarbeitern ist die Einbeziehung des Leiters des überprüften Bereiches in das Auditteam. So ist der Zweck eines Audits -als Unterstützung für den zu auditierenden Bereich- gewährleistet. Wird es vom Umweltschutzbeauftragten für sinnvoll erachtet, so können externe Fachleute hinzugezogen werden.

Der Umweltschutzbeauftragte ist für die Vorbereitung aller notwendigen Arbeitsdokumente verantwortlich. Er weist die Mitglieder des Auditteams in die jeweiligen Tätigkeiten ein und koordiniert die Vorgehensweise während des Audits.

Das Auditteam legt als ersten Schritt, in Abstimmung mit der Geschäftsleitung, das Ziel der Prüfung sowie den Prüfungsumfang, gegebenenfalls den Umfang eines jeden Abschnitts der Prüfung, in schriftlicher Form fest. Der Prüfungsumfang muß eindeutig festgelegt werden und folgende Punkte enthalten:

- die erfaßten Bereiche (z.B. Gebäude, Kostenstelle, Anlage),
- die zu prüfenden Tätigkeiten,
- die zu berücksichtigenden Umweltstandards
- sowie der voraussichtlich benötigte Zeitraum und der personelle Aufwand.

Es ist darauf zu achten, daß geeignete Mittel und ausreichend Zeit für die Prüfung angesetzt werden und beides dem Umfang der Prüfung entspricht. Ein wesentlicher zu beachtender Punkt ist auch, daß alle Beteiligten (Prüfer, Unternehmensleitung sowie das Personal) ihre Rolle im Rahmen des Audits als Unterstützung und Hilfeleistung verstehen.

Ablauf 16.1.4: Prüfung vor Ort

Für diesen Ablauf ist der Umweltschutzbeauftragte verantwortlich.

Bei der Prüfung vor Ort wird das bestehende Umweltmanagementsystem hinsichtlich des organisatorischen Aufbaus und des Überwachungs- und Dokumentationsverfahrens sowie die umweltrelevanten Anlagen hinsichtlich des Standes der Technik untersucht.

Alle Prüfungstätigkeiten werden mit den vor Ort beschäftigten Mitarbeitern durchgeführt. Hierzu sind entsprechende Fragenkataloge als Unterstützung vorgesehen. Das Auditteam wählt die, für die entsprechenden Personen bzw. Bereiche zutreffenden Fragen aus. Diese werden zunächst von den Mitarbeitern bearbeitet und anschließend vom Auditteam mit den betreffenden Mitarbeitern besprochen.

Es werden zusätzlich Betriebs- und Ausrüstungsbedingungen, sowie die schriftlichen Aufzeichnungen und andere einschlägige Dokumente in Bezug auf die Bewertung der Umweltschutzqualität des Standortes geprüft.

Als typische Prüfung gilt hier z.B.:

- Eine stichprobenartige Untersuchung von Abwasserdaten um die Einhaltung von Grenzwerten festzustellen;
- die Überprüfung von Ausbildungsunterlagen, um nachzuweisen, daß geeignete Personen entsprechend ausgebildet wurden;
- die Überprüfung der Abfallentsorgung um sicherzustellen, daß die Abfallentsor gung nur an Firmen mit entsprechender Genehmigung erteilt wurde,
- die Prüfung des Standes der Technik an umweltrelevanten Anlagen,
- etc.

Bereits während des Umweltaudits werden mit dem Personal die festgestellten Mängel diskutiert. Schwachstellen müssen in einer klar verständlichen und prägnanten Art und Weise dokumentiert und durch entsprechende Nachweise belegt werden. Alle während des Audits gemachten Feststellungen und Beobachtungen sind zu dokumentieren.

Als Abschluß der Überprüfung vor Ort werden die Prüfungsergebnisse vom Auditteam ausgewertet. Die Zusammenhänge des gesamten Umweltmanagementsystems sind dabei zu berücksichtigen. Es wird ein Bericht über die Prüfungsergebnisse verfaßt, der zusammen mit dem Leiter des überprüften Bereiches besprochen wird.

Ablauf 16.1.5: Tätigkeiten nach der Prüfung

Nach der Prüfung vor Ort wird vom Umweltschutzbeauftragten (Teamleiter) ein Abschlußbericht ausgearbeitet und vom Team überprüft.

Das Auditteam erarbeitet zusammen mit dem Personal der betroffenen Bereiche einen Maßnahmenplan, um die festgestellten Mängel zu beheben.

Sowohl der Abschlußbericht, als auch der Maßnahmenplan wird dem Vorstand des Unternehmens zugeleitet. Beides gilt als Grundlage für einen weiteren Audit.

Der Auditbericht sollte insbesondere folgende Punkte enthalten:

- Prüfungsumfang und Ziele des Audits;
- Detaillierte Darstellung des Auditplanes sowie des Ablaufs der Prüfung;
- Benennung des geprüften Bereiches, der Mitglieder des Auditteams und sonstige Beteiligte
- Vereinbarte Prüfungskriterien;
- Zeitpunkt und Dauer des Audits;
- Benennung der Referenzdokumente, nach deren Maßstab der Audit durchgeführt wurde (z.B. das Umweltmanagementhandbuch des Unternehmens);
- Beurteilung der Wirksamkeit und Verläßlichkeit der Regelungen zur Überwachung der vom Unternehmen verursachten ökologischen Auswirkungen;
- Bezeichnung der festgestellten umweltschutzbezogenen Schwachstellen;
- Belege über die Notwendigkeit und die Durchführung von Korrekturmaßnahmen;
- Detaillierter Maßnahmenplan;

- Feststellung des bisher erreichten Grades an Übereinstimmung mit der Umweltpolitik des Unternehmens sowie der umweltbezogenen Fortschritte;
- Einschätzung der Eignung des Umweltmanagementsystems, die festgelegten Umweltziele zu erreichen;
- Verteilerliste des Auditberichtes.

Ein wesentlicher Punkt nach dem Audit ist die Weiterverfolgung des Maßnahmenplanes durch den Umweltschutzbeauftragten. Nur so ist zu gewährleisten, daß dieser ausgeführt wird. Der Umweltschutzbeauftragte hat dem zuständigen Vorstandsmitglied regelmäßig über die Maßnahmen und deren Erfolgskontrolle zu berichten.

4. Einzelfallregelungen

Für jedes Unternehmen sind entsprechende Einzelfallregelungen (Arbeitsanweisungen) betriebsspezifisch zu erstellen.

Phase 6: Erstellung eines Umweltprogramms

Das was wir erreichen, ist immer nur Stückwerk, ist immer unvollendet und unvollkommen.

(Rupert Lay)

6.1 Einleitende Erläuterungen

➔ Was ist ein Umweltprogramm?

Die EG-Verordnung fordert die Erstellung eines Umweltprogrammes, um konkrete Ziele des Unternehmens, die "... einen größeren Schutz der Umwelt an einem Standort gewährleisten ..." festzuschreiben. Ein Umweltprogramm ist ein Schlüssel zur erfolgreichen Umsetzung eines Umweltmanagementsystems und dient somit der kontinuierlichen Verbesserung des betrieblichen Umweltschutzes.

Im Umweltprogramm wird beschrieben, wie die Ziele des Unternehmens festgelegt und erreicht werden können. Die zu formulierenden Ziele ergeben sich aus den Ergebnissen der Umweltprüfung bzw. jeder weiter folgenden Umweltbetriebsprüfung. Das Umweltprogramm ist somit ein dynamisches Element des Umweltmanagementsystems, das regelmäßig überarbeitet wird. Das Umweltprogramm faßt die -möglichst quantifizierbaren- Ziele und die zugehörigen Maßnahmen, die sich aus den Soll-Ist-Vergleichen der Umwelt(betriebs)prüfungen ergeben zusammen.

Ein Umweltprogramm muß mindestens folgende Elemente enthalten:

- Formulierung der Ziele
- Maßnahme(n) zur Erreichung der Ziele
- Festlegung der Verantwortung für die Verwirklichung
- Vorgesehener Zeitrahmen
- Vorgesehene Mittel
- Abschließende Erfolgskontrolle

➔ Wie erstellen Sie ein Umweltprogramm?

Vor der Erstellung des Umweltprogrammes wird der Ist-Zustand im Rahmen der Umweltprüfung aufgenommen bzw. der einzuhaltende Soll-Zustand in der regelmäßig folgenden Umweltbetriebsprüfung auditiert. Die Durchführung der Umweltprüfung ist in Phase 4 beschrieben; die Umweltbetriebsprüfung in der UVA 16.1 "Umweltaudit" sowie in Phase 9.

Im sich anschließenden Soll-Ist-Vergleich können Abweichungen vom Soll-Zustand ermittelt werden. Die Festlegung des Handlungsbedarfes bzw. die Behebung der Schwachstellen im Umweltprogramm ist ein Ziel des Unternehmens.

Bei der Umweltprüfung kann beispielsweise festgestellt werden, daß bei Lieferanten kaum auf Umweltschutzaspekte geachtet wird. Die Einbeziehung der Lieferanten in das Umweltmanagementsystem ist jedoch sowohl in der Umweltpolitik formuliert als auch in Form einer Umweltverfahrensanweisung konkretisiert. Die Verbesserung der Umweltsituation beim Lieferanten muß somit in das Umweltprogramm aufgenommen werden.

Ein zweites Beispiel: Im Umweltbereich "Energie" werden erhebliche Einsparpotentiale identifiziert. Diese sind im Rahmen eines Teilprogrammes "Energie" in den nächsten Jahren zu realisieren.

➔ Für welche Unternehmens- bzw Umweltbereiche erstellen Sie ein Umweltprogramm?

Ein Umweltprogramm kann aus mehreren Teil-Programmen bestehen. Ein entsprechendes Teil-Umweltprogramm kann für jeden Bereich des Umweltmanagementsystems aufgestellt werden. Auf jeden Fall wird für alle die Bereiche ein Umweltprogramm erstellt, in denen eine Umweltprüfung bzw. -betriebsprüfung durchgeführt wurde.

Für neue Produktentwicklungen bzw. neue Dienstleistungen sind grundsätzlich Umweltprogramme aufzustellen, in denen die Umweltauswirkungen vorbeugend betrachtet und berücksichtigt werden

Im folgenden sind Auszüge des internen Umweltprogramms beispielhaft dargestellt. Diese sind jährlich laut Vorgaben des Umweltmanagementhandbuches anzupassen. Eine verdichtete Form des internen Umweltprogramms findet sich in der Umwelterklärung wieder.

Die interne Erfolgskontrolle der einzelnen Maßnahmen wird in Phase 7 (Umwelterklärung) einer externen Erfolgskontrolle unterzogen und somit die Umweltleistung des Unternehmens transparent gemacht.

6.2 Umweltprogramm der Modellfirma

<table>
<tr><td></td><td>Umwelt-
programm</td><td>Umweltpolitik
Ausgabe :
Datum :
Projektnummer:</td></tr>
</table>

Umweltprogramm

- Umweltpolitik -

Ist-Zustand: Mitarbeiter im Umweltschutz nicht genügend geschult.

Soll-Zustand: Punkt 4, Umweltpolitik "Bei unseren Schulungsmaßnahmen ist Umweltschutz ein fester Bestandteil".

Maßnahme: Erstellung eines Schulungskonzeptes, Durchführung von Schulungen.

Realisierung:

Aufwand: Investition:
Einsparung:
Amortisation:

Verantwortung/
Mitarbeit: Personalwesen

Erfolgskontrolle:

Datum **Unterschrift**

Umwelt-programm	Entwicklung Ausgabe : Datum : Projektnummer:

Umweltprogramm

- Entwicklung -

Ist-Zustand: Produkt bisher nur bedingt recyclingfähig.

Soll-Zustand: Verbesserung der Recyclingfähigkeit des Produktes.

Maßnahme:
- Materialauswahlliste erstellen und bewerten.
- Erstellung von Demontageanweisungen.
- Produktnutzung durch verbesserte Instandhaltungs-möglichkeiten verlängert.

Realisierung:

Aufwand: Investition:
Einsparung:
Amortisation:

Verantwortung/ Mitarbeit: Entwicklung

Erfolgskontrolle:

Datum **Unterschrift**

	Umwelt-programm	Energie Ausgabe : Datum : Projektnummer:

Umweltprogramm

- Energie -

Ist-Zustand: Kontinuierlicher Heizungsbetrieb ohne Berücksichtigung ob jemand im Betrieb ist.

Soll-Zustand: Reduzierung während der Betriebsschließungszeiten.
Der Energieverbrauch wird bis 1998 um insgesamt 20% reduziert.

Maßnahme: Installation von Thermostaten.

Realisierung:

Aufwand: Investition: 600,-DM
Einsparung: 12.000,- DM / a
Amortisation:

Verantwortung/ Mitarbeit: Umweltschutzbeauftragter

Erfolgskontrolle:

Datum **Unterschrift**

	**Umwelt-programm**	**Energie** **Ausgabe :** **Datum :** **Projektnummer:**

Umweltprogramm

- Energie -

Ist-Zustand: Drei klimatisierte Räume für Rechenzentrum.

Soll-Zustand: Klimatisierung nur für zwei Räume notwendig.
Der Energieverbrauch wird bis 1998 um insgesamt 20% reduziert.

Maßnahme: Stillegung einer Klimaanlage.

Realisierung:

Aufwand: Investition: 5.000,-DM
Einsparung: 10.000,- DM / a
Amortisation:

Verantwortung/
Mitarbeit: Umweltschutzbeauftragter

Erfolgskontrolle:

Datum **Unterschrift**

	Umwelt-programm	Energie Ausgabe : Datum : Projektnummer:

Umweltprogramm

- Energie -

Ist-Zustand: Klimaanlagen laufen das ganze Jahr.

Soll-Zustand: Klimaanlagen in Abhängigkeit der Außentemperatur einschalten.
Der Energieverbrauch wird bis 1998 um insgesamt 20% reduziert.

Maßnahme: Klimaanlagen abschalten, wenn bestimmte Außentemperatur unterschritten ist.

Realisierung:

Aufwand: Investition: 1.000,-DM
Einsparung: 32.000,- DM / a
Amortisation:

Verantwortung/
Mitarbeit: Umweltschutzbeauftragter

Erfolgskontrolle:

Datum **Unterschrift**

	Umwelt- programm	Energie Ausgabe : Datum : Projektnummer:

Umweltprogramm

- Energie -

Ist-Zustand: Isolierung von Heizungs- und Warmwasserrohren nicht durchgängig.

Soll-Zustand: Komplett isolierte Heizungs- und Warmwasserrohre.
Der Energieverbrauch wird bis 1998 um insgesamt 20% reduziert.

Maßnahme: Heizungs- und Warmwasserrohre isolieren.

Realisierung:

Aufwand: Investition: 13.000,-DM
Einsparung: 12.000,- DM / a
Amortisation:

Verantwortung/
Mitarbeit: Zentrale Technische Dienste

Erfolgskontrolle:

Datum **Unterschrift**

	Umwelt-programm	Gefahrstoffe Ausgabe : Datum : Projektnummer:

Umweltprogramm

- Gefahrstoffe -

Ist-Zustand: Die vielen Gefahrstoffe am Standort werden bestimmungsgemäß in verschiedenen Läger gelagert. Der Zustand bei der Anlieferung und dem Umschlag der Gefahrstoffe ist nicht zufriedenstellend.

Soll-Zustand: Alle Gefahrstoffe des Standorts werden zentral gelagert, um eine bessere Kontrolle und Übersicht zu erhalten. Reduzierung der Anzahl der vorhandenen Gefahrstoffe bis 1998 um 10 %.

Maßnahme: Bau eines zentralen Chemikalien- und Gefahrstofflagers am Standort mit einem geeignetem Umschlagplatz und einem entsprechenden Gefahrstoffkonzept.

Realisierung:

Aufwand: Investition:
Einsparung:
Amortisation:

Verantwortung/
Mitarbeit: Arbeitssicherheit

Erfolgskontrolle:

Datum **Unterschrift**

	Umwelt-programm	Abfälle Ausgabe : Datum : Projektnummer:

Umweltprogramm

- Abfälle -

Ist-Zustand: Die Abfalltrennung wird am Standort nicht sorgfältig genug durchgeführt. Das bestehende Abfallkataster und die Abfallbilanzen sind verbesserungsfähig.

Soll-Zustand: Es existiert für den Standort ein Abfallwirtschaftskonzept mit Mengen, Kosten, Vermeidungs- und Verwertungsmöglichkeiten sowie Angaben zur Beseitigung. Das Abfallaufkommen wird bis 1998 um 10 % reduziert.

Maßnahme: Entwurf eines integrierten Sammelsystems.

Erstellen von Abfallhandbuch und -kataster.

Realisierung:

Aufwand: Investition:
Einsparung:
Amortisation:

Verantwortung/ Mitarbeit: Umweltschutzbeauftragter

Erfolgskontrolle:

Datum **Unterschrift**

	Umwelt-programm	Logistik Ausgabe : Datum : Projektnummer:

Umweltprogramm

- Logistik -

Ist-Zustand: Unsere Zulieferungen und Auslieferungen der Produkte erfolgen heute ausschließlich per LKW.

Soll-Zustand: Einbeziehung anderer Verkehrsträger in unser Logistikkonzept.

Maßnahme:
- Festlegung, welche Produkte per Bahn versendet werden können.
- Erstellung eines gesamtheitlichen Logistikkonzeptes.
- Reduzierung der LKW-Kilometer um 5% bis 1998.

Realisierung:

Aufwand: Investition:
Einsparung:
Amortisation:

Verantwortung/
Mitarbeit: Leiter Logistik

Erfolgskontrolle:

Datum **Unterschrift**

Umweltprogramm

- Lieferanten -

Ist-Zustand: Der Einkauf der Modellfirma erfolgt nicht unter Berücksichtigung ökologischer Aspekte. Die Lieferanten werden nicht nach Umweltgesichtspunkten ausgewählt.

Soll-Zustand: Im Material- und Bestellwesen sowie bei der Lieferantenauswahl werden ökologische Aspekte berücksichtigt.

Maßnahme: Bewertung von 90% aller Lieferanten anhand unserer Lieferantenaudits bis 1998.

Realisierung:

Aufwand: Investition:
Einsparung:
Amortisation:

**Verantwortung/
Mitarbeit:** Leiter Einkauf

Erfolgskontrolle:

Datum **Unterschrift**

Modellfirma	Umwelt-programm	Abwasser Ausgabe : Datum : Projektnummer:

Umweltprogramm

- Abwasser -

Ist-Zustand: Der größte Teil unseres Wasserverbrauchs (97%) entfällt auf den Sozialbereich. 3% hochbelastetes Abwasser fällt im Produktionsbereich an.

Soll-Zustand: Umsetzung des Abwasserkonzeptes bezüglich Optimierung der Prozeßabwässer und im Sozialbereich.

Maßnahme:
- Umstellung von einzelnen Anlagen auf abwasserfreien Betrieb.
- Prozeß- und Spülbäder auf den neuesten Stand der Technik umrüsten.
- Neue Abwasserbehandlungsanlage errichten.
- Reduzierung des Wasserverbrauchs um 10 % bis 1998.

Realisierung:

Aufwand: Investition:
Einsparung:
Amortisation:

Verantwortung/
Mitarbeit: Zentrale Technische Dienste

Erfolgskontrolle:

Datum **Unterschrift**

Phase 7: Abfassung einer Umwelterklärung

Handle so, daß die Maxime deines Handelns jederzeit Prinzip einer allgemeinen Gesetzgebung werden könnte.

(Immanuel Kant)

7.1 Einleitende Erläuterungen

Um die Umweltakzeptanz der betrieblichen Tätigkeit in der Öffentlichkeit zu verstärken, sieht die EG-Verordnung und die DIN 33922 "Umweltberichte für die Öffentlichkeit" die regelmäßige Erstellung und Veröffentlichung von Umwelterklärungen vor. Sie sollen die Transparenz und die Glaubwürdigkeit der Unternehmen im Bereich ihrer umweltrelevanten Tätigkeiten verstärken.

Gleichzeitig ist die Umwelterklärung ein Bestandteil für die Begutachtung des Unternehmens und wird vom Gutachter auf ihre Übereinstimmung mit den Anforderungen der EG-Verordnung geprüft und für gültig erklärt.

➔ Mindestanforderungen an die Umwelterklärung

Die Mindestanforderungen an eine Umwelterklärung sind in der EG-Verordnung im Artikel 5 Nr. 3 beschrieben und umfassen die Punkte

a) Beschreibung der Tätigkeiten des Unternehmens an dem betreffenden Standort;

b) Beurteilung aller wichtigen Umweltfragen im Zusammenhang mit den betreffenden Tätigkeiten;

c) Zusammenfassung der Zahlenangaben über Schadstoffemissionen, Abfallaufkommen, Rohstoff-, Energie- und Wasserverbrauch und gegebenenfalls über Lärm und andere bedeutsame umweltrelevante Aspekte;

d) sonstige, den betrieblichen Umweltschutz betreffende Faktoren;

e) Darstellung der Umweltpolitik, des Umweltprogramms und des Umweltmanagementsystems des Unternehmens für den betreffenden Standort;

f) Termin für die Vorlage der nächsten Umwelterklärung;

g) Name des zugelassenen Umweltgutachters.

Weiterhin soll in der Umwelterklärung auf bedeutsame Veränderungen, die sich seit der letzten Umwelterklärung ergeben haben, hingewiesen werden.

Umwelterklärungen sind nach der ersten Umweltprüfung und nach jeder folgenden Betriebsprüfung zu erstellen. Bei längeren Betriebsprüfungszyklen - max. 3 Jahre - ist jährlich wenigstens eine vereinfachte Umwelterklärung zu erstellen, um die Entwicklung in den einzelnen umweltrelevanten Bereichen über die Geschäftsjahre beurteilen und fortschreiben zu können. Es besteht jedoch nach Artikel 5 Nr. 6 der EG-Verordnung die Möglichkeit, für einzelne Standorte auf eine jährliche Umwelterklärung zu verzichten, wenn

- der Umweltgutachter aufgrund der Art und des Umfangs der Tätigkeit, insbesondere bei klein- und mittelständischen Unternehmen, bis zur nächsten Betriebsprüfung auf eine weitere Umwelterklärung verzichtet,
- sich nur wenige bedeutsame Veränderungen seit der letzten Umwelterklärung ergeben haben.

Die im folgenden aufgeführte Umwelterklärung soll exemplarisch zur Unterstützung bei der Erstellung einer Umwelterklärung dienen.

Anhand der spezifischen umweltrelevanten Prozesse und Stoffströme im Unternehmen ist bei der Erstellung der Umwelterklärung der Inhalt der einzelnen Kapitel an die eigene Unternehmensstruktur anzupassen.

➔ Wie erhalten Sie die Informationen zur Umwelterklärung?

Die Inhalte der Umwelterklärung werden bei der Einführung eines Umweltmanagementsystems im Unternehmen schrittweise erarbeitet.

So wird nach der Informationsphase (Phase 1: Informationssammlung; Phase 2: Erster Umweltcheck) die Aufbauphase durchgeführt. In dieser wird die Umweltpolitik festgelegt (Phase 3) und eine Umweltprüfung (Phase 4) durchgeführt. Bei der Umweltprüfung sind die Umweltrelevanz der Verfahren sowie die der Stoffströme zu erfassen. Es schließt sich die Einführung des Umweltmanagementsystems (Phase 5) an. Aus den Daten der Umweltprüfung, die den betrieblichen Ist-Zustand darstellen, und dem Vergleich zum einzuhaltenden Soll-Zustand des Umweltmanagementsystems ergibt sich für das Unternehmen das Umweltprogramm (Phase 6).

Aus der schrittweisen Einführung des Umweltmanagementsystems ergeben sich die Mindestanforderungen, die eine Umwelterklärung enthalten muß. Die Umwelterklärung ist somit als Zusammenfassung der Projektergebnisse zu sehen.

➔ Zielsetzung der „kontinuierlichen Verbesserung“

Die Umweltprüfung und die sich daraus ergebenden Umweltaspekte des Unternehmens ermöglichen es, die Entwicklung in umweltrelevanten Bereichen auch zahlenmäßig zu erfassen. Diese Erfassung ist jährlich fortzuschreiben, so daß die Entwicklung der einzelnen Bereiche wie Rohstoff-, Wasser-, Energieeinsatz sowie die durch die Produktion entstehenden Umweltauswirkungen mengenmäßig erfaßt und beurteilt werden können.

Die EG-Verordnung Nr. 1836/93 vom 29. Juni 1993 schreibt die kontinuierliche Verbesserung im Umweltschutz wie folgt vor:

> „....; die Unternehmen sollten eine Umweltpolitik festlegen, die nicht nur die Einhaltung aller einschlägigen Umweltvorschriften vorsieht, sondern auch Verpflichtungen zu **angemessenen kontinuierlichen Verbesserung** des betrieblichen Umweltschutzes umfaßt.“

Weiterhin sind die Umweltziele so zu formulieren, daß eine stetige Verbesserung im betrieblichen Umweltschutz erzielt wird:

> „Die Ziele müssen im Einklang mit der Umweltpolitik stehen und so formuliert sein, daß die Verpflichtung zur **stetigen Verbesserung** des betrieblichen Umweltschutzes, wo immerdies in der Praxis möglich ist, **quantitativ bestimmt** und mit Zeitvorgaben versehen wird.“

Um eine „kontinuierliche Verbesserung“der Umweltsituation zu erreichen, gilt es in erster Linie, die absoluten Umweltbelastungen zu minimieren.

Spezifische Schadstoffmengen sind nicht aussagekräftig genug, da die Umweltauswirkungen stets von der Produktionsmenge abhängig sind. So können die Schadstoffmengen / Einheit im Rahmen von Verbesserungsmaßnahmen zwar relativ sinken, aufgrund einer steigenden Zahl produzierter Einheiten die absoluten Schadstoffmengen jedoch steigen. Trotz umweltverantwortlichen Handelns im Unternehmen können sich somit bei steigender Produktion die Umweltauswirkungen verschlechtern. Spezifische Angaben sind jedoch ebenfalls von Bedeutung, da sie den Wirkungsgrad von Prozessen widerspiegeln.

Sowohl spezifische als auch absolute Umweltbelastungen zeigen Umweltpotentiale zur kontinuierlichen Verbesserung auf. Letztere ist jedoch nur über die Minimierung der absoluten Schadstoffmengen zu erreichen. Eine Ausweitung der Produktion bedingt daher verstärkte Anforderungen zur Verringerung der Umweltbelastungen.

7.2 Umwelterklärung der Modellfirma

1. Vorwort der Geschäftsführung

Die Umwelt - unsere Zukunft

Unsere Produkte und Dienstleistungen stehen seit vielen Jahrzehnten im Dienste der Menschen. Sie müssen den hohen Ansprüchen unserer Kunden an Qualität, Nutzen, Wirtschaftlichkeit, Zuverlässigkeit und Umweltschutz voll gerecht werden.

Wie wir heute wissen, sind die natürlichen Lebensgrundlagen des Menschen bedroht. Um dieser Bedrohung wirkungsvoll begegnen zu können, müssen die entsprechenden Maßnahmen getroffen werden. Es ist uns eine ethische Verpflichtung, Ökologie und Ökonomie in Einklang zu bringen.

Jedes Unternehmen ist Teil der Gesellschaft und bei der Sicherung der eigenen Zukunft nicht nur auf Umsätze und Gewinn sondern auch auf die Unterstützung durch die Öffentlichkeit und die Gesellschaft angewiesen.

Bei einer umweltbewußten Öffentlichkeit ist die gesellschaftliche Akzeptanz der unternehmerischen Tätigkeit zu einem „Produktionsfaktor“ geworden. Um auch in Zukunft ein Unternehmen erfolgreich zu führen, ist es deshalb notwendig, neben der Kapital- und Wissensbasis, die gesellschaftliche Anerkennung zu sichern und zu erhalten.

Für den Erhalt der Umwelt ist daher von allen Beteiligten Umdenken gefordert. Umdenken muß zielgerichtetes Handeln nach sich ziehen, denn nur durch einen verantwortlichen Umgang mit der Natur, kann sichergestellt werden, daß wir morgen noch eine menschenfreundliche Umwelt für uns und unsere Kinder vorfinden.

Wir gewährleisten für unsere Mitarbeiter eine sichere Arbeitsumgebung. Von unseren Aktivitäten darf keine Gefährdung für die Nachbarschaft ausgehen.

Die für unser Unternehmen verbindlichen Anforderungen an den Umweltschutz sind in nationalen und internationalen Gesetzen, Verordnungen, Vorschriften und Normen festgeschrieben. Um sie zu erfüllen, verfügen wir über ein für jeden Mitarbeiter verbindliches Regelwerk zum Schutze der Umwelt.

Die in diesem Umweltmanagementsystem festgelegten Richtlinien werden von uns bei der Entwicklung und Herstellung unserer Produkte berücksichtigt. Dadurch haben unsere Kunden und die interessierte Öffentlichkeit die Gewißheit, daß neben unseren Bemühungen zur Produktqualität umweltverträgliche Entwicklungs- und Herstellungsverfahren Anwendung finden.

Bei der Durchführung umweltbeeinflussender Tätigkeiten setzt unser Unternehmen stark auf die Eigenverantwortlichkeit sämtlicher Mitarbeiter.

2. Darstellung des Unternehmens

Mitarbeiter

In über 100 Jahren hat sich die Modellfirma von einer Werkstatt zur Zentrale eines weltweiten Konzerns entwickelt. Dabei stand in den beiden letzten Jahrzehnten die internationale Ausrichtung im Vordergrund. Heute arbeiten 2.800 Mitarbeiter innerhalb unseres Konzerns in 6 Ländern. Gleichwohl bleibt die Modellfirma dem Standort Deutschland unverändert verpflichtet. Deshalb bleiben insbesondere die Forschungs- und Entwicklungsaktivitäten, die weltweite Logistik sowie das Finanz- und Informationsmanagement in unserem Stammhaus konzentriert.

Konzernumsatz

Maßnahmen zur Kostendämpfung in den westlichen Industrieländern haben auch im abgelaufenen Geschäftsjahr die Marktentwicklung auf unseren wichtigen Absatzmärkten bestimmt und zu einer weiteren Verschärfung des Wettbewerbsdrucks beigetragen. Die Modellfirma konnte jedoch durch die weitere Qualitätssteigerung ihrer Produkte die Marktanteile erhöhen, die zu einer postiven Umsatz- und Kostenentwicklung führten.

Dadurch konnte der Konzernumsatz ebenfalls erhöht werden. Er betrug im Geschäftsjahr 1996

423.506.000,-- DM

Es wurde ein Umsatzzuwachs von 6,0 % erzielt.

Zur Erhöhung des Konzernumsatzes trugen alle Produktsparten bei. So erreicht die Sparte A einen Umsatzzuwachs von 2,6 %. Die Sparte B konnte ihren Umsatz sogar um 18,7 % steigern, während die sonstigen Umsatzerlöse um 14,2 % stiegen.

Das Herstellungsprogramm umfaßt über 17.000 Produkte für nahezu alle mechanischen Fachdisziplinen.

Entwicklung

Die positive Entwicklung im abgelaufenen Geschäftjahr beruht nicht zuletzt auf der kontinuierlichen Arbeit in Forschung und Entwicklung. Die Aufwendungen in diesem Bereich lagen mit 6,8 % des Konzernumsatzes auf einem sehr hohen Niveau. Im Zentrum der Aktivitäten stand die Entwicklung kostengünstiger Produkte.

Die herausragende Qualität unserer Produkte ist ein wesentlicher Erfolgsfaktor. Um diese Produktqualität auch zukünftig auf dem hohen Stand halten zu können, haben wir im zurückliegenden Geschäftsjahr die Bemühungen zur Vereinheitlichung des Qualitätssicherungssystems in unserem weltweiten Fertigungsverbund fortgesetzt.

Ein zentraler Erfolgsfaktor für die Standortsicherung und die Wettbewerbsfähigkeit ist die Aus- und Weiterbildung im Unternehmen.

Umweltschutz

Der betriebliche Umweltschutz ist ein Bestandteil des ganzheitlichen Umweltschutzkonzepts unseres Unternehmens. Aus diesem Grunde wurde neben den Investitionen in umweltfreundliche Maschinen und Anlagen ein Umweltmanagementsystem auf der Basis der EG-Verordnung Nr. 1836/93 vom 29. Juni 1993 über die „Freiwillige Beteiligung gewerblicher Unternehmen an einem Gemeinschaftssystem für das Umweltmanagement und die Umweltbetriebsprüfung" entwickelt.

Das eingeführte Umweltmanagementsystem hat neben der Vermeidung von Umweltbelastungen die kontinuierliche Verringerung und die Beseitigung der Umweltbelastungen am Ort der Verursachung zum Ziel. Dieses Ziel kann nur dann erreicht werden, wenn alle Mitarbeiter eingebunden werden. Aus diesem Grunde nehmen Informations- und Fortbildungsmaßnahmen besonders im Umweltbereich einen hohen Stellenwert ein.

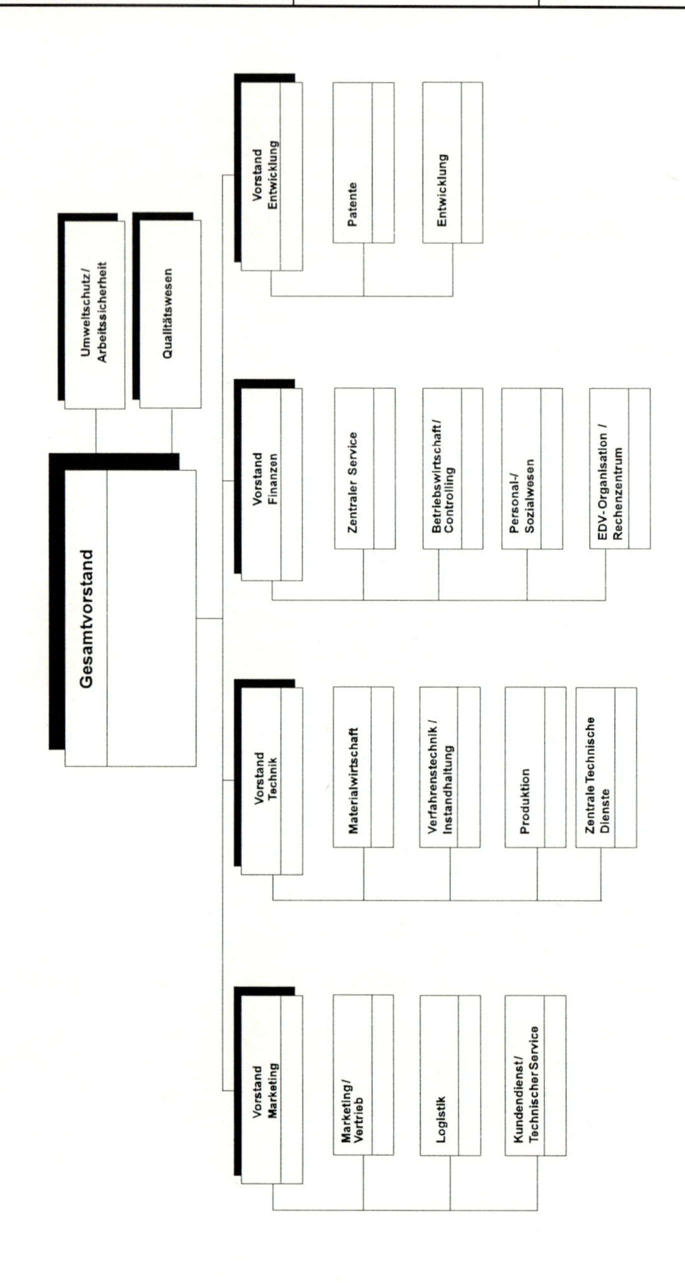

Abbildung 37: Organigramm des Unternehmens

3. Umweltpolitik unseres Unternehmens

Geschäftsleitung

Verantwortung für den Umweltschutz beginnt bei der Unternehmensleitung. Sie legt die Umweltpolitik fest und unterstützt zur Erreichung einer kontinuierlichen Verbesserung des Umweltschutzes aktiv deren Einhaltung. Ein Mitglied der Geschäftsführung vertritt das Unternehmen in diesem Bereich.

Grundsätze

Einer der Grundsätze zur Führung unseres Unternehmens im Sinne einer nachhaltigen Entwicklung ist die Gleichwertigkeit des Umweltschutzes mit anderen Unternehmenszielen. Umweltbezogene Aspekte sind daher in die Entscheidungs- und Handlungsstruktur unseres gesamten Managementsystems integriert.

Mitarbeiter

Umweltschutz ist eine wesentliche Führungsaufgabe. Die Vorgesetzten nehmen eine entscheidende Vorbildfunktion und Linienverantwortung wahr. Umweltschutz verlangt von allen Mitarbeitern ein verantwortungsbewußtes Handeln.

Schulung

Bei unseren Schulungsmaßnahmen ist "Umweltschutz" ein fester Bestandteil. Wir informieren die Mitarbeiter über Umweltmaßnahmen unseres Unternehmens und motivieren sie im Rahmen ihrer Tätigkeiten zu Eigenverantwortung und umweltbewußtem Verhalten an ihrem Arbeitsplatz.

Fortschritte

Im Rahmen unseres Umweltmanagementsystems werden regelmäßig und möglichst in quantifizierter Form die Fortschritte im betrieblichen Umweltschutz bewertet. Die Auswirkungen unserer Tätigkeiten auf die lokale Umgebung werden ebenfalls beurteilt und überwacht.

Umweltprogramm

In regelmäßigen Abständen legen wir unsere Umweltziele und unser Umweltprogramm fest. Um den Erfolg unseres betrieblichen Umweltschutzes zu sichern, führen wir regelmäßig Umweltaudits durch. Wir kontrollieren so die Wirksamkeit unserer Umweltpolitik und unserer Umweltschutzmaßnahmen und stellen die Erfüllung aller rechtlichen Anforderungen sicher.

Abweichungen

Für die Fälle, in denen festgestellt wird, daß Umweltpolitik oder Umweltziele nicht eingehalten werden, legen wir entsprechende Verfahren und Maßnahmen fest und halten diese auf dem neuesten Stand.

Produktion

Durch die Berücksichtigung von Umweltschutzaspekten in Entwicklungsprozessen verbessern wir ständig die Umweltverträglichkeit unserer Herstellungsverfahren und Produkte. Der gesamte Produktlebenszyklus wird auf Schwachstellen überprüft. In unseren Abläufen, Tätigkeiten und Verfahren werden rechtzeitig Vorsorgemaßnahmen ergriffen.

Notfälle

Für umweltkritische Tätigkeiten und Verfahren arbeiten wir mit den Behörden und den betreffenden Institutionen Notfallpläne aus. Es werden notwendige organisatorische und technische Maßnahmen ergriffen, um unfallbedingte Freisetzungen von Stoffen oder Energie zu verhindern.

Technologien

Bei der Planung und Einführung neuer Verfahren orientieren wir uns am jeweils neuesten, fortgeschrittenen Stand der Technik. Über entsprechende Maßnahmen und Projekte werden kontinuierliche Verbesserungen des betrieblichen Umweltschutzes erzielt.

Umweltauswirkungen

Durch entsprechende technische und organisatorische Maßnahmen tragen wir zur Schonung der Ressourcen bei und reduzieren wir das Aufkommen an Abfall und Reststoffen, umweltbelastenden Emissionen und Abwässern auf ein Minimum. Die Auswirkungen der laufenden Tätigkeiten werden regelmäßig überwacht.

Lieferanten

Wir beziehen unsere Lieferanten und Dienstleister in unsere Bestrebungen für einen verbesserten Umweltschutz ein. Es werden Vorkehrungen getroffen, daß die auf dem Betriebsgelände arbeitenden Vertragspartner die gleichen Umweltvorgaben wie unser Unternehmen einhalten.

Kunden

Unsere Kunden erhalten Informationen über die Umweltaspekte unserer Produkte in Zusammenhang mit Handhabung, Verwendung, Recycling, Entsorgung und Endlagerung. Wir beliefern sie mit dem logistisch umweltfreundlichsten Verkehrsmittel.

Öffentlichkeit

Wir arbeiten mit Behörden, anderen Firmen und der Öffentlichkeit in Fragen des Umweltschutzes vertrauensvoll und offen zusammen. Alle Informationen, die zum Verständnis der Umweltauswirkungen unseres Unternehmens notwendig sind, stehen zur Verfügung. Mit einem Umweltbericht informieren wir regelmäßig über unsere Umweltschutzaktivitäten.

4. Umweltmanagement

Umweltmanagementsystem

Betrieblicher Umweltschutz ist ein integraler Bestandteil der Unternehmenspolitik und der Unternehmensziele.

Das Umweltmanagementsystem ist in das allgemeine Managementsystem des gesamten Unternehmens integriert. Es dient dazu, die Umweltpolitik des Unternehmens festzulegen und Organisationsstrukturen zur Umsetzung der Umweltpolitik einzurichten. Es orientiert sich inhaltlich an der EG-Verordnung Nr. 1836/93 vom 29. Juni 1993 über die "freiwillige Beteiligung gewerblicher Unternehmen an einem Gemeinschaftssystem für das Umweltmanagement und die Umweltbetriebsprüfung". Die internationalen Normen ISO 14001 "Umweltmanagementsysteme - Spezifikation mit Anleitung zur Anwendung", ISO 14010 "Leitfäden für Umweltaudits - Allgemeine Grundsätze", ISO14011 "Leitfäden für Umweltaudits - Audits von Umweltmanagementsystemen", ISO 14012 "Leitfäden für Umweltaudits - Qualifikationskriterien für Umweltauditoren" zum Umweltmanagement und Umweltaudit werden ebenfalls berücksichtigt.

Der Aufbau des Umweltmanagementsystems gliedert sich in verschiedene Ebenen mit entsprechend unterschiedlichen Funktionen. Im folgenden werden die einzelnen Ebenen bzw. Elemente des Umweltmanagementsystems (UMS) beschrieben und deren Funktion erläutert. Ebenso werden die Wechselwirkungen dieser einzelnen Elemente mit dem gesamten System erklärt.

Vorstand

Der Vorstand ergreift alle nötigen Maßnahmen um sicherzustellen, daß die Umweltpolitik und die Umweltziele des Unternehmens auf allen Ebenen verstanden und umgesetzt werden. Ein gut strukturiertes Umweltmanagementsystem ist ein wertvolles Führungsmittel, um den Umweltschutz in bezug auf Risiko-, Kosten- und Nutzenbetrachtungen für alle Bereiche und Abteilungen zu optimieren. Regelmäßig wird die Entwicklung im Umweltschutz bei Lieferanten und Kunden bewertet.

Verantwortung

Das Umweltmanagementsystem legt die Verantwortung und die Zusammenarbeit bezüglich Umweltschutz im Unternehmen fest. Es erstreckt sich auf alle organisatorischen und technischen Maßnahmen im Unternehmen. Um die Entstehung von Umweltproblemen zu vermeiden, legt das UM-System besonderen Nachdruck auf vorbeugende Maßnahmen. Dies ist nur möglich, wenn die Mitarbeiter regelmäßig über erzielte Fortschritte informiert und in laufende Umweltaufgaben einbezogen werden. Der Motivation und dem Wissensstand der Mitarbeiter wird.ein hoher Stellenwert eingeräumt. Nur eine hohe Eigeninitiative gewährleistet die Erfüllung unserer betrieblichen Umweltpolitik und führt zu einer laufenden Verbesserung der betrieblichen Umweltsituation.

Systemelemente

Das Umweltmanagementsystem unseres Unternehmens besteht aus hierarchischen Elementen (Abbildung 38):

1. der Umweltpolitik
2. dem Umweltmanagementhandbuch - (UMH)
3. den Umweltverfahrensanweisungen - (UVA)
4. den Umweltarbeitsanweisungen - (UAA)
5. den Mitarbeitern

und den zyklischen Systemelementen:

1. dem Umweltprüfung / -audit
2. dem Umweltprogramm
3. der Umwelterklärung
4. der Umweltbegutachtung

Umweltpolitik

Der Vorstand legt die Umweltpolitik und die strategischen Umweltziele fest. Sie werden in regelmäßigen Zeitabständen entsprechend den wirtschaftlichen und gesellschaftlichen Entwicklungen überprüft und gegebenenfalls angepaßt. Im Rahmen der Investitionsplanung sind Maßnahmen und Projekte zur Realisierung des festgelegten Umweltprogrammes zu berücksichtigen.

Umweltmanagement-handbuch (UMH)

Das Umweltmanagementhandbuch ist das wichtigste Bezugsdokument. Es stellt ein Rahmenkonzept dar und beschreibt die Umsetzung der Umweltpolitik unseres Unternehmens auf allen Ebenen. Für die jeweiligen Unternehmensbereiche sind die grundlegenden Zielsetzungen, die Verantwortungen und die Realisierungsmöglichkeiten festgelegt. Alle Mitarbeiter des Unternehmens sind im Rahmen ihrer Zuständigkeiten zur Umsetzung der entsprechenden Umweltvorgaben des Vorstandes verpflichtet.

Umweltverfahrens-anweisungen (UVA)

Die Umweltverfahrensanweisungen beinhalten die Ausführungsrichtlinien und die spezifischen Zielsetzungen. Sie bestimmen die umweltrelevanten Bestandteile des entsprechenden Prozesses bzw. Ablaufes, der umweltrelevanten Verfahren und der zugehörigen Tätigkeiten. Zur besseren Akzeptanz müssen alle Verfahrensanweisungen einfach, eindeutig und verständlich formuliert sein. Sie geben die anzuwendenden Methoden, die zu erfüllenden Kriterien und die zu erhebenden Daten an. Alle Verfahrensanweisungen sind im Inhaltsverzeichnis des Umweltmanagementhandbuches aufgeführt. Die Umweltverfahrensanweisungen werden vom zuständigen Bereich / Abteilung erstellt und regelmäßig überprüft.

Umweltarbeits-anweisungen (UAA)

Der ausführende Umweltschutz ist in konkreten Handlungsweisen für die Mitarbeiter in Form von Umweltarbeitsanweisungen niedergelegt. Sie beschreiben genau die Bedienung der Anlagen, die notwendige Einhaltung gesetzlich vorgeschriebener Grenzwerte und Korrekturmaßnahmen im Falle von Abweichungen. Die Umweltarbeitsanweisungen werden von der für die Anlage zuständigen Abteilung erstellt. Sie dienen gleichzeitig als Schulungsunterlage für die Mitarbeiter. Bei Neueinstellungen sind sie Pflichtbestandteil bei der Einweisung am Arbeitsplatz.

Umweltaudit

Wir führen regelmäßig interne Umweltaudits durch. In einem Soll-Ist-Vergleich prüfen wir alle Bestandteile unseres Umweltmanagementsystems auf Wirksamkeit und die Erreichung unserer Umweltziele. Sie werden spätestens nach drei Jahren für die im Umweltmanagementhandbuch, den Umweltverfahrensanweisungen und den Umweltarbeitsanweisungen hinterlegten Verfahren, Prozessen, Abläufen und Tätigkeiten

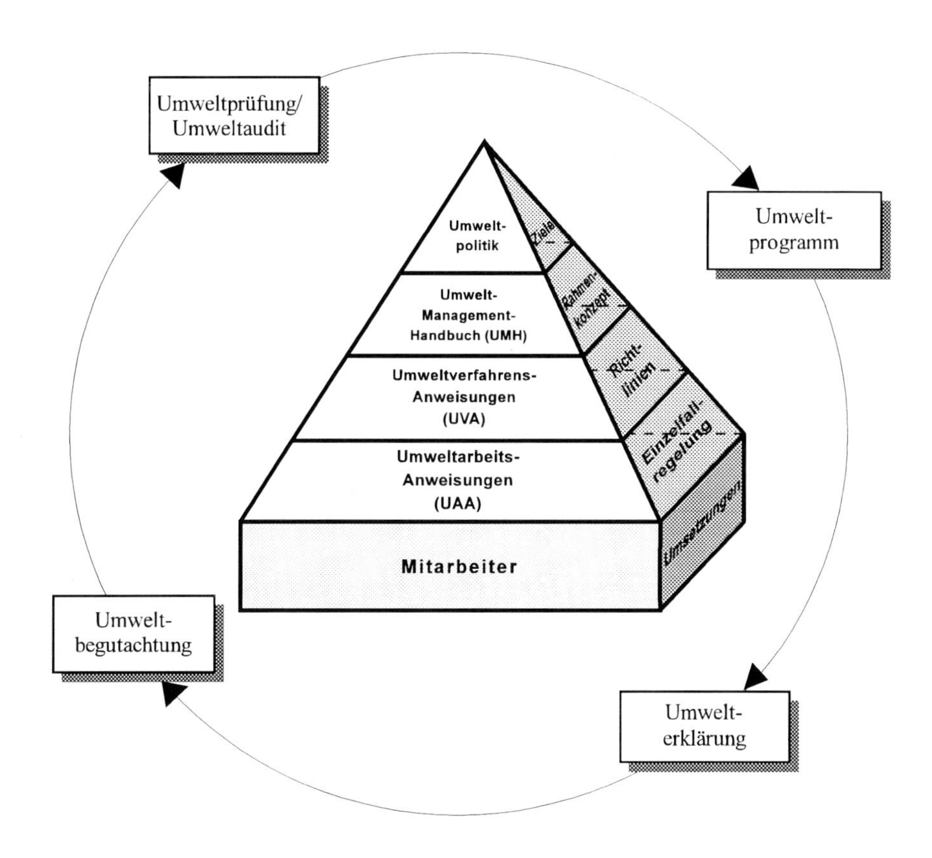

Abbildung 38: Umweltmanagementsystem

abgeschlossen. Die sich aus dem Umweltaudit ergebenden Maßnahmen sind Bestandteile unseres internen Umweltprogramms. Die Maßnahmen werden von den verantwortlichen Personen nach ihrer Realisierung einer Erfolgskontrolle unterzogen.

Umweltprogramm

Die aus der strategischen Zielsetzung der Umweltpolitik und den grundlegenden bzw. spezifischen Zielsetzungen des jeweiligen Unternehmens- und Umweltbereiches resultierenden Maßnahmen sind im Umweltprogramm niedergelegt. Es enthält die notwendigen Mittel zur Erreichung der Ziele und die Festlegung der Verantwortung. Das Umweltprogramm wird als eigenständiger Bestandteil beschrieben. Auch hier werden die jeweiligen Maßnahmen nach ihrer Realisierung einer Erfolgskontrolle unterzogen.

Umwelterklärung

Mit der Umwelterklärung geben wir eine Zusammenfassung über die Umweltsituation unseres Unternehmens. Sie wird jährlich erstellt und ist allen Interessenten zugänglich. Neben der Umweltpolitik und dem Umweltmanagementsystem unseres Unternehmens enthält sie eine Beschreibung der umweltrelevanten Verfahren. Wo immer möglich, werden Zahlenangaben erhoben und mit entsprechenden Kosten dargestellt. Sie sind die Grundlagen für die Wirtschaftlichkeitsbetrachtung entsprechender Verbesserungsmaßnahmen.

Umweltbegutachtung

Im Rahmen der Beteiligung unseres Unternehmens an der EG-Verordnung unterziehen wir uns einer regelmäßigen Prüfung durch einen zugelassenen, unabhängigen Umweltgutachter. Wir legen Wert auf die kritische und unabhängige Überprüfung, um so eine objektive Darstellung unserer Umweltleistungen zu gewährleisten.

Kontinuierliche Verbesserung

Für die Beschreibung und Fortentwicklung der einzelnen Elemente des Umweltmanagementsystems im Umweltmanagementhandbuch ist der Vorstand "Forschung und Entwicklung" als Managementvertreter zuständig. Mit den betroffenen Bereichen ist eine Abstimmung erforderlich und durch den Vorstand Forschung & Entwicklung erfolgt die Freigabe geänderter Bestandteile. Die Betreuung des Umweltmanagementhandbuches geschieht durch den Umweltschutzbeauftragten.

Für die Reduzierung der Umweltauswirkungen ziehen wir primär die absoluten Umweltbelastungen als Grundlage heran. Spezifische Umweltbelastungen dienen sekundär als Meßlatte für Prozeß- und Verfahrensvergleiche. So gewährleisten wir auf verschiedenen Wegen eine kontinuierliche Verbesserung unseres betrieblichen Umweltschutzes.

Umweltverfahrensanweisungen

Abbildung 39 zeigt die Zusammenhänge zwischen dem Umweltmanagementhandbuch und den Umweltverfahrensanweisungen. Der Umweltschutzbeauftragte (UVA 2.1), das Verzeichnis der Umweltvorschriften (UVA 3.1) und das Instrument des Umweltaudits (UVA 16.1) dienen zur Unterstützung der Funktionsfähigkeit des Umweltmanagementsystems. Sie sind grundsätzlich in jedem Unternehmen vorhanden.

Umweltbereiche

Die Umweltverfahrensanweisungen für die Umweltauswirkungen

UVA	7.1	"Gefahrstoffe"
UVA	8.2	"Lärm"
UVA	8.3	"Energie"
UVA	9.1	"Abwasser"
UVA	9.2	"Abfälle"
UVA	9.3	"Abluft"
UVA	9.4	"Boden / Altlasten"

enthalten Rahmenvorgaben, die im Rahmen eines Umweltinformationssystems SOLL-IST-Vergleiche ermöglichen. Damit sind Schwachstellenanalysen und einzuleitende Maßnahmen zur Verbesserung der betrieblichen Umweltsituation möglich. Die gesammelten Aussagen fließen letztlich in aussagefähige Emissions-, Abwasser- und Abfallkataster, in das Gefahrstoffkataster und die jährliche Umwelterklärung ein.

Organisation

Die organisationsbezogenen Umweltverfahrensanweisungen

UVA 4.1	"Marketing & Vertrieb"
UVA 5.1	"Entwicklung"
UVA 6.1	"Technologien"
UVA 7.2	"Lieferanten"
UVA 7.3	"Materialwirtschaft"
UVA 8.1	"Produktion"
UVA 10.1	"Logistik"
UVA 11.1	"Personal / Schulung"

geben generelle umweltrelevante Rahmenanforderungen für die entsprechenden Tätigkeiten vor. Weitere detaillierte Einzelfallregelungen finden sich in den zugehörigen Umweltarbeitsanweisungen.

Wie in unserem Unternehmen lassen sich analog bei unseren Lieferanten und bei unseren Kunden ähnliche Zusammenhänge eines Umweltmanagementsystems darstellen. Von unseren Lieferanten verlangen wir zukünftig ebenfalls den Nachweis über ein funktionsfähiges Umweltmanagementsystem. Unseren Kunden stellen wir zusätzliche Informationen über die Umweltrelevanz unserer Produkte in Herstellung und Handhabung zur Verfügung. Nach Ablauf der Nutzungsdauer zeigen wir ihnen Wege und Möglichkeiten zum umweltverträglichen Recycling auf.

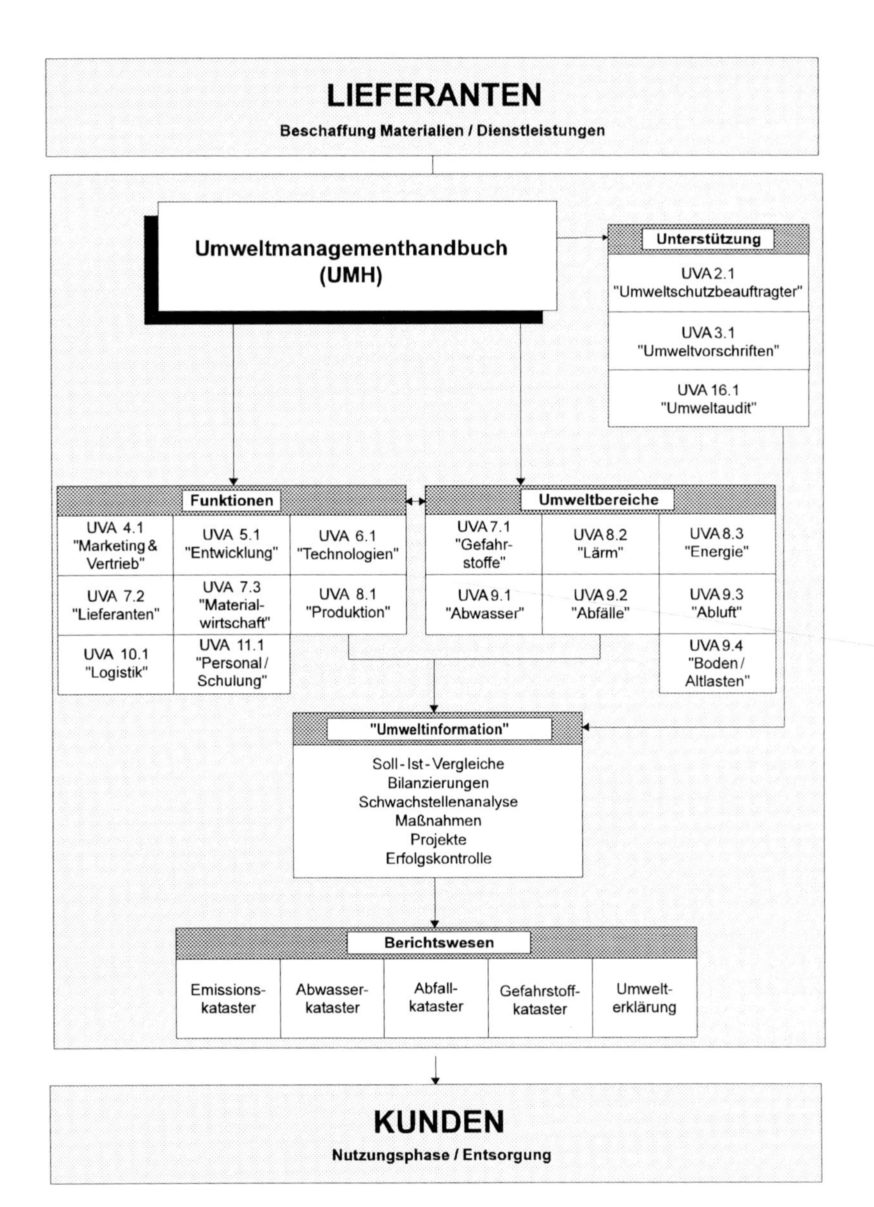

Abbildung 39: Bestandteile des Umweltmanagementsystems

5. Umweltaspekte des Unternehmens

Ökologische Bewertung

Mit dieser Umwelterklärung führen wir die interne Analyse der ökologischen Situation unseres Unternehmens weiter.

Das Konzept der Umwelterklärung besteht darin, Schwachstellen zu analysieren und daraus Handlungspotentiale und Ziele festzulegen. Diese dienen der weiteren kontinuierlichen Verbesserung im Umweltschutz.

Dadurch ist es unserem Unternehmen möglich, nicht nur zu reagieren sondern zu agieren, und in Abstimmung mit den Behörden die richtigen Maßnahmen zum Schutze unserer Umwelt zu treffen.

Der vorsorgende Umweltschutz findet bei allen Beteiligten die notwendige Akzeptanz und dient somit der langfristigen Existenzsicherung des Unternehmens.

Die Betrachtung der wichtigen Umweltfragen ermöglicht den Vergleich mit den vorangegangenen Geschäftsjahren. Durch die Fortschreibung über mehrere Jahre wird die zeitliche Entwicklung sichtbar und führt zur Erarbeitung von bindenden Richtlinien im Einkauf und den einzelnen Betriebsabteilungen.

Für die ökologische Bewertung unserer Produkte und Fertigungstechnologien sind aufgrund fehlender einheitlicher Bewertungskriterien noch keine objektiven Aussagen möglich. Da objektive Wirkungsbilanzen auf absehbare Zeit nicht vorliegen werden, sind wir nur in der Lage, anhand der vorhandenen Informationen eine subjektive Bewertung nach bestem Wissen und Gewissen vorzunehmen.

Übersicht „Umweltaspekte des Unternehmens"

Umweltfaktoren	umweltrelevante Verfahren	Umweltauswirkungen
Einsatzstoffe	**Metall- und Werkstückreinigung**	**Produkte**
Rohstoffe	**Teilefertigung**	**Abfälle**
Halbfertigwaren	**Galvanik**	**Abwasser**
Hilfsstoffe	**Beizerei**	**Abluft**
Betriebsstoffe	**Abwasserbehandlung**	**Altlasten**
Verpackungen	**Gleitschleiferei**	**Lärm**
Wasser	**Schmiede**	
Energie	**Stanzerei**	
Boden	**Lagerung von Gefahrstoffen**	
	Heizung	
	Logistik	

Umweltrelevante Verfahren

Die in der Übersicht aufgeführten Umweltfaktoren, umweltrelevante Verfahren und Umweltauswirkungen stellen die für unser Unternehmen umweltrelevanten Bereiche dar.

Bei den Verfahren stehen in unserem Unternehmen metallver- und -bearbeitende Prozesse im Vordergrund.

Die in der Übersicht genannten Verfahren sind bis auf die Gleitschleiferei mit dem Einsatz entsprechender Chemikalien verbunden. Um hier die Umweltverträglichkeit zu erhöhen, sind wir ständig bemüht, den Verbrauch dieser Chemikalien zu minimieren, diese Stoffe durch umweltverträglichere zu substituieren und die Verfahren im Rahmen unseres Investitionszyklus auf modernere Technologien umzustellen. Dadurch können die entstehenden Sonderabfälle insbesondere aus der Abwasserbehandlung sowie die entstehenden Emissionen stark reduziert werden. Bei der Gefahrstofflagerung und dem -einsatz kommt es vor allem auf die Einhaltung der gesetzlich vorgeschriebenen Lagerbedingungen und auf die Einhaltung der MAK-Werte an, um neben dem Umweltschutz auch die Gesundheit unserer Mitarbeiter zu schonen. Die Beobachtung, Dokumentation und Bewertung unserer umweltrelevanten Verfahren dient uns zur Überprüfung der zeitlichen Entwicklung der Umweltfaktoren sowie der Umweltauswirkungen.

Je nachdem, für welchen umweltrelevanten Bereich die Betrachtungen durchgeführt wurden, konnte auf Mengenangaben und/oder Kosten zurückgegriffen werden. Eine durchgängige Mengenbilanzierung ist nicht möglich, da in manchen Bereichen die mengenmäßige Erfassung (z.B. Halbfertigwaren) nichts über die Zusammensetzung und deren Umweltrelevanz aussagt.

Eine entsprechende Kostenbilanzierung gibt detaillierte Auskunft über finanzielle Einsparungen und ermöglicht uns eine betriebswirtschaftliche Einschätzung unserer Umweltschutzmaßnahmen.

5.1 Umweltrelevante Verfahren

Metall- und Werkstückreinigung

Die eingesetzten Rohstoffe müssen vor ihrer Bearbeitung bzw. nach Teilfertigungsschritten entfettet und gereinigt werden. Hierfür kommen CKW-haltige Reiniger zum Einsatz. Um einer Belastung der Luft vorzubeugen, handelt es sich um geschlossene Anlagen, deren Abluft über Aktivkohleadsorber gereinigt wird. Die abgetrennten CKW-haltigen Reiniger werden dem Prozeß wieder zugeführt. Verbrauchte Reinigungsmittel werden von Fachfirmen wieder aufgearbeitet. Generell wird der Ersatz der CKW-haltigen Reiniger durch wässrige Reinigungssysteme angestrebt.

Teilefertigung

Bei der Teilefertigung kommen Kühlschmierstoffe zum Einsatz. Bei diesen Einsatzstoffen handelt es sich um ölhaltige Emulsionen, die ein entsprechendes Wassergefährdungspotential besitzen. Zur Zeit gibt es in unserem Unternehmen Überlegungen, Kühlschmierstoffe mit einem hohen Wassergefährdungspotential durch andere mit niedrigerem Wassergefährdungspotential zu substituieren. Durch die entsprechende Pflege der Kühlschmierstoffe können die Standzeiten verlängert und somit die eingesetzten Mengen reduziert werden. Nach Ablauf der maximalen Standzeit werden diese Kühlschmierstoffe der Wiederaufarbeitung zugeführt.

Galvanik, Beizerei und Abwasserbehandlung

In unserer Galvanik werden die gefertigten Instrumente mit verschiedenen Edelmetallen beschichtet. Diese Beschichtung ist für die Qualitätsverbesserung der Instrumente notwendig. Die Standzeiten der Galvanikbäder ist begrenzt, so daß die metallhaltigen Prozeßabwässer durch die entsprechenden verfahrenstechnischen Schritte wie Entgiftung, Metallfällung, Filtration und anschließender Neutralisation in unserer Abwasserbehandlungsanlage gereinigt werden, um zu einleitfähigen Abwässern zu gelangen.

Bei den Prozeßbädern der Beizerei findet ebenfalls eine Aufarbeitung des Prozeßabwassers in der Abwasserbehandlungsanlage statt. Zusätzlich treten beim Beizen Emissionen in Form von Stickstoffdioxid NO_2 und Fluorwasserstoff HF auf. Aus diesem Grund wird die Luft über den Bädern abgesaugt und über Auswaschtürme abgereinigt. Das hier anfallende Waschwasser wird ebenfalls der Abwasserreinigung zugeführt.

Gleitschleiferei

In der Gleitschleiferei werden metallische Werkstücke einer Oberflächenbehandlung mittels Schleif- und Polierkörpern unterzogen, um eine entsprechend glatte Oberfläche zu erzielen. Bei diesem Prozeß wird Wasser als Kühlmedium eingesetzt. Dieses Abwasser enthält kleinste Metallpartikel und Abriebmaterial von den Schleif- und Polierkörpern (z.B. Korund oder Bimsmehl), die mittels Zentrifugation bzw. Filtration aus dem Abwasser entfernt werden. Um die Abwassermenge aus diesen Prozessen zu reduzieren, wurde 1994 eine Pilotanlage zum abwasserfreien Gleitschleifen installiert. Weitere Gleitschleifanlagen sollen nach der Testphase durch abwasserfreie Anlagen ersetzt werden.

Schmiede und Stanzerei

In diesem Produktionsbereich erfolgt die Formgebung unserer Werkstücke. Hier kommt es zu Lärmemissionen. Um diese zu minimieren, wurde in den letzten Jahren auf neue Maschinen umgestellt und eine Raumdämmung in den Werkshallen eingebaut. Jedoch sind die Mitarbeiter in diesen Bereichen immer noch Lärmbelästigungen ausgesetzt. Zur Gesundheitsvorsorge müssen die Mitarbeiter den entsprechenden Gehörschutz tragen.

Lagerung von Gefahrstoffen

Durch den Chemikalieneinsatz bei der Metall- und Werkstückreinigung, der Galvanik, der Beizerei und der Abwasserbehandlungsanlage gehen wir in unserem Unternehmen mit Gefahrstoffen um. Um sowohl die Gefährdung der Umwelt - Wasser, Luft, Boden - als auch der Gesundheit unserer Mitarbeiter so minimal wie möglich zu halten, werden diese Gefahrstoffe in den für sie vorgeschriebenen Behältern und in speziellen Räumen, die nach dem Stand der Technik mit den entsprechenden Sicherheitseinrichtungen ausgerüstet sind, gelagert. Durch die gezielte Erfassung und Bewertung der Gefahrstoffe sind wir in der Lage, sowohl die Anzahl an verschiedenen Gefahrstoffen als auch die Lagermengen zu reduzieren.

Heizung

Um die Emissionen aus unserer Heizungsanlage zu senken, haben wir in den vergangenen Jahren konsequent von Erdöl auf Erdgas umgestellt. Durch die Nutzung von Abwärme streben wir eine generelle Senkung des Verbrauchs an Primärenergieträgern an, um auch die Emissionsrate von Stickoxiden NO_x und Kohlendioxid CO_2 zu reduzieren.

Logistik

Zur Zeit werden unsere Produkte mittels LKW versandt. Dies liegt zum einen darin begründet, daß die Auslieferungszeiten mit LKWs kürzer sind als mit öffentlichen Verkehrsmitteln. Andererseits stellen wir sehr empfindliche Geräte her, was bei der Auswahl des Transportmittels zu berücksichtigen ist. Jedoch finden auch hier Überlegungen statt, inwieweit dieser Transport auf die Schiene verlagert werden kann, um die allgemeinen Luftbelastungen zu verringern.

5.2 Einsatzstoffe

Rohstoffe

Als Rohstoffe kommen zu rund 95 % Metalle zum Einsatz. Durch die Art unserer Produkte ist der hohe Anteil an Stahl bedingt.

Durch die kontinuierliche Weiterentwicklung der Produktpalette konnte insbesondere der Kupferanteil bei den Buntmetallen reduziert werden. Messing spielt hier mit einem Anteil von rund 88 % bei den Buntmetallen jedoch weiterhin eine wichtige Rolle.

Der Anstieg bei den Leichtmetallen ist auf die Umstellung auf neue Leichtmetallsysteme bei intern und extern eingesetzten Transportbehältern zurückzuführen. Hier kommen bevorzugt Mehrweg-Aluminiumbehältnisse zum Einsatz, die in allen Bereichen unseres Unternehmens Anwendung finden.

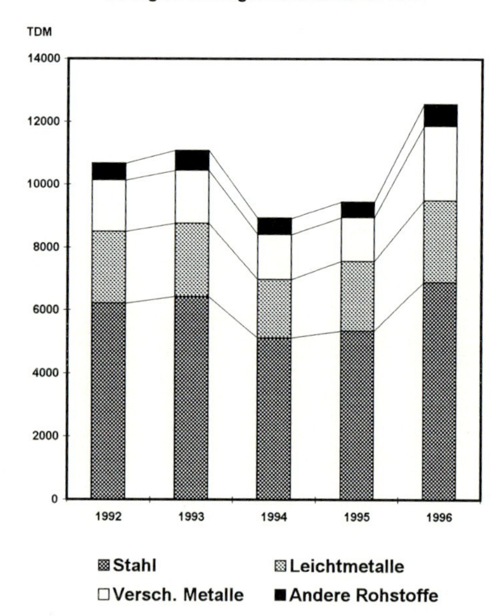

Einen hohen Anteil bei den „anderen Rohstoffen" machen Kunststoffe in Form von Halbzeug und Granulat aus. Hier werden bevorzugt recyclinggeeignete Thermoplaste eingesetzt, so daß auch Granulatabfälle firmenintern im Kreislauf geführt werden können. Unter „andere Rohstoffe" fallen auch Keramiken.

Der hohe Metallanteil beim Rohstoffeinsatz ermöglicht die Verwirklichung von Recyclingmaßnahmen bei Produktionsabfällen und Produkten.

So werden die metallischen Reststoffe zur weiteren Verwertung von zertifizierten Verwertern in den externen Stoffkreislauf zurückgeführt. Die produzierten Instrumente können über die Schrott-Schiene recycelt werden.

Basis für die Erfassung des Rohstoffverbrauchs sind die DM-Werte. Die Einstandspreise sind unverändert, so daß die DM-Werte mengenrelevant zu betrachten sind.

Die Reduzierung des Rohstoffeinsatzes im Jahre 1994 ist auf Optimierungs- und Einsparungsmaßnahmen zurückzuführen. Durch eine Produktionssteigerung kam es 1995 zu einem geringfügigen Anstieg beim Rohstoffeinsatz. Der sehr große Anstieg bei den Rohstoffen im Jahr 1996 ist sowohl auf eine verstärkte Produktionssteigerung als auch auf eine firmeninterne Umstrukturierung und die Aufnahme von rohstoffintensiven Produkten in die Produktionspalette unseres Unternehmens zurückzuführen.

Halbfertigwaren

Die eingesetzten Halbfertigwaren werden als Komponenten von Fremdlieferanten bezogen. In den letzten Jahren nahm das Volumen an zugekauften Halbfertigwaren ab.

Diese Entwicklung liegt zum einen in der Umstellung auf die eigene Laserfertigung in unserem Tochterunternehmen und in der zunehmenden Eigenfertigung von mechanischen Komponenten. Hierbei handelt es sich hauptsächlich um Kleinteile wie Sauger- und Optikbauteile.

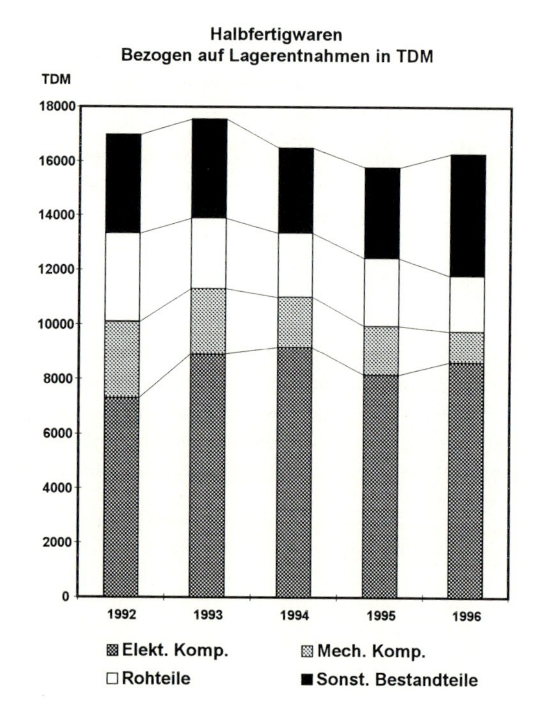

Der erhöhte Anteil der Eigenfertigung bei den mechanischen Komponenten bedeutet eine Zunahme der eigenen Fertigungsstunden und damit einen höheren Verbrauch an Roh- und Betriebsstoffen. Bei den Betriebsstoffen wird verstärkt eine Standzeitverlängerung insbesondere bei den Kühlschmiermitteln, den Reinigungsmitteln und den galvanischen Stoffen angestrebt, um die ökologische Belastung zu minimieren.

Bei den Rohteilen handelt es sich um zugekaufte Schmiedeteile.

Der Anteil der zugekauften elektrischen Komponenten bildet mit rund 50 % der Halbfertigwaren den größten Teil. Dabei hat dieser Anteil der zugekauften elektrischen Komponenten ständig zugenommen, während die Anzahl der Elektronikbauteile seit 1992 abnimmt. Hier handelt sich im wesentlichen um Motorenteile und regelungstechnische Bauteile.

Die Verwendung elektrischer Komponenten und elektronischer Bauteile in unseren Produkten macht die Organisation zur Rücknahme der Geräte nach der zu erwartenden Elektronik-Schrott-Verordnung notwendig.

Eine mengenmäßige Erfassung ist bei den Halbfertigwaren nicht möglich, da es sich hier um eine breite Palette von Einzelkomponenten handelt, deren Erfassung zu arbeitsintensiv ist und nur eine geringe Aussagekraft besitzt.

Hilfsstoffe

Bei der Mehrzahl der Hilfsstoffe handelt es sich um Schleifmittel bzw. um Polierhilfsstoffe. Sie kommen an Einzelschleifplätzen und in Gleitschleif- bzw. Polieranlagen zum Einsatz. Hier handelt es sich in der Regel um Schleifbänder bzw. keramische Schleifkörper. Diese Stoffe enthalten kein gesundheitliches und ökologisches Gefährdungspotential. 1995 kam es zu einem erhöhten Verbrauch an Schleifmitteln, der durch die vorübergehende zusätzliche Versorgung unserer Produktionstochter mit Schleifbändern verursacht wurde. Ansonsten reduzierten sich die Verbräuche an Hilfsstoffen für die Oberflächenbearbeitung durch die Umstellung auf neue Verfahrenstechniken.

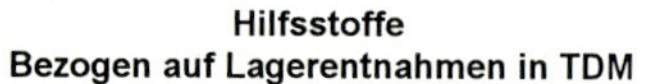

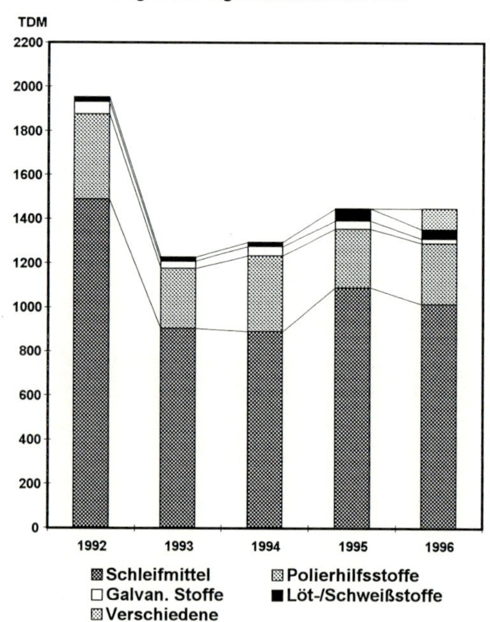

Bei den galvanischen Stoffen handelt es sich um schwermetallhaltige Prozeßlösungen bzw. um säure- oder laugenhaltige Beizbäder. Diese Stoffe sind als wassergefährdend einzustufen.

Deshalb werden die Chemikalienbehälter in entsprechenden Sicherheitswannen nach dem Stand der Technik gelagert. Der Stand der Technik wird ebenfalls beim Umfüllen und bei der Handhabung dieser Substanzen berücksichtigt.

Um das Gefährdungspotential zu minimieren, werden nicht nur die eingesetzten Mengen reduziert, sondern besonders umweltrelevante Substanzen durch umweltverträglichere substituiert.

In der Galvanik ist der sichere und verantwortungsbewußte Umgang Voraussetzung für eine unfallfreie Handhabung und für problemlose Arbeitsabläufe. Um dies zu gewährleisten, werden besonders die Mitarbeiter in diesen Produktionsbereichen umgehend geschult und über Weiterentwicklungen und Umstellungen informiert.

Die Erhöhung bei den Löt-/Schweißstoffen ist auf die steigende Eigenfertigung zurückzuführen.

Im Jahre 1996 wurde bei der Bilanzierung der Hilfsstoffe eine weitere Auftrennung vorgenommen. Dabei wurden verschiedene Hilfsstoffe, die früher den o.g. Bereichen wie Schleifmittel, Polierhilfsstoffe usw. zugeordnet wurden, getrennt unter dem Punkt „Verschiedene" herausgezogen, damit die eingesetzten Hilfsstoffe o.g. Klassen eindeutiger zugeordnet werden können. Unter den Bereich „Verschiedene" fallen insbesondere solche Hilfsstoffe, die als Zusatzstoffe in verschiedenen Fertigungsbereichen eingesetzt werden, wie z.B. Mattierstoffe.

Betriebsstoffe

Die in der Produktion eingesetzten Betriebsstoffe umfassen die breite Palette von den Werkzeugen und Maschinen bis hin zu den Reinigungs- und Kühlschmiermitteln.

Wir sind ständig bestrebt, den Verbrauch an Betriebsstoffen zu senken. Dies konzentriert sich insbesondere auf die eigengefertigten Werkzeuge.

Bei der Reduzierung der eingesetzten Kühlschmierstoffe steht die Verlängerung der Standzeiten durch bessere Kühlschmiermittelpflege und die Konzentration auf wenige Kühlschmiermittelvarianten im Vordergrund. 1995 ist beim Einsatz von Kühlschmierstoffen ein Anstieg zu verzeichnen, der auf die zunehmenden Eigenfertigung von metallischen Komponenten zurückzuführen ist. Dieser Anstieg ist jedoch im Jahre 1996 rückläufig und stellt eine weitere Verbesserung in unseren Umweltaktivitäten dar.

Bei den Reinigungsmitteln konnte der Verbrauch an CKW-haltigen Reiniger stark minimiert werden. Dabei spielte der Ersatz von CKW-Reinigungsanlagen in der Teilefertigung und der Spritzlackiererei durch Anlagen auf der Basis wäßriger Reiniger eine wichtige Rolle. Um diese Entwicklung weiterhin zu forcieren, werden neue Anlagekonzepte, insbesondere im Bereich der Teilefertigung, überprüft und sollen nach Abschluß der Prüfung im Unternehmen implementiert werden.

Bei den Betriebsstoffen ist 1996 ein Erhöhung festzustellen, die durch die Erweiterung der Produktion bedingt ist.

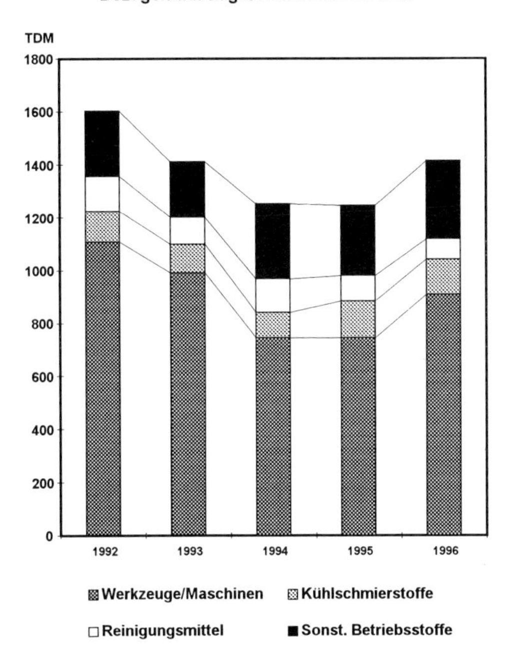

Die verschmutzten CKW-Reinigungsmittel werden extern aufbereitet und kommen zur Zweit-Anwendung wieder in den Handel. Für den Einsatz in unseren Anlagen verwenden wir aus Qualitätsgründen Neuware.

Handelt es sich bei den Hilfs- und Betriebsstoffen um Gefahrstoffe, werden diese in den einzelnen Produktionsabteilungen erfaßt. Diese Erfassung ermöglicht es uns, den Forderungen der Gefahrstoffverordnung auf Reduzierung und Substitution nachzukommen.

Verpackungen

Der nachhaltige Anstieg der Verpackungszunahme setzte sich 1995 nicht fort. 1996 ist jedoch ein weiterer Anstieg durch die Erhöhung der Produktionzahlen zu verzeichnen.

Die Ursache für die deutliche Zunahme der Verpackungsintensität im Bereich der Mischverpackungen hängt mit der Umstellung aufgrund von Kundenforderungen zusammen. Aufgrund dieser Vorschriften ist auch 1996 eine entsprechende Erhöhung an Verpackungsmaterial für bestimmte Produkte zu verzeichnen. Hier wird jedoch durch die Einschränkung der eingesetzten Kunststoffarten nach Gebrauch der Mischverpakkungen eine verbesserte Trennung der Werstoffe ermöglicht.

Erfreulich wirkt sich im Versandverpackungsbereich die Anwendung umweltverträglicher Verpackungsabmessungen aus, die es ermöglicht haben, Packhilfsstoffe (z.B. Styropor) zu reduzieren.

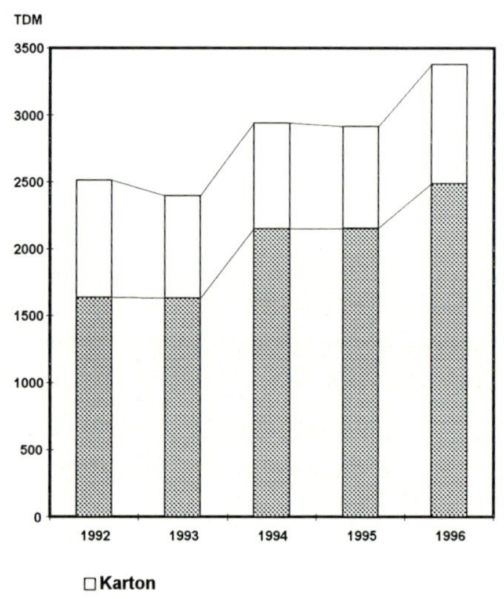

5.3 Produkte

Über den Bilanzierungszeitraum ist eine jährliche Produktionssteigerung zu erkennen. Insbesondere in der Sparte A und in der Sparte B wird 1996 eine kontinuierliche Umsatzsteigerung deutlich.

Die Produkte sind unterteilt in Produktgruppen. Sie sind so den Vertriebsbereichen zugeordnet und stellen keine ökologische Zuordnung dar. Bei den Produkten für Sparte A handelt es sich überwiegend um Werkzeuge und Apparate. Innerhalb der Sparte B werden eine große Vielzahl an unterschiedlichen Instrumenten gefertigt. In diesen beiden Produktgruppen kommt der größte Teil der metallischen Rohstoffe zum Einsatz. Diese lassen sich nach der Nutzungsphase stofflich wieder verwerten.

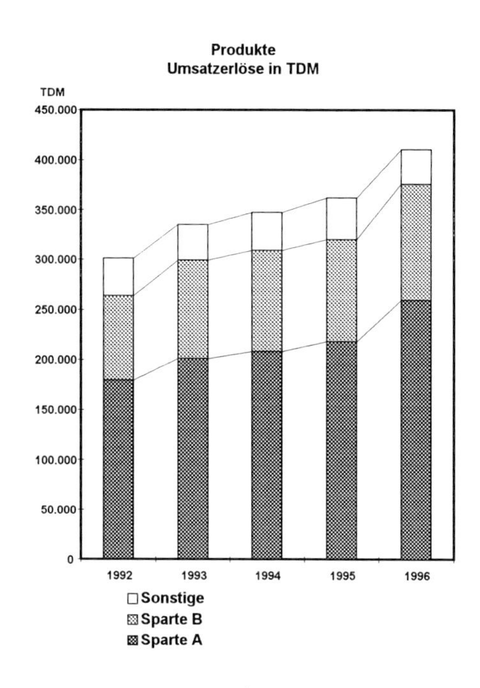

Der überwiegende Anteil der Halbfertigwaren befindet sich unter „Sonstige Produkte“ wie elektrische Motoren und Geräte wieder.

Die ökologische Beurteilung der Produkte in Form von „Produktbilanzen“ wäre wünschenswert. Auf absehbare Zeit lassen sich für uns die methodischen Mängel nicht mit vertretbarem Aufwand beheben.

Die von uns gefertigten Produkte sind weitgehend recyclinggeeignet. Instrumente lassen sich problemlos über die Schrott-Schiene verwerten.

Die Verwertung wird durch ein zertifiziertes und vom TÜV überwachtes Unternehmen durchgeführt.

Durch die Verwendung elektrischer Komponenten und elektronischer Bauteile in unseren Produkten wird nach Inkrafttreten der Elektronik-Schrott-Verordnung die Organisation eines Rücknahmesystems für diese Geräte notwendig. Hierfür muß das interne Rücknahmekonzept noch erstellt werden.

5.4 Abfälle

Die Erfassung unserer Abfälle erfolgt nach Wertstoffen, Sonderabfällen und Restmüll. Trotz großer Anstrengungen in unserem Unternehmen konnte das Gesamtabfallaufkommen nicht reduziert werden.

Gesamtabfall-aufkommen

Die meisten Sonderabfälle entstehen durch die Oberflächenbehandlung von metallischen Werkstücken. Hierbei entstehen metallhaltige Schlämme sowohl bei der mechanischen Werkstückbearbeitung wie Schleifen und Polieren als auch aus der Abwasserreinigungsanlage für die Behandlung der Abwässer aus der Galvanik und der Beizerei. Diese Sonderabfälle werden der Entsorgung zugeführt. Handelt es sich bei den Sonderabfällen um organische Substanzen wie Kühlschmierstoffe, Altöle, CKW-haltige und CKW-freie Lösungsmittel, werden diese durchweg recycelt.

Bei den Wertstoffen, die ausschließlich recycelt werden, stehen durch den hohen Rohstoffeinsatz an Metallen diese im Vordergrund.

Die biologisch abbaubaren Abfälle, insbesondere aus dem Kantinenbereich, werden verwertet. Trotzdem ist im Jahre 1995 ein drastischer Anstieg beim Restmüll zu verzeichnen, der jedoch auf die vermehrten baulichen Maßnahmen in unserem Unternehmen zurückzuführen ist. Dadurch hat sich die Menge an Bauschutt 1995 um 635 t erhöht.

Erfolge zeigen sich jedoch bei der Reduktion der Sonderabfälle. In diesem Bereich konnten vor allem die mineralölhaltigen Werkstattabfälle, insbesondere Putzwolle, durch die schrittweise Umstellung auf Tausch-Putztücher minimiert werden.

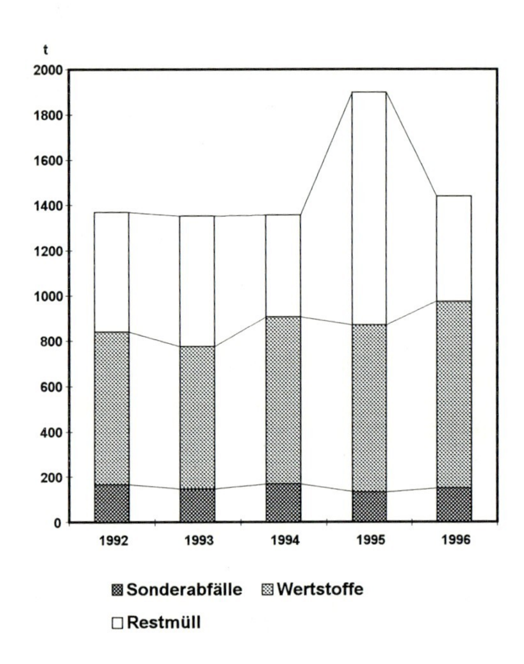

Bei den Kühlschmiermittelemulsionen ist die Zunahme geringer, als durch die Produktionssteigerung zu erwarten wäre. Zusammen mit dem Bereich Verfahrenstechnik/Instandhaltung und den Produktionsabteilungen werden weitere Möglichkeiten der Standzeitverlängerung untersucht.

Zur Zeit sind wir dabei, die restlichen CKW-haltige Lösungsmittel durch CKW-freie Lösungsmittel in Form von Kohlenwasserstoffen bzw. durch wässrige Systeme zu ersetzen.

Durch die verbesserte Trennung konnte der Anteil an Wertstoffen erhöht werden.

Kostenentwicklung

Bei der Betrachtung der Kostenentwicklung ist zu beachten, daß bestimmte Abfälle, insbesondere im Bereich der Sonderabfälle, durch unterschiedliche Produktionsschwerpunkte in den einzelnen Geschäftsjahren in unterschiedlichen Mengen auftreten. Dies wirkt sich entsprechend auch auf die Entsorgungskosten aus, so daß hier produktionsbedingte Schwankungen auftreten.

Jedoch ergab sich durch die generelle Reduktion der Sonderabfälle im Geschäftsjahr 1995 eine Kostensenkung um rund 20 %. Die Kosten für die Restmüllbeseitigung stiegen durch das zusätzliche Aufkommen an Bauschutt (1995) stark an.

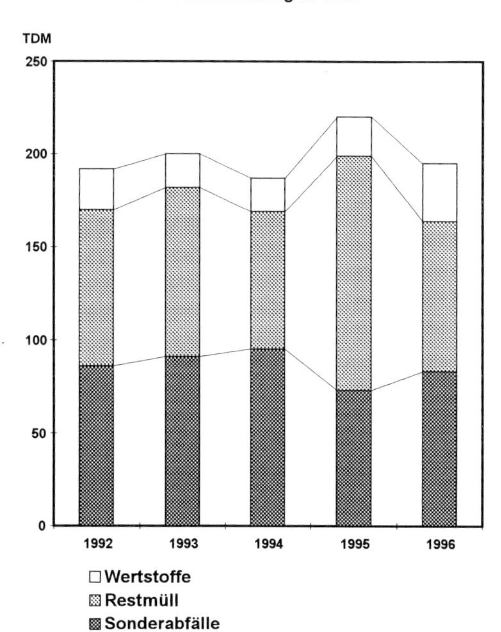

Da es sich bei unseren Wertstoffen in der Hauptsache um Stahlschrott und hochwertige Nicht-Eisen-Abfälle handelt, wurden in allen Geschäftsjahren hohe Erlöse für diese Wertstoffe erzielt. Zur Kostenerfassung bei der Wertstoffaufarbeitung wurden diese Erlöse den Einstandspreisen der Rohstoffe gegenübergestellt. Die Grafik zeigt somit die Kosten für Wertstoffe, die sich aus ihrer Wertminderung ergeben.

Deponierte Abfälle

Die deponierten Abfälle setzen sich aus den Komponenten Restmüll, Bauschutt und Sonderabfälle zusammen. Beim Restmüll handelt es sich hauptsächlich um Kehrabfälle, verschmutzte Tücher oder Papier aus den einzelnen Produktionsbereichen.

Deponierte Abfälle in Prozent vom Gesamtabfall

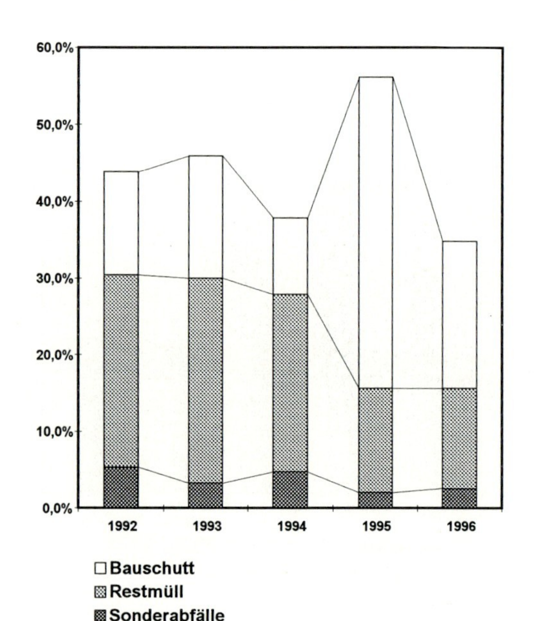

Betrachtet man die Mengen an deponierten Abfällen, so stellt man fest, daß sich im Geschäftsjahr 1994 die ersten Maßnahmen zur Reduktion der deponierten Abfälle bemerkbar machen. Der Anstieg im Jahre 1995 ist durch die oben beschriebene Erhöhung der Bauschuttmenge (635 t) bedingt.

Die mengenmäßige Entwicklung spiegelt sich in den Kosten für die deponierten Abfälle wieder. Es ist sowohl bei den Sonderabfällen als auch beim Restmüll eine Kostenreduktion zu verzeichnen.

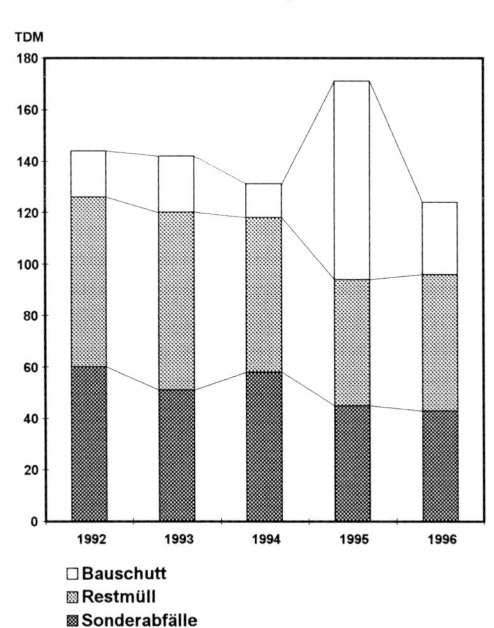

Recycelte Abfälle

Bei den recycelten Abfällen läßt sich 1994 ein Anstieg erkennen. Die Mengen haben sich 1995 auf einem ähnlichen Niveau wie 1994 eingependelt.

Bei den recycelten Sonderabfällen handelt es sich weitgehend um CKW-freie und CKW-haltige Lösungsmittel, Altöle und Kühlschmiermittelemulsionen. Die Wertstoffe bestehen in der Hauptsache aus Stahlschrott und Nicht-Eisen-Abfällen, die in Form von Spänen oder Stanzabfällen anfallen. Weiterhin werden, durch die getrennte Abfallsammlung, immer größere Mengen an Altpapier und Altglas dem Recycling zugeführt. Die prozentuale Abnahme an recycelten Abfällen im Jahr 1995 ist durch die nicht wiederzuverwertende Menge an Bauschutt bedingt.

Recycelte Abfälle in Prozent vom Gesamtabfall

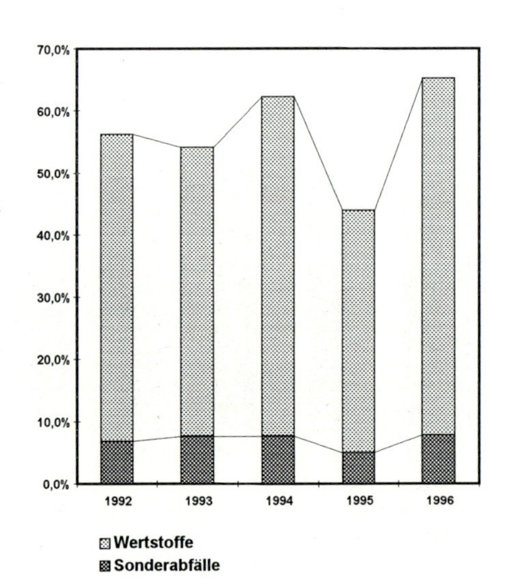

Durch die hohe Stoffqualität unserer Wertstoffe (Stahlschrott/Nicht-Eisen-Abfälle) und einem hohen Sortiergrad konnten mit den produktionsbedingt anfallenden Wertstoffresten relativ hohe Erlöse erzielt werden. Hier wurden die Kosten aus Einkaufspreis minus Erlös berechnet.

Bei den Sonderabfällen spiegelt sich bei der Kostenentwicklung die mengenmäßige Reduzierung der eingesetzten Stoffe wie CKW-haltige Lösungsmittel wieder.

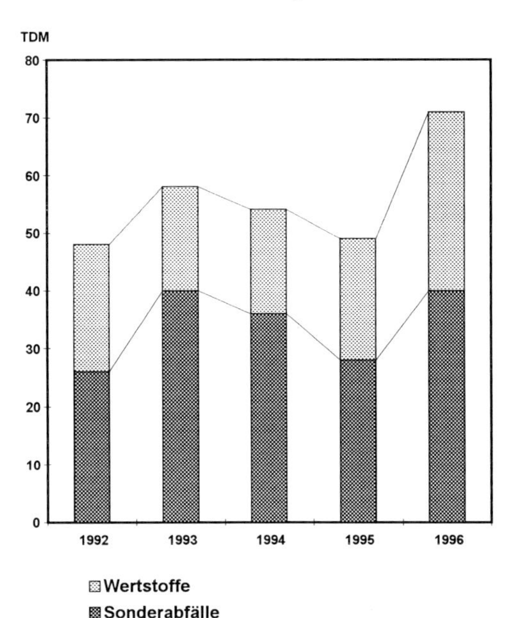

5.5 Wasser

Frischwasser

Erneut konnte der Gesamtwasserverbrauch deutlich abgesenkt werden. Dies gelang insbesondere durch die Verringerung des Kühlwasserbedarfs im Maschinenpark und bezieht sich auf die eingesetzte Menge an Flußwasser.

Zur Zeit erarbeiten wir ein neues Abwasserkonzept, das auch eine Reduzierung des Wasserverbrauchs, insbesondere im Sozialbereich, anstrebt, um auch den Trinkwasserverbrauch zu minimieren.

Weiterhin wurden systematisch durch die Erneuerung des Rohrleitungssystems Wasserleckagen behoben.

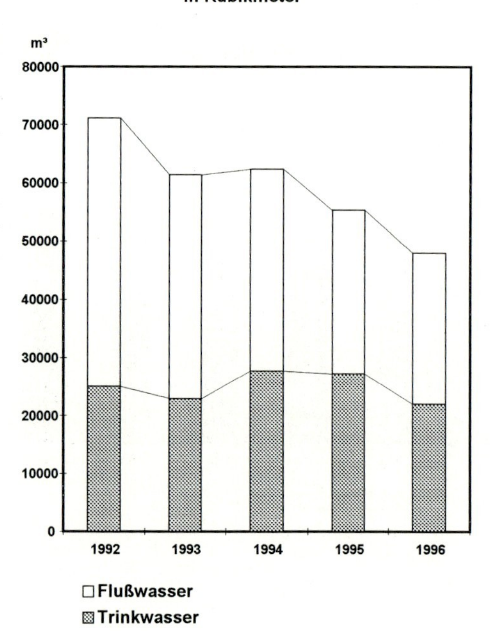

Die Abwassermenge entspricht der Summe aus bezogenem Trinkwasser und Flußwasser. Eine Meßeinrichtung für das Abwasser besteht nicht. Verdunstungsverluste sind in dieser Mengenangabe nicht berücksichtigt.

Bei der Kostenentwicklung für Wasser macht sich die Reduzierung der Kühlwassermenge nur unwesentlich bemerkbar, da die Kosten für den Bezug des Flußwassers sehr gering sind und sich in den Bilanzjahren stets unter 1 % der Gesamtwasserkosten bewegten. Die Kostensteigerung ist durch die Gebührenerhöhungen beim Bezug von Trinkwasser und durch die Abgaben für Abwasser bedingt.

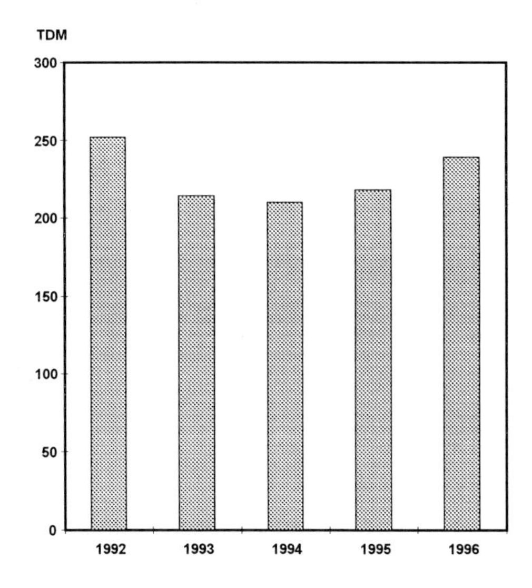

Prozeßabwassermengen

Die Prozeßabwässer stammen aus den Produktionsbereichen Galvanik, Beizerei und Gleitschleiferei. Es handelt sich hierbei um metallhaltige Abwässer, die in unserer Abwasserbehandlungsanlage zu einleitfähigem Abwasser aufgearbeitet werden. In den letzten Jahren konnte durch die Standzeitverlängerung unserer Prozeßbäder der Abwasseranfall kontinuierlich verringert werden. Der prozentuale Anteil des Prozeßabwassers bezogen auf den Gesamtwasserverbrauch hat sich in den letzten Jahren nur geringfügig minimiert, da sich gleichzeitig auch der Gesamtwasserverbrauch reduziert hat.

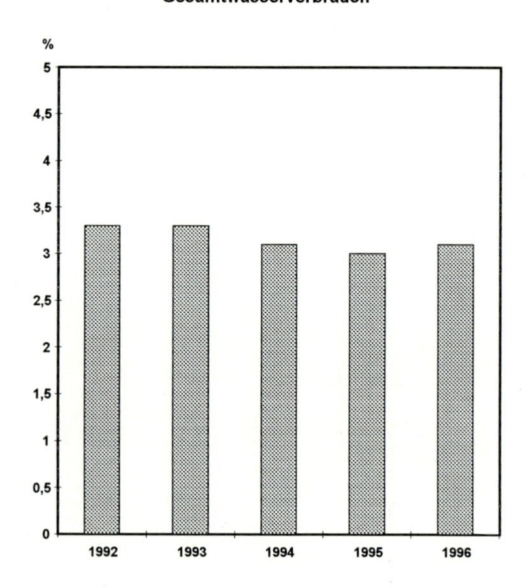

Prozeßabwasserarten

Die belasteten Abwässer aus dem Gleitschleifbereich und den Galvanikwirkbädern werden in der Abwasserbehandlungsanlage entgiftet und einer Neutralisations-Fällung mit anschließender Filtration unterzogen. Um zu einem einleitfähigen Abwasser zu gelangen, folgt dem Reinigungsprozeß eine abschließende pH-Wert-Einstellung. Für die Abwasserbehandlungsanlage besteht mit der Lieferfirma ein Wartungs- und Betreuungsvertrag. Dieses Unternehmen führt in regelmäßigen Zeitabständen die Überprüfung der Anlage auf ihre Wirksamkeit durch.

Die Aufsichtsbehörde entnimmt regelmäßig Proben, die untersucht werden. Zusätzlich werden gemäß der Eigenkontrollverordnung ständig interne Überprüfungen der Abwasserparameter durchgeführt und diese im Betriebstagebuch dokumentiert.

Die in der Rahmen-Abwasser-Verwaltungsvorschrift geforderten Grenzwerte werden eingehalten.

Je nach Prozeßbedingungen und Verfahrenszustand der Wirkbäder unterliegen die Meßwerte gewissen Schwankungen. Folgende Grafik zeigt die Werte unseres Unternehmens im Vergleich zu den gesetzlichen Grenzwerten.

Parameter	Werte der Modellfirma in mg/l	Gesetzliche Grenzwerte in mg/l
Fluorid	2,8	50
Cyanid (leicht freisetzbar)	<0,0025	0,2
Aluminium (Al)	0,57	3,0
Chrom (Cr) **gesamt**	<0,05	0,5
Chrom (Cr VI)	<0,005	0,1
Eisen (Fe)	0,1	3,0
Kupfer (Cu)	0,029	0,5
Nickel (Ni)	0,012	0,5
Zink (Zn)	0,07	2,0

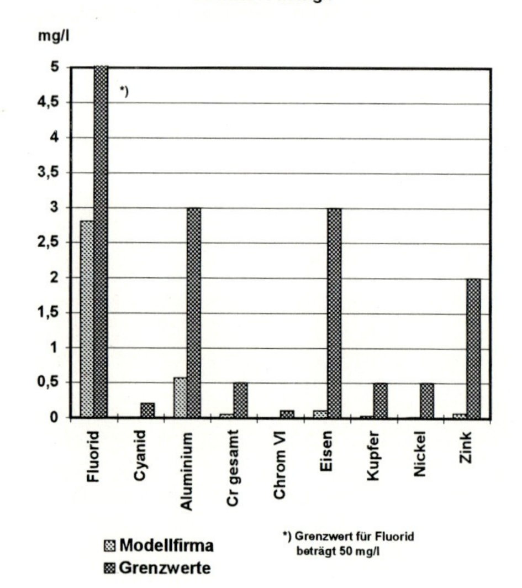

5.6 Luft

Abluft aus Heizungsanlagen

Die Emissionswerte der Heizungsanlage wurden in unserem Unternehmen nicht gemessen. Sie wurden für die Parameter Kohlendioxid, Stickstoffdioxid, Schwefeldioxid und staubförmige Stoffe über Energiekennzahlen berechnet (Quelle: RAVEL 1993, Umrechnungsfaktoren für Energieträger; Quelle: BUWAL 1992, Emissionswerte).

Schadstoffausstoß/ MWh	CO_2 [kg]	Staub [g]	NO_2 [g]	SO_2 [g]
Erdgas	202,1	0,86	323,7	2,9
Erdöl	263,5	1,43	281,4	302,4

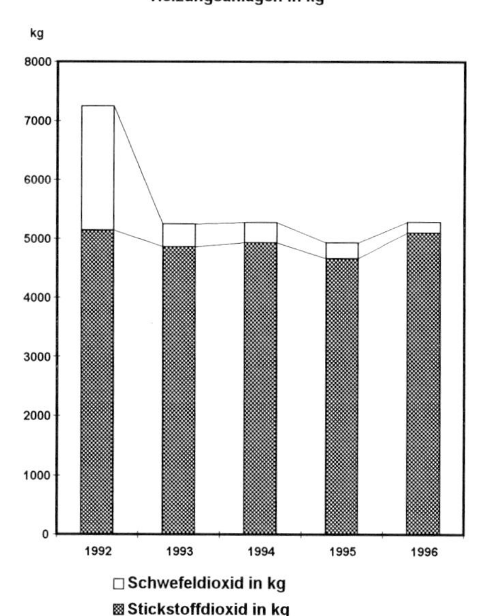

1992/93 wurde die Heizungsanlage großteils von Erdöl auf Erdgas umgestellt. Durch diese Umstellung konnte eine starke Reduzierung der SO_2-Emissionen erzielt werden. Die Emissionen von staubförmigen Luftverunreinigungen wurde nicht ins Diagramm aufgenommen, da sie nur rund 0,25 % der Gesamtemissionen von NO_2, SO_2 und Staub ausmachen und somit graphisch nicht mehr erkennbar sind. Die Zahlenangaben über die Staubemissionen sind in der Tabelle mit aufgeführt.

Die Minimierung beim CO_2-Ausstoß ist auf Einsparungen beim Energieverbrauch in den Jahren 1993-1995 zurückzuführen.

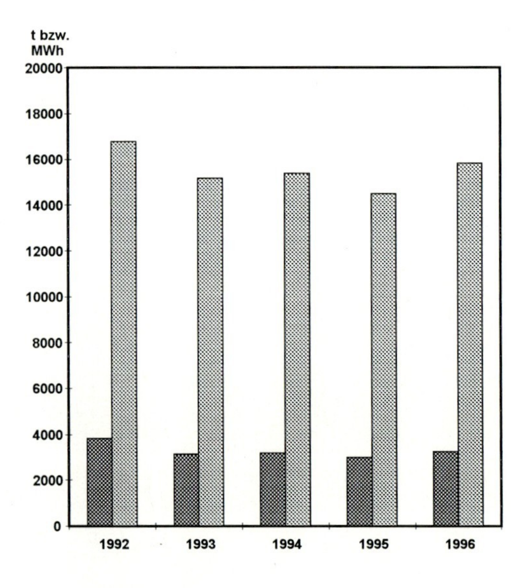

Abluft aus Fertigungsprozessen

Die belastete Prozeßabluft stammt aus den Produktionsbereichen Beizerei, Stanzerei und Teilereinigung. Sie wird je nach Schadstoffart getrennt behandelt. Nach der Abluftreinigung treten noch Emissionen von Stickoxiden, Perchlorethylen, Dichlormethan, Fluorwasserstoff sowie Chlorwasserstoff auf.

Die gesetzlichen Grenzwerte werden nach der Abluftreinigung deutlich unterschritten. Bei der Peranlage in der Teilefertigung sind Meß- und Grenzwert gleich. Da hier jedoch der Massenstrom nur rund 10 % des gesetzlich relevanten Massenstroms beträgt, liegt die Belastung weit unterhalb der Bestimmungen der TA-Luft.

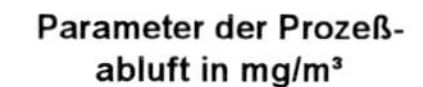

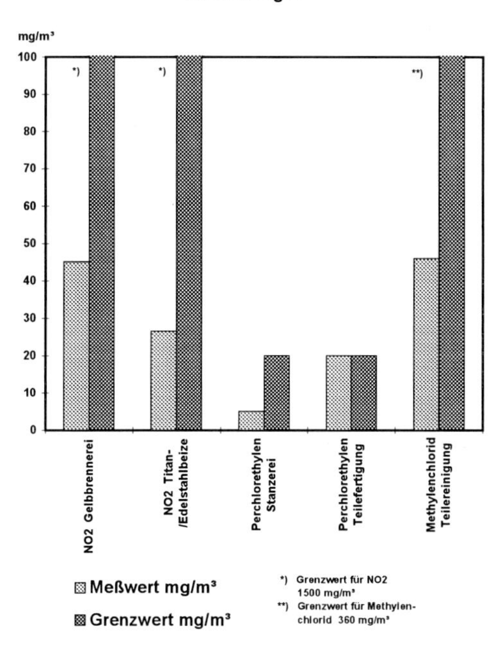

Die Pulverbeschichtung erfolgt mit Fluor-Polymeren. Dadurch ist die Abluft mit Chlorwasserstoff HCl und Flourwasserstoff HF belastet. Diese Schadstoffe werden mittels Naßwäscher abgereinigt. Die Abluftwerte werden über die Massenstrombeladung erfaßt und beurteilt. Auch hier wird eine deutliche Unterschreitung der gesetzlichen Grenzwerte erzielt.

Emissionswerte	HCl	HF
Meßwerte in g/h	7,84	5,3
Grenzwerte in g/h	300	50

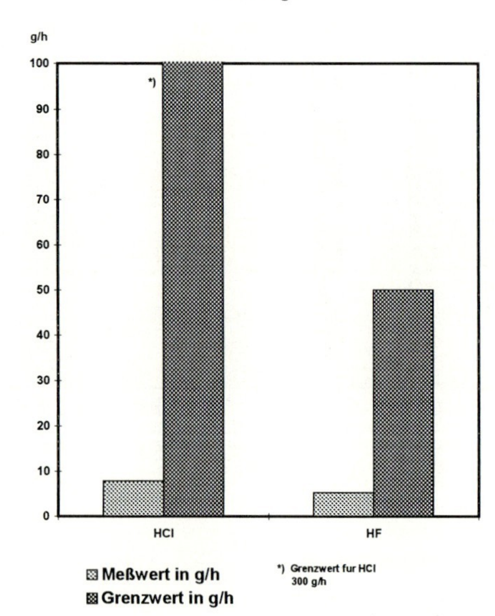

Um die Gesamtbelastung an Schadstoffen zu erfassen, wurde aus allen Werten der abgereinigten Abluftströme die Menge für das Jahr 1995 berechnet.

Aus der Grafik wird ersichtlich, daß die emittierten Schadstoffmengen gering sind. Um die Methylenchlorid-Emissionen zu reduzieren, wird in unserem Unternehmen zur Zeit die Umstellung auf eine methylenchloridfreie Teilereinigung durchgeführt.

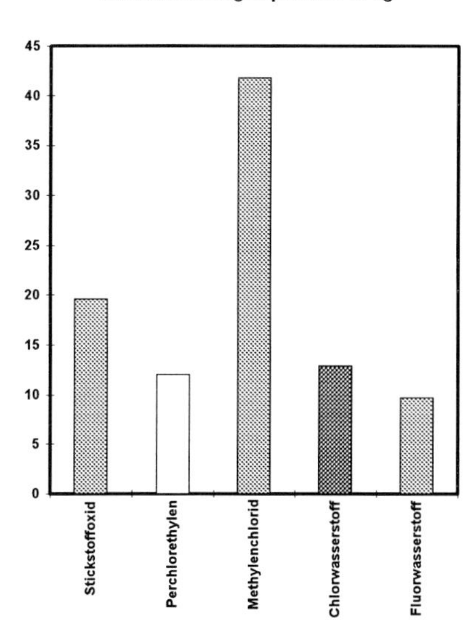

5.7 Energie

Heizöleinsatz

Der Einsatz an Energie erreichte 1995 seinen tiefsten Stand. 1996 waren jedoch eine produktionsbedingte Steigerung zu verzeichnen. Seit 1990 konnte der Gesamt-Heizöleinsatz von 687.000 l auf 75.000 l durch die Umstellung auf Gas stark reduziert werden. Diese Reduzierung wirkte sich positiv auf die Luftemissionen (SO_2 und Stäube) aus. Durch Optimierungsmaßnahmen wurde 1995 erstmals auch der Gasverbrauch gesenkt.

Die ständige Erweiterung im Verwaltungs- und Produktionsbereich führte zu einer Erhöhung des Stromverbrauchs.

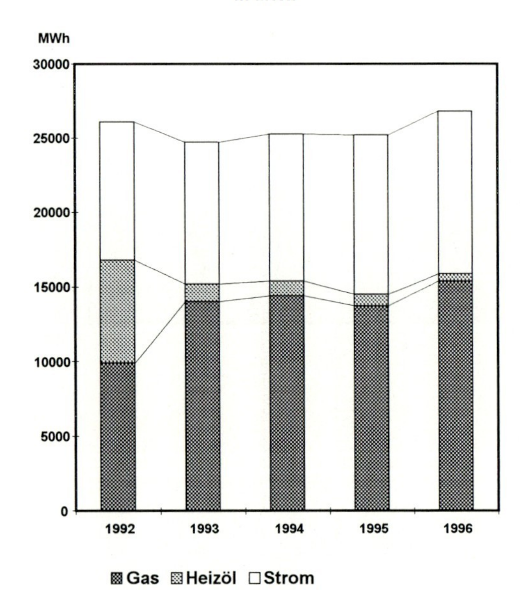

Stromverbrauch

Beim Vergleich der Kostensituation und -entwicklung der einzelnen Energieträger wird folgende Tendenz sichtbar. Die Menge der eingesetzten Energie in Form der Energieträger Erdgas und Erdöl hat sich in den Geschäftsjahren 1992 - 1995 um ca. 10 % reduziert. Die Kostenentwicklung konnte diese Verringerung nicht so stark mitmachen, da durch die Umstellung von Öl auf Gas eine leichte Kostensteigerung zu verzeichnen ist.

Beim Stromverbrauch zeichnet sich im betrachteten Zeitraum eine Steigerung von ca. 7 % ab. Die Kostenerhöhung beträgt hier nur rund 3 %. Betrachtet man jedoch das Verhältnis von Energie- und Kostenanteil, so stellt man fest, daß bei 42,4 % Energieanteil im Jahre 1995 der Kostenanteil für Strom bei 82 % liegt.

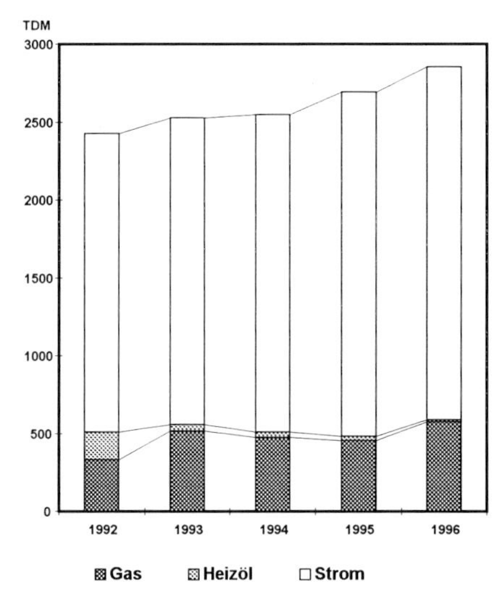

5.8 Boden

Bodenbelastung

Während in den letzten Jahren die Bodenbestände gleich blieben, kam es 1995 durch den Zukauf eines zusätzlichen Industriegeländes zu dem entsprechenden Flächenzuwachs.

Über Bodenbelastungen im Bereich unseres Unternehmens liegen derzeit keine negativen Informationen und Erkenntnisse vor. Bodenbelastungen sind jedoch durch undichte Abwasserkanäle und Rohre nicht auszuschließen.

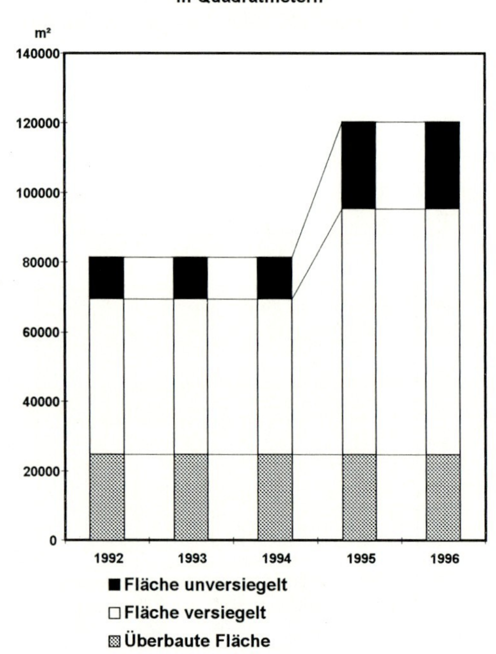

Kanalnetz

Die bereits durchgeführte Kanalisierung gibt uns für den sanierten Bereich Sicherheit. Ein weiterer Teil des Kanalnetzes ist noch im Sanierungsprogramm enthalten.

Ein Gefahrenpotential stellen die gelagerten Lösemittel, Öle und andere wassergefährdenden Stoffe dar. Um hier der Entstehung von Altlasten vorzubeugen, stehen die Sammelbehälter in den vom Gesetzgeber vorgeschriebenen Auffangwannen.

5.9 Lärm

Lärmmessung

Im Bereich der Schmiede und Stanzerei treten Lärmemissionen auf. Diese Anlage unterliegen dem „Vereinfachten Verfahren zur Genehmigung" gemäß § 19 des Bundesimmissionsschutzgesetzes. Hier werden regelmäßig Lärmmessungen gemäß TA-Lärm durchgeführt, um sicherzustellen, daß die Lärmbelastung für die Anwohner die Werte der TA-Lärm nicht übersteigen.

Die folgende Grafik zeigt die Entwicklung auf dem Lärmsektor über mehrere Geschäftsjahre im Vergleich mit den Grenzwerten der TA-Lärm.

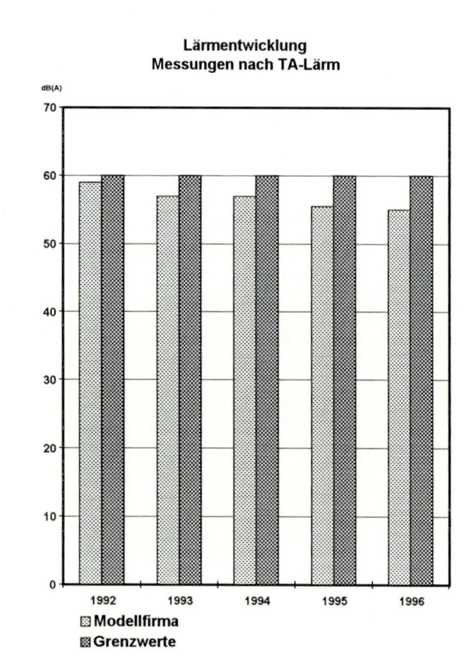

Da unser Unternehmen in einem „Gebiet mit gewerblichen Anlagen und Wohnungen, in dem weder vorwiegend gewerbliche Anlagen noch vorwiegend Wohnungen untergebracht sind", liegt, ist tagsüber ein Grenzwert von maximal 60 dB(A) einzuhalten. Es wird deutlich, daß die Lärmemissionen in den letzten Jahren durch unsere verstärkte Lärmminderungsmaßnahmen reduziert werden konnten. Dabei ist zu beachten, daß eine Minderung um 6 dB(A) einer Halbierung der Lärmemissionen entspricht.

Die Lärmemissionen am Arbeitsplatz werden nach der VDI-Richtlinie 2058 gemessen. Der Schallpegel liegt in diesem Arbeitsbereich über 85 dB(A). Es werden regelmäßig arbeitsplatzbezogene Messungen durchgeführt. Die so ermittelten Daten werden in einem Lärmquellen-Kataster erfaßt und dienen als Grundlage für die Lärm-Ursachenanalyse. Aus der Ursachenanalyse werden Lärmminderungsmaßnahmen erarbeitet, die anschließend arbeitsplatzbezogen umgesetzt werden, um die Lärmgefährdung unserer Mitarbeiter soweit wie möglich zu minimieren. Unsere Mitarbeiter in Produktionsbereichen mit einer Lärmbelastung größer 90 dB(A) müssen am Arbeitsplatz den geeigneten Gehörschutz tragen und werden zur Gewährleistung der Gesundheitsvorsorge in regelmäßigen Zeitabständen durch den Betriebsarzt untersucht.

6. Umweltprogramm

Mit der Einführung des Umweltmanagementsystems in unserem Unternehmen und der Festlegung der Umweltpolitik durch die Geschäftsführung wurden verbindliche Leitlinien für alle Mitarbeiter im Umweltbereich geschaffen.

Das Umweltmanagementsystem stellt für unser Unternehmen ein Kontrollinstrument zur Überprüfung unserer Umweltschutzmaßnahmen dar. Durch die Erfassung umweltrelevanter Bereiche werden die Potentiale bei den Umweltschutzmaßnahmen transparenter und ermöglichen es uns, gezielt eine weitere Verbesserung der Umweltsituation im Unternehmen zu erzielen. Wir werden die Wirkungsweise des Umweltmanagementsystems 1997 weiterhin aufmerksam prüfen.

In dem hier vorliegenden Umweltprogramm sind die Zielsetzungen für die einzelnen Bereiche für das Geschäftsjahr 1997 festgeschrieben.

Umweltprogramm

- Gefahrstoffe -

Ist-Zustand: Die Umweltprüfung "Gefahrstoffe" zeigte in einer Reihe von Bereichen Handlungsbedarf auf. Zwischenzeitlich wurden diese umgesetzt und die rechtlichen Vorgaben werden erfüllt.

Soll-Zustand: Umsetzung des Gefahrstoffkonzeptes bezüglich Lagerung, Verwendung, Erfassung, Verantwortungen.

Maßnahme:

- Entwicklung einer Freigabestelle zur Bewertung alter und neu eingesetzter umweltrelevanter Materialien
- Einrichtung eines Zentrallagers für Gefahrstoffe
- Reduzierung der Anzahl der Gefahrstoffe um 20 %

Realisierung: 1997/98

Aufwand:

Verantwortung/ Mitarbeit:

Erfolgskontrolle:

Datum **Unterschrift**

Umweltprogramm

- Abwasser -

Ist-Zustand: Der größte Teil unseres Wasserverbrauchs (97 %) entfällt auf den Sozialbereich. 3 % hochbelastetes Abwasser fällt im Produktionsbereich an.

Soll-Zustand: Umsetzung des Abwasserkonzeptes bezüglich Optimierung der Prozeßabwässer und im Sozialbereich.

Maßnahme:
- Umstellung von einzelnen Anlagen auf abwasserfreien Betrieb
- Prozeß- und Spülbäder auf den neuesten Stand der Technik umrüsten
- Neue Abwasserbehandlungsanlage errichten
- Reduzierung des Wasserverbrauchs um 10 %

Realisierung: 1997/98

Aufwand:

Verantwortung/ Mitarbeit:

Erfolgskontrolle:

Datum **Unterschrift**

Umweltprogramm

- Abfall -

Ist-Zustand: Heute erfolgt eine getrennte Erfassung und Sammlung aller Abfälle.

Soll-Zustand: Umsetzung des Abfallwirtschaftskonzeptes zur Reduzierung der Sonderabfall- und Restmüllmengen.

Maßnahme:
- Umstellung auf umweltfreundlichere Einsatzstoffe und Verfahren im Teilprogramm "Gefahrstoffe" und "Abwasser"
- Bessere Trennung der Abfallfraktionen durch Mitarbeiterinformation und -motivation
- Reduzierung des Abfallaufkommens um 10 %

Realisierung: 1997/98

Aufwand:

Verantwortung/ Mitarbeit:

Erfolgskontrolle:

Datum **Unterschrift**

Umweltprogramm

- Energie -

Ist-Zustand: Hauptenergieträger sind heute Erdgas und Strom. Eine verursachergerechte Zuordnung ist z.Z. nicht möglich.

Soll-Zustand: Umsetzung des Energiekonzeptes zur mittelfristigen Reduzierung des Energieverbrauchs.

Maßnahme:
- Wärmerückgewinnung an Produktionsanlagen und im Rechenzentrum
- Kontinuierlich wärmedämmende Maßnahmen im Zuge der Gebäudeinstandhaltung
- Dezentrale Erfassung der Stromverbräuche
- Energieeinsparung um 15 %

Realisierung: 1997/98

Aufwand:

Verantwortung/ Mitarbeit:

Erfolgskontrolle:

Datum **Unterschrift**

	Umwelt- Erklärung	Umweltprogramm Ausgabe : Datum : Seite :

Umweltprogramm

- Logistik -

Ist-Zustand: Unsere Zulieferungen und Auslieferungen der Produkte erfolgen heute ausschließlich per LKW.

Soll-Zustand: Einbeziehung anderer Verkehrsträger in unser Logistikkonzept.

Maßnahme:
- Festlegung, welche Produkte per Bahn versendet werden können
- Erstellung eines gesamtheitlichen Logistikkonzeptes
- Reduzierung der LKW-Kilometer um 5 %

Realisierung: 1997/98

Aufwand:

Verantwortung/ Mitarbeit:

Erfolgskontrolle:

Datum **Unterschrift**

7. Schlußwort

Die Umwelterklärung dokumentiert unser umweltorientiertes Handeln. Sie ist eine Situationsbeschreibung und dient der gezielten Schwachstellenanalyse, um daraus das entsprechende Handlungspotential herauszuarbeiten. Daraus ergeben sich weitere Ansatzmöglichkeiten zur Verbesserung der betrieblichen Umweltsituation.

Wir wollen nicht nur auf brisante Umweltprobleme, auf gesetzliche Vorgaben oder öffentliche Kritik reagieren, sondern vorbeugend als Industriebetrieb agieren, aus Verantwortung für die Umwelt und zur Sicherung des Unternehmens.

Als vertrauensbildende Maßnahme stellen wir deshalb die erkannten Sachverhalte offen und realistisch dar.

Mit der Umwelterklärung wollen wir sowohl unsere Mitarbeiter als auch die Öffentlichkeit über unsere Umweltschutzmaßnahmen informieren.

Die Umwelterklärung wird im nächsten Geschäftsjahr fortgeschrieben und veröffentlicht.

Bei Fragen zu dieser Umwelterklärung wenden Sie sich bitte an:

Umweltzentrum g.e.V.
Jakob-Kienzle-Str. 17
78054 Villingen-Schwenningen
Tel.: 07720/307221
Fax: 07720/307206

Gutachter

Als unabhängiger Umweltgutachter wurde

(Name und Anschrift des Gutachters)

beauftragt.

(Ort, Datum)

....	....
(Vorname, Name)	(Vorname, Name)
Geschäftsleitung	**Beauftragter für das Umweltmanagement**

Die vorliegende Umwelterklärung wird hiermit für gültig erklärt

....	....
(Datum)	(Vorname, Name) **Umweltgutachter**

Phase 8: Prüfung durch einen Umweltgutachter

Die Überorganisation unserer öffentlichen Zustände läuft auf ein Organisieren der Gedankenlosigkeit hinaus.

(Erich Fromm)

8.1 Einleitende Erläuterungen

➔ Durchführung der Umweltbegutachtung und Aufgaben des Umweltgutachters

Der Rahmen der Zusammenarbeit zwischen dem Gutachter und dem zu begutachtenden Unternehmen wird schriftlich vereinbart. Der Gutachter muß unabhängig arbeiten können und in entsprechender Weise von dem zu begutachtenden Unternehmen unterstützt werden. Das Unternehmen muß ausreichend Information in folgenden Bereichen liefern:

- Dokumente über den Standort und die dort ausgeübten Tätigkeiten.
- Vorgehensweisen von früheren Prüfungen sowie deren Ergebnisse und die Daten über die Umsetzung dieser Prüfungsergebnisse in die betriebliche Praxis.
- Sandortspezifische Informationen über die Umweltpolitik und die Umweltprogramme.
- Beschreibung des Umweltmanagementsystems für den jeweiligen Standort.
- Entwurf einer Umwelterklärung.

Die Umweltgutachter haben folgende Pflichten:

- Sie müssen gewährleisten, daß alle Vorschriften der EG-Verordnung eingehalten werden. Dies gilt insbesondere für die Umweltpolitik, die Umweltprogramme, die Umweltprüfung, die Umweltprüfungsverfahren und die Leistungsfähigkeit des Umweltmanagementsystems.
- Sie kontrollieren alle in der Umwelterklärung vorhandenen Daten auf deren Richtigkeit. Ein entsprechender Bezug auf den Standort muß vorhanden sein.
- Ihre Aufgabe beinhaltet auch eine möglichst effektive Untersuchung der Umweltprüfungsverfahren auf deren Eignung und Sorgfältigkeit.

Neben der Prüfung der Unterlagen muß auch ein Besuch auf dem Betriebsgelände stattfinden. Der Umweltgutachter muß bei dieser Begehung das Personal befragen, die betriebliche Tätigkeit beurteilen und die Ergebnisse in einem Bericht an die Unternehmensleitung weitergeben. Anschließend müssen die bei der Begehung entstandenen Fragen mit der Unternehmensleitung geklärt werden.

Der Umweltgutachter erklärt die Umwelterklärung für gültig, wenn:

- die Umwelterklärung mit den Vorgaben der EG-Verordnung übereinstimmt,
- die Umwelterklärung eine ausreichende Zahl genauer Daten enthält,
- die Umwelterklärung mit dem Umweltmanagementsystem vereinbar ist,
- das Umweltprüfungsverfahren für den Standort geeignet war,

- die Umweltpolitik und das Umweltprogramm durch das Umweltmanagementsystem vollständig in die betriebliche Praxis umgesetzt wurden,
- das Umweltmanagementsystem dem Anhang I der EG-Verordnung entspricht.

Sind diese Forderungen nur teilweise erfüllt, muß das Unternehmen diese Fehler beseitigen. Wenn der Umweltgutachter jedoch gravierende Mängel findet, muß unter Umständen die Umweltbegutachtung wiederholt werden.

Im Rahmen einer Zertifizierung ist zwischen den Anforderungen nach der EG-Verordnung bzw der ISO 14001 (externe Anforderungen) und den internen Anforderungen aufgrund der Zielsetzung des Unternehmens zu unterscheiden. Die internen Aspekte zur Realisierung eines Umweltmanagementsystems ergeben sich aus den Fragen zur Umweltprüfung (Phase 4). Die externen Anforderungen an eine Umweltbegutachtung ergeben sich ausschließlich aus der EG-Verordnung und der ISO 14001-12. Sie wurden dazu in Fragen zur Umweltbegutachtung/Zertifizierung (UG 100- UG 900) umformuliert. Mögliche weitergehende Fragestellungen des Umweltgutachters/Zertifizierers stellen immer freiwillige Aspekte in einem betrieblichen Umweltmanagementsystem dar.

➔ Die Registrierungsstellen und ihre Aufgaben?

In Deutschland sind die Industrie- und Handelskammern und die Handwerkskammer die zuständigen Registrierungsstellen. Unternehmen, die sich validieren lassen wollen wenden sich an die für sie zuständige Kammer.

Die Informationen über die für eine Validierung erforderlichen Unterlagen und die notwendigen Formulare erhalten die interessierten Unternehmen ebenfalls bei ihrer jeweiligen Registrierungsstelle. Nach erfolgter Umweltbegutachtung prüfen die Registrierungsstellen die eingereichten Unterlagen (Umwelterklärung, etc.). Sie fragen automatisch bei den Überwachungsbehörden wegen möglicher Verstöße gegen Umweltvorschriften an.

Ferner kontrollieren sie auch, ob das Unternehmen vom für diesen Fachbereich zugelassenen geeigneten Gutachter validiert wurde und der NACE-Code richtig ist. Damit die Unternehmen validiert bleiben, müssen die Registrierungsstellen auch die Zeiträume beachten, innerhalb derer die Unternehmen sich erneut Prüfungen unterziehen und ihre Unterlagen einreichen müssen.

➔ Eintragung des Standorts

Für die Registrierung sind laut Anhang V zur EG-Verordnung Nr. 1836/93 folgende Daten vorzulegen:

- Name des Unternehmens
- Name und Anschrift des Standorts
- Kurze Beschreibung der am Standort ausgeübten Tätigkeiten
- Name und Anschrift des zugelassenen Umweltgutachters, der die beigefügte Erklärung für gültig erklärt hat
- Frist für die Vorlage der nächsten für gültig erklärten Umwelterklärung

Zusätzlich sind noch hinzuzufügen:

- Für gültige erklärte Umwelterklärung
- Eine kurze Beschreibung des Umweltmanagementsystems
- Eine Beschreibung des für den Standort festgelegten Umweltbetriebsprüfungsprogramms
- Kopie des Zulassungsbescheides des zugelassenen Umweltgutachters
- Selbsteinstufung des Betriebes nach NACE-Codes (Schwerpunkt der Tätigkeit) und die Zahl der Beschäftigten in den einzelnen Tätigkeitsbereichen
- Angabe der für den Standort zuständigen Genehmigungsbehörden im Umweltschutz

8.2 Fragenkatalog zur Umweltbegutachtung

UMWELT-BEGUTACHTUNG

Umweltpolitik
UG 100

Umweltprüfung/Umweltaudit
UG 200

Verantwortungen
UG 300

Information/Weiterbildung
UG 400

Umweltauswirkungen
UG 500

Aufbau-/Ablaufkontrolle
UG 600

Dokumentation
UG 700

Umweltprogramm/-ziele
UG 800

Umwelterklärung
UG 900

Datum :

Prüfungsleiter:

Teilnehmer :

Anmerkung: Fragen, die einen Handlungsbedarf zeigen, sind mit „***H***“ zu kennzeichnen.

Umweltpolitik
UG 100

UG 101: Wie werden die EG-Verordnung 1836/93 bzw. die ISO 14001-12 in der Umweltpolitik des Unternehmens umgesetzt?

____

____

UG 102: Wie hat das Unternehmen seine standortbezogene Umweltpolitik, Umweltziele, Umweltprogramme und sein Umweltmanagementsystem schriftlich festgelegt?

____

____

UG 103: Wie wird die Umweltpolitik auf der höchsten Managementebene festgelegt, regelmäßig überprüft und in bezug auf die Ergebnisse von Umweltbetriebsprüfungen angepaßt?

____

____

UG 104: Wie wird die Umweltpolitik den Mitarbeitern und der Öffentlichkeit bekannt gemacht?

____

____

UG 105: Wie werden die "Guten Managementpraktiken" aus dem Anhang I, D der EG-Verordnung 1836/93 und der Anhang I, C in der Umweltpolitik berücksichtigt?

____

____

UG 106: Wie gewährleistet das Unternehmen, daß die geltenden Gesetze, Verordnungen und andere Vorschriften im Rahmen der betrieblichen Umweltpolitik stets eingehalten werden?

____

____

UG 107: Auf welche Weise hat das Unternehmen sich zu einer kontinuierlichen Verbesserung des betrieblichen Umweltschutzes in seiner Umweltpolitik verpflichtet?

____

____

UG 108: Wie wird die Umweltpolitik in allen Tätigkeitsbereichen und auf allen Ebenen umgesetzt?

____

____

UG 109: Wie werden die Beurteilung, Kontrolle und Verringerung der Umweltauswirkungen der betrieblichen Tätigkeiten in der Umweltpolitik berücksichtigt? Dazu zählen:

Energie/Brennstoffe: ______________________________

Rohstoffe/Materialien: ______________________________

Wasser/Gewässerschutz/Kanalisation: ____________________

Abfälle/Sonderabfälle/Wertstoffe: ______________________

Lärm/Erschütterungen: ______________________________

Emissionen/Abluft: ________________________________

Boden/versiegelte Oberfläche/Altlasten: ____________________

Geruch/Staub: __________________________________

Wärme: ______________________________________

Optische Einwirkungen: ______________________________

UG 110: Wie werden entsprechende Tätigkeiten in die Umweltpolitk mit eingebunden? Dazu zählen:

Produktionsverfahren/Technologie: ____________________

Produktentwicklung: ____________________

Transport: ____________________

Verpackung/Lagerung: ____________________

Produktverwendung: ____________________

Recycling/Entsorgung: ____________________

Lieferanten/Vertragspartner: ____________________

Unfälle/Notfälle/Störfälle: ____________________

Personal/Mitarbeiter: ____________________

Messungen/Versuche/Aufzeichnung: ____________________

Behörden/Institutionen: ____________________

Öffentlichkeit: ____________________

Kunden: ____________________

Umweltprüfung/Umweltaudit
UG 200

UG 201: Fand eine Umweltbetriebsprüfung gemäß Anhang I Teil C der EG-Verordnung Nr. 1836/93 bzw. nach ISO 14010-12 an einem oder mehreren Standorten statt? Prüfungsinhalte sind:

Energie/Brennstoffe: ______________________________

Rohstoffe/Materialien: ______________________________

Wasser/Gewässerschutz/Kanalisation: ______________________________

Abfälle/Sonderabfälle/Wertstoffe: ______________________________

Lärm/Erschütterungen: ______________________________

Emissionen/Abluft: ______________________________

Boden/versiegelte Oberfläche/Altlasten: ______________________________

Geruch/Staub: ______________________________

Wärme: ______________________________

Optische Einwirkungen: ______________________________

Produktionsverfahren/Technologie: ______________________________

Produktentwicklung: ______________________________

Transport: ______________________________

Verpackung/Lagerung: ______________________________

Produktverwendung: ______________________________

Recycling/Entsorgung: ______________________________

Lieferanten/Vertragspartner: ______________________________

Unfälle/Notfälle/Störfälle: ______________________________

Personal/Mitarbeiter: ______________________________

Messungen/Versuche/Aufzeichnung: ______________________________

Behörden/Institutionen: ______________________________

Öffentlichkeit: ______________________________

Kunden: ______________________________

UG 202: Nach welchen Kriterien wurden innerhalb eines Prüfungszyklus

die erfaßten Unternehmens- und Umweltbereiche, ______________________

die zu prüfenden Tätigkeiten, ______________________

die Prüfungsziele, ______________________

die berücksichtigten Umweltvorschriften und technischen Standards, ______________________

der Prüfungsumfang, ______________________

die Verantwortlichkeiten, ______________________

ausgewählt und berücksichtigt?

UP 203: Wie wurden die Umweltauditoren ausgewählt und über das Umweltmanagementsystem des Standorts, die Tätigkeiten und über die Ergebnisse frühere Umweltbetriebsprüfungen informiert?

____

____

UG 204: Welche Qualifikationen besitzen die Umweltauditoren im Einzelfall (ISO 14012)?

____

____

UG 205: Welche Recourcen (Personal, Geld, Zeit) standen für die Durchführung der Umweltbetriebsprüfung zur Verfügung?

____

____

UG 206: Wie wurden innerhalb der Umweltbetriebsprüfungen Personalbefragungen, Prüfung der Aufzeichnungen und Dokumente, Untersuchung der Arbeitsbedingungen und der technischen Ausstattung durchgeführt?

____

____

UG 207: Welche Begehungen des Betriebsgeländes wurden durchgeführt?

____

____

UG 208: Welche schriftlichen Verfahren und Dokumente, Software und Hardware wurden geprüft?

____

____

UG 209: Welche Nachweise wurden gesammelt?

____

____

UG 210: Nach welchen Kriterien wurden die Prüfungsergebnisse bewertet?

____

____

UG 211: Wie werden die Leistungen des Umweltmanagementsystems objektiv beurteilt?

____

____

UG 212: Wie wird der Leistungsstandard des betrieblichen Umweltschutzes im Vergleich zu Mitbewerbern und dem Stand der Technik bewertet?

UG 213: Welche Umweltprüfungs-/Umweltbetriebsprüfungsberichte mit Aufgabenstellung, Prüfungsumfang, Zielen, Ist-Zustand, Soll-Zustand, Bewertungen, Abweichungen und Maßnahmen liegen vor?

UG 214: Wie wird der betriebliche Umweltschutz von Vertragspartnern (Dienstleistern, Lieferanten) überprüft?

UG 215: Wie wurde die Unternehmensleitung über die Ergebnisse und Bewertungen der Umweltbetriebsprüfung in Kenntnis gesetzt?

UG 216: Wie werden die Maßnahmen die sich aus der Umweltbetriebsprüfung ergeben auf der dafür geeigneten Managementebene festgelegt und nach ihrer Realisierung einer Erfolgskontrolle unterzogen?

UG 217: Welcher Auditplan liegt für die nächsten drei Jahre vor?

____

____

Verantwortungen
UG 300

UG 301: Wie wird das Umweltmanagementsystem für den Standort von der höchsten Managementebene festgelegt, regelmäßig überprüft und gegebenenfalls angepaßt?

____

____

UG 302: Wie wird die Umweltpolitik und das Umweltprogramm wirksam mit Hilfe des Umweltmanagementsystems umgesetzt?

____

____

UG 303: Wie wird das Umweltmanagementsystem für den Standort auf allen Unternehmensebenen angewandt und einer Erfolgskontrolle unterzogen?

____

____

UG 304: Wie wird das Umweltmanagementsystem in regelmäßigen Zeitabständen veränderten wirtschaftlichen und gesellschaftlichen Anforderungen angepaßt?

____

____

UG 305: Wie erfolgt eine Einbeziehung der sich in Zukunft ergebenden Entwicklungen, z. B. in Form neuer Gesetze, Normen und technischer Standards?

____

____

UG 306: Wie erfolgt die Abstimmung mit anderen Bereichen, z. B. Qualitätsmanagement, Arbeitssicherheit, dem Controlling und dem Personalbereich?

____

____

UG 307: Welche schriftlichen Aufgaben und Befugnisse wurden dem Vertreter der Unternehmensleitung für die Aufrechterhaltung und Anwendung des Umweltmanagementsystems übertragen?

____

____

UG 308: Auf welche Weise sind Verantwortungen und Befugnisse in umweltrelevanten Schlüsselfunktionen und Tätigkeiten eindeutig festgelegt worden?

____

____

UG 309: Wie wird die Durchführung umweltrelevanter Aufgaben durch den Managementvertreter bzw. beauftragte Personen (Umweltschutzbeauftragter) kontrolliert und dokumentiert?

____

____

UG 310: Wie wurden die Verantwortungen von Führungskräften festgelegt?

____

____

	Umwelt-begutachtung	Verantwortungen Ausgabe : Datum : Seite :

UG 311: Wie wurden die Aufgaben von Mitarbeitern festgelegt?

____

____

UG 312: Wie sind bei Not- und Unfällen die Aufgaben und Verantwortungen zur Minimierung der Umwelteinwirkungen verteilt?

____

____

UG 313: Wie werden umweltrelevante Funktionen, Tätigkeiten und Verfahren in bezug auf die Umweltziele und die Umweltpolitik des Unternehmens ermittelt?

____

____

Information, Weiterbildung
UG 400

UG 401: Wie werden die Beschäftigten auf allen Ebenen über die Bedeutung der Umweltpolitik, der Umweltziele und des Umweltprogramms informiert?

____

____

UG 402: Wie erfahren die Beschäftigten welche Umweltauswirkungen ihre Tätigkeit und welchen Nutzen ein verbesserter betrieblicher Umweltschutz hat?

____

____

UG 403: Welche Kenntnisse haben die entsprechenden Mitarbeiter in der Betreuung von umweltrelevanten Anlagen und kennen sie die Folgen bei Störungen und Fehlverhalten?

____

____

UG 404: Wie und durch wen wird der Ausbildungsbedarf für die Beschäftigten, die in umweltrelevanten Bereichen arbeiten, ermittelt?

____

____

UG 405: Welche speziellen Ausbildungsprogramme gibt es im Bereich der Motivation und des betrieblichen Umweltschutzes für Führungskräfte?

____

____

UG 406: Wie wird sichergestellt, daß die Betriebsbeauftragten für Umweltschutz immer über die notwendige Fach- und Sachkunde verfügen?

____

____

UG 407: Wie werden die Mitarbeiter über den betrieblichen Umweltschutz und damit zusammenhängende Themen und Bildungsangebote informiert?

____

____

UG 408: Welche Weiterbildungsnachweise liegen für die Beschäftigten (Führungskräfte, Umweltschutzbeauftragte, Mitarbeiter) vor?

____

____

Umweltauswirkungen
UG 500

UG 501: Welches Verzeichnis existiert über die Umweltauswirkungen?

Energie/Brennstoffe: ______

Rohstoffe/Materialien: ______

Wasser/Gewässerschutz/Kanalisation: ______

Abfälle/Sonderabfälle/Wertstoffe: ______

Lärm/Erschütterungen: ______

Emissionen/Abluft: ______

Boden/versiegelte Oberfläche/Altlasten: ______

Geruch/Staub: ______

Wärme: ______

Optische Einwirkungen: ______

UG 502: Wie funktioniert das Informationsmanagement in den Bereichen:

Energie/Brennstoffe: ______

Rohstoffe/Materialien: ______

Wasser/Gewässerschutz/Kanalisation: ______

Abfälle/Sonderabfälle/Wertstoffe: ______

Lärm/Erschütterungen: ______

Emissionen/Abluft: ______

Boden/versiegelte Oberfläche/Altlasten: ______

Geruch/Staub: ______

Wärme: ______

Optische Einwirkungen: ______

Recht, Auflagen: ______

Fortbildung, Schulung: ______

Überwachung Instandhaltung: ______________________________

Produkte: ______________________________

Lieferanten: ______________________________

UG 503: Welche Kataster liegen hierfür vor?

____

____

UG 504: Welche Umweltvorschriften (Gesetze, Verordnungen, Verwaltungsvorschriften, Auflagen) sind in diesen Bereichen einzuhalten?

____

____

UG 505: Wie werden Versuchs- und Meßergebnisse protokolliert und ausgewertet?

____

____

UG 506: Wer ist für das Informationsmanagement und die damit zusammenhängenden Fragen verantwortlich?

____

____

UG 507: Wie werden für den Standort die Umweltauswirkungen bestimmt und bewertet?

____

____

UG 508: Wie werden verschiedene Betriebsbedingungen (Anfahrvorgänge, Normalbetrieb, Störungen, Notfälle) im Rahmen einer Risikovorsorge berücksichtigt?

____

____

UG 509: Wie werden frühere bzw. zukünftige Tätigkeiten in die Bewertung einbezogen?

____

____

Aufbau-/Ablaufkontrolle
UG 600

UG 601: Nach welchen Kriterien werden alle umweltrelvanten Tätigkeiten, Funktionen und Verfahren ermittelt? Dazu zählen mindestens:

Energie/Brennstoffe: ______

Rohstoffe/Materialien: ______

Wasser/Gewässerschutz/Kanalisation: ______

Abfälle/Sonderabfälle/Wertstoffe: ______

Lärm/Erschütterungen: ______

Emissionen/Abluft: ______

Boden/versiegelte Oberfläche/Altlasten: ______

Geruch/Staub: ______

Wärme: ______

Optische Einwirkungen: ______

Produktionsverfahren/Technologie: ______

Produktentwicklung: ______

Transport: ______

Verpackung/Lagerung: ______

Produktverwendung: ______

Recycling/Entsorgung: ______

Lieferanten/Vertragspartner: ______

Unfälle/Notfälle/Störfälle: ______

Personal/Mitarbeiter: ______

Messungen/Versuche/Aufzeichnung: ______

Behörden/Institutionen: ______

Öffentlichkeit: ______

Kunden: ______

UG 602: Wie werden die umweltrelevanten Tätigkeiten, Funktionen und Verfahren überwacht und dort Sicherheitsanalysen durchgeführt?

____

____

UG 603: Welche Arbeitsanweisungen liegen für derartige Tätigkeiten vor?

____

____

UG 604: Wie wird bei Vertragspartnern (Lieferanten, Dienstleistern) auf die Einhaltung der ökologischen Anforderungen des Unternehmens geachtet?

____

____

UG 605: Nach welchen Umweltkriterien werden Vertragspartner (Lieferanten , Dienstleister) ausgewählt?

____

____

UG 606: Wie werden beim Einkauf und der Beschaffung Umweltaspekte berücksichtigt?

____

____

UG 607: Wie wird die Lagerung umweltfreundlich und sicherheitsmäßig auf dem neuesten Stand der Technik gehalten?

____

____

UG 608: Wie werden bei der Planung eines neuen Produkts möglichst alle Umweltauswirkungen während des gesamten Lebenszyklus berücksichtigt?

____

____

UG 609: Auf welche Weise werden möglichst umweltschonende technische Verfahren und Prozesse entwickelt bzw. ausgewählt?

____

____

UG 610: Welche technisch machbaren und wirtschaftlich vertretbaren Verbesserungsmaßnahmen haben Sie untersucht?

____

____

UG 611: Auf welche Weise werden Anlagen überwacht und instandgehalten?

____

____

UG 612: Wie wird ein umweltfreundlicher Transport und eine umweltgerechte Verpackung der Produkte und der Roh- und Betriebsstoffe erreicht?

____

____

UG 613: Wie werden die Umweltauswirkungen der Produkte, Dienstleistungen und Verfahren gegenüber Lieferanten und Kunden vertreten und bewertet?

____

____

UG 614: Wie werden Produkte und Anlagen nach Ablauf der Nutzungsphase recycelt?

____

____

Kontrolle und Dokumentation
UG 700

UG 701: Wie werden die Umweltpolitik, die Umweltziele und das Umweltprogramm mit allen zu gehörenden Unterlagen dokumentiert?

____

____

UG 702: Welche umweltrelevanten, verfahrenstechnischen Aspekte und Parameter werden überwacht und kontrolliert?

____

____

UG 703: Welche Umweltvorschriften, Gesetze, Verordnungen, Verwaltungsvorschriften, Genehmigungen, Gutachten, Bescheide, Betriebstagebücher und Meßergebnisse werden dokumentiert?

____

____

UG 704: Welche Berichte zu Umweltprüfungen/-betriebsprüfungen, Risikoanalysen, externe Gutachten etc. liegen vor?

____

____

UG 705: Welche Unterlagen und Verantwortungen für umweltrelevante Schlüsselfunktionen liegen vor?

____

____

UG 706: Welche Maßnahmen werden eingeleitet, wenn Abweichungen von Soll-Vorgaben auftreten?

____

____

UG 707: Welche Maßnahmen werden eingeleitet, wenn das Unternehmen seine Umweltziele nicht erreicht?

____

____

UG 708: Wie wurden die Ergebnisse dieser Maßnahmen von den verantwortlichen Personen (Führungskräften, Unternehmensleitung) einer Erfolgskontrolle unterzogen?

____

____

UG 709: Wie werden Abweichungen, die in der Vergangenheit aufgetreten sind, im Rahmen der Planung von Umweltbetriebsprüfungen berücksichtigt?

____

____

UG 710: Wie werden nach Abschluß der Umweltbetriebsprüfung die initiierten Maßnahmen einer Erfolgskontrolle unterzogen?

____

____

Umweltprogramm/-ziele
UG 800

UG 801: Wie werden die Umweltziele auf allen Unternehmensebenen festgelegt und umgesetzt?

___

___

UG 802: Welche Maßnahmen tragen zur Erreichung der Umweltziele bei?

___

___

UG 803: Wie ist die Verantwortung zur Erreichung der Ziele festgelegt?

___

___

UG 804: Welche Mittel (Personal, Kapital, Zeit) steht zur Erreichung der Umweltziele zur Verfügung?

___

___

UG 805: Wie werden die Maßnahmen einer Erfolgskontrolle unterzogen?

___

___

UG 806: Welche gesonderten Umweltmanagementprogramme existieren für neue oder geänderte Produkte, Dienstleistungen oder Verfahren?

____

____

UG 807: Wie werden die Umweltziele und die Maßnahmen im Umweltprogramm kontinuierlich fortgeschrieben?

____

____

UG 808: Welche Maßnahmen des (internen) Umweltprogramms finden sich in der (externen) Umwelterklärung wieder?

____

____

UG 910: Wie werden interne und externe Anfragen in bezug auf das Umweltmanagement und die Umweltauswirkungen des Unternehmens bearbeitet?

____

____

Phase 9: Durchführung der Umweltbetriebsprüfung

Alles Wissen und alle Vermehrung unseres
Wissens endet nicht mit einem Schlußpunkt,
sondern mit Fragezeichen.
Ein Plus an Wissen bedeutet ein Plus an
Fragestellungen und jede von ihnen wird
immer wieder von neuen Fragestellungen
abgelöst.

(Hermann Hesse)

9.1 Einleitende Erläuterungen

➔ Aufgaben, Zweck und Ablauf eines Umweltaudits

Umweltaudits sind wichtige Instrumente zur Überprüfung und Verbesserung des betrieblichen Umweltschutzes. In der EG-Verordnung 1836/93 und in den ISO-Normen 14010-12 sind Richtlinien für die Durchführung von Umweltaudits angegeben.

Ziele des Umweltaudits sind:

- Kontrolle der Umweltpolitik und deren Umsetzung durch das Umweltmanagementsystem
- Kontrolle über die Einhaltung von Gesetzen, Normen und Vorschriften
- Vergleich der betrieblichen Praxis mit den Auditkriterien
- Geeignete Einführung und Funktionsfähigkeit des Umweltmanagementsystems
- Erörterung möglicher Verbesserungen

Vor dem Umweltaudit müssen die Ziele des Audits, die notwendigen Mittel und die Befugnisse und Aufgaben aller Beteiligten vom Auditor gemeinsam mit dem zu auditierenden Unternehmen festgelegt werden. In einem Auditplan werden Ziele, Umfang, beteiligte Personen, Termine, etc. genannt. Zusätzlich muß sichergestellt werden, daß das zu auditierende Unternehmen ausreichend Informationen, Unterstützung und angemessene Mittel für die Auditierung bereitstellt. Die Aufgabenverteilung innerhalb des Auditteams muß ebenfalls sichergestellt sein.

Die Festlegung des Prüfungsumfangs sollte folgendes enthalten:

- die zu prüfenden Umwelt- und Unternehmensbereiche,
- die zu prüfenden Tätigkeiten,
- den erfaßten Zeitraum
- und die relevanten Umweltstandards.

Die für die Leistungen im betrieblichen Umweltschutz erhobenen Daten müssen ebenfalls beurteilt werden. Der Umfang des Umweltaudits ergibt sich aus den bisher in den einzelnen Phasen beschriebenen Arbeiten zum Umweltmanagementsystem.

Die notwendigen Informationen werden durch die Befragung der Mitarbeiter, Beobachtungen der Tätigkeiten und die Einsicht in die Unterlagen erhalten. Sie müssen so weit es geht überprüft werden.

Einzelne Bestandteile des Audits können sein:

- Die Überprüfung der Umweltpolitk und der Umweltprogramme
- Die Untersuchung der Dokumente, Unterlagen etc., die für die Beurteilung des betrieblichen Umweltschutzes notwendig sind

- Befragungen der Mitarbeiter
- Kontrolle der Arbeitsbedingungen und der technischen Ausrüstung
- Kontrolle der Einhaltung der Gesetze, Normen und Vorschriften
- Untersuchung der Leistungsfähigkeit des Umweltmanagementsystems
- Erhebung aller umweltrelevanten Daten und Überprüfung dieser Daten
- Beurteilung der Prüfungsergebnisse
- Erstellung eines Prüfungsberichts, der ausgearbeitete Schlußfolgerungen und Feststellungen enthält

Audits sollten objektiv und korrekt durchgeführt werden. Die Ergebnisse, Konformität und Nichtkonformität mit den Auditkriterien, werden im Auditbericht schriftlich dokumentiert.

➔ Anforderungen an die Umweltauditoren

Umweltauditoren sollten eine ausreichende fachliche und persönliche Qualifikation zur Durchführung von Umweltaudits besitzen.

Zur fachlichen Qualifikation zählen Kenntnisse in folgenden Bereichen:

- Verfahrenstechnologie und Naturwissenschaften,
- Umweltmanagementsysteme und Normen,
- Umweltvorschriften (Gesetze, Verordnungen, Verwaltungsvorschriften, etc.)
- Aufgaben im betrieblicher Umweltschutz,
- Technische Aspekte von Tätigkeiten,
- Betriebswirtschaftliche Kenntnisse
- Auditdurchführungen.

Zusätzlich müssen Auditoren neben der theoretischen auch eine ausreichende praktische Erfahrung besitzen.

Zusätzlich sind persönlichen Eigenschaften wie:

- klare mündliche und schriftliche Ausdrucksformen,
- gute zwischenmenschliche Umgangsformen,
- Unabhängigkeit, Objektivität und Sorgfalt,
- gute Arbeitsorganisation,
- gute Urteilsfähigkeit,
- Sensibilität im Umgang mit Mitarbeitern

Auditoren sollten ihr Fachwissen ständig auf dem neuesten Stand halten. Sie sollten sich deshalb in den oben genannten theoretischen und persönlichen Bereichen ständig qualifizieren.

➔ Aufbau und Inhalt eines Umweltauditberichts

Alle Feststellungen, Mängel und Schlußfolgerungen aus dem Umweltaudit werden von den Auditoren vollständig in einen schriftlichen Umweltauditbericht niedergelegt. Diese Informationen müssen der Unternehmensleitung weitergegeben werden.

Der Bericht muß enthalten:

- Alle Ergebnisse der Befragungen und Untersuchungen
- Alle Verstöße gegen Verordnungen, Gesetze und Normen
- Technische Mängel des Prüfverfahrens und aller anderer Verfahren sowie Mängel des Umweltmanagementsystems
- Unzulänglichkeiten in der Umwelterklärung und deren Korrekturen und Zusätze, die hinzugefügt werden
- Verbesserungsvorschläge

Mit diesem Verfahren sollen die hier aufgezählten Ziele erreicht werden:

- Dokumentation des gesamten Prüfungsumfangs
- Beurteilung der Umsetzung der Umweltpolitik durch das Umweltmanagement
- Entwicklungsstand des betrieblichen Umweltschutzes am Standort
- Leistungsfähigkeit und Zuverlässigkeit der Regelungen für die Kontrolle umweltrelevanter Auswirkungen am Standort
- erforderliche Korrekturmaßnahmen aufzeigen

Daran anschließend müssen die Auditergebnisse und die geeigneten Korrekturmaßnahmen in die betriebliche Praxis umgesetzt werden. In den nachfolgenden Audits muß im Rahmen einer Erfolgskontrolle geprüft werden, welche Verbesserungen die Korrekturmaßnahmen erbringen konnten.

➔ Welche Hilfsmittel stehen zur Verfügung?

Alle in den bisherigen Phasen beschriebenen Aspekte können grundsätzlich für einen Umweltaudit genutzt werden. Die Phase 1 "Informationssammlung" stellt die Basis dar. Die in Phase 4 "Umweltprüfung" und Phase 8 "Umweltbegutachtung" hinterlegten Fragenkataloge dienen zur Vorbereitung und Unterstützung. Das in Phase 5 "Umweltmanagementsystem" erstellten Umweltmanagementhandbuch und die Umweltverfahrensanweisungen dienen als Richtlinien. Die einzelnen Maßnahmen des Umweltprogramms (Phase 6) und die Umwelterklärung (Phase 7) mit ihren Daten und Aussagen liefern die Kriterien für die Leistungsbewertung des betrieblichen Umweltschutzes. Langsam beginnt sich der Kreis zu schließen.

Phase 10: Überprüfung und Anpassung des Umweltprogramms

Eine der Antworten, die ich auf die Frage "Was sollen wir tun ?" geben würde, hieße "Nachdenken!"

(Carl Friedrich von Weizsäcker)

➔ Abschließende Erläuterungen

Umweltbelastungen sind zu verhüten, zu verringern und soweit möglich zu beseitigen. In diesem Bereich trägt die Industrie eine starke Eigenverantwortung für die Bewältigung der Umweltfolgen ihrer Tätigkeiten. Diese Verantwortung verlangt von den Unternehmen nicht nur die Einhaltung aller einschlägigen Umweltvorschriften, sondern auch die Verpflichtung zur angemessenen, kontinuierlichen Verbesserung des betrieblichen Umweltschutzes.

Die Umwelteinwirkungen sind in einem solchen Umfang zu verringern, wie es sich mit der wirtschaftlich vertretbaren Anwendung der besten verfügbaren Technik erreichen läßt. Ökonomie und Ökologie sind so gleichwertig zu bewerten.

Die aus der Umweltbetriebsprüfung (Phase 9) gewonnen Erkenntnisse, in bezug auf Einhaltung des Umweltmanagementsystems (Phase 5) und der gesetzlichen Vorgaben, helfen ein neues Umweltprogramm (Phase 6) mit neuen Maßnahmen zu erstellen. Der Formulierung dieser Maßnahmen, der Umsetzung und der anschließenden Erfolgskontrolle folgt wieder die Erstellung einer Umwelterklärung (Phase 7). Durch die anschließende Umweltbegutachtung (Phase 8) des betrieblichen Umweltschutzes ist eine kontinuierliche Verbesserung und eine dauerhafte umweltgerechte Entwicklung gewährleistet. Der Kreislauf schließt sich.

Anhang

Absolut gesehen, wissen wir zwar eine ganze Menge, aber im Verhältnis zu dem, was wir wissen müßten, sind wir ziemlich unwissend.

(John Passmore)

➔ EG-Verordnung

Verordnung (EWG) Nr. 1836/93 Des Rates

vom 29. Juni 1993

über die freiwillige Beteiligung gewerblicher Unternehmen an einem Gemeinschaftssystem für das Umweltmanagement und die Umweltbetriebsprüfung

Der Rat der Europäischen Gemeinschaften-

gestützt auf den Vertrag zur Gründung der Europäischen Wirtschaftsgemeinschaft, insbesondere auf Artikel 130s, auf Vorschlag der Kommission, nach Stellungnahme des Europäischen Parlaments, nach Stellungnahme des Wirtschafts- und Sozialausschusses, in Erwägung nachstehender Gründe:

Die Ziele und Grundsätze der Umweltpolitik der Gemeinschaft, die im Vertrag festgelegt und in der Entschließung des Rates der Europäischen Gemeinschaften und der im Rat vereinigten Vertreter der Regierungen der Mitgliedsstaaten vom 1. Februar 1993 über ein Programm der Europäischen Gemeinschaften für Umweltpolitik und Maßnahmen in Hinblick auf eine Dauerhafte und umweltgerechte Entwicklung sowie in früheren Entschließungen über eine Umweltpolitik und ein Aktionsprogramm der Gemeinschaft für Umweltschutz von 1973, 1977, 1983 und 1087 ausgeführt sind, umfassen im besonderen die Verhütung, die Verringerung und, soweit möglich, die Beseitigung der Umweltbelastungen insbesondere an Ihrem Ursprung auf der Grundlage des Verursacherprinzips sowie eine gute Bewirtschaftung der Rohstoffquellen und den Einsatz von sauberen und saubereren Technologien.

Im Artikel 2 des Vertrages in der Zukünftigen Fassung des am 7. Februar 1992 in Maastricht unterzeichneten Vertrages über die Europäische Union heißt es, daß es Aufgabe der Gemeinschaft ist, innerhalb der Gemeinschaft ein beständiges Wachstum zu fördern, und in der Entschließung des Rates vom 1. Februar 1993 wird die Bedeutung eines solchen dauerhaften und umweltgerechten Wachstums hervorgehoben.

In dem von der Kommission vorgelegten und in der Entschließung des Rates vom 1. Februar 1993 im Gesamtkonzept gebilligten Programm "Für eine Dauerhafte und Umweltgerechte Entwicklung" wird die Rolle und die Verantwortung der Unternehmen sowohl für die Stärkung der Wirtschaft als auch für den Schutz der Umwelt in der Gemeinschaft unterstrichen.

Die Industrie trägt Eigenverantwortung für die Bewältigung der Umweltfolgen ihrer Tätigkeit und sollte daher in diesem Bereich zu einem aktiven Konzept kommen.

Diese Verantwortung verlangt von den Unternehmen Die Festlegung und Umsetzung von Umweltpolitik, zielen und -programmen sowie wirksamer Umweltmanagementsysteme ; die Unternehmen sollten eine Umweltpolitik festlegen, die nicht nur die Einhaltung aller einschlägigen Umweltvorschriften vorsieht, sondern auch Verpflichtung zur angemessenen kontinuierlichen Verbesserung des betrieblichen Umweltschutzes umfaßt.

Bei der Anwendung von Umweltmanagementsystemen in Unternehmen ist dem Erfordernis Rechnung zu tragen, daß die Betriebsangehörigen über die Erstellung und Durchführung solcher Systeme unterrichtet werden und eine entsprechende Ausbildung erhalten.

Umweltmanagementsysteme sollte Verfahren für die Umweltbetriebsprüfung umfassen, damit die Unternehmensleitung besser beurteilen kann, inwieweit das System angewandt wird und sich bei der Verfolgung der Umweltpolitik des Unternehmens als wirksam erweist.

Die Unterrichtung der Öffentlichkeit durch die Unternehmen über die Umweltaspekte ihrer Tätigkeiten stellt einen wesentlichen Bestandteil guten Umweltmanagements und eine Antwort auf das zunehmende Interesse der Öffentlichkeit an diesbezüglichen Informationen dar.

Die Unternehmen sollten daher ermutigt werden, regelmäßig Umwelterklärungen zu erstellen und zu verbreiten, aus denen die Öffentlichkeit entnehmen kann, welche Umweltfaktoren an den Betriebsstandorten gegeben sind und wie die Umweltpolitik, -programme und -ziele sowie das Umweltmanagement der Unternehmen aussehen.

Transparenz und Glaubwürdigkeit der Unternehmen in diesem Bereich werden verstärkt, wenn zugelassene Umweltgutachter die Umweltpolitik, -programme, -managementsysteme und -betriebsprüfungsverfahren sowie die

Umwelterklärung der Unternehmen auf ihre Übereinstimmung mit den einschlägigen Anforderungen dieser Verordnung hin zu prüfen und die Umwelterklärung der Unternehmen für gültig erklären.

Es ist dafür zu sorgen, daß die Zulassung der auf die Aufsicht über die Umweltgutachter auf unabhängige und unparteiische Weise erfolgen, damit die Glaubwürdigkeit des Systems gewährleistet wird.

Die Unternehmen sollten ermutigt werden, sich auf freiwilliger Basis an einem solchen System zu beteiligen. Damit das System innerhalb der Gemeinschaft überall gleich angewandt wird, müssen die Regeln, Verfahren und die wesentlichen Anforderungen in allen Mitgliedsstaaten dieselben sein.

Ein Gemeinschaftssystem für das Umweltmanagement und die Umweltbetriebsprüfung sollte in einem ersten Stadium auf den gewerblichen Bereich abstellen, in dem es bereits Umweltmanagementsysteme und Umweltbetriebsprüfungen gibt. Versuchsweise sollten für nichtgewerbliche Sektoren wie den Handel oder den öffentlichen Dienstleistungsbereich entsprechende Bestimmungen erlassen werden.

Damit eine ungerechtfertigte Belastung der Unternehmen vermieden und eine Übereinstimmung zwischen dem Gemeinschaftssystem und einzelstaatlichen, europäischen und internationalen Normen für Umweltmanagementsysteme und Umweltbetriebsprüfungen hergestellt wird, sollten die Normen, die von der Kommission nach einem geeigneten Verfahren anerkannt wurden, als den einschlägigen Vorschriften dieser Verordnung entsprechend angesehen werden ; die Unternehmen sollten von diesbezüglichen Doppelverfahren entbunden werden.

Es ist von Bedeutung, daß sich kleinere und mittlere Unternehmen an dem Gemeinschaftssystem für Umweltmanagement und Umweltbetriebsprüfung beteiligen und dies dadurch gefördert wird, daß Maßnahmen und Strukturen zur technischen Hilfeleistung eingeführt und gefördert werden, damit die Unternehmen über die erforderliche Fachkenntnis und die Unterstützung verfügen.

Die Kommission sollte nach einem gemeinschaftlichen Verfahren die Anhänge zu dieser Verordnung anpassen, einzelstaatliche, europäische und internationale Normen für die Umweltmanagementsysteme anerkennen, Leitlinien für die Festlegung der Häufigkeit für Umweltbetriebsprüfungen aufstellen und die Zusammenarbeit zwischen den Mitgliedsstaaten in bezug auf die Zulassung der und die Aufsicht über die Umweltgutachter fördern.

Diese Verordnung sollte nach einer gewissen Durchführungszeit anhand der gewonnenen Erfahrungen überprüft werden -

HAT FOLGENDE VERORDNUNG ERLASSEN:

Artikel 1

Das Umweltmanagement- und Umweltbetriebssystem und seine Ziele

(1) Es wird ein System der Gemeinschaft zur Bewertung und Verbesserung des betrieblichen Umweltschutzes im Rahmen von gewerblichen Tätigkeiten und zur geeigneten Unterrichtung der Öffentlichkeit geschaffen _ nachstehend "Gemeinschaftssystem für das Umweltmanagement und die Umweltbetriebsprüfung" bzw. "System" genannt -, an dem sich Unternehmen mit gewerblichen Tätigkeiten freiwillig beteiligen können.

(2) Ziele des Systems ist die Förderung der kontinuierlichen Verbesserung des betrieblichen Umweltschutzes im Rahmen der gewerblichen Tätigkeit durch:

a) Festlegung und Umsetzung standortbezogener Umweltpolitik, -programme und -managementsysteme durch Unternehmen ;

b) systematische, objektive und regelmäßige Bewertung der Leistung dieser Instrumente ;

c) Bereitstellung von Informationen über den betrieblichen Umweltschutz für die Öffentlichkeit.

3) Bestehende gemeinschaftliche oder einzelstaatliche Rechtsvorschriften oder technische Normen für Umweltkontrollen sowie die Verpflichtung der Unternehmen aus diesen Rechtsvorschriften und Normen bleiben von diesem System unberührt.

Artikel 2

Begriffsbestimmung

Für die Verordnung gelten folgende Begriffsbestimmungen:

a) "Umweltpolitik": die umweltbezogenen Gesamtziele und Handlungsgrundsätze eines Unternehmens, einschließlich der Einhaltung aller einschlägigen Umweltvorschriften ;

b) "Umweltprüfung": eine erste umfassende Untersuchung der umweltbezogenen Fragestellungen, Auswirkungen und des betrieblichen Umweltschutzes im Zusammenhang mit der Tätigkeit an einem Standort ;

c) "Umweltprogramm": eine Beschreibung der konkreten Ziele und Tätigkeiten des Unternehmens, die einen größeren Schutz der Umwelt an einem bestimmten Standort gewährleisten sollen, einschließlich einer Beschreibung der zu Erreichung dieser getroffenen Ziele getroffenen oder in Betracht gezogenen Maßnahmen und der gegebenenfalls festgelegten Fristen für die Durchführung dieser Maßnahmen ;

d) "Umweltziele": die Ziele, die sich ein Unternehmen im einzelnen für seinen betrieblichen Umweltschutz gesetzt hat ;

e)"Umweltmanagementsystem": der Teil des gesamten übergreifenden Managementsystems, der die Organisationsstruktur, Zuständigkeiten, Verhaltensweisen, förmliche Verfahren, Abläufe und Mittel für die Festlegung und Durchführung der Umweltpolitik einschließt ;

f) "Umweltbetriebsprüfung": ein Managementinstrument, das eine systematische, dokumentierte, regelmäßige und objektive Bewertung der Leistung der Organisation, des Managements und der Abläufe zum Schutz der Umwelt umfaßt und folgenden Zielen dient:

i) Erleichterung der Managementkontrolle von Verhaltensweisen, die eine Auswirkung auf die Umwelt haben können ;

ii) Beurteilung der Übereinstimmung mit der Unternehmenspolitik im Umweltbereich ;

g) "Betriebsprüfungszyklus": der Zeitraum, innerhalb dessen alle Tätigkeiten an einem Standort gemäß Artikel 4 und Anhang II in Bezug auf alle in Anhang I Teil C aufgeführten relevanten Umweltaspekte einer Betriebsprüfung unterzogen werden ;

h) "Umwelterklärung": die von dem Unternehmen gemäß dieser Verordnung, insbesondere gemäß Artikel 5, abgefaßte Erklärung ;

i) "Gewerbliche Tätigkeiten": jede Tätigkeit, die unter die Abschnitte C und D der statistischen Systematik der Wirtschaftszweige in der Europäischen Gemeinschaft (NACE Rev. 1) gemäß der Verordnung (EWG) Nr. 3037/90 des Rates fällt ; hinzu kommen die Erzeugung von Strom, Gas, Dampf und Heißwasser sowie Recycling, Behandlung, Vernichtung oder Endlagerung von festen oder flüssigen Abfällen ;

j) "Unternehmen" :die Organisation, die die Betriebskontrolle über die Tätigkeit an einem gegebenen Standort insgesamt ausübt ;

k) "Standort": das Gelände, auf dem die unter der Kontrolle eines Unternehmens stehenden gewerblichen Standort durchgeführt werden, einschließlich damit verbundener oder zugehöriger Lagerung von Rohstoffen, Nebenprodukten, Zwischenprodukten, Endprodukten und Abfällen sowie der im Rahmen dieser Tätigkeiten genutzten beweglichen und unbeweglichen Sachen, die zur Ausstattung und Infrastruktur gehören ;

l) "Betriebsprüfer": eine Person oder eine Gruppe, die zur Belegschaft des Unternehmens gehört oder unternehmensfremd sein kann, im Namen der Unternehmensleitung handelt, einzeln oder als Gruppe über die in Anhang II Teil C genannten fachlichen Qualifikationen verfügt und deren Unabhängigkeit von den geprüften Tätigkeiten groß genug ist, um eine objektive Beurteilung zu gestatten ;

m) "Zugelassener Umweltgutachter": eine vom zu begutachtenden Unternehmen unabhängige Person oder Organisation, die gemäß den Bedingungen und Verfahren des Artikels 6 zugelassen worden ist ;

n) "Zulassungssystem": ein System für die Zulassung der und die Aufsicht über die Umweltgutachter, das von einer unparteiischen Stelle oder Organisation betrieben wird, die von einem Mitgliedstaat benannt oder geschaffen wurde und über ausreichende Mittel und Qualifikationen sowie über geeignete förmliche Verfahren verfügt, um die in dieser Verordnung für ein solches System festgelegten Aufgaben wahrnehmen können ;

o) "Zuständige Stellen": die gemäß Artikel 18 von den Mitgliedsstaaten benannten Stellen, die die in dieser Verordnung festgelegten Aufgabe durchführen ,

Artikel 3

Beteiligung an dem System

An dem System können sich alle Unternehmen beteiligen, die an einem oder mehreren Standorten eine gewerbliche Tätigkeit ausüben. Zur Eintragung eines Standorts gemäß diesem System muß das Unternehmen:

a) im Einklang mit den einschlägigen Anforderungen nach Anhang I eine betriebliche Umweltpolitik festlegen, die nicht nur die Einhaltung aller einschlägigen Umweltvorschriften vorsieht, sondern auch Verpflichtungen zur angemessenen kontinuierlichen Verbesserung des betrieblichen Umweltschutzes umfaßt; diese Verpflichtungen müssen darauf abzielen, die Umwelteinwirkungen in einem solchen Umfang zu verringern, wie es sich mit der wirtschaftlich vertretbaren Anwendung der besten verfügbaren Technik erreichen läßt ;

b) eine Umweltprüfung an diesem Standort durchführen, die den in Anhang I Teil C genannten Aspekten Rechnung trägt ;

c) aufgrund der Ergebnisse dieser Prüfung ein Umweltprogramm für den Standort und ein Umweltmanagementsystem für alle Tätigkeiten an dem Standort schaffen. Das Umweltprogramm muß der Erfüllung der Verpflichtungen dienen, die in der Umweltpolitik des Unternehmens im Hinblick auf eine kontinuierliche Verbesserung festgelegt sind. Das Umweltmanagementsystem muß den Anforderungen des Anhang I entsprechen ;

d) Umweltbetriebsprüfungen an den betreffenden Standorten gemäß Artikel 4 durchführen oder durchführen lassen ;

e) auf der höchsten dafür geeigneten Managementebene Ziele aufgrund der Ergebnisse der Umweltbetriebsprüfung festlegen, die auf eine kontinuierliche Verbesserung des betrieblichen Umweltschutzes gerichtet sind und das Umweltprogramm gegebenenfalls so abändern, daß diese Ziele am Standort erreicht werden können ;

f) eine Umwelterklärung gemäß Artikel 5 gesondert für jeden Standort erstellen, an dem eine Betriebsprüfung durchgeführt wurde. Die erste Erklärung muß auch die in Anhang V genannten Angaben enthalten ;

g) die Umweltpolitik, das Umweltprogramm, das Umweltmanagementsystem, die Umweltprüfung oder das Umweltbetriebsprüfungsverfahren und die Umwelterklärung(en) auf Übereinstimmung mit den einschlägigen Bestimmungen dieser Verordnung prüfen lassen und die Umwelterklärung gemäß Artikel 4 und Anhang III für gültig erklären lassen ;

h) die für gültig erklärten Umwelterklärungen der zuständigen Stellen des Mitgliedstaats übermittelt, in dem der Standort liegt, und sie gegebenenfalls nach Eintragung des betreffenden Standorts gemäß Artikel 8 der Öffentlichkeit in diesem Staat zur Kenntnis bringt.

Artikel 4

Umweltbetriebsprüfung und Gültigkeitserklärung

(1) Die interne Umweltbetriebsprüfung an einem Standort kann durch Betriebsprüfer des Unternehmens oder durch für das Unternehmen tätige externe Personen oder Organisationen durchgeführt werden. In beiden Fällen erfolgt die Betriebsprüfung nach Kriterien des Anhang I Teil C und des Anhang II.

(2) Die Häufigkeit von Betriebsprüfungen wird nach den Kriterien des Anhangs II Teil H auf der Grundlage von Leitlinien festgesetzt, die die Kommission nach dem Verfahren des Artikels 19 festlegt.

(3) Der zugelassene unabhängige Umweltgutachter prüft die Umweltpolitik, Umweltprogramme, Umweltmanagementsysteme, die Umweltprüfungs- oder Umweltbetriebsprüfungsverfahren und die Umwelterklärung auf Übereinstimmung mit den Bestimmungen dieser Verordnung und erklärt die Umwelterklärungen auf der Grundlage des Anhangs III für gültig.

(4) Der zugelassene Umweltgutachter darf in keinem Abhängigkeitsverhältnis zum Betriebsprüfer des Standorts stehen.

(5) Im Sinne des Absatzes 3 und unbeschadet der Befugnisse der Vollzugsbehörde in den Mitgliedstaaten prüft der zugelassene Umweltgutachter,

a) ob die Umweltpolitik festgelegt wurde und den Bestimmungen des Artikels 3 sowie den einschlägigen Vorschriften des Anhangs I entspricht ;

b) ob ein Umweltmanagementsystem und ein Umweltprogramm bestehen und am Standort angewandt werden und ob sie den einschlägigen Vorschriften des Anhangs I entsprechen ;

c) ob die Umweltprüfung und -betriebsprüfung gemäß den einschlägigen Vorschriften der Anhänge I und II durchgeführt sind ;

d) ob die Angaben in der Umwelterklärung zuverlässig sind und ob die Erklärung alle wichtigen Umweltfragen, die für den Standort von Bedeutung sind, in angemessener Weise berücksichtigt.

(6) Die Umwelterklärung wird von dem zugelassenen Umweltgutachter nur dann für gültig erklärt, wenn die in den Absätzen 3, 4 und 5 aufgeführten Voraussetzungen erfüllt sind.

(7) Externe Betriebsprüfer und zugelassene Umweltgutachter dürfen ohne Genehmigung der Unternehmensleitung keine Informationen oder Angaben Dritten zugänglich machen, zu denen sie im Verlauf ihrer Betriebsprüfung oder Gutachtertätigkeit Zugang erhalten haben.

Artikel 5

Umwelterklärung

(1) Für jeden an dem System der Gemeinschaft beteiligten Standort wird nach der ersten Umweltprüfung und nach jeder folgenden Betriebsprüfung oder nach jedem Betriebsprüfungszyklus eine Umwelterklärung erstellt.

(2) Die Umwelterklärung wird für die Öffentlichkeit verfaßt und in knapper und verständlicher Form geschrieben. Technische Unterlagen können beigefügt werden.

(3) Die Umwelterklärung umfaßt insbesondere

a) eine Beschreibung der Tätigkeit des Unternehmens an dem betreffenden Standort,

b) eine Beurteilung aller wichtigen Umweltfragen im Zusammenhang mit den betreffenden Tätigkeiten ,

c) eine Zusammenfassung der Zahlenangaben über Schadstoffemissionen, Abfallaufkommen, Rohstoff-, Energie- und Wasserverbrauch und gegebenenfalls über Lärm und andere bedeutsame umweltrelevante Aspekte, soweit angemessen;

d) sonstige Faktoren, die den betrieblichen Umweltschuz betreffen;

e) eine Darstellung der Umweltpolitik, des Umweltprogramms und des Umweltmanagementsystems des Unternehmens für den betreffenden Standort;

f) den Termin für die Vorlage der nächsten Umwelterklärung;

g) den Namen des zugelassenen Umweltgutachters.

(4) In der Umwelterklärung wird auf bedeutsame Veränderungen hingewiesen, die sich seit der vorangegangenen Erklärung ergeben haben.

(5) In der Zeit zwischen den Umweltbetriebsprüfungen wird jährlich eine vereinfachte Umwelterklärung erstellt, die mindestens auf der Vorschrift des Absatzes 3 Buchstabe c) beruht und gegebenenfalls auf bedeutsame Veränderungen seit der letzten Erklärung hinweist. Die vereinfachten Erklärungen brauchen erst am Ende der Betriebsprüfung oder des Betriebsprüfungszyklus für gültig erklärt werden.

(6) Die Jährliche Erstellung von Umwelterklärungen ist jedoch nicht für Standorte erforderlich,

- für die aufgrund der Art und des Umfangs der Tätigkeit insbesondere im Fall kleiner und mittlerer Unternehmen, nach Auffassung des zugelassenen Umweltgutachters bis zum Abschluß der nächsten Betriebsprüfung keine weiteren Umwelterklärungen erforderlich sind, und
- an denen es seit der letzten Umwelterklärung nur wenige bedeutsame Änderungen gegeben hat.

Artikel 6

Zulassung und Aufsicht über die Umweltgutachter

(1) Die Mitgliedstaaten regeln die Zulassung unabhängiger Umweltgutachter und die Aufsicht über ihre Tätigkeit. Hierfür können die Mitgliedstaaten entweder bestehende Zulassungsstellen oder die in Artikel 18 genannten zuständigen Stellen heranziehen oder aber andere Stellen mit einer geeigneten Rechtsstellung benennen oder schaffen.

Die Mitgliedstaaten stellen eine unabhängige und neutrale Aufgabenwahrnehmung sicher.

(2) Die Mitgliedstaaten tragen dafür Sorge, daß die Zulassungssysteme innerhalb von einundzwanzig Monaten nach Inkrafttreten dieser Verordnung voll funktionsfähig sind.

(3) Die Mitgliedstaaten gewährleisten, daß die von der Schaffung und Leitung der Zulassungssysteme betroffene Kreise in geeigneter Weise angehört werden.

(4) Für die Zulassung der Umweltgutachter und die Aufsicht gelten die Anforderungen von Anhang III.

(5) Die Mitgliedstaaten unterrichten die Kommission über die nach diesem Artikel getroffenen Maßnahmen.

(6) Die Kommission fördert im Einklang mit dem Verfahren des Artikels 19 die Zusammenarbeit zwischen den Mitgliedstaaten, um insbesondere

- Unstimmigkeiten zwischen den Kriterien, Bedingungen und Verfahren zu vermeiden, die sie für die Zulassung von Umweltgutachtern anwenden,
- die Aufsicht über die Tätigkeiten der Umweltgutachter in anderen Mitgliedstaaten als denen zu erleichtern, in denen sie zugelassen sind.

(7) Die in einem Mitgliedstaat zugelassenen Umweltgutachter dürfen in allen anderen Mitgliedstaaten gutachterlich tätig werden, sofern dies dem Zulassungssystem des Mitgliedstaates, in dem die gutachterliche Tätigkeit erfolgt, zuvor notifiziert wird und sofern diese Tätigkeit der Aufsicht des Zulassungssystems des Mitgliedstaat entspricht.

Artikel 7

Liste der zugelassenen Umweltgutachter

Die Zulassungssysteme erstellen, überarbeiten und aktualisieren eine Liste der in den einzelnen Mitgliedstaaten zugelassenen Umweltgutachter und übermitteln diese Liste halbjährlich der Kommission.

Die Kommission veröffentlicht eine Gesamtliste für die Gemeinschaft im *Amtsblatt der Europäischen Gemeinschaften.*

Artikel 8

Eintragung der Standorte

(1) Nachdem die zuständige Stelle eine für gültig erklärte Umwelterklärung und die gegebenenfalls nach Artikel 11 zu entrichtende Eintragungsgebühr für einen Standort erhalten hat und glaubhaft gemacht ist, daß der Standort alle Bedingungen dieser Verordnung erfüllt, trägt sie diesen in ein Verzeichnis ein und unterrichtet die Unternehmensleitung des Standortes davon, daß der Standort in dem Verzeichnis aufgeführt ist.

(2) Das in Absatz 1 genannte Verzeichnis des Standortes wird von der zuständigen Stelle jährlich auf den neuesten Stand gebracht.

(3) Versäumt es ein Unternehmen, der zuständigen Stelle innerhalb von drei Monaten nach einer entsprechenden Aufforderung eine für gültig erklärte Umwelterklärung vorzulegen und die Eintragungsgebühr zu entrichten, oder stellt die zuständige Stelle zu einem beliebigen Zeitpunkt fest, daß der Standort nicht mehr alle Anforderungen erfüllt, so wird dieser Standort aus dem Verzeichnis gestrichen und die Unternehmensleitung des Standortes davon unterrichtet.

(4) Wird eine zuständige Stelle von der zuständigen Vollzugsbehörde von einem Verstoß gegen einschlägige Umweltvorschriften am Standort unterrichtet, so lehnt sie die Eintragung dieses Standorts ab oder hebt sie vorübergehend auf und unterrichtet die Unternehmensleitung des Standorts davon.

Die Ablehnung oder vorübergehende Aufhebung wird zurückgenommen, wenn die zuständige Stelle von der Vollzugsbehörde hinreichende Zusicherung dahingehend erhalten hat, daß der Verstoß abgestellt wurde und hinreichende Vorkehrungen getroffen wurden, die eine Wiederholung ausschließen.

Artikel 9

Veröffentlichung des Verzeichnisses der eingetragenen Standorte

Die zuständigen Stellen übermitteln der Kommission je nach der Entscheidung des betreffenden Mitgliedstaats entweder unmittelbar oder über die nationalen Behörden vor Ende eines jeden Jahres die Verzeichnisse gemäß Artikel 8 und deren aktualisierte Fassungen.

Das Verzeichnis aller eingetragenen Standorte in der Gemeinschaft wird von der Kommission jährlich im *Amtsblatt der Europäischen Gemeinschaften* veröffentlicht.

Artikel 10

Teilnahmeerklärung

(1) Die Unternehmen können für ihren eingetragenen Standort oder für ihre eingetragenen Standorte eine der in Anhang IV aufgeführten Teilnahmeerklärungen verwenden, in denen die Art der Teilnahme an dem System deutlich zum Ausdruck kommt.

Eine Graphik darf nicht ohne eine der Teilnahmeerklärungen verwendet werden.

(2) Soweit erforderlich, müssen die Bezeichnung des Standorts oder der Standorte in der Teilnahmeerklärung angegeben werden.

(3) Die Teilnahmeerklärung darf weder in der Produktwerbung verwendet noch auf dem Erzeugnis selbst oder auf ihrer Verpackung angegeben werden.

Artikel 11

Kosten und Gebühren

Zur Deckung der im Zusammenhang mit dem Eintragungsverfahren für Standorte und die Zulassung von Umweltgutachtern anfallenden Verwaltungskosten sowie der Kosten für die Förderung der Teilnahme von Unternehmen kann nach Modalitäten, die von den Mitgliedstaaten festgelegt werden, ein Gebührensystem eingerichtet werden.

Artikel 12

Verhältnis zu einzelstaatlichen, europäischen und internationalen Normen

(1) Unternehmen, die Einzelstaatliche, europäische oder internationale Normen für Umweltmanagementsysteme und Betriebsprüfungen anwenden und nach geeigneten Zertifizierungsverfahren eine Bescheinigung darüber erhalten haben, daß sie diese Normen erfüllen, gelten als den einschlägigen Vorschriften diese Verordnung entsprechend, vorausgesetzt, daß

a) die Normen und Verfahren von der Kommission gemäß dem Verfahren des Artikels 19 anerkannt werden ;

b) die Bescheinigung von einer Stelle erteilt wird, deren Zulassung in dem Mitgliedstaat, in dem sich der Standort befindet, anerkannt ist.

Quellenangaben betreffend die anerkannten Normen und Kriterien werden im *Amtsblatt der Europäischen Gemeinschaften* veröffentlicht.

(2) Damit solch Standorte im Rahmen dieses Systems eingetragen werden können, müssen die betreffenden Unternehmen in allen Fällen den Vorschriften der Artikel 3 und 5 betreffend die Umwelterklärung einschließlich der Gültigkeitserklärung sowie den Bestimmungen des Artikels 8 entsprechen.

Artikel 13

Förderung der Teilnahme von Unternehmen, insbesondere von kleinen und mittleren Unternehmen

(1) Die Mitgliedstaaten können die Teilnahme von Unternehmen, insbesondere von kleinen und mittleren Unternehmen, an dem Umweltmanagement- und Betriebsprüfungssystem fördern, indem sie Maßnahmen und Strukturen zur technischen Hilfeleistung einführen oder fördern, damit die Unternehmen über die Fachkenntnis und die Unterstützung verfügen können, die sie brauchen, um die Regeln, Vorschriften und förmlichen Verfahren dieser Verordnung einzuhalten und insbesondere um Umweltpolitiken, -programme und -managementsysteme zu entwickeln, Betriebsprüfungen durchzuführen und Erklärungen zu erstellen und für gültig erklären zu lassen.

(2) Die Kommission unterbreitet dem Rat geeignete Vorschläge, die auf eine stärkere Teilnahme kleiner und mittlerer Unternehmen an dem System abzielen, insbesondere durch Information, Ausbildung sowie strukturelle und technische Unterstützung, sowie in Bezug auf Betriebsprüfungsverfahren und Prüfungen durch den Umweltgutachter.

Artikel 14

Einbeziehung weiterer Sektoren

Die Mitgliedstaaten können für nicht gewerbliche Sektoren, beispielsweise für den Handel und den öffentlichen Dienstleistungsbereich, versuchsweise Bestimmungen analog zu dem Umweltmanagement- und -betriebsprüfungssystem erlassen.

Artikel 15

Information

Die einzelnen Mitgliedstaaten sorgen dafür, daß

- die Unternehmen über den Inhalt dieser Verordnung unterrichtet werden ;
- die Öffentlichkeit über die Ziele und die wichtigsten Einzelheiten des Systems unterrichtet wird.

Artikel 16

Verstöße

Die Mitgliedstaaten treffen für den Fall der Nichtbeachtung dieser Verordnung geeignete Rechts- und Verwaltungsmaßnahmen.

Artikel 17

Anhänge

Die Anhänge zu dieser Verordnung werden von der Kommission nach dem Verfahren des Artikels 19 anhand der Durchführung des Systems gemachten Erfahrungen angepaßt.

Artikel 18

Zuständige Stellen

(1) Jeder Mitgliedstaat benennt innerhalb von zwölf Monaten nach Inkrafttreten dieser Verordnung die zuständige Stelle, die für die Durchführung der in dieser Verordnung, insbesondere im den Artikeln 8 und 9, festgelegten Aufgaben verantwortlich ist; er setzt die Kommission davon in Kenntnis.

(2) Die Mitgliedstaaten achten darauf, daß die zuständigen Stellen so zusammengesetzt sind, daß ihre Unabhängigkeit und Neutralität gewährleistet ist und daß die zuständigen Stellen diese Verordnung einheitlich anwendet. Die zuständigen stellen müssen insbesondere Verfahren für die Berücksichtigung von Bemerkungen der betroffenen Parteien zu den eingetragenen Standorten und zur Streichung oder vorübergehenden Aufhebung der Eintragung eines Standortes vorsehen.

Artikel 19

Ausschuß

(1) Die Kommission wird von einem Ausschuß unterstützt, der sich aus den Vertretern der Mitgliedstaaten zusammensetzt und in dem der Vertreter der Kommission den Vorsitz führt.

(2) Der Vertreter unterbreitet dem Ausschuß einen Entwurf der zu treffenden Maßnahmen. Der Ausschuß gibt seine Stellungnahme zu diesem Entwurf der zu treffenden Maßnahmen. Der Ausschuß gibt seine Stellungnahme zu diesem Entwurf innerhalb einer Frist ab, die der Vorsitzende unter Berücksichtigung der Dringlichkeit der betreffenden Frage festsetzen kann. Die Stellungnahme wird mit der Mehrheit abgegeben, die in Artikel 148 Absatz 2 des Vertrages der Kommission zu fassenden Beschlüsse vorgesehen ist. Bei der Abstimmung im Ausschuß werden die Stimmen der Vertreter der Mitgliedstaaten gemäß dem vorgenannten Artikel gewogen. Der Vorsitzende nimmt an der Abstimmung nicht teil.

(3) a) Die Kommission erläßt die beabsichtigten Maßnahmen, wenn sie mit der Stellungnahme des Ausschusses übereinstimmen.

b) Stimmen die beabsichtigten Bestimmungen mit der Stellungnahme des Ausschusses nicht überein oder liegt keine Stellungnahme vor, so unterbreitet die Kommission dem Rat unverzüglich einen Vorschlag für die zu treffende Maßnahmen. Der Rat beschließt mit qualifizierter Mehrheit.

Hat der Rat binnen drei Monaten nach seiner Befassung keinen Beschluß gefaßt, so werden die vorgeschlagenen Maßnahmen von der Kommission erlassen.

Artikel 20

Überprüfung

Spätestens fünf Jahre nach Inkrafttreten dieser Verordnung überprüft die Kommission das System anhand der bei ihrer Durchführung gemachten Erfahrung und schlägt dem Rat gegebenenfalls geeignete Änderungen insbesondere für den Umfang des Systems und die etwaige Eiführung eines Zeichens vor.

Artikel 21

Inkrafttreten

Diese Bestimmung tritt am dritten Tag nach ihrer Veröffentlichung im *Amtsblatt der Europäischen Gemeinschaften* in Kraft.

Sie gilt ab dem 21. Monat nach ihrer Veröffentlichung.

Diese Verordnung ist in allen ihren Teilen verbindlich und gilt unmittelbar in jedem Mitgliedstaat.

Gesehen zu Luxemburg am 19. Juni 1993.

Im Namen des Rates

Der Präsident

S. AUKEN

ANHANG I

VORSCHRIFTEN IN BEZUG AUF UMWELTPOLITIK; -PROGRAMME UND MANAGEMENTSYSTEME

A. Umweltpolitik, -ziele und -programme

1. Die Umweltpolitik sowie das Umweltprogramm des Unternehmens für den betreffenden Standort werden in schriftlicher Form festgelegt. In den dazugehörigen Dokumenten wird erläutert, wie das Umweltprogramm und das Umweltmanagementsystem, die für den Standort gelten, auf die Politik und die Systeme des Unternehmens insgesamt bezogen sind.

2. Die Umweltpolitik des Unternehmens wird auf der höchsten Managementebene festgelegt und in regelmäßigen Zeitabständen insbesondere im Lichte von Umweltbetriebsprüfungen überprüft und gegebenenfalls angepaßt. Sie wird den Beschäftigten des Unternehmens mitgeteilt und der Öffentlichkeit zugänglich gemacht.

3. Die Umweltpolitik des Unternehmens beruht auf den in Teil D aufgeführten Handlungsgrundsätzen.

Über die Einhaltung der einschlägigen Umweltvorschriften hinaus bezweckt die Politik eine stetige Verbesserung des betrieblichen Umweltschutzes.

Die Umweltpolitik und das Umweltprogramm für den betreffenden Standort stellen insbesondere auf die in Teil C aufgeführten Gesichtspunkte ab.

4. Umweltziele

Das Unternehmen legt seine Umweltziele auf allen betroffenen Unternehmensebenen fest.

Die Ziele müssen im Einklang mit der Umweltpolitik stehen und so formuliert sein, daß die Verpflich tungen zur stetigen Verbesserung des betrieblichen Umweltschutzes, wo immer dies in der Praxis möglich ist, quantitativ und mit Zeitvorgaben versehen wird.

5. Umweltprogramm für den Standort

Vom Unternehmen wird ein Programm zur Verwirklichung der Ziele am Standort aufgestellt und fortgeschrieben. Das Programm umfaßt folgendes:

a) Festlegung der Verantwortung für die Erreichung der Ziele in jedem Aufgabenbereich und jeder Ebene des Unternehmens;

b) die Mittel, mit denen diese Ziele erreicht werden sollen.

Für Vorhaben mit neuen Entwicklungen oder neuen oder geänderten Produkten, Dienstleistungen oder Verfahren werden gesonderte Umweltmanagementprogramme aufgestellt, in denen folgendes festgelegt wird:

1. die angestrebten Umweltziele;
2. die Instrumente für die Verwirklichung dieser Ziele;
3. die bei der Änderung im Projektverlauf anzuwendenden förmlichen Verfahren;
4. die erforderlichenfalls anzuwendenden Korrekturmaßnahmen, das Verfahren für ihre Ergreifung und das Verfahren, mit dem abgeschätzt werden soll, inwieweit die Korrekturmaßnahmen in jeder einzelnen Anwendungssituation angemessen sind.

B. Umweltmanagementsysteme

Das Umweltmanagementsystem wird so ausgestattet, angewandt und aufrechterhalten, daß es die Erfüllung der nachstehend definierten Anforderungen gewährleistet.

1. Umweltpolitik, -ziele und -programme

Festlegung und Überprüfung in regelmäßigen Zeitabständen sowie gegebenenfalls Anpassung von Umweltpolitik, -Zielen und -programmen des Unternehmens für den Standort auf der höchsten geeigneten Managementebene.

2. Organisation Und Personal

Verantwortung und Befugnisse

Definitionen und Beschreibung von Verantwortung, Befugnissen und Beziehungen zwischen den Beschäftigten in Schlüsselfunktionen, die die Arbeitsprozesse mit Auswirkungen auf die Umwelt leiten, durchführen und überwachen.

Managementvertreter

Bestellung eines mit Befugnissen und Verantwortung für die Anwendung und Aufrechterhaltung des Managementsystems.

Personal, Kommunikation und Ausbildung

Vorkehrungen, die gewährleisten, daß sich die Beschäftigten auf allen Ebenen bewußt sind über

a) Die Bedeutung der Einhaltung der Umweltpolitik und -ziele sowie der Anforderung nach dem festgelegten Managementsystem;

b) die möglichen Auswirkungen ihrer Arbeit auf die Umwelt und den ökologischen Nutzen eines verbesserten betrieblichen Umweltschutzes;

c) ihre Rolle und Verantwortung bei der Einhaltung der Umweltpolitik und der Umweltziele sowie der Anforderungen des Managementsystems;

d) die möglichen Folgen eines Abweichens von den festgelegten Arbeitsabläufen.

Ermittlung von Ausbildungsbedarf und Durchführung einschlägiger Ausbildungsmaßnahmen für alle Beschäftigten, deren Arbeit bedeutende Auswirkungen auf die Umwelt haben kann.

Vom Unternehmen werden Verfahren eingerichtet und fortgeschrieben, um in bezug auf Umweltauswirkungen und das Umweltmanagement des Unternehmens (interne und externe) Mitteilungen von betroffenen Parteien entgegenzunehmen, zu dokumentieren und zu beantworten.

3. Auswirkung auf die Umwelt

Bewertung und Registrierung der Auswirkungen auf die Umwelt

Prüfung und Beurteilung der Umweltauswirkungen der Tätigkeit des Unternehmens am Standort sowie Erstellung eines Verzeichnisses der Auswirkungen, deren besondere Bedeutung festgestellt worden ist. Dies schließt gegebenenfalls die Berücksichtigung folgender Sachverhalte ein:

a) kontrollierte und unkontrollierte Emissionen in die Atmosphäre;

b) kontrollierte und unkontrollierte Ableitung in Gewässer oder in die Kanalisation;

c) feste und andere Abfälle, insbesondere gefährliche Abfälle;

d) Kontaminierung von Erdreich;

e) Nutzung von Boden, Wasser, Brennstoffen und Energie sowie anderen natürlichen Ressourcen;

f) Freisetzung von Wärme, Lärm, Geruch, Staub, Erschütterungen und optischen Einwirkungen;

g) Auswirkung auf bestimmte Teilbereiche der Umwelt und auf Ökosysteme.

Dies umfaßt Auswirkungen, die sich ergeben oder wahrscheinlich ergeben aufgrund von

1. normalen Betriebsbedingungen;

2. abnormalen Betriebsbedingungen;

3. Vorfällen, Unfällen und möglichen Notfällen;

4. früheren, laufenden und geplanten Tätigkeiten.

Verzeichnis von Rechts und Verwaltungsvorschriften und sonstigen umweltpolitischen Anforderungen.

Von dem Unternehmen werden Verfahren für die Registrierung aller Rechts- und Verwaltungsvorschriften und sonstiger umweltpolitischer Anforderungen in Bezug auf die umweltrelevanten Aspekte seiner Tätigkeiten, Produkte und Dienstleistungen eingerichtet und fortgeschrieben.

4. Aufbau- und Ablaufkontrolle

Festlegung von Aufbau- und Ablaufverfahren

Ermittlung von Funktionen, Tätigkeiten und Verfahren, die sich auf die Umwelt auswirken oder auswirken können und für Politik und Ziele des Unternehmens relevant sind.

Planung und Kontrolle derartiger Funktionen, Tätigkeiten und Verfahren, insbesondere in bezug auf

a)dokumentierte Arbeitsanweisungen, in denen festgelegt ist, wie die Tätigkeit entweder von den Beschäftigten des Unternehmens oder von anderen, die für sie handeln, durchgeführt werden muß. Derartige Anweisungen werden für Fälle vorbereitet, in denen ein Fehlen derartiger Anweisungen zu einem Verstoß gegen die Umweltpolitik führen könnte;

b) Verfahren betreffend die Beschaffung und die Tätigkeit von Vertragspartnern, um sicherzustellen, daß die Lieferanten und diejenigen, die im Auftrag des Unternehmens Tätig werden, die sie betreffenden ökologischen Anforderungen des Unternehmens einhalten;

c) Überwachung und Kontrolle der relevanten verfahrenstechnischen Aspekte (z.B. Verbleib von Abwässern und Beseitigung von Abfällen);

d) Billigung geplanter Verfahren und Ausrüstungen;

e) Kriterien für Leistungen im Umweltschutz, die in schriftlicher Form als Norm festgelegt werden.

Kontrolle

Durch das Unternehmen ausgeführte Kontrolle der Einhaltung der Anforderungen, die das Unternehmen im Rahmen seiner Umweltpolitik, seines Umweltprogramms und seines Umweltmanagementsystems für den Standort definiert hat, sowie die Einführung und Weiterführung von Ergebnisprotokollen.

Dies beinhaltet für jede Tätigkeit bzw. jeden Bereich

a) die Ermittlung und Dokumentierung der für die Kontrolle erforderlichen Informationen;

b) die Spezifizierung und Dokumentierung der für die Kontrolle anzuwendenden Verfahren;

c) die Definition und Dokumentierung von Akzeptanzkriterien und Maßnahmen, die im Fall unbefriedigender Ergebnisse zu ergreifen sind;

d) die Beurteilung und Dokumentierung der Brauchbarkeit von Informationen aus Früheren Kontrollmaßnahmen, wenn sich herausstellt, daß ein Kontrollsystem schlecht funktioniert.

Nichteinhaltung und Korrekturmaßnahmen

Untersuchung und Korrekturmaßnahmen im Fall der Nichteinhaltung der Umweltpolitik, der Umweltziele oder Umweltnormen des Unternehmens, um

a) den Grund hierfür zu ermitteln;

b) einen Aktionsplan aufzustellen;

c) Vorbeugemaßnahmen einzuleiten, deren Umfang den aufgetretenen Risiken entspricht;

d) Kontrollen durchzuführen, um die Wirksamkeit der ergriffenen Vorbeugemaßnahmen zu gewährleisten;

e) alle Verfahrensänderungen festzuhalten, die sich aus den Kontrollmaßnahmen ergeben.

5. Umweltmanagement-Dokumentation

Erstellung einer Dokumentation mit Blick auf

a) eine umfassende Darstellung von Umweltpolitik, -zielen und -programmen;

b) die Beschreibung der Schlüsselfunktionen und -verantwortlichkeiten;

c) die Beschreibung der Wechselwirkungen zwischen den Systemelementen.

Erstellung von Aufzeichnungen, um die Einhaltung der Anforderungen des Umweltmanagementsystems zu belegen und zu dokumentieren, inwieweit Umweltziele erreicht wurden.

6. Umweltbetriebsprüfungen

Management, Durchführung und Prüfung eines systematischen und regelmäßig durchgeführten Programms betreffend

a) die Frage, ob die Umweltmanagementtätigkeiten mit dem Umweltprogramm in Einklang stehen und effektiv durchgeführt werden;

b) die Wirksamkeit des Umweltmanagementsystems für die Umsetzung der Umweltpolitik des Unternehmens.

C. Zu behandelnde Gesichtspunkte

Die nachstehenden Gesichtspunkte werden im Rahmen der Umweltpolitik und -programme sowie der Umweltbetriebsprüfung berücksichtigt.

1. Beurteilung, Kontrolle und Verringerung der Auswirkungen der betreffenden Tätigkeit auf die verschiedenen Umweltbereiche;
2. Energiemanagement, Energieeinsparung, Auswahl von Energiequellen
3. Bewirtschaftung, Einsparung, Auswahl und Transport von Rohstoffen; Wasserbewirtschaftung und -einsparung;
4. Vermeidung, Recycling, Wiederverwendung, Transport und Endlagerung von Abfällen;
5. Bewertung, Kontrolle und Verringerung der Lärmbelästigung innerhalb und außerhalb des Standorts;
6. Auswahl neuer und Änderung bestehender Produktionsverfahren;
7. Produktplanung (Design, Verpackung, Transport, Verwendung und Endlagerung);
8. betrieblicher Umweltschutz und Praktiken bei Auftragnehmern und Lieferanten;
9. Verhütung und Begrenzung umweltschädigender Unfälle;
10. Besondere Verfahren bei umweltschädigenden Unfällen;
11. Information und Ausbildung des Personals in bezug auf ökologische Fragestellungen;
12. externe Information über ökologische Fragestellungen.

D. Gute Managementpraktiken

Die Umweltpolitik des Unternehmens beruht auf den nachstehenden Handlungsgrundsätzen ; Die Tätigkeit des Unternehmens wird regelmäßig daraufhin überprüft, ob sie diesen Grundsätzen und dem Grundsatz der stetigen Verbesserung des betrieblichen Umweltschutzes entspricht:

1. Bei den Arbeitnehmern wird auf allen Ebenen das Verantwortungsbewußtsein für die Umwelt gefördert.

2. Die Umweltauswirkungen jeder neuen Tätigkeit, jedes neuen Produktes und jedes neuen Verfahrens werden im Voraus beurteilt.

3. Die Auswirkungen der gegenwärtigen Tätigkeiten auf die Lokale Umgebung werden beurteilt und überwacht und alle bedeutenden Auswirkungen dieser Tätigkeiten auf die Umwelt im allgemeinen werden geprüft.

4. Es werden die notwendigen Maßnahmen ergriffen, um Umweltbelastungen zu vermeiden bzw. zu beseitigen und, wo dies nicht zu bewerkstelligen ist, umweltbelastende Emissionen und das Abfallaufkommen auf ein Mindestmaß zu verringern und die Ressourcen zu erhalten ; hierbei sind mögliche umweltfreundliche Technologien zu berücksichtigen.

5. Es werden notwendige Maßnahmen ergriffen, um unfallbedingte Emissionen von Stoffen oder Energie zu vermeiden.

6. Es werden Verfahren zur Kontrolle der Übereinstimmung mit der Umweltpolitik festgelegt und angewandt ; sofern diese Verfahren Messungen und Versuche erfordern, wird für die Aufzeichnung und Aktualisierung der Ergebnisse gesorgt.

7. Es werden Verfahren und Maßnahmen für die Fälle festgelegt und auf dem neuesten Stand gehalten, in denen festgelegt wird, daß ein Unternehmen seine Umweltpolitik oder Umweltziele nicht einhält.

8. Zusamen mit den Behörden werden besondere Maßnahmen ausgearbeitet und auf dem Neuesten Stand gehalten, um die Auswirkung von etwaigen unfallbedingten Ableitungen möglichst gering zu halten.

9. Die Öffentlichkeit erhält alle Informationen, die zum Verständnis der Umweltauswirkungen der Tätigkeit des Unternehmens benötigt werden ; ferner sollte ein offener Dialog mit der Öffentlichkeit geführt werden.

10. Die Kunden werden über die Umweltaspekte im Zusammenhang mit der Handhabung, Verwendung und Endlagerung der Produkte des Unternehmens in angemessener Weise beraten.

11. Es werden Vorkehrungen getroffen, durch die gewährleistet wird, daß die auf dem Betriebsgelände arbeitende Vertragspartner des Unternehmens die gleichen Umweltnormen anwendet wie er selbst.

ANHANG II

ANFORDERUNGEN IN BEZUG AUF DIE UMWELTBETRIEBSPRÜFUNG

Die Umweltbetriebsprüfung wird nach der internationalen Norm ISO 10011, 1990, Teil 1, insbesondere Nummern 4.2, 5.1, 5.3, 5.4.1, und 5.4.2 und anderen relevanter internationaler Normen sowie im Rahmen der spezifischen Grundsätze und Anforderungen dieser Verordnung geplant und durchgeführt.

Insbesondere gilt folgendes:

A. Ziele

In den Umweltbetriebsprüfungsprogrammen für den Standort werden in schriftlicher Form die Ziele jeder Betriebsprüfung oder jedes Betriebsprüfungszyklus einschließlich der Häufigkeit der Betriebsprüfung für jede Tätigkeit festgelegt.

Zu diesen Zielen gehören namentlich die Bewertung der bestehenden Managementsysteme und die Feststellung der Übereinstimmung mit der Umweltpolitik und dem Programm für den Standort, was auch eine Übereinstimmung mit den einschlägigen Umweltvorschriften einschließt.

B. Prüfungsumfang

Der Umfang der einzelnen Betriebsprüfung sowie gegebenenfalls der eines jeden Abschnitts eines Prüfungszyklus muß eindeutig festgelegt sein und ausdrücklich folgendes aufweisen:

1. die erfaßten Bereiche,
2. die zu prüfende Tätigkeit,
3. die zu berücksichtigenden Umweltstandards,
4. den in der Betriebsprüfung erfaßten Zeitraum.

Die Umweltbetriebsprüfung umfaßt die Beurteilung der zur Bewertung des betrieblichen Umweltschutzes notwendigen Daten.

C. Organisation und Ressourcen

Umweltbetriebsprüfungen werden von Personen oder Personengruppen durchgeführt, die über die erforderlichen Kenntnisse der zu kontrollierenden Sektoren und Bereiche, darunter Kenntnisse und Erfahrung in Bezug auf das einschlägige Umweltmanagement und die einschlägigen technischen, umweltspezifischen und rechtlichen Fragen, sowie über ausreichend Ausbildung und Erfahrung für die spezifische Prüftätigkeit verfügen, um die genannten Ziele zu erreichen. Die Zeit und Mittel, die für die Prüfung angesetzt werden, müssen dem Umfang und den Zielen der Prüfung entsprechen.

Bei der Betriebsprüfung leistet die Unternehmensleitung Hilfestellung.

Die Prüfer müssen von den Tätigkeiten, die sie kontrollieren, ausreichend unabhängig sein, so daß sie eine objektive und neutrale Bewertung abgeben können.

D. Planung und Vorbereitung der Betriebsprüfung für einen Standort.

Jeder Betriebsprüfer wird insbesondere im Hinblick auf folgende Ziele geplant und vorbereitet:

- Es muß gewährleistet sein, daß geeignete Mittel bereitgestellt werden ;
- es muß gewährleistet sein, daß alle beteiligten (einschließlich der Prüfer, der Unternehmensleitung des Standorts sowie des Personals) ihre Rolle und Aufgaben im Rahmen der Betriebsprüfung verstehen.

Dazu gehört das Vertraut machen mit den Tätigkeiten am Standort und dem bestehenden Umweltmanagementsystem sowie die Überprüfung der Feststellungen und Schlußfolgerungen der vorangegangenen Betriebsprüfungen.

E. Betriebsprüfungshäufigkeiten

1. Die Betriebsprüfungshäufigkeiten an Ort und Stelle umfassen Diskussionen mit dem am Standort beschäftigten Personal, die Untersuchung der Betriebs- und Ausrüstungsbedingungen, die Prüfung der Archive, der schriftlichen Verfahren und anderen einschlägigen Dokumente im Hinblick auf die Bewertung der Umweltschutzqualität des Standorts; dabei wird ermittelt, ob der Standort den geltenden Normen entspricht und ob das bestehende Managementsystem zur Bewältigung der umweltorientierten Aufgaben wirksam und geeignet ist.

2. Zur Betriebsprüfung gehören insbesondere folgende Maßnahmen:

a) Kenntnisnahme von den Managementsystemen;

b) Beurteilung der Schwächen und Stärken der Managementsysteme;

c) Erfassung relativer Nachweise;

d) Bewertung der bei der Betriebsprüfung gemachten Feststellungen;

e) Ausarbeitung der Schlußfolgerungen der Betriebsprüfung;

f) Bericht über die Feststellungen und Schlußfolgerungen der Betriebsprüfung.

F. Bericht über die Feststellungen und Schlußfolgerungen der Betriebsprüfung

1. Nach jeder Betriebsprüfung bzw. nach jedem Betriebsprüfungszyklus wird von dem Prüfer ein schriftlicher Betriebsprüfungsbericht in geeigneter Form und mit geeignetem Inhalt erstellt, um eine vollständige und förmliche Vorlage der Feststellungen und Schlußfolgerungen der Betriebsprüfung sicherstellen.

Die Feststellungen und Schlußfolgerungen der Betriebsprüfung müssen der Unternehmensleitung offiziell mitgeteilt werden.

2. Die grundlegenden Ziele eines schriftlichen Betriebsprüfungsberichts bestehen darin,

a) den von der Betriebsprüfung erfaßten Prüfungsumfang zu dokumentieren;

b) für die Unternehmensleitung Informationen über den bisher erreichten Grad an Übereinstimmung mit der Umweltpolitik des Unternehmens und die Umweltbezogenen Fortschritte am Standort bereitzustellen;

c) für die Unternehmensleitung Informationen über die Wirksamkeit und Verläßlichkeit der Regelungen für die Überwachung der ökologischen Auswirkungen am Standort bereitzustellen;

d) die Notwendigkeit von gegebenenfalls erforderlichen Korrekturmaßnahmen zu belegen.

G. Folgemaßnahmen der Betriebsprüfung

Im Anschluß an die Betriebsprüfung ist die Ausarbeitung und Verwirklichung eines Plans für geeignete Korrekturmaßnahmen vorzusehen.

Es müssen geeignete Mechanismen vorhanden sein und funktionieren, um zu gewährleisten, daß im Anschluß an die Betriebsprüfungsergebnisse geeignete Folgemaßnahmen getroffen werden.

H. Betriebsprüfungshäufigkeit

Je nach Notwendigkeit wird in Abständen von nicht mehr als drei Jahren die Betriebsprüfung durchgeführt oder der Betriebsprüfungszyklus abgeschlossen. Die Häufigkeit wird für jede Tätigkeit am Standort von der Unternehmensleitung unter Berücksichtigung der gesamten potentiellen Auswirkungen der Tätigkeit am Standort und des Umweltprogramms für den Standort festgelegt, wobei insbesondere folgendes zu berücksichtigen ist:

a) Art, Umfang und Komplexität der Tätigkeiten;

b) Art und Umfang der Emissionen, des Abfalls, des Rohstoff- und Energieverbrauchs sowie generell der Wechselwirkung mit der Umwelt;

c) Bedeutung und Dringlichkeit der festgestellten Probleme im Licht der ersten Umweltprüfung oder der vorangegangenen Betriebsprüfung;

d) Vorgeschichte der Umweltprobleme.

ANHANG III

ANFORDERUNGEN FÜR DIE ZULASSUNG DER UMWELTGUTACHTER UND IHRE AUFGABEN

A. Bedingung für die Zulassung von Umweltgutachtern

1. Zu den Kriterien für die Zulassung von Umweltgutachtern gehören:

Personal

Der Umweltgutachter muß für die Aufgaben innerhalb des Geltungsbereiches der Zulassung fachkundig sein und muß Aufzeichnungen führen und fortschreiben, aus denen sich ergibt, daß sein Personal über geeignete Qualifikationen, Ausbildung und Erfahrung im Hinblick zumindest auf die nachstehenden Bereiche verfügt:

- Methodologien der Umweltbetriebsprüfung,
- Managementinformation und -verfahren,
- Umweltfragen,
- einschlägige Rechtsvorschriften und Normen einschließlich eines eigens für die Zwecke dieser Verordnung entwickelten Leitfadens sowie
- einschlägige technische Kenntnisse über die Tätigkeiten, auf die sich die Begutachtung erstreckt.

Unabhängigkeit und Objektivität

Der Umweltgutachter muß unabhängig und unparteiisch sein.

Der Umweltgutachter muß nachweisen, daß seine Organisation und sein Personal keinen kommerziellen, finanziellen oder sonstigen Druck unterliegen, der Ihr Urteil beeinflussen oder das Vertrauen und Ihre Unabhängigkeit und Integrität bei Ihrer Tätigkeit in Frage stellen könnte. Ferner muß er nachweisen, daß sie allen in diesem Zusammenhang anwendbaren Vorschriften gerecht werden.

Diesen Anforderungen genügen Umweltgutachter, die EN 42012, Artikel 4 und 5 entsprechen.

Verfahren

Der Umweltgutachter verfügt über dokumentierte Prüfmethodologien und -verfahren, einschließlich der Qualitätskontrolle und der Vorkehrungen zur Wahrung der Vertraulichkeit zur Durchführung der Begutachtungsvorschriften dieser Verordnung.

Organisation

Im Fall von Organisationen verfügt der Umweltgutachter über ein Organigramm mit ausführlichen Angaben über die Strukturen und Verantwortungsbereiche innerhalb der Organisation sowie eine Erklärung über den Rechtsstatus, die Besitzverhältnisse und die Finanzierungsquellen, die auf verlangen zur Verfügung gestellt werden.

2. Zulassung von Einzelpersonen

Einzelpersonen kann eine Zulassung erteilt werden, die auf die Tätigkeiten beschränkt ist, für die der Betreffende in Hinblick auf deren Art und Umfang über die erforderliche Befähigung und Erfahrung verfügt, um die in Teil B bezeichneten Aufgaben auszuführen.

In Bezug auf die Standorte, an denen solche Tätigkeiten durchgeführt werden, hat der Antragsteller insbesondere ausreichendes Fachwissen in technischen, ökologischen und rechtlichen Fragen entsprechend dem Geltungsbereich der Zulassung sowie in Bezug auf Überprüfungsmethoden und -verfahren nachzuweisen. Der Antragsteller muß den unter Punkt 1 genannten Kriterien hinsichtlich Unabhängigkeit, Objektivität und Verfahren verfügen.

3. Antrag auf Zulassung

Der den Antrag stellende Gutachter hat ein offizielles Antragsformular auszufüllen und zu unterzeichnen, in dem er erklärt, daß ihm die Einzelheiten des Zulassungssystems bekannt sind; er erklärt sich bereit die Anforderungen des Zulassungsverfahrens zu erfüllen und die erforderlichen Gebühren zu entrichten; er erklärt sich ferner bereit, den Zulassungsbedingungen nachzukommen, und gibt Auskunft über frühere Anträge oder Zulassungen.

Die Antragsteller erhalten Unterlagen mit einer Beschreibung des Zulassungsverfahrens und der Rechte und Pflichten der zugelassenen Umweltgutachter(einschließlich der Angaben über die zu entrichtenden Gebühren). Zusätzliche sachdienliche Auskünfte werden dem Antragsteller auf Verlangen erteilt.

4. Zulassungsverfahren

Das Zulassungsverfahren umfaßt:

a) die Erfassung der zur Beurteilung des Antragstellenden Umweltgutachters erforderlichen Informationen; hierzu gehören allgemeine Angaben wie Name, Anschrift, Rechtsstellung Mitarbeiter, Stellung innerhalb eines Unternehmenskonzerns usw. sowie Informationen, anhand deren beurteilt werden kann, ob die unter Punkt 1 spezifizierten Kriterien erfüllt sind und ob eine Begrenzung des Umfangs der Zulassung geboten ist;

b) die Beurteilung des Antragstellers durch die Mitarbeiter der Zulassungsstelle oder ihrer ernannten Vertreter, die die vorgelegten Informationen und einschlägigen Arbeiten überprüfen und erforderlichenfalls weitere Nachforschungen anstellen, wozu die Befragung von Personal gehören kann, um festzustellen, ob der Antragsteller den Zulassungskriterien gerecht wird. Die Ergebnisse der Überprüfung werden dem Antragsteller mitgeteilt, der sich hierzu äußern kann;

c) die durch die Zulassungsstelle erfolgte Überprüfung des gesamten Betriebsmaterials, das erforderlich ist, um über eine Zulassung zu entscheiden;

d) die Entscheidung über die Erteilung oder Ablehnung der Zulassung, die von der Zulassungsstelle aufgrund der Ergebnisse der Überprüfung gemäß Buchstabe b) getroffen wird und schriftlich niedergelegt wird. Die Zulassung kann zeitlich begrenzt und mit Auflagen verbunden sein oder eine Begrenzung des Umfangs der Zulassung beinhalten. Zulassungsstellen müssen sich schriftlich dokumentierte Verfahren für die Beurteilung der Ausdehnung des Zulassungsumfangs für zugelassene Umweltgutachter verfügen.

5. Aufsicht über zugelassene Umweltgutachter

In regelmäßigen Abständen und in mindestens 36 Monaten ist sicherzustellen, daß der zugelassene Umweltgutachter weiterhin den Zulassungsanforderungen entspricht; dabei muß eine Kontrolle der Qualität der vorgenommenen Begutachtungen erfolgen.

Der zugelassene Umweltgutachter hat die Zulassungsstelle sofort über alle Veränderungen zu unterrichten, die auf die Zulassung oder den Umfang der Zulassung Einfluß haben können.

Entscheidungen über die Beendigung oder vorübergehende Aufhebung der Zulassung oder die Einschränkung des Umfangs der Zulassung werden von der Zulassungsstelle erst getroffen, nachdem dem zugelassenen Umweltgutachter die Möglichkeit eingeräumt worden ist, hierzu Stellung zu nehmen.

Wird ein in einem Mitgliedstaat zugelassener Umweltgutachter in dieser Eigenschaft in einem anderen Mitgliedstaat tätig, so notifiziert er der dortigen stelle seine Tätigkeit.

6. Ausweitung des Zulassungsverfahrens

Die Zulassungsstelle muß über schriftlich dokumentierte Beurteilungsverfahren für Anträge auf Ausweitung des Zulassungsverfahrens verfügen.

B. Aufgaben der Umweltgutachter

1. Die Prüfung von Umweltpolitiken, Umweltprogrammen, Umweltmanagementsystemen, Umweltprüfungsverfahren und Umwelterklärungen sowie die Gültigkeitserklärungen sowie die Gültigkeitserklärung der letzteren werden von zugelassenen Umweltgutachtern vorgenommen.

Aufgabe des Umweltgutachters ist es, unbeschadet der Aufsichts- und Regelungsbefugnisse der Mitgliedstaaten folgendes zu überprüfen:

- die Einhaltung aller Vorschriften dieser Verordnung, insbesondere in Bezug auf die Umweltpolitik und das Umweltprogramm, die Umweltprüfung, das Funktionieren des Umweltmanagementsystems, das Umweltbetriebsprüfungsverfahren und die Umwelterklärungen;

- die Zuverlässigkeit der Daten und Informationen der Umwelterklärung und die ausreichende Berücksichtigung aller wichtigen für den Standort relevanten Umweltfragestellungen in dieser Erklärung;

Der Umweltgutachter untersucht insbesondere die technische Eignung der Umweltprüfung oder der Umweltbetriebsprüfung oder anderer von dem Unternehmen angewandter Verfahren mit der erforderlichen Sorgfalt, wobei er auf jede unnötige Doppelarbeit verzichtet.

2. Der Umweltgutachter übt seine Tätigkeit auf der Grundlage einer schriftlichen Vereinbarung mit dem Unternehmen aus. Diese Vereinbarung legt den Gegenstand und den Umfang der Arbeit fest und gibt dem Umweltgutachter die Möglichkeit , professionell und unabhängig zu handeln. Es verpflichtet das Unternehmen zur Zusammenarbeit in dem jeweils erforderlichen Umfang.

Die Begutachtung bedingt die Einsicht in die Unterlagen, einen Besuch auf dem Gelände, bei dem insbesondere Gespräche mit dem Personal zu führen sind, die Ausarbeitung eines Berichts für die Unternehmensleitung und die Klärung der in diesem Bericht aufgeworfenen Fragen.

Zu den vor dem Besuch auf dem Gelände einzusehenden Unterlagen gehören die Grunddokumentation über den Standort und die dortigen Tätigkeiten, die Umweltpolitik und das Umweltprogramm, die Beschreibung des Umweltmanagementsystems an dem Standort, Einzelheiten der vorangegangenen Umweltprüfung, der Bericht über diese Prüfung und etwaige anschließende Korrekturmaßnahmen und der Entwurf einer Umwelterklärung.

3. Der Bericht des Umweltgutachters an die Unternehmensleitung umfaßt

a) ganz allgemein die festgestellten Verstöße gegen diese Verordnung und insbesondere

b) bei der Umweltprüfung oder bei der Methode der Umweltbetriebsprüfung oder dem Managementsystem oder allen sonstigen Verfahren aufgetretenen technischen Mängel;

c) die Einwände gegen den Entwurf der Umwelterklärung sowie Einzelheiten der Änderungen oder Zusätze, die in die Umwelterklärung aufgenommen werden müßten.

4. Folgende Fälle können eintreten:

a) Wenn

- die Umweltpolitik im Einklang mit den einschlägigen Vorschriften dieser Verordnung festgelegt wird,
- die Umweltprüfung bzw. die Umweltbetriebsprüfung in technischer Hinsicht zufriedenstellend ist,
- in dem Umweltprogramm alle bedeutsamen Fragestellungen angesprochen werden,
- die Erklärung sich genau, hinreichend detailliert und den Anforderungen des Systems vereinbar erweist,

dann erklärt der Umweltgutachter die Erklärung für gültig.

b) Wenn

a) die Umweltpolitik im Einklang mit den einschlägigen Umweltvorschriften dieser Verordnung festgelegt wird,

- die Umweltprüfung bzw. die Umweltprüfung in technischer Hinsicht zufriedenstellend ist,

-.das Umweltmanagementsystem dem Anhang I erfüllt,

aber

- die Erklärung geändert und/oder ergänzt werden muß oder wenn festgestellt worden ist, daß für eines der Vorjahre, in dem keine Gültigkeitserklärung erfolgte, die Erklärung unrichtig oder irreführend war oder regelwidrig keine Erklärung abgegeben wurde,

erörtert der Umweltgutachter die erforderlichen Änderungen mit der Unternehmensleitung und erklärt die Umwelterklärung erst für gültig, nachdem das Unternehmen die entsprechenden Zusätze in die Erklärung aufgenommen hat, nötigenfalls in einem Hinweis auf erforderliche Änderungen an früheren, nicht für gültig erklärten Umwelterklärungen oder auf Zusatzinformationen, die in den Vorjahren hätten veröffentlicht werden sollen.

c) Wenn

-die Umweltpolitik nicht im Einklang mit den einschlägigen Vorschriften dieser Verordnung festgelegt worden ist,

- die Umweltprüfung bzw. die Umweltbetriebsprüfung in technischer Hinsicht nicht zufriedenstellend ist oder
- in dem Umweltprogramm nicht alle wichtigen Fragestellungen angesprochen werden oder
- das Umweltmanagementsystem die Anforderungen des Anhangs I nicht erfüllt,

richtete der Umweltgutachter entsprechende Empfehlungen für die erforderlichen Verbesserungen an die Unternehmensleitung und erklärt die Erklärung erst dann für gültig, nachdem die Mängel in bezug auf Politik und/oder Programm und/oder Verfahren berichtigt, die Verfahren soweit erforderlich erneut durchgeführt und die entsprechenden Änderungen an der Erklärung vorgenommen worden sind.

ANHANG IV

TEILNAHMEERKLÄRUNGEN

	Dieser Standort verfügt über ein Umweltmanagementsystem. Die Öffentlichkeit wird im Einklang mit dem Gemeinschaftssystem für das Umweltmanagement und die Umweltbetriebsprüfung über den betrieblichen Umweltschutz dieses Standorts unterrichtet. (Register-Nr. ...)
	Alle Standorte innerhalb der EG, an denen wir gewerblich tätig sind, verfügen über ein Umweltmanagementsystem. Die Öffentlichkeit wird im Einklang mit dem Gemeinschaftssystem für das Umweltmanagement und die Umweltbetriebsprüfung über den betrieblichen Umweltschutz dieser Standorte unterrichtet. (Hier kann eine Erklärung bezüglich der Praktiken in Drittländern angefügt werden.)
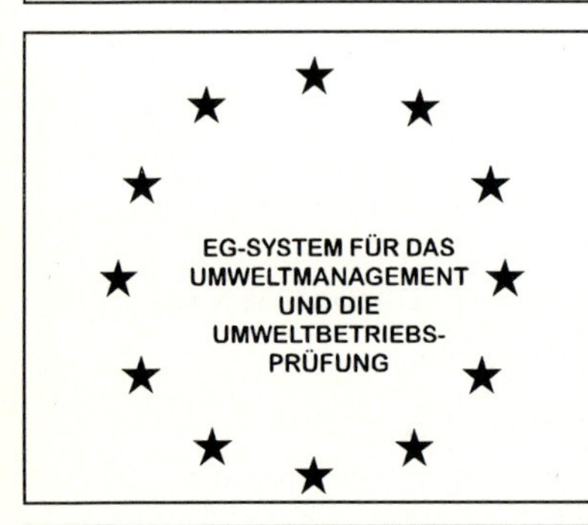	Alle Standorte in (Name(n) des (der) EG-Mitgliedstaats(staaten)), denen wir gewerblich tätig sind, verfügen über ein Umweltmanagementsystem. Die Öffentlichkeit wird im Einklang mit dem Gemeinschaftssystem für das Umweltmanagement und die Umweltbetriebsprüfung über den betrieblichen Umweltschutz dieser Standorte unterrichtet.
	Die nachstehenden Standorte, an denen wir gewerblich tätig sind, verfügen über ein Umweltmanagementsystem. Die Öffentlichkeit wird gemäß dem Gemeinschaftssystem für das Umweltmanagement und die Umweltbetriebsprüfung über den betrieblichen Umweltschutz dieser Standorte unterrichtet : - Name des Standorts, Registernummer - - ...

ANHANG V

AUSKÜNFTE, DIE DEN ZUSTÄNDIGEN STELLEN BEI DER VORLAGE DES ANTRAGS AUF EINTRAGUNG IN DAS VERZEICHNIS ZU ERTEILEN SIND ODER BEI VORLAGE EINER ANSCHLIEßEND FÜR GÜLTIG ERKLÄRTEN UMWELTERKLÄRUNG

1. Name des Unternehmens.

2. Name und Anschrift des Standorts.

3. Kurze Beschreibung der an dem Standort ausgeübten Tätigkeiten (gegebenenfalls Bezugnahme auf beigefügte Unterlagen).

4. Name und Anschrift des zugelassenen Umweltgutachters, der die beigefügte Erklärung für gültig erklärt hat.

5. Frist für die Vorlage der nächsten für gültig erklärten Umwelterklärung.

Dem Anfang ist ferner beizufügen:

a) eine kurze Beschreibung des Umweltzmanagementsystems,

b) eine kurze Beschreibung des für den Standort festgelegten Betriebsprüfungsprogramms,

c) die für gültig erklärte Umwelterklärung.

➔ Einführende Literatur zum Thema

Albach, H.: Betriebliches Umweltmanagement 1996, Gabler-Verlag, Wiesbaden 1996

Alijah, R., Heuvels, K.: Betriebliches Umweltmanagement, Loseblattsammlung, WEKA-Verlag, Augsburg 1995

Bläsing Jürgen P.: Management von Qualität und Umwelt, Springer-Verlag 1994

Beck, M. (Hrsg.), Geiger, C.: Betriebliches Umwelt-Audit in der Praxis, Vogel-Verlag, Würzburg 1996

Benz, K.: Umweltschutzanforderungen in der Metallindustrie, Maschinenbau-Verl., Frankfurt/M 1995

Bode, M.: Umweltmanagement in Unternehmen, Information-Verl., Freiburg (Br.) 1995

Brodel, D.: Internationales Umweltmanagement, Gabler-Verlag, Wiesbaden 1996

Brunk, M., Günther, P.: Umweltmanagement in der Metallindustrie. Leitfaden zur Einrichtung des betrieblichen Umweltmanagementsystems, Maschinenbau-Verlag, Frankfurt 1995

Bundesumweltministerium / Umweltbundesamt (Hrsg.): Handbuch Umweltcontrolling, Vahlen, München 1995

Butterbrod, D. / Dannich-Kappelmann, M. / Tammler, U.: Umweltmanagement, moderne Methoden zur Umsetzung, Hanser-Verlag, München 1995

Butterbrod, D. / Tammler, U.: Techniken des Umweltmanagement, Hanser-Verlag, München 1996

Clausen, J., Fichter, K.: Umweltbericht - Umwelterklärung, Praxis glaubwürdiger Kommunikation von Unternehmen, Hanser-Verlag, München 1996

Commission of the European Communities, UK Department of the Environment: Research into the Development of Codes of Practice for Accredited Environmental Verifiers within the Framework of the Proposed Eco-Management and Audit Regulation, Draft Guidelines, June 1993

Deja, A.G. / Linsemann, H. / Meinholz, H.: Umweltmanagement nach DIN ISO 9001/9004, VDI-Verlag, Düsseldorf 1993

Dietrich, A.: Umweltmanagement in der Produktion, Gabler-Verlag, Wiesbaden 1993

Dilly, P.: Handbuch Umweltaudit, Behr, Hamburg 1996

Deutsche Gesellschaft für Qualität e.V.: Umweltmanagementsysteme: Modelle zur Darlegung der Umweltschutzbezogenen Fähigkeit einer Organisation, Beuth-Verlag, Berlin 1994

Drews, A. / Förtsch, G. / Krinn, H. / Mai, G. / Meinholz, H. / Pleikies, M. / Seifert, E.: Realisierung eines Integrierten Umweltmanagementsystems, UWSF-Z. Umweltchem. Ökotox. 8, 227-235, 1996

Drews, A. / Förtsch, G. / Krinn, H. / Meinholz, H.: Umweltmanagementsystem in kleinen Unternehmen, Integrierter Umweltschutz, 1, Sonderheft 2, 1996

Eberhardt, A / Ewen, C.: Herausforderung Umweltmanagement, Economica-Verl, Bonn 1994

Ellringmann, H. et al: Umweltschutz-Management. Loseblattsammlung, Luchterhand-Verlag, Neuwied 1995

Fichter, K.: Die EG-Öko-Audit-Verordnung. Mit Öko-Controlling zum zertifizierten Umweltmanagementsystem, Hanser, München 1995

Förtsch, G. / Krinn, H. / Mai, G. / Meinholz, H. / Pleikies, M.: Abfallwirtschaftskonzept im Rahmen eines Integrierten Umweltmanagementsystems, UWSF-Z. Umweltchem. Ökotox. 8, Heft 5, 1996

Förtsch, G. / Krinn, H. / Meinholz, H.: Umweltschutz im Unternehmen - Erwartungen und Anforderungen durch die Unternehmen in der Region - Integrierter Umweltschutz, 1, Sonderheft 4, 1996

Glaap, W.: Umweltmanagement leicht gemacht. Mit und ohne Öko-Audit-Verordnung, Hanser-Verlag, München 1995

Günther, K.: Erfolg durch Umweltmanagement, Luchterhand, Berlin 1994

Hansmann, K.-W..: Markorientiertes Umweltmanagement, Gabler-Verlag, Wiesbaden 1994

Haurand, G. / Pulte P.: Umweltaudit: Normen, Hinweise und Erläuterungen, Verl. Neue Wirtschaftsbriefe, Herne 1996

Hillejan, Mortsiefer: Praxishilfen für den Umweltschutzbeauftragten, Köln 1993

Hopfenbeck, W. / Jasch, Ch.: Öko-Controlling,moderne Industrie, Landsberg / Lech 1993

Hopfenbeck, W. / Jasch, Ch.: Öko-Audit, Landsberg/Lech 1995

ISO 14001: Umweltmanagementsysteme - Spezifikation mit Anleitung zur Anwendung

ISO 14004: Umweltmanagementsysteme - Allgemeiner Leitfaden über Grundsätze, Systeme und Hilfsinstrumente

ISO 14010: Leitfäden für Umweltaudits - Allgemeine Grundsätze

ISO 14011: Leitfäden für Umweltaudits - Auditverfahren - Audits von Umweltmanagement-systemen

ISO 14012: Leitfäden für Umweltaudits - Qualifikationskriterien für Umweltauditoren

Janke, G.: Öko-Auditing, Handbuch für die interne Revision des Umweltschutzes im Unternehmen, Erich Schmidt, Berlin 1995

Keller, A / Lück, M.: Der Einstieg ins Öko-Audit für mittelständische Betriebe durch modulares Umweltmanagement, Springer-Verlag 1996

Klemmer, P. (Hrsg.): EG-Umweltaudit, Der Weg zum ökologischen Zertifikat, Gabler-Verlag, Wiesbaden 1995

Köstermenke, H. / Krinn, H. / Meinholz, H. / Pleikies, M.: Umweltmanagementsystem für Hochschulen, Integrierter Umweltschutz, 1, Sonderheft 3, 1996

Kormann, J. (Hrsg.): Umwelthaftung und Umweltmanagement, Jehle-Verlagsgruppe, München 1994

Kreikebaum, H.: Umweltmanagement in mittel- und osteuropäischen Unternehmen, Verl. Wiss. und Praxis, Berlin 1996

Krinn, H. / Meinholz, H. et al.: Umweltmanagementsystem, - Die Realisierung -, Integrierter Umweltschutz, 1, Sonderheft 1 1996

Landesanstalt für Umweltschutz Baden-Württemberg (Hrsg.): Umweltorientierte Unternehmensführung in kleinen und mittleren Unternehmen, Stuttgart 1994

Leinekugel, P.: Der TÜV-Umweltmanagement-Berater, TÜV Rheinland, 1994

Lindlar, A.: Umwelt-Audits, Ein Leitfaden für Unternehmen, Economica-Verlag, Bonn 1995

Lohse, S.: Umweltrecht für Umweltmanagement, Erich Schmidt-Verlag, Berlin 1996

Ludewig, R: Praxishandbuch Umweltmanagement-System, Deutscher Wirtschaftsdienst, 1996

Lutz, U.: Betriebliches Umweltmanagement, Springer-Verlag 1996

Meadows, D. H. / Meadows, D. L. / Randers, J.: Die neuen Grenzen des Wachstums, dtv, Stuttgart 1992

Meckel, F.H.: Das Umweltorganigramm, Loseblattsammlung, Sinn 1993

Meffert, H. / Kirchgeorg, M.: Marktorientiertes Umweltmanagement, Schäffer-Pöschel, Stuttgart 1993

Müller, C.: Strategische Leistungen im Umweltmanagement. Ein Ansatz zur Sicherung der Lebensfähigkeit des Unternehmens, Dt. Universitäts-Verlag, Wiesbaden 1995

Myska, M.: der TÜV-Umweltmanagement-Berater, TÜV-Rheinland, Köln 1994

Nobbe, U. / Pinter, J. / Vögele, P.: Verantwortung im Unternehmen,Luchterhand-Verlag, Neuwied 1993

Rhein, C.: Das Gemeinschaftssystem für das Umweltmanagement und die Umweltbetriebsprüfung, Nomos, 1996

Plötz, A.: Betriebliches Umweltmanagement mit System, Verl. Industrielle Organisation, Zürich 1995

Sauer, B.: Strategische Situationsanalyse im Umweltmanagement, Dt. Univ.-Verl, Wiesbaden 1993

Schieler, J.: Qualitäts- und Umweltmanagement im Bauwesen, Springer-Verlag, Berlin 1995

Schikorra, U.: Umweltmanagement in Banken, Gabler-Verlag, Wiesbaden 1995

Schimmelpfennig, L. (Hrsg.): Umweltmanagement und Umweltbetriebsprüfung nach der EG-Verordnung 1836/93, Blottner, Taunusstein 1994

Schreiner, M.: Umweltmanagement in 22 Lektionen, Gabler-Verlag, Wiesbaden 1996

Schitag Ernst & Young: Das Buch des Umweltmanagements, VCH-Verlag, Weinheim 1995

Schulz, E. / Schulz, W. (unter Mitarbeit von Letmathe, P. / Schulz, K.): Umweltcontrolling in der Praxis. Ein Ratgeber für Betriebe, Beck, München 1993

Schulz, E. / Schulz, W.: Ökomanagement, Beck-Wirtschaftsberater im dtv, München 1994

Seifert, E. / Sallermann, Th. / Krinn, H. / Meinholz, H.: Die Organisation des betrieblichen Umweltschutzes durch ein effizientes Umweltmanagementsystem, UWSF-Z. Umweltchem. Ökotox. 6, 151-156, 1994

Seifert, E. / Krinn, H. / Meinholz, H.: Organisation des betrieblichen Arbeits- und Umweltschutzes im Rahmen eines Umweltmanagementsystem, VDI-Tagungsbericht „Luftfremde Stoffe am Arbeitsplatz" - Stoffsubstitution, Emissionsminderung, Lufttechnik, Fulda, Oktober 1995

Sietz, M. (Hrsg.): Umweltschutz-Management und Öko-Auditing, Springer-Verlag, Berlin 1993

Steger, U.: Handbuch des Umweltmanagements, München 1992

Steger, U.: Umwelt-Auditing, Frankfurt 1991

Steger, U.: Umweltmanagement, Gabler, Wiesbaden 1993

Struntz, H.: Umweltmanagement, Konzepte-Probleme-Perspektiven, Springer-Verlag, Wien 1993

Umweltbundesamt (Hrsg.): Umweltschutz und Industriestandort, Berichte 1/93 des Umweltbundesamtes, Erich Schmidt Verlag, Berlin 1993

Unger, K.: Praxis des Umweltmanagement, expert-Verl., Renningen-Malmsheim 1994

Verordnung (EWG) Nr. 1836/93 des Rates vom 29. Juni 1993 über die freiwillige Beteiligung gewerblicher unternehmen an einem Gemeinschaftssystem für das Umweltmanagement und die Umweltbetriebsprüfung

Vollmer, S.: EG-Ökö-Auditverordnung Umwelterklärung, Anforderungen, Hintergründe, Gestaltungsoptionen, Springer-Verlag, Berlin 1995

Waskow, S.: Betriebliches Umweltmanagement, Anforderungen nach der Audit-Verordnung der EG, Müller, Jur.-Verlag, Heidelberg 1994

Wicke, L. / Haasis, H.-D. / Schafhausen, F. / Schulz, W.: Betriebliche Umweltökonomie, Vahlen, München 1992

Wicke, L.: Umweltökonomie, Vahlen, München 1993

Zenk, G.: Öko-Audits nach der Verordnung der EU. Konsequenzen für das strategische Umweltmanagement, Gabler-Verlag, Wiesbaden 1995

➔ Adressen zur weiteren Informationssammlung

Öffentliche Institutionen

Kommission der Europäischen Gemeinschaft,
Generaldirektion Umwelt
200, Rue de la Loi
B-1049 Brüssel

Bundesministerium für Umwelt, Naturschutz
und Reaktorsicherheit
Kennedyalle 5
53175 Bonn

Umweltbundesamt (UBA)
Bismarkplatz 1
14193 Berlin

Deutsche Akkreditierungs- und
Zulassungsgesellschaft für Umweltgutachter
mbH (DAU)
Adenauerallee 148
53113 Bonn

Senatsverwaltung für Stadtentwicklung und
Umweltschutz der Stadt Berlin
Lindenstraße 20-25
14109 Berlin

Ministerium für Umwelt- und Naturschutz in
Sachsen Anhalt
Pfälzer Straße 1
39106 Magdeburg

Ministerium für Umwelt, Naturschutz und
Raumordnung Brandenburg
Albert-Einstein-Straße 42-46
14473 Potsdam

Ministerium für Umwelt, Raumordnung und
Landwirtschaft in Nordrhein-Westfalen
Schwannstraße 3
40476 Düsseldorf

Ministerium für Umwelt in Mecklenburg-
Vorpommern
Schloßstraße 6-8
19048 Schwerin

Ministerium für Umwelt in Rheinland-Pfalz
Kaiser-Friedrich-Straße 7
55116 Mainz

Umweltbehörde Hamburg
Steindamm 22
20099 Hamburg

Hessisches Ministerium für Umwelt, Energie
und Bundesangelegenheiten
Mainzer Straße 80
65189 Wiesbaden

Staatsministerium für Natur- und
Landesentwicklung in Schleswig-Holstein
Grenzstraße 1-5
24149 Kiel

Ministerium für Umwelt des Saarlandes
Hardenbergstraße 8
66119 Saarbrücken

Senator für Umweltschutz und
Stadtentwicklung Bremen
Hanseatenhof 5
28195 Bremen

Baden-Württembergisches Ministerium für
Umwelt und Verkehr
Kernerplatz 9
70182 Stuttgart

Umweltministerium Niedersachsen
Archivstraße 2
30169 Hannover

Bayrisches Staatsministerium für
Landesentwicklung und Umweltfragen
Rosenkavalierplatz 2
81925 München

Ministerium für Umwelt- und Landesplanung
in Thüringen
Richard-Breslau-Straße 11a
99094 Erfurt

Staatsministerium für Umwelt und
Landesentwicklung in Sachsen
Ostra-Allee 23
01067 Dresden

Hauptverband der gewerblichen
Berufsgenossenschaften
Alte Heerstraße 111
53757 Sankt Augustin

Industrie- und Handwerkskammern

Baden-Württemberg

IHK Region Stuttgart
Jägerstraße 30
70174 Stuttgart

IHK Bodensee-Oberschwaben
Lindenstraße 2
88250 Weingarten

IHK Heilbronn
Rosenbergstraße 8
74072 Heilbronn

IHK Hochrhein-Bodensee
Sitz Konstanz
Schützenstraße 8
78462 Konstanz

IHK Karlsruhe
Postfach 3440
76020 Karlsruhe

IHK Rhein-Neckar
Hans-Böckler-Straße 4
69115 Heidelberg

IHK Nordschwarzwald
Pforzheim
Dr.-Brandenburg-Straße 6
75173 Pforzheim

IHK Ostwürttemberg
Ludwig-Erhard-Straße 1
89520 Heidenheim

IHK Reutlingen
Ffindenburgstraße 54
72762 Reutlingen

IHK Südlicher Oberrhein
Schnewlinstraße 11 - 13
79098 Freiburg i. Br.

IHK Ulm
Olgastraße 101
89073 Ulm

IHK Schwarzwald-Baar-Heuberg
Romäusring 4
78050 Villingen-Schwenningen

Bayern

IHK für München u.Oberbayern
Max-Joseph-Straße 2
80333 München

Berlin

IHK zu Berlin
Hardenbergstraße 16-18
10623 Berlin

Brandenburg

IHK Cottbus
Goethestraße 1
03046 Cottbus

IHK Frankfurt (Oder)
Humboldtstraße 3
15230 Frankfurt (Oder)

IHK Potsdam
Große Weinmeisterstraße 59
14469 Potsdam

Bremen

IHK Bremen
Haus Schütting
Am Markt 13
28195 Bremen

Hamburg

IHK Hamburg
Adolphsplatz 1
20457 Hamburg

Hessen

IHK Frankfurt am Main
Börsenplatz 4
60313 Frankfurt am Main

IHK Darmstadt
Rheinstraße 89
64295 Darmstadt

IHK zu Dillenburg
Wilhelmstraße 10
35683 Dillenburg

IHK Fulda
Heinrichstraße 8
36037 Fulda

IHK Hanau-Gelnhausen-Schlüchtern
Am Pedro-Jung-Park 14
63450 Hanau

IHK Kassel
Kurfürstenstraße 9
34117 Kassel

IHK Offenbach am Main
Platz der Deutschen Einheit 5
63065 Offenbach

IHK Wiesbaden
Wilhelmstraße 24-26
65183 Wiesbaden

Mecklenburg-Vorpommern

IHK Neubrandenburg
Katharinenstraße 48
17033 Neubrandenburg

IHK Rostock
Ernst-Barlach-Straße 7
18055 Rostock

IHK Schwerin
Schloßstraße 17
19053 Schwerin

Saarland

IHK des Saarlandes
Franz-Josef-Röder-Straße 9
66119 Saarbrücken

Sachsen

IHK Dresden
Niedersedlitzer Straße 63
01257 Dresden

Sachsen-Anhalt

IHK Halle-Dessau
Georg-Schumann-Platz 5
06110 Halle (Saale)

IHK Magdeburg
Alter Markt 8
39104 Magdeburg

Schleswig-Holstein

IHK zu Kiel
Lorentzendamm 24
24103 Kiel

Niedersachsen

IHK Lüneburg-Wolfsburg
Am Sande 1
21335 Lüneburg

IHK Hannover-Hildesheim
Schiffgraben 49
30175 Hamburg

Nordrhein-Westfalen

IHK Duisburg-Wesel
Kleve zu Duisburg
Mercatorstraße 22/24
47051 Duisburg

IHK zu Dortmund
Märkische Straße 120
44141 Dortmund

Rheinland-Pfalz

IHK für die Pfalz
Ludwigsplatz 2/3
67059 Ludwigshafen

IHK Koblenz
Schloßstraße 2
56068 Koblenz

IHK Trier
Kornmarkt 6
54290 Trier

Thüringen

IHK Ostthüringen zu Gera
Humboldtstraße 14
07545 Gera

Umweltzentren des Handwerks

Zentralverband des Deutschen Handwerks
53113 Bonn
Johanniterstr. 1

Umweltzentrum der Handwerkskammer Hannover
Berliner Allee 10
30175 Hannover

Bauzentrum der Handwerkskammer Koblenz
August-Horch-Str. 6
56063 Koblenz

Berufsbildungszentrum derHandwerkskammer Freiburg
Bismarkallee 6
79098 Freiburg

Handwerkskammer Cottbus
Altmarkt 17
03046 Cottbus

Handwerkskammer zu Leipzig
Lessingstr. 7
04109 Leipzig

ZEWU Hamburg
Buxtehuder Str. 76
21073 Hamburg

Saar-Lor-Lux-Umweltzentrum Saarbrücken
Hohenzollernstr. 47-49
66117 Saarbrücken

Saar-Lor-Lux-Umweltzentrum Trier
Loebstr.18
54292 Trier

Bildungszentrum der Handwerkskammer Münster
Echelmeyer Str. 1
48163 Münster

Berufsbildungs- und Technologiezentrum der Handwerkskammer Ostthüringen
Breitscheidstr. 133
07407 Rudolstadt-Schwarza

UHZ Oberhausen
Essener Str. 57
46047 Oberhausen

Verbände

Deutscher Fleischverband e.V.
Kennedyallee 53
60596 Frankfurt /M

Hauptverband der Deutschen Bauindustrie e.V.
Abraham-Lincoln-Str. 30
65019 Wiesbaden

Bundesindustrieverband Heizung - Klima - Sanitär e.V. (BHKS)
Weberstr. 33
53113 Bonn

Bundesverband der Deutschen Zementindustrie e.V.
Pferdemengstr. 7
50968 Köln

Verband der Textilhilfsmittel-, Lederhilfsmittel-, Gerbstoff- und Waschrohstoff-Industrie e.V. (TEGEWA)
Karlstr. 21
60329 Frankfurt /M

Bundesverband Druck e.V.
Postfach 1869
65008 Wiesbaden

Verband Deutscher Papierfabriken
Postfach 2841
Adenauerallee 55
53018 Bonn

Mineralölwirtschaftsverband e.V. (MWV)
Steindamm 71
20099 Hamburg

Verband der Lackindustrie e.V.
Karlstr. 21
60329 Frankfurt /M

Verband Deutscher Baustoff-Recycling-Unternehmen e.V.
Godesberger Allee 99
53175 Bonn

Industrieverband Bitumen-, Dach- und Dichtungsbahnen e.V. (vdd)
Karlstr. 21
60329 Frankfurt /M

Bundesverband Kalksandsteinindustrie e.V.
Entenfangweg 15
30419 Hannover

Bundesverband der Deutschen Ziegelindustrie e.V.
Schaumburg-Lippe-Str. 4
53113 Bonn

Verband der deutschen Lederindustrie
Postfach 80 08 09
Leverkusener Str. 20
65908 Frankfurt /M

Verband der Wellpappen-Industrie e.V. (VDW)
Postfach 4212
Hilpertstr. 22
64295 Darmstadt

Verband der Chemischen Industrie e.V. (VCI)
Karlstr. 21
60329 Frankfurt /M

Wirtschaftsverband der deutschen Kautschukindustrie e.V. (W.d.K.)
Postfach 901060
Zeppelinallee 69
60450 Frankfurt /M

Fachverband der Photochemischen Industrie e.V. / Photoindustrie-Verband e.V.
Karlstr. 21
60329 Frankfurt /M

Vereinigung Deutscher Elektrizitätswerke
VDEW e.V.
Stresemannallee 23
60596 Frankfurt /M

Zentralverband der Deutschen
Elektrohandwerke
Postfach 901080
Lilienthalallee 9
60487 Frankfurt /M

Zentralverband Elektrotechnik- und
Elektronikindustrie e.V. (ZVEI)
Postfach 701261
Stresemannallee 19
60591 Frankfurt /M

Zentralverband Karosserie- und
Fahrzeugtechnik (ZKF)
Frankfurter Str. 2
61118 Bad Vilbel

Verband der Automobilindustrie e. V. (VDA)
Postfach 170563
Westendstr. 61
60079 Frankfurt /M

Zentralverband des Kraftfahrzeughandwerks
Franz-Lohe-Str. 21
53129 Bonn

Verband der Deutschen Möbelindustrie
An den Quellen 10
65183 Wiesbaden

Verband deutscher Maschinen- und
Anlagenbau e.V. (VDMA)
Lyoner Str. 18
60528 Frankfurt /M

Verband Deutscher Feuerverzinkungs-
industrie e.V. (VDF)
Sohnstr. 70
40237 Düsseldorf

Deutscher Gießereiverband e.V. (DGV)
Sohnstr. 70
40237 Düsseldorf

Bundesverband Metall (BVM) / Vereinigung
Deutscher Metallhandwerke
Ruhrallee 12
45138 Essen

Gesamtverband Deutscher Metall-
gießereien (GDM)
Tersteegenstr. 28
40474 Düsseldorf

Gesamtverband der Deutschen
Versicherungswirtschaft e.V. (GDV)
Walter-Flex-Str. 3
53113 Bonn

Bundesverband für Sekundärrohstoffe und
Entsorgung e.V. (bvse)
Fürst-Pückler-Str. 30
50935 Köln

Deutsche Gesellschaft für Abfallwirtschaft e.V. (DGAW)
Köpenicker Str. 325
12555 Berlin

Bundesverband der Deutschen
Entsorgungswirtschaft e.V. (BDE)
Hauptstr. 305
51143 Köln

Bundesverband der Deutschen Schrott-
Recycling-Wirtschaft e.V.
Graf-Adolf-Str. 12
40212 Düsseldorf

Bundesverband Sonderabfallwirt-
schaft e.V. (BPS)
Südstr. 133
53175 Bonn

Bundesverband Deutscher Eisenbahnen,
Kraftverkehre und Seilbahnen (BDE)
Hülchrather Str. 17
50670 Köln

Bundesanstalt für den Güterfernverkehr
Postfach 100350
Cäcilienstr. 24
50667 Köln

Vereinigungen

DIN-Normungssauschuß Grundlagen des Umweltschutzes (NAGUS)
Burggrafenstr. 6
10772 Berlin

Abwassertechnische Vereinigung e.V. (ATV)
Theodor-Heuss-Allee 17
55773 Hennef

Bundesdeutscher Arbeitskreis für umweltbewußtes Management e.V. (B.A.U.M.)
Tinsdaler Kirchenweg 211
22559 Hamburg

Bundesverband Junger Unternehmer der ASU e.V. (BJU)
Geschäftsstelle Mainzer Str. 238
53179 Bonn

UnternehmensGrün
Rieckerstr. 26
70190 Stuttgart

Förderkreis Umwelt future e.V.
Kollegienwall 22a
49074 Osnabrück

Verband der Betriebbeauftragten für Umweltschutz e.V. (VBU)
Alfredstr. 77-79
45130 Essen

Verband Beratener Ingenieure (VBI)
Zweigertstr. 37-41
45130 Essen

Verein Deutscher Ingenieure (VDI)
Graf-Recke-Str. 84
40239 Düsseldorf

Verein Technischer Immissionsschutzbeauftragter e.V. (TIB)
Postfach 1124
53581 Bad Honnef

Prof. Dr. rer. nat. Helmut Krinn

geb. 1942. Studium der Physik in Stuttgart, Promotion in Theoretischer Kernphysik. Ab 1973 an der Fachhochschule Furtwangen: Datenverarbeitung, Digitalelektronik, Prozeßautomatisierung. Von 1990 an Gründungsfachbereichsleiter Verfahrenstechnik in Villingen-Schwenningen mit dem Schwerpunkt Umwelttechnik und Umweltmanagement. Seit 1992 Projekt Umweltmanagementsystem der LfU Baden-Württemberg. Aufsichtsratsvorsitzender der Firma FAKT GmbH, die im Auftrag von Organisationen der Evangelischen Kirche Entwicklungsprojekte in technischen und organisatorischen Fragen unterstützt.

Prof. Dr. rer. nat.Heinrich Meinholz

geb. 27.06.1953 in Neuss. Von 1969 – 1972 Chemielaborant der Bayer AG, Dormagen. Ab 1972 an der Fachhochschule Niederrhein, Krefeld.Von 1974 – 1977 Fachrichtung Allgemeine Chemie. 1977 – 1981 RWTH Aachen, Fachrichtung Physikalische Chemie und Technische Chemie. Promotion im Jahr 1984 am Physikalisch-Chemischen Institut der WWU Münster bei Prof. Dr. Dr. h.c. E. Wicke. Von 1984 – 1991 Leiterplattenfertigung IBM Deutschland, Sindelfingen. Seit 1991 Professur für Chemie/Umweltschutz an der Fachhochschule Furtwangen, Villingen-Schwenningen, Projektleitung Umweltmanagement.

Andrea Drews

geb. 18.01.1967 in Rottweil. 1985 – 1990 Ausbildung und Anstellung im Gesundheitswesen. 1992 Abschluß der Fachhochschulreife. Von 1992 – 1997 Studium der Verfahrenstechnik an der Fachhochschule Furtwangen. Im Jahr 1995 Mitarbeit im Projekt „Umweltmanagement in mittelständischen Unternehmen“ der Fachhochschule Furtwangen, Fachbereich Verfahrenstechnik. 1995 – 1996 Umsetzung eines Umweltmanagementsystems in einem kleinen Unternehmen, Betreuung des Unternehmens, Durchführung einer Umweltprüfung und Veröffentlichung des Erfahrungsberichtes „Umweltmanagement im kleinen Unternehmen“.

Dipl.-Ing. (FH) Richard Eppler
geb. 14.11.1948 in Oberdigisheim (heute Meßstetten). 1963 – 1966 Ausbildung zum Technischen Zeichner bei Fa. Vogel, Stahlbau in Oberdigisheim, Abschluß mit Gehilfenbrief. 1966 – 1967 Tätigkeit als Techn. Zeichner bei Fa. Vogel, Stahlbau. 1967 – 1968 Besuch der Berufsaufbauschule Ebingen mit dem Abschluß der Fachschulreife. Von 1968 – 1971 Besuch der Staatl. Ingenieurschule Ulm mit Abschluß Ingenieur (grad.) Maschinenbau entspr. FH. Von 1971 – 1995 beschäftigt bei Fa. Link Interstuhl Meßstetten-Tieringen in der Produktentwicklung. Seit 1996 freiberuflich selbständig mit einem Ingenieurbüro für Produktentwicklung und Umweltmanagement (Richad Eppler, Produkt- + Umwelt-Engineering); aktive Mitarbeit am FHF-Umweltzentrum g.e.V. in VS-Schwenningen.

Dipl.-Ing. (FH) Gabriele Förtsch
geb. 1954 in Heidelberg, studierte von 1991 – 1995 Verfahrenstechnik an der Fachhochschule Furtwangen. Seit 1995 ist sie selbständig. Ihre Tätigkeitsbereiche sind Weiterbildung für Betriebsbeauftragte (Abfall, Gewässer- und Immissionsschutz) und Unternehmensberatung mit Schwerpunkt Umweltmanagementsystem.

Dipl.-Ing. (FH) Gabriela Mai
geb. 17. Januar 1954 in Helmstedt. 1975 – 1978 Studium der Techn. Informatik in Furtwangen. 1978 – 1981 Kienzle Apparate GmbH, Software-Entwicklung. Seit 1992 Lehrbeauftragte an der FH Furtwangen. Seit 1995 Wissenschaftl. Mitarbeiterin im Umweltzentrum g.e.V. der FH Furtwangen.

Dr. rer. nat. Roswitha Moosbrugger

geb. 14.2.1966 in Singen. Von 1982 – 1985 am Technischen Gymnasium in Singen. 1985 – 1991 Studium der Chemie an der Technischen Universität Karlsruhe. 1992 Erhalt des Diploms am Institut für anorganische Chemie an der Technsichen Universität Karlsruhe. 1992 – 1995 Dissertation am Institut für Mineralogie an der Technischen Universität Karlsruhe. 1995 – 1996 Lehrgang zur „Auditorin für Umweltschutz- und Qualitätsfragen im Betrieb“ bei der DEKRA AG Akademie in Karlsruhe.

Dipl.-Biol. Esther Seifert

geb. 1965 in Stuttgart, studierte von 1985 – 1991 Biologie an der Universität Hohenheim. Von 1991 – 1992 war sie wissenschaftliche Mitarbeiterin am Institut für Zoophysiologie an der Universität Hohenheim. Von 1992 – 1993 betriebliche Weiterbildung im Umweltmanagement. In den Jahren 1993 – 1995 war sie wissenschaftliche Mitarbeiterin für das Projekt „Umweltmanagement im Unternehmen“ an der Fachhochschule Furtwangen, Fachbereich Verfahrenstechnik. 1995 erhielt sie den Océ-van der Grinten Preis. Seit 1996 ist sie freie Mitarbeiterin im Umweltzentrum Villingen-Schwenningen g.e.V.

Druck: Mercedesdruck, Berlin
Verarbeitung: Buchbinderei Lüderitz & Bauer, Berlin